园林经济管理

普通高等教育**园林景观类**『十二五』规划教材

杨立峰 主编

中国水利水电出版社
www.waterpub.com.cn
·北京·

内 容 提 要

园林经济管理是培养毕业生从事园林行业企业管理的重要专业课程，重点讲授基本园林经济管理理论和具体管理方法，与实际案例相结合，弥补了很多教材晦涩难懂的缺憾。本教材围绕两部分重点内容进行编写，第一部分为基本管理理论与管理思想，共分六个章节，重点介绍管理学科的新进展与新成果；第二部分为园林行业的管理，分为七个章节，具体分析目前园林行业内管理的各种现象成因及解决方法。

本教材附带多媒体课件，读者可在 http：//www.waterpub.com.cn/softdown 下载。

本教材适合作为高等院校园林技术专业、园林工程技术专业、园艺技术专业园林经营管理教材，也可作为高职高专园林专业经营管理教材，还可作为园林企业技术人员和管理人员的培训教材及参考资料。

图书在版编目（CIP）数据

园林经济管理/杨立峰主编．—北京：中国水利水电出版社，2013.6（2021.7 重印）
普通高等教育园林景观类“十二五”规划教材
ISBN 978-7-5170-0929-0

Ⅰ.①园… Ⅱ.①杨… Ⅲ.①园林-经济管理-高等学校-教材 Ⅳ.①TU986.3

中国版本图书馆 CIP 数据核字（2013）第 120188 号

书　　名	普通高等教育园林景观类“十二五”规划教材 **园林经济管理**
作　　者	杨立峰　主编
出版发行	中国水利水电出版社 （北京市海淀区玉渊潭南路 1 号 D 座　100038） 网址：www.waterpub.com.cn E-mail：sales@waterpub.com.cn 电话：（010）68367658（营销中心）
经　　售	北京科水图书销售中心（零售） 电话：（010）88383994、63202643、68545874 全国各地新华书店和相关出版物销售网点
排　　版	中国水利水电出版社微机排版中心
印　　刷	清淞永业（天津）印刷有限公司
规　　格	210mm×285mm　16 开本　15 印张　497 千字
版　　次	2013 年 6 月第 1 版　2021 年 7 月第 3 次印刷
印　　数	5001—7000 册
定　　价	**45.00** 元

前言
Preface

进入21世纪以来，我国园林企业得到迅速发展。据统计，目前我国花木栽培面积占世界总面积的1/3以上。截至2011年底，全国有花木市场3178个，花木企业66487家，其中大中型企业12641家，花农165万户，从业人员467万人左右。全国重点花木产区已经基本形成，品种结构进一步优化。特别是随着我国城市化进程的加速，对园林的需求逐渐呈现出快速增长的趋势，因此创立园林企业和进入园林市场的门槛大大降低。因为从政策上讲创办园林类企业尤其是中小型园林类企业在市场管制、技术含量和资金投入方面均没有很严格的限制，大量的资金与企业涌入园林行业，而且我国园林行业的科技含量及管理人员素质普遍不高，管理尚处于“经验型管理模式”阶段，大部分人都是通过实践活动学习管理，这就不可避免地造成人工和材料的资源浪费，从而导致创立企业容易，维持企业生存、使园林企业发展的难度逐渐加大，行业内的竞争也趋向恶化。因此，园林类企业更应重视把握市场的脉搏，实施科学的管理，发展壮大自己。鉴于此，我们总结多年从事园林生产经营管理的经验与经典管理理论与寓言故事、精典案例相结合，编写出版本教材，试图通过本教材把先进的管理理论和前人的管理经验与教训做一总结并提供给读者学习和借鉴，希望能够对提高园林行业的管理水平有所帮助。

本教材在内容上深入浅出，简明扼要地阐明了园林行业基本管理理论、原理和主要方法，编写紧密结合园林生产管理实际，重点突出现代管理理论的应用，并与实训项目相结合，配合多媒体课件，具有较强的实用性、技术性和可模仿性。本教材由两部分组成：第一部分主要阐述园林经济基本内容，包括园林企业经营等基本理论，园林政策法规概述，园林企业人力资源开发与管理，园林企业质量与数量管理，园林企业成本管理与控制，园林企业目标管理，园林企业资金与财务管理等基本理论与方法；第二部分着重阐述园林企业生产管理，包括园林工程招投标管理，园林设计管理，施工组织与管理，景区经营管理，花木经营管理，以及园林企业经济信息管理。教材中的每一章开篇均提出学习要点，每章之后配有思考练习题，并在部分章节附有案例，方便学生结合相关内容学习，更好地联系实际掌握所学内容的重点。

本教材编写十分适合目前高校教育“弹性教学”的要求，课程设置齐全，配有电子教案和多媒体课件（读者可在 http：//www.waterpub.com.cn/softdown 下载），可作为高等院校园林技术专业、园林工程技术专业、园艺技术专业园林经营管理教材使用，也可作为高职高专园林专业经营管理教材使用，还可作为园林企业技术人员和管理人员的培训教材及参考资料使用。

本教材由河南科技学院杨立峰主编，同时参加编写的还有河南科技学院园林经济管理课程组王保全、周建、郝峰鸽等三位老师。本书编写出版过程中得到河南科技学院园艺园林学院领导和中国水利水电出版社领导的关心和支持，在此表示感谢。

限于编者水平有限，再加上编写时间仓促，书中难免有不当之处，敬请读者指正。

编　者

2013年3月

目录
Contents

第1章 园林经济管理概述

本章学习要点

- 了解经济管理理论的产生与发展历程，熟悉现代企业管理理论，理解园林经济管理的概念、性质与特征。
- 掌握经济管理的特点、对象、任务和园林经济管理的特点。
- 了解园林经济管理学研究任务、对象和主要内容，熟练掌握园林经济管理的职能和任务及研究方法，为从事园林经济管理奠定理论基础。

中国目前处在一个工业化与后工业化过程过渡时期。随着后工业化社会进程的推进，都市化进程不断加快，城市人口急速膨胀、居民的基本生存环境受到严重威胁；户外休闲空间极度缺乏，都市居民的身心再生过程不能满足；同时服务行业逐渐过渡为第一产业。而作为第三产业的园林行业，在自然资源有限，生物多样性保护迫在眉睫，整体自然生态系统十分脆弱的情况下，如何承担起扩大城市绿地面积来改善和维护环境，满足都市居民生存对环境质量的需要，已经成为当今园林行业的首要问题，也给中国的园林行业提出了严峻的挑战，同时也给园林行业一次难得的发展机会。因此将现代先进的管理学理论与经验引入园林管理也迫在眉睫，园林经济管理学便是在这种特殊历史背景下应运而生。它对中国园林行业如何把握发展的历史机遇，确立未来的主攻方向，强化理论研究，提高全行业的管理水平和经济效益具有重大的历史与现实意义，同时也为培养园林行业技术型管理人才奠定了理论基础。

1.1 园林经济管理寓言故事

1.1.1 80/20 原则

有人发现，一家企业里80%的收入来自20%的客户，80%的迟到早退来自20%的员工，80%最有价值的工作只占全部工作的20%，诸如此类，就构成“80/20 原则”。

在大学里，同样有这个原则，即80%的知识来源于20%的有效学习时间。

同理，在社会上20%的人占有80%的社会资源，而80%的人只占有20%的社会资源。

是不是每一个人都希望能挤入到20%的队伍中？作为一名大学生你是怎样认为的？

【管理启示】

“这个原则能有效地适用于任何组织、任何组织中的功能和任何个人工作。”没有任何一种活动不受80/20 法则的影响。这个原则告诉我们的关键核心问题是少数创造重要的多数；它最大的用处在于，当你分辨出所有隐藏在表面下的作用力时，你就可以把大量精力投入到最大生产力上并防止负面影响的发生；在学习与工作上同样是只需要在几个方面追求卓越，不必事事都有好表现。园林经济管理课程就是园林专业学生追求卓越、跨人20%队伍行列的关键核心课程。

1.1.2 博士猫与本科鸡的故事

一只博士猫被分到一个动物研究所上班，成为这个所里学历最高者。

在一个周末，闲着没事，博士猫到单位的池塘里去钓鱼，恰巧一正一副两个鸡所长也在钓鱼。

不一会儿，正鸡所长放下钓竿，伸伸懒腰，蹭蹭蹭从水面上飞快地走到对面上厕所。

博士猫眼睛睁得都快掉下来了。水上漂？不会吧？

正鸡所长上完厕所回来的时候，同样也是蹭蹭蹭地从水上漂回来了。

怎么回事？博士猫又不好去问，自己是博士生呐！

过一阵，副鸡所长也站起来，走几步，蹭蹭蹭地漂过水面上厕所。这下子博士猫更是差点昏倒：不会吧，到了一个江湖高手云集的地方？

博士猫也内急了。这个池塘两边有围墙，要到对面厕所非得绕10分钟的路，而回单位上又太远，怎么办？

博士猫也不愿意去问两位所长，憋了半天后，也起身往水里跨：我就不信本科生能过的水面，我博士生不能过。

只听"咚"的一声，博士猫栽到了水里。

两位所长将他拉了出来，问他为什么要下水，他问："为什么你们可以从水上漂过去呢？"

两所长相视一笑："这池塘里有两排木桩子，由于这两天下雨涨水正好在水面下。我们都知道这木桩的位置，所以可以踩着桩子过去。你怎么不问一声呢？"

【管理启示】

学历只有代表过去，只有努力学习才能代表将来。尊重经验的人，才能少走弯路。一个好的团队，也应该是学习型的团队。

1.1.3　为了生存而竞争

尽管动物宝宝性情柔弱，但他们也会显露好战的天性。

(1) 羚羊的宝宝必须在出生后30分钟内站起身来迅速奔跑，才能避免沦为狮子的美餐。

(2) 为了生存，班拉狗的宝宝似乎具有攻击和杀死手足的天性。

(3) 猎豹的宝宝中只有5%能活到成年。

(4) 大冠鹫只选择第一个卵化出的宝宝来喂食。

(5) 有些鲨鱼的宝宝会同类相残，吃掉兄弟姐妹以提高自己的存活率。

【管理启示】

同样生存在激烈竞争的环境中，如果今天没有努力学习、拼搏，那么明天就有可能被淘汰出局。

1.1.4　从动物身上获得启示

尽职的牧羊犬；团结合作的蜜蜂；坚韧执著的鲑鱼；目标远大的鸿雁；目光锐利的老鹰；脚踏实地的大象；忍辱负重的骆驼；严格守时的公鸡；感恩图报的山羊；勇敢挑战的狮子；机智应变的猴子；善解人意的海豚。

【管理启示】

正确的工作观，有如人生路上的明灯，不但会为你指引正确的方向，也会为你的职场生涯创造丰富的资源：12种动物的精神就是12种不同的工作观。

1.2　园林经济管理理论的形成与发展

园林经济管理学是一门新兴的应用经济管理学科，它是经济学、管理学与园林生产实践活动相结合的产物，是把经济学和管理学的原理与方法具体应用到园林生产建设实践中的一门学科。当前园林产业的迅猛发展，在园林实践中的规律性认识和把握显得极其迫切和必要，使得园林经济管理明显相对置后。如何将经济管理原理与方法应用到园林实践中去，并应用该理论提高园林生产实践的效率，成为园林企业发展的瓶颈，因此一门新的学科——园林经济管理学应运而生。

园林经济管理学是在经济管理学的基础上派生出来的，因此它的形成与发展与经济管理学密切相关，它的根本目的仍然是为了提高园林生产的效率，用最高的工作效率达到雇主和雇员共同富裕的目的。要达到最高工作效率的重要手段就是用科学化的、标准化的管理方法代替经验管理。而这一管理学理论的创始人美国古典管理学家弗雷德里克·温斯洛·泰罗，被管理界誉为科学管理之父。

1.2.1 科学管理理论

科学管理理论是泰罗在了解工人们普遍怠工的原因之后，他感到缺乏有效的管理手段是提高生产率的严重障碍时提出的。当时美国的企业中，由于普遍实行经验管理，由此造成一个突出的矛盾：就是资本家不知道工人一天到底能干多少活，但他们总嫌工人干的活少，拿的工资多，于是往往通过延长劳动时间、增加劳动强度来加重对工人的剥削；而工人也不确切知道自己一天到底能干多少活，但总认为自己干活多，拿工资少。当资本家加重对工人的剥削，工人就用"磨洋工"消极对抗，这样导致企业的劳动生产率降低，同时大部分企业工人们普遍存在怠工问题。

泰罗的科学管理理论中代表作有计件工资制度、车间管理和科学管理原理等。他的科学管理理论的指导思想是：①科学管理的中心问题是提高劳动生产率；②实现最高工作效率的手段是用科学的管理代替传统的管理。而科学管理的主要内容：①开发科学的作业方法；②科学地选择和培训工人；③实行有差别的计件工资制；④将计划职能与执行职能分开；⑤实行职能工长制；⑥在管理上实行例外原则。

泰罗对科学管理作了这样的定义，他说："诸种要素——不是个别要素的结合，构成了科学管理，它可以概括如下：科学，不是单凭经验的方法。协调，不是不和别人合作，不是个人主义。最高的产量，取代有限的产量。发挥每个人最高的效率，实现最大的富裕。"这个定义，既阐明了科学管理的真正内涵，又综合反映了泰罗的科学管理思想，是科学管理理论的思想精要。

泰罗科学管理揭开了几千年来罩在管理上的"神秘"的面纱，谱写了管理理论和实践史上新的一页，成为人类管理思想史上的一个里程碑。人们把泰罗所处的时代称为"泰罗时代"，把他的管理理论称为"泰罗制"。虽然他已作古近百年，但他的科学管理思想对于经济比较落后，管理水平不高的国家，仍然有着现实的理论意义和实践意义。

泰罗的科学管理思想虽然产生于近百年前的管理实践，但泰罗的科学管理理论并不是脱离实际的，其几乎所有管理原理、原则和方法，都是经过自己亲自试验和认真研究之后所提出的。它的内容里所涉及的方面都是以前各种管理理论的总结，与所有管理理论一样，都是为了提高生产效率，但它是最成功的。它坚持了竞争原则和以人为本原则。竞争原则体现为给每一个生产过程中的动作建立一个评价标准，并以此作为对工人奖惩的标准，使每个工人都必须达到一个标准并不断超越这个标准，而且超过越多越好。于是，随着标准的不断提高，工人的进取心就永不会停止，生产效率必然也跟着提高；以人为本原则体现为这个理论是适用于每个人的，它不是空泛的教条，是实实在在的，是以工人在实际工作中的较高水平为衡量标准的，因此既可使工人不断进取，又不会让他们认为标准太高或太低。以人为本是科学发展的一个趋势，呆板或愚昧最终会被淘汰。

科学管理理论很明显是一个综合概念。它不仅仅是一种思想，一种观念，也是一种具体的操作规程，是对具体操作的指导。首先是以工作的每个元素的科学划分方法代替陈旧的经验管理工作法；其次是员工选拔、培训和开发的科学方法代替先前实行的那种自己选择工作和想怎样就怎样的训练做法；再次是与工人经常沟通以保证其所做的全部工作与科学管理原理相一致；最后，管理者与工人应有基本平等的工作和责任范围。管理者将担负起其恰当的责任，而过去，几乎所有的工作和大部分责任都压在了工人身上。

20世纪以来，科学管理在美国和欧洲大受欢迎。90多年来，科学管理思想仍然发挥着巨大的作用。当然，泰罗的科学管理理论也有其一定的局限性，如研究的范围比较小，内容比较窄，侧重于生产作业管理，对于现代企业的经营管理、市场、营销、财务等都没有涉及。更为重要的是他对人性假设的局限性，即认为人仅仅是一种经济人，这无疑限制了泰罗的视野和高度。但这些也正是需要泰罗之后的管理大师们创建新的管理理论来加以补充的地方。

我国现在正处于并将长期处于社会主义初级阶段。从20世纪50年代中期我国进入社会主义初级阶段开始到现在，经过40多年特别是近20年的发展，生产力有了很大提高，各项事业有了很大进步。然而总的来说，人口多，底子薄，地区发展不平衡，生产力不发达的状况并没有根本改变。尤其是企业普遍存在管理混乱效率低的现象。因此，摆在我们面前的首要任务，就是要集中力量发展社会生产力。围绕发展社会主义生产力这个根本任务，要做许多工作，其中一个重要方面就是要认真吸收和借鉴包括泰罗科学管理思想在内的西方管理思想，不断加强和改善我们的企业管理，提高生产效率。邓小平在南巡讲话时特别指出："社会主义要赢得资本主义相比较的优势，就必须大胆吸收和借鉴人类社会创造的一切文明成果，吸收和借鉴当今世界各国包括资本主义发达国家的一切反映现代社会化生产规律的先进经营方式、管理方法。"

1.2.2 法约尔的一般管理理论

法约尔的一般管理理论，是现代经营管理之父——亨利·法约尔在他最重要的代表作《工业管理和一般管理》（1916年出版）中阐述的管理理论。法约尔的研究是从"办公桌前的总经理"出发的，以企业整体作为研究对象。他认为，管理理论是"指有关管理的、得到普遍承认的理论，是经过普遍经验检验并得到论证的一套有关原则、标准、方法、程序等内容的完整体系"；有关管理的理论和方法不仅适用于公私企业，也适用于军政机关和社会团体。

法约尔的代表作是《工业管理和一般管理》，他被誉为经营管理理论之父，与泰罗齐名。法约尔在泰罗的科学管理理论的基础上，充实和明确了管理的概念。他认为，企业的经营有六项不同的活动，管理只是其中的一项活动，这六项活动分别是：技术活动、商业活动、财务活动、安全活动、会计活动和管理活动。法约尔认为，在这六项活动中，管理活动处于核心地位。他根据自己长期的管理经验，提炼出十四项管理原则。

（1）劳动分工原则。法约尔认为，劳动分工属于自然规律。劳动分工不只适用于技术工作，而且也适用于管理工作。应该通过分工来提高管理工作的效率。但是，法约尔又认为："劳动分工有一定的限度，经验与尺度感告诉我们不应超越这些限度。"

（2）权力与责任原则。有权力的地方，就有责任。责任是权力的孪生物，是权力的当然结果和必要补充。这就是著名的权力与责任相符的原则。法约尔认为，要贯彻权力与责任相符的原则，就应该有有效的奖励和惩罚制度，即"应该鼓励有益的行动而制止与其相反的行动。"实际上，这就是现在我们讲的权、责、利相结合的原则。

（3）纪律原则。法约尔认为纪律应包括两个方面，即企业与下属人员之间的协定和人们对这个协定的态度及其对协定遵守的情况。法约尔认为纪律是一个企业兴旺发达的关键，没有纪律，任何一个企业都不能兴旺繁荣。他认为制定和维持纪律最有效的办法是：①各级好的领导；②尽可能明确而又公平的协定；③合理执行惩罚。因为"纪律是领导人造就的，……无论哪个社会组织，其纪律状况都主要取决于其领导人的道德状况。"

（4）统一指挥原则。统一指挥是一个重要的管理原则，按照这个原则的要求，一个下级人员只能接受一个上级的命令。如果两个领导人同时对同一个人或同一件事行使他们的权力，就会出现混乱。在任何情况下，都不会有适应双重指挥的社会组织。与统一指挥原则有关的还有下一个原则，即统一领导原则。

（5）统一领导原则。统一领导原则是指："对于力求达到同一目的的全部活动，只能有一个领导人和一项计划。人类社会和动物界一样，一个身体有两个脑袋，就是个怪物，就难以生存。"统一领导原则讲的是，一个下级只能有一个直接上级。它与统一指挥原则不同，统一指挥原则讲的是，一个下级只能接受一个上级的指令。这两个原则之间既有区别又有联系。统一领导原则讲的是组织机构设置的问题，即在设置组织机构的时候，一个下级不能有两个直接上级。而统一指挥原则讲的是组织机构设置以后运转的问题，即当组织机构建立起来以后，在运转的过程中，一个下级不能同时接受两个上级的指令。

（6）个人利益服从整体利益的原则。对于这个原则，法约尔认为这是一些人们都十分明白清楚的原则。但是，往往"无知、贪婪、自私、懒惰以及人类的一切冲动总是使人为了个人利益而忘掉整体利益。"为了能坚持这个原则，法约尔认为，成功的办法是：①领导人的坚定性和好的榜样；②尽可能签订公平的协定；③认真的监督。

（7）人员的报酬原则。法约尔认为，人员报酬首先"取决于不受雇主的意愿和所属人员的才能影响的一些情况，如生活费用的高低、可雇人员的多少、业务的一般状况、企业的经济地位等，然后再看人员的才能，最后看采用的报酬方式"。人员的报酬首先要考虑的是维持职工的最低生活消费和企业的基本经营状况，这是确定人员报酬的一个基本出发点。在此基础上，再考虑根据职工的劳动贡献来决定采用适当的报酬方式。对于各种报酬方式，法约尔认为不管采用什么报酬方式，都应该能做到以下几点：①它能保证报酬公平；②它能奖励有益的努力和激发热情；③它不应导致超过合理限度的过多的报酬。

(8) 集中的原则。法约尔指的是组织权力的集中与分散的问题。法约尔认为，集中或分散的问题是一个简单的尺度问题，问题在于找到适合于该企业的最适度。在小型企业，可以由上级领导者直接把命令传到下层人员，所以权力就相对比较集中；而在大型企业里，在高层领导者与基层人员之间，还有许多中间环节，因此，权力就比较分散。按照法约尔的观点，影响一个企业是集中还是分散的因素有两个：一个是领导者的权力；另一个是领导者对发挥下级人员积极性的态度。“如果领导人的才能、精力、智慧、经验、理解速度……允许他扩大活动范围，他则可以大大加强集中，把其助手作用降低为普通执行人的作用。相反，如果他愿意一方面保留全面领导的特权，一方面更多地采用协作者的经验、意见和建议，那么可以实行广泛的权力分散。所有提高部下作用的重要性的做法就是分散，降低这种作用的重要性的做法则是集中。”

(9) 等级制度原则。等级制度就是从最高权力机构直到低层管理人员的领导系列，而贯彻等级制度原则就是要在组织中建立这样一个不中断的等级链，这个等级链说明了两个方面的问题：一是它表明了组织中各个环节之间的权力关系，通过这个等级链，组织中的成员就可以明确谁可以对谁下指令，谁应该对谁负责；二是这个等级链表明了组织中信息传递的路线，即在一个正式组织中，信息是按照组织的等级系列来传递的。贯彻等级制度原则，有利于组织加强统一指挥原则，保证组织内信息联系的畅通。但是，一个组织如果严格地按照等级系列进行信息的沟通，则可能由于信息沟通的路线太长而使得信息联系的时间长，同时容易造成信息在传递的过程中失真。

(10) 秩序原则。法约尔所指的秩序原则包括物品的秩序原则和人的社会秩序原则。

对于物品的秩序原则，他认为，每一件物品都有一个最适合它存放的地方，坚持物品的秩序原则就是要使每一件物品都在它应该放的地方。贯彻物品的秩序原则就是要使每件物品都在它应该放的位置上。

对于人的社会秩序原则，他认为每个人都有他的长处和短处，贯彻社会秩序原则就是要确定最适合每个人能力发挥的工作岗位，然后使每个人都在最能使自己的能力得到发挥的岗位上工作。为了能贯彻社会的秩序原则，法约尔认为首先要对企业的社会需要与资源有确切的了解，并保持两者之间经常的平衡；同时，要注意消除任人唯亲、偏爱徇私、野心奢望和无知等弊病。

(11) 公平原则。法约尔把公平与公道区分开来。他说：“公道是实现已订立的协定。但这些协定不能什么都预测到，要经常地说明它，补充其不足之处。为了鼓励其所属人员能全心全意和无限忠诚地执行他的职责，应该以善意来对待他。公平就是由善意与公道产生的。”也就是说，贯彻公道原则就是要按已定的协定办。但是在未来的执行过程中可能会因为各种因素的变化使得原来制定的“公道”的协定变成“不公道”的协定，这样一来，即使严格地贯彻“公道”原则，也会使职工的努力得不到公平的体现，从而不能充分地调动职工的劳动积极性。因此，在管理中要贯彻“公平”原则。所谓“公平”原则就是“公道”原则加上善意地对待职工。也就是说在贯彻“公道”原则的基础上，还要根据实际情况对职工的劳动表现进行“善意”的评价。当然，在贯彻“公平”原则时，还要求管理者不能“忽视任何原则，不忘掉总体利益”。

(12) 人员的稳定原则。法约尔认为，一个人要适应他的新职位，并做到能很好地完成他的工作，这需要时间。这就是“人员的稳定原则”。按照“人员的稳定原则”要使一个人的能力得到充分的发挥，就要使他在一个工作岗位上相对稳定地工作一段时间，使他能有一段时间来熟悉自己的工作，了解自己的工作环境，并取得别人对自己的信任。但是人员的稳定是相对的而不是绝对的，年老、疾病、退休、死亡等都会造成企业中人员的流动。因此，人员的稳定是相对的，而人员的流动是绝对的。对于企业来说，就要掌握人员的稳定和流动的合适的度，以利于企业中成员能力得到充分的发挥。“像其他所有的原则一样，稳定的原则也是一个尺度问题”。

(13) 首创精神。法约尔认为：“想出一个计划并保证其成功是一个聪明人最大的快乐之一，这也是人类活动最有力的刺激物之一。这种发明与执行的可能性就是人们所说的首创精神。建议与执行的自主性也都属于首创精神。”法约尔认为人的自我实现需求的满足是激励人们的工作热情和工作积极性的最有力的刺激因素。对于领导者来说，“需要极有分寸地，并要有某种勇气来激发和支持大家的首创精神”。当然，纪律原则、统一指挥原则和统一领导原则等的贯彻，会使得组织中人们的首创精神的发挥受到限制。

（14）人员的团结原则。人们往往由于管理能力的不足，或者由于自私自利，或者由于追求个人的利益等而忘记了组织的团结。为了加强组织的团结，法约尔特别提出在组织中要禁止滥用书面联系。他认为在处理一个业务问题时，用当面口述要比书面快，并且简单得多。另外，一些冲突、误会可以在交谈中得到解决。“由此得出，每当可能时，应直接联系，这样更迅速、更清楚，并且更融洽”。

“没有原则，人们就处于黑暗和混乱之中；没有经验与尺度，即使有最好的原则，人们仍将处于困惑不安之中。”法约尔阐明管理作为一门科学与一种艺术之间的关系，即理论是可以指导实践的，问题在于如何应用这个理论，再好的管理理论，如果不懂得如何去应用，也是没有用处的。要使管理真正有效，还必须积累自己的经验，并适宜地掌握合理运用这些原则的尺度。

管理须善于预见未来。法约尔十分重视计划职能，尤其强调制定长期计划，这是他对管理思想做出的一个杰出贡献。他的这一主张，在今天看来仍像在他那个时代一样重要。面对剧烈变化的环境，计划职能更为关键。许多企业缺乏战略管理的思维，很少考虑长期的发展，不制定长期规划，其结果多为短期行为，丧失长远发展的后劲，埋下了不稳定的隐患。

法约尔的一般管理理论的局限性主要在于他的管理原则缺乏弹性，以至于有时实际管理工作者无法完全遵守。

1.2.3　韦伯的行政组织理论

马克斯·韦伯是德国著名的社会学家，他在19世纪早期的论著中提出了理想的行政管理组织理论，也就是“官僚体制”。所谓“官僚体制”是指建立于法理型控制基础上的一种现代社会所特有的、具有专业化功能以及固定规章制度、设科分层的组织管理形式，它是一种理性地设计出来，以协调众多个体活动，从而有效地完成大规模管理工作，以实现组织目标为功能的合理等级组织。任何组织都必须由某种形式的权力作为基础，才能实现目标。

韦伯认为，任何组织都必须以某种形式的权力作为基础，没有这种权力，任何组织都不能达到自己的目标。人类社会存在三种为社会所接受的合法权力：传统权力：由传统惯例或世袭得来；超凡权力：来源于别人的崇拜与追随；法定权力：由理性——法律规定的权力。对于传统权力，韦柏认为：人们对其服从是因为领袖人物占据着传统所支持的权力地位，同时，领袖人物也受着传统的制约。但是，人们对传统权力的服从并不是以与个人无关的秩序为依据，而是习惯于义务领域内的个人忠诚。领导人的作用似乎只是为了维护传统，因而这种权力形式效率较低，不宜作为行政组织体系的基础。而超凡权力的合法性，完全依靠对于领袖人物的信仰，他必须以不断的奇迹和英雄之举赢得追随者。超凡权力过于带有感情色彩并且是非理性的，不是依据规章制度而是依据神秘的启示。所以，超凡的权力形式也不宜作为行政组织体系的基础。因而只有理性——合法的权力才适宜作为理想组织体系的基础，才是最符合理性原则、高效率的一种组织结构形式。这一理论对工业化以来各种不同类型的组织产生了广泛而深远的影响，成为现代大型组织广泛采用的一种组织管理方式。

韦伯认为，官僚体制是一种严密的、合理的、形同机器那样的社会组织，它具有熟练的专业活动，明确的权责划分，严格执行的规章制度，以及金字塔式的等级服从关系等特征，从而使其成为一种系统的管理技术体系。

韦伯的行政组织理论的核心内容包括下几项。

（1）权力的基础。行政组织理论的实质在于以科学确定的“法定的”制度规范为组织协作行为的基本约束机制，主要依靠外在于个人的、科学合理的理性权力实行管理。韦伯指出，组织管理过程中依赖的基本权力将由个人转向“法理”，以理性的、正式规定的制度规范为权力中心实施管理。

（2）行政组织的特征。韦伯所提出的行政组织理论具有以下几个特征：①明确的职位分工；②自上而下的权利等级系统；③人员任用通过正式考评和教育实现；④严格遵守制度和纪律；⑤建立理性化的行动准则，工作中人与人之间只有职位关系，不受个人情感和喜好的影响；⑥建立管理人员管理制度，使之具有固定的薪金和明文规定的晋升制度。

韦伯的理论所提出的科学管理体系是一种制度化、法制化、程序化和专业化的组织理论；阐明了官僚体制与社会化大生产之间的必然联系，突破了妨碍现代组织管理的以等级门第为标准的家长制管理形式；

促进了管理方式的转变，消除了管理领域非理性、非科学的因素。但是，韦伯的行政管理体制即官僚制也存在着难以克服的缺陷，他忽视了组织管理中人的主体作用，偏重于从静态角度分析组织结构和组织管理，忽视了组织之间、个人与组织之间、个人之间的相互作用；突出强调了法规对于组织管理的决定作用，以及人对法规的从属和工具化性质。

1.2.4　行为科学理论

古典管理理论的杰出代表泰罗、法约尔等人在不同的方面对管理思想和管理理论的发展做出了卓越的贡献，并对管理实践产生深刻影响，但是他们有一个共同的特点，就是都着重强调管理的科学性、合理性、纪律性，而未给管理中人的因素和作用以足够重视。他们的理论是基于这样一种假设，即社会是由一群无组织的个人所组成的；他们在思想上、行动上力争获得个人利益，追求最大限度的经济收入，即“经济人”；管理部门面对的仅仅是单一的职工个体或个体的简单总和。基于这种认识，工人被安排去从事固定的、枯燥的和过分简单的工作，成了“活机器”。从20世纪20年代美国推行科学管理的实践来看，泰罗制在使生产率大幅度提高的同时，也使工人的劳动变得异常紧张、单调和劳累，因而引起了工人们的强烈不满，并导致工人的怠工、罢工以及劳资关系日益紧张等事件的出现；另一方面，随着经济的发展和科学的进步，有着较高文化水平和技术水平的工人逐渐占据了主导地位，体力劳动也逐渐让位于脑力劳动，也使得西方的资产阶级感到单纯用古典管理理论和方法已不能有效控制工人以达到提高生产率和利润的目的。这使得对新的管理思想，管理理论和管理方法的寻求和探索成为必要。

与此同时，人的积极性对提高劳动生产率的影响和作用逐渐在生产实践中显示出来，并引起许多企业管理学者和实业家的重视。但是对此进行专门的、系统的研究，进而形成一种较为完整的全新管理理论则始于20世纪20年代美国哈佛大学心理学家埃尔顿·梅奥和卢兹利斯伯格卢等人所进行的著名的霍桑试验。这项在美国西方电器公司霍桑工厂进行的、长达九年的试验研究，真正揭开了作为组织中人的行为研究序幕。

1.2.4.1　梅奥及霍桑试验

在20世纪的10～20年代，受泰罗及其科学管理理论的影响，许多管理者和管理学家都认为，在工作的物质环境和工人的劳动效率之间有着明确的因果关系，他们试图通过改善工作条件与环境等外在因素，找到提高劳动生产率的途径。比如，工作场所的通风、温度、湿度、照明等都会影响到工人工作的数量、质量和安全。在这种思想指导下，1924年，美国国家科学院的全国科学研究委员会决定在西方电器公司的霍桑工厂进行试验研究，以找出工作的物质环境与工人的劳动效率之间的精确关系。这项一直持续到1932年的研究就是著名的“霍桑试验”或称“霍桑研究”。梅奥在这项研究基础上提出的人际关系理论是这项研究最重要的成果，也是这项研究之所以著名的最重要的原因。

霍桑研究在美国芝加哥西部的西方电器进行。研究是从照明条件开始的，研究者选择了一些从事装配电话继电器这样一种高度重复性工作的女工，将她们分为“对照组”和“试验组”，分别在两个照明度完全相同的房间里做完全相同的工作。在试验中，对照组的照明度和其他工作环境没有什么变化，试验组则将照明度进行各种变化。令人奇怪的是，在试验组里，照明度提高，产量是上升的，可是照明度下降，包括有一次甚至暗到只有0.6烛光，也就是近似月光的程度，产量也是上升的。更令人奇怪的是，在对照组，照明度没有任何变化，产量同样是上升的。困惑之下，研究者转而对工资报酬、工作时间、休息时间等照明以外的其他因素进行同样的试验。如把集体工资制改为个人计件工资制，上午与下午各增加一次5分钟的工间休息并提供茶点，缩短工作日和工作周等，产量是上升的。可是当试验者废除这些优厚条件时，产量依旧上升。在试验期间，继电器的产量从最初的人周均产量2400个一直增加到3000个，提高了25%。既然无论在哪种工作条件下，也无论这些工作条件变还是不变，变好还是变坏，产量都是上升的，有研究人员开始怀疑试验本身及其前提了，是不是工作的物质环境和工人的劳动效率之间本来就没有明确的因果关系？这样，试验持续到1927年的时候，几乎所有的人都准备放弃了。

这年冬天，梅奥在纽约的哈佛俱乐部给一些经理人做报告。听众中有一个名为乔治·潘诺克的人，是西方电器公司参与霍桑试验的人，把霍桑试验中的怪事告诉了梅奥，并邀请他作为顾问参加这一研究。梅奥立即对霍桑试验的初步成果发生了兴趣，并敏锐地感到解释霍桑怪事的关键因素不是工作物质条件的变化，而是工人们精神心理因素的变化。他认为，作为试验对象的工人由于处在试验室内，实际上就成为了一个不同于一般状态的特殊社会群体，群体中的工人由于受到试验人员越来越多的关心而感到兴奋，并产生出了一种参与试验的感觉。这才是真正影响了工人的因素，与这个因素相比，照明、工资之类都只是偶然性的东西。

这样，以梅奥为核心人物的哈佛研究小组来到霍桑工厂，霍桑试验进入新的阶段。首先提出用5项假设来解释前一段照明试验的结果，并逐一进行检验。第一，改进物质条件和工作方法，导致产量增加。这种解释被否定了，因为物质条件和工作方法无论改进，还是恶化，产量都增加了。第二，增加工间休息和缩短工作日，导致产量增加。这种解释也被否定了，因为关于工间休息和工作日的特权无论增加还是取消产量也增加了。第三，工间休息减轻了工作的单调性，从而改变了工人的工作态度，导致产量增加。这种解释同样被否定了，因为工作态度的改变不一定仅仅是工间休息造成的，也可能是工人感到被重视造成的。第四，个人计件工资制刺激工人积极性，导致产量增加。这种解释还是被否定了，因为虽然在一个试验组中，工资制度由集体刺激改为个人刺激时产量增加，再由个人刺激改为集体刺激时产量减少的情况，可是在另外一个没有改变工资制度的试验组中，产量也是持续增加的。那么就剩下最后的第五项，监督技巧即人际关系的改善使工人的工作态度得到改进，而导致产量增加。这种假设认为，产量的高低，也就是工人积极性的高低，主要的不是取决于传统理论所认为工作的物质条件和工人物质需要的满足，而是取决于工人的心理因素和社会需要的满足，也就是说，工人在试验中感到自己是被选出并被重视的特殊群体，因此产生自豪感，并激发出积极参与的责任感，使产量得到提高，而福利措施和工作条件等已退居为较次要的原因。

通过梅奥及霍桑试验，研究者们已经清晰地意识到，工作环境中的人的因素比物质因素对工人积极性的影响更大，同时也得出结论：人们的生产效率不仅受到物理的、生理的因素影响，而且受到社会环境、心理因素的影响。

这个试验告诉我们，企业的规划和政策、企业领导人的态度，以及员工的工作条件等均是导致员工对企业产生不满的因素，而当企业员工又无处发泄时，均可影响员工的工作积极性，从而导致生产效率的降低。所以作为一个企业管理者必须从方方面面为员工创造一个良好的心情，同时也为工人的不满情绪发泄提供机会，让每一个员工都感到心情舒畅，士气提高，生产效率自然也就提高了。

同时梅奥及霍桑还进行了另一个试验“群体试验”，将14名男工分别隔离在单独的房间，让他们从事接线器的装配工作。工作实行集体记件工资制，以小组的总产量为依据对每个工人付酬。研究者设想，在这种制度下，只有全体工人产量都比较高，每个工人才可能得到较高的工资，因此产量高的工人会迫使产量低的工人提高产量。但是试验结果工人明显不是追求更高的产量而得到更高的工资，而是故意维持中等的产量并宁肯为此接受中等的工资。工人似乎对什么是一天应该完成的工作量有自己明确的理解并很善于维持这个产量，而这个产量是偏低于厂方规定的产量的。故意不去达到较高的“正式标准”，而只是自动维持在一个中等水平的“非正式标准”上。分析原因是工人估计到自己实际上面临两种危险，如果产量过高，达到了厂方规定的“正式标准”，厂方就会进一步提高“正式标准”从而使大家的工资率降低，如果产量过低，距厂方规定的“正式标准”太远，就会引起工头的不满，而且也让产量高的工友吃亏。所以，既不能当产量太高的“产量冒尖者”，也不能当产量太低的“产量落后者”，那样会伤害全班组工友的群体利益。这样，工人们为了维护整个群体的利益，为了不被群体所排斥，不惜牺牲一些个人利益而自发地形成了“非正式产量标准”。为了维护这个标准，工人还有自己的一套非正式的群体规范，如对那些不按规矩办事和向厂方告密的“告密者”进行嘲笑、讽刺，甚至“给一下子”（在胳臂上相当用力地打一下）。在这些规范下，工人非常重视相互的关系而不愿受到群体的排斥。有人偶尔产量较高时甚至会把多余的产量瞒下来而只报符合群体规范的产量，然后放慢速度而从隐瞒的产量中取出一部分补充不足之数。

通过从1924年到1932年的试验，霍桑提出了以下一系列理论。

(1) 社会人理论。以泰罗的科学管理理论为代表的传统管理理论认为，人是为了经济利益而工作的，因此金钱是刺激工人积极性的唯一动力，因此传统管理理论也被称为“经济人”理论。而霍桑试验表明，经济因素只是第二位的东西，社会交往、他人认可、归属某一社会群体等社会心理因素才是决定人工作积极性的第一位的因素，因此梅奥的管理理论也被称为“人际关系”理论或“社会人”理论。

(2) 士气理论。以泰罗的科学管理理论为代表的传统管理理论认为，工作效率取决于科学合理的工作方法和好的工作条件，所以管理者应该关注动作分析、工具设计、改善条件、制度管理等。而霍桑试验表明，士气，也就是工人的满意感等心理需要的满足才是提高工作效率的基础，工作方法、工作条件之类物理因素只是第二位的东西。

(3) 非正式群体理论。以泰罗的科学管理理论为代表的传统管理理论认为，必须建立严格完善的管理体系，尽可能避免工人在工作场合中的非工作性接触，因为其不仅不产生经济效益，而且降低工作效率。而霍桑试验表明，在官方规定的正式工作群体之中还存在着自发产生的非正式群体，非正式群体有着自己的规范和维持规范的方法，对成员的影响远较正式群体为大，因此管理者不能只关注正式群体而无视或轻视非正式群体及其作用。

(4) 人际关系型领导者理论。泰罗的科学管理理论为代表的传统管理理论认为，管理者就是规范的制定者和监督执行者。而霍桑试验提出，必须有新型的人际关系型领导者，他们能理解工人各种逻辑的和非逻辑的行为，善于倾听意见和进行交流，并借此来理解工人的感情，培养一种在正式群体的经济需要和非正式群体的社会需要之间维持平衡的能力，使工人愿意为达到组织目标而协作和贡献力量。

总之，霍桑试验结果表明，人不是经济人，而是社会人，不是孤立的、只知挣钱的个人，而是处于一定社会关系中的群体成员，个人的物质利益在调动工作积极性上只具有次要的意义，群体间良好的人际关系才是调动工作积极性的决定性因素。因此，梅奥的理论也被称为“人际关系理论”或“社会人理论”。

1.2.4.2 人际关系学说——霍桑试验

霍桑试验结束后，埃尔顿·梅奥等人对试验结果进行了总结，并出版了《工业文明人类问题》、《工业文明的社会问题》、《管理与工人》、《管理与士气》等管理著作，他们的理论构成了人际关系学说。人际关系学说的主要内容为以下几点。

(1) 职工是“社会人”而不是单纯追求金钱收入的“经济人”，必须从社会系统的角度来看待职工。这个假设认为人们在工作中得到的物质利益，对于调动人的生产积极性仅具有次要的意义。而人们更重视在工作中与周围的人友好相处。良好的人际关系对于调动人的生产积极性和工作积极性是决定性的因素，只有社会的需要和自我尊重的需要才是激发工作积极性的动力。

(2) 企业管理者要树立新型的领导方式，注重提高职工的满足感，满足员工的社会欲望，提高员工的士气，是提高生产效率的关键。

(3) 企业存在着非正式组织，这种非正式组织的作用在于维护其成员的共同利益，使之免受其内部个别成员的疏忽或外部人员的干涉所造成的损失。为此，非正式组织中有自己的核心人物和领袖，有大家共同遵循的观念、价值标准、行为准则和道德规范等。因此，管理当局必须重视非正式组织的作用，注重在正式组织的效率逻辑与非正式组织的感情逻辑之间保持平衡，以便管理人员与工人之间能够充分协作。人际学说的出现，开辟了管理理论研究的新领域，纠正了古典管理理论忽视人的因素的不足；同时，人际关系学说也为以后的行为科学的发展奠定了基础。

人际关系学说在现代园林经济管理中给我们一个重要的提示，使人们在管理中特别注重作为第一要素的人的回归自然的特性，注重职工是社会人，他们不仅仅是为了金钱而工作；同时也应该注重企业中存在非正式组织，他们在时刻维护着其成员的共同利益。作为企业的领导要努力提高员工的满意度，只有这样企业才能吸引到一流的人才，才能获得更高生产效率。当然，梅奥等人的人际关系理论，也可称为组织行为学的先驱，但其也存在着缺陷——过于强调人。管理的成功，甚至人生的成功，均在于“过犹不及”。

1.2.5 现代管理理论

进入 20 世纪 80 年代以后，随着社会、经济、文化的迅速发展，特别是信息技术的发展与知识经济的出现，世界形势发生了极为深刻的变化。面对信息化、全球化、经济一体化等新的形势，企业之间竞争加剧，联系增强，管理出现了深刻的变化与全新的格局。正是在这样的形势下，管理出现了一些全新的管理理论也就是我们所说的现代管理理论。

现代管理理论是近代所有管理理论的综合，是一个知识体系，是一个学科群，它的基本目标就是要在不断急剧变化的现代社会面前，建立起一个充满创造活力的自适应系统。要使这一系统能够得到持续地、高效率地输出，不仅要求有现代化的管理思想和管理组织，而且还要求有现代化的管理方法和手段来构成现代管理科学。

1.2.5.1　现代管理代表学派

现代管理理论有多个学派组成，主要代表学派有以下几个。

(1) 管理过程学派。创始人亨利·法约尔。主要特点是把管理学说与管理人员的职能联系起来。它认为无论什么性质的组织，管理人员的职能是共同的，即计划、组织、人员配备、指挥和控制。这五种职能构成了一个完整的管理过程；管理职能具有普遍性，即各级管理人员都执行着管理职能，只是侧重点不同。

(2) 经验学派。代表人物是德鲁克和戴尔。该学派主张通过分析经验（案例）来研究管理学问题。通过分析、比较、研究各种各样的成功和失败的经验，就可以抽象出某些一般性的管理结论或管理原理，从而有助于学生或从事实际工作的管理人员来学习和理解管理学理论，使他们更有效地从事管理工作。它实质上是传授管理学知识的一种方法，也称为案例教学。

(3) 系统管理学派。主要代表人物是卡斯特和罗森茨韦克。它认为组织是一个由相互联系的若干要素组成的、为环境所影响的并反过来影响环境的开放的社会技术系统。它由目标和价值、结构、技术、社会心理、管理等分系统组成。必须以整个组织系统为管理研究的出发点，综合运用各个学派的知识，研究一切主要的分系统及其相互关系。

(4) 决策理论学派。代表人物是赫伯特·西蒙。该学派认为，管理就是决策，管理活动的全过程就是决策的过程，管理是以决策为特征的；决策是管理人员的主要任务，管理人员应该集中研究决策问题。

(5) 管理科学学派。形成于第二次世界大战初期，该学派主张运用数学符号和公式进行计划决策和解决管理中的问题，求出最佳方案，实现企业目标；经营管理是管理科学在管理中的运用；信息情报系统是由计算机控制的向管理者提供信息情报的系统。

1.2.5.2　现代管理学派的共性

纵观管理学各学派，虽各有所长，各有不同，但不难寻求其共性，可概括如下：

(1) 强调系统化。这就是运用系统思想和系统分析方法来指导管理的实践活动，解决和处理管理的实际问题。系统化，就要求人们要认识到一个组织就是一个系统，同时也是另一个更大系统中的子系统。所以在应用系统分析方法时，从整体角度来认识问题，以防止片面性和受局部的影响。

(2) 重视人的因素。由于管理的主要内容是人，而人又是生活在客观环境中，虽然他们也在一个组织或部门中工作，但是他们在思想、行为等诸方面，可能与组织不一致。重视人的因素，就是要注意人的社会性，对人的需要予以研究和探索，在一定的环境条件下，尽最大可能满足人们的需要，以保证组织中全体成员齐心协力地为完成组织目标而自觉做出贡献。

(3) 重视“非正式组织”的作用，即注意“非正式组织”在正式组织中的作用。“非正式组织”是人们以感情为基础而结成的集体，这个集体有约定俗成的信念，人们彼此感情融洽。利用“非正式组织”，就是在不违背组织原则的前提下，发挥非正式群体在组织中的积极作用，从而有助于组织目标的实现。

(4) 广泛地运用先进的管理理论与方法。随着社会的发展，科学技术水平的迅速提高，先进的科学技术和方法在管理中的应用越来越重要。所以各级主管人员必须利用现代的科学技术与方法，促进管理水平的提高。

(5) 加强信息工作。由于普遍强调通信设备和控制系统在管理中的作用，所以对信息的采集、分析、反馈等要求越来越高，即强调及时和准确。主管人员必须利用现代技术，建立信息系统，以便有效、及时、准确地传递信息和使用信息，促进管理的现代化。

(6) 把“效率”和“效果”结合起来。作为一个组织，管理工作不仅仅是追求效率，更重要的是要从整个组织的角度来考虑组织的整体效果以及对社会的贡献。因此在管理中要把效率和效果有机地结合起来，从而使管理的目的体现在效率和效果之中，即通常所说的绩效。

(7) 重视理论联系实际。重视管理学在理论上的研究和发展，进行管理实践，并善于把实践归纳总结，找出规律性的东西，所有这些是每个主管人员应尽的责任。主管人员要乐于接受新思想、新技术，并把这些理论应用于自己的管理实践中，把诸如质量管理、目标管理、价值分析、项目管理等新成果运用于实践，并在实践中创造出新的方法、形成新的理论，以促进管理学的发展。

(8) 强调“预见”能力。社会是迅速发展的，客观环境在不断变化，这就要求人们运用科学的方法进行预测，进行前馈控制，从而保证管理活动的顺利进行。

(9) 强调不断创新。要积极改革，不断创新。管理意味着创新，就是在保证“惯性运行”的状态下，不满足现状，利用一切可能的机会进行变革，从而使组织更加适应社会条件的变化。

因此现代管理理论要求企业领导人，必须将人性化管理与弹性组织机构相结合，以克服传统管理模式中，生产以机器为中心，工人只是机器系统的配件，人被当作是物，管理中的以物为中心的管理模式。充分认识到随着信息时代的到来，组织中最缺乏的不是资金和机器，而是高素质的人才，管理工作的中心工作必须由物转向人。

既然现代管理理论中管理是以人为中心的管理，那么在现代园林企业管理中如何提高人的素质、处理人际关系、满足人的需求，把如何调动人的主动性、积极合作和创造性的工作放在首位。在管理方式上，现代管理理论更强调用柔的方法，尊重个人的价值和能力，通过激励、鼓励人，以感情调动职工的积极性、主动性和创造性，最充分地调动所有员工的工作积极性，以实现人力资源的优化及合理配置。

1.2.6 权变理论学派

权变理论是在20世纪70年代在美国兴起的一种管理理论。在当时的美国由于社会不安、经济动荡、政治骚动达到空前的程度，石油危机对西方社会产生了深远的影响，企业所处的环境很不确定。以往的管理理论主要侧重于研究加强企业内部组织的管理，大多都在追求普遍适用的、最合理的模式与原则，而这些管理理论在解决企业面临瞬息万变的外部环境的问题时又显得无能为力。该学派认为，由于组织内部各个部分之间的相互作用和外界环境的影响，组织的管理并没有绝对正确的方法，也不存在普遍适用的理论，任何理论和方法都不是绝对的有效，也不是绝对的无效，采用哪种理论和方法，要视组织的实际情况和所处的环境而定。于是形成了一种管理取决于所处环境状况的理论，即权变理论，“权变”的意思就是权宜应变。权变理论的代表人物有弗雷德·卢桑斯、菲德勒、豪斯等人。

权变理论认为，在企业管理中要根据企业所处的内外条件随机应变，没有什么一成不变、普遍适用的“最好的”管理理论和方法。该学派是从系统观点来考察问题的，它的理论核心就是通过组织的各子系统内部和各子系统之间的相互联系，以及组织和它所处的环境之间的联系，来确定各种变数的关系类型和结构类型。它强调在管理中要根据组织所处的内外部条件随机应变，针对不同的具体条件寻求不同的最合适的管理模式、方案或方法。权变管理有以下几种理论。

(1) 权变理论就是要把环境对管理的作用具体化，并使管理理论与管理实践紧密地联系起来。

(2) 环境是自变量，而管理的观念和技术是因变量。这就是说，如果在某种环境条件下，为了更快地达到管理目标，就要采用某种管理原理、方法和技术。比如，如果在经济衰退时期，企业在供过于求的市场中经营，采用集权的组织结构，就更适于达到组织目标；如果在经济繁荣时期，在供不应求的市场中经营，那么采用分权的组织结构可能会更好一些。

(3) 权变管理理论的核心内容是环境变量与管理变量之间的函数关系，就是权变关系。环境可分为外部环境和内部环境。外部环境又可以分为两种，第一种是由社会、技术、经济和政治、法律等所组成；第二种是由供应者、顾客、竞争者、雇员、股东等组成。内部环境基本上是正式组织系统，它的各个变量与外部环境各变量之间是相互关联的。

权变理论学派同经验主义学派有密切的关系，但又有所不同。经验主义学派的研究重点是各个企业的实际管理经验，是个别事例的具体解决办法，然后才在比较研究的基础上作些概括；而权变理论学派的重点则在通过大量事例的研究和概括，把各种各样的情况归纳为几个基本类型，并给每一类型找出一种模型。所以它强调权变关系是两个或更多可变因数之间的函数关系，权变管理是一种依据环境自变数、管理思想及管理技术因变数之间的函数关系，来确定的对当时当地最有效的管理方法。

应当肯定地说，权变理论为人们分析和处理各种管理问题提供了一种十分有用的方法。它要求管理者根据组织的具体条件，及其面临的外部环境，采取相应的组织结构、领导方式和管理方法，灵活地处理各项具体管理业务。这样，就使管理者把精力转移到对现实情况的研究上来，并根据对于具体情况的具体分析，提出相应的管理对策，从而有可能使其管理活动更加符合实际情况，更加有效。

但是权变学派存在一个带有根本性的缺陷，即没有统一的概念和标准。虽然权变学派的管理学者采取案例研究的方法，通过对大量案例的分析，从中概括出若干基本类型，试图为各种类型确认一种理想的管理模式，但却始终提不出统一的概念和标准。权变理论强调变化，却既否定管理的一般原理、原则对管理实践的指导作用，又始终无法提出统一的概念和标准，每个管理学者都根据自己的标准来确定自己的理想模式，未能形成普遍的管理职能，权变理论使实际从事管理的人员感到缺乏解决管理问题的能力，对于初学者也无法适从。

1.2.7　管理理论新发展

进入20世纪60～70年代以来，西方管理学界又出现了许多新的管理理论，这些理论思潮代表了管理理论发展的新趋势。企业管理将从“硬环境”和“软环境”等几个方面重塑企业形象，主要表现在以下三种发展趋势。

(1) 企业文化。企业文化是指一定历史条件下，企业在生产经营和管理活动中所创造的具有本企业特色的精神财富及其物质形态。它由三个不同的部分组成：精神文化、物质文化和制度文化。

企业文化是企业生存的基础，发展的动力，行为的准则，成功的核心。从20世纪70年代末开始，企业文化成为勃兴于美国、风靡于世界的一种新的企业管理思潮。企业文化建设从企业“软环境”方面重塑企业形象，注重管理的伦理道德、价值观和行为方式的变革，企业文化是以价值体系为主要内容的群体精神支柱、思维方式、行为约束等聚集的合力，它对物质生产起促进和导向作用，是企业的灵魂。现代企业的竞争是技术竞争，是质量竞争，但归根到底是人才的竞争，人才的竞争又取决于人的意识、观念和素质，这些差异形成不同的企业文化。通过对企业文化理论的研究，激发人们的事业心和责任感，激发职工的积极性和创造性，形成共同经营宗旨、共同价值观、共同道德行为取向，产生共同语言和集体荣誉感。在我国进行社会主义市场经济改革时期，企业文化理论应有效地引导企业及职工，符合社会主义市场经济改革发展要求，符合国家的法规和政策，把企业的发展目标与国家建设、市场需要紧密结合。

(2) 学习型组织。1990年，美国麻省理工学院斯隆管理学院的彼得·圣吉教授出版了他的享誉世界之作《第五项修炼——学习型组织的艺术与实务》，这一著作的出版引起了世界管理学界的轰动。彼得·圣吉提出了学习型组织的五项修炼技能：①系统思考。系统思考是为了看见事物的整体。进行系统思考一是要有系统的观点，二是要有动态的观点。②超越自我。即指组织要超越自我，又指组织中的个人要超越自我。③改变心智模式。不同的人对同一事物的看法不同，原因是他们的心智模式不同。④建立共同愿景。愿景是指对未来的愿望、景象和意象。组织一旦建立了共同愿景，建立了全体员工共同认可的目标，就能充分发挥每个人的力量。⑤团队学习。是指发展员工与团体的合作关系，使每个人的力量能通过集体得以实现。团队学习的目的一是避免无效的矛盾和冲突。二是让每个人的智慧成为集体的智慧。从此，建立学习型组织、进行五项修炼成为管理理论与实践的热点。

(3) 企业再造。企业再造（又称业务流程重组，BPR）是20世纪80年代末、90年代初发展起来的管理新理论。企业再造理论强调从硬、实的方面构建企业管理新模式，其基本思想是对企业的业务流程做根本的重新思考和彻底的重新设计，以业务流程重组为重点，以求在质量、成本和业务处理周期等绩效指标上取得显著改善。企业再造工程在欧美企业受到高度重视，带来了显著经济效益，涌现大量成功范例，通过再造减少费用，提高顾客满意度。同时，企业再造理论考虑企业的总体经营战略，注重作业流程之间的联络作用，协调经营流程和管理流程关系。

企业再造的基本内容是：首先，以企业生产作业或服务作业的流程为审视对象，从多个角度，重新审视其功能、作用、效率、成本、速度、可靠性、准确性，找出其不合理因素；其次，以效率和效益为中心对作业流程和服务流程进行重新构造，以达到业绩上质的飞跃和突破。

园林行业同其他行业一样，它的发展同样需要现代管理理论的指导，因此每一个园林工作者必须认真学习经济管理理论，掌握基本的管理方法，并将其应用到管理实践中去，这样才能减少管理失误，提高管理的效率，从而减少浪费，提高经济效益。

1.3 园林经济管理的概念、性质与特征

1.3.1 园林经济管理的概念与理念

对于中国而言，“企业”一词并非古文化所固有的，和其他一些现在广泛使用的社会科学词汇一样，是清末变法之际，从日本移植而来的。而日本又是明治维新以后，在西方企业制度的过程中，从西文翻译而来。

企业一词从字面上看“企”表示图，“业”表示事业，顾名思义是企图事业，专用于商业领域则表示企图冒险从事某项攻取利润的事业。

企业作为一种社会组织，是指“应用资本赚取利润的组织实体”。

1.3.1.1 企业的定义

企业是指直接组合和运用各种生产要素（如土地和自然资源、劳动者、非人力形态的资本、技术管理、信息等），从事商品生产、流通或服务等经营活动，为社会提供产品或服务，以盈利为目的的经济组织。

企业的产生是社会发展的产物，因社会分工的发展而成长壮大。它是生产力发展到一定水平的产物，是商品生产的产物，并随着商品生产的发展而发展。

18 世纪工业革命前后，随着生产力的提高和商品生产的发展，作为社会基本经济单位的企业，包括从事生产、流通、服务等活动的各种企业，开始大量出现。

1.3.1.2 园林企业经营

（1）企业经营。是根据企业的资源状况和所处的市场竞争环境以企业长期发展进行战略性规划和部署、制定企业有远景目标和方针的战略层次活动。它解决的是企业的发展方向、发展战略问题，具有全局性和长远性。

（2）园林企业经营。是园林企业根据所处的外部环境与条件，把握机会，发挥自身特长和优势，为实现企业总需要进行的一系列有组织的活动。包括企业经营目标、经营方针、经营思想、经营计划、经营战略，以及生产供应、销售、服务等活动的全部内容。

1.3.1.3 企业管理

是根据企业的特性及其生产经营规律，按照市场反映出来的社会需求，对企业的生产经营进行计划、组织、领导、控制等活动，充分利用各种资源，不断地适应市场变化，满足社会需求，同时求得企业自身发展和职工利益的满足。

企业的管理目的：就是合理利用资源，实现企业目标，在满足社会需求的同时获得更多的利润。

1.3.1.4 企业管理的任务

企业管理最基本的任务是合理组织生产力，主要表现在以下两个方面。

（1）使企业现有的生产要素得到合理配置与有效利用。具体说来，就是要把企业现有的劳动资料、劳动对象、劳动者和科学技术等生产要素合理地组织到一起，恰当地协调各要素之间的关系和比例，使企业生产组织合理化，从而实现物尽其用，人尽其才。

（2）不断开发新的生产力；不断改进劳动资料；不断改进生产技术；不断地采用新的技术来改造生产工艺和流程；不断发现新的原材料或原有材料的新用途；不断对职工进行技术培训；不断引进优秀科技人员与管理人员。企业管理第二个任务是维护并不断改善生产关系。进一步来讲就是维护其赖以生产、存在的社会关系。由于生产关系具有相对稳定性，在相当长的一个历史阶段内，其基本性质可以保持不变，而生产力却是非常活跃、不断变革的因素，必然会与原有的生产关系在某些环节、某些方面发生矛盾。这时，为了保证生产力的发展，完全有必要在保持现有生产关系基本不变的前提下，通过改进企业管理的手

段、方法和途径对生产关系的某些环节、某些方面进行调整、改善，以适应生产力不断发展的需要。

1.3.1.5　园林企业管理的职能

企业管理的具体职能既包括由劳动社会化产生的属于合理组织社会化大生产的职能，又包括由这一劳动过程的社会性质所决定的属于维护生产关系方面的职能。具体有七个方面，即计划、组织、领导、控制、协调、激励和创新。

（1）计划。计划就是通过调查研究，在预测未来、方案选优的基础上，确定目标及安排实现这些目标的措施。计划最重要的和最基本的作用在于使员工了解他们的目标和应完成的任务，以及实现目标过程中应遵循的指导原则。计划是企业管理的首要职能。企业计划主要包括企业人事计划、企业市场销售计划，企业生产计划和企业财务计划等。

（2）组织。组织就是将管理系统的各要素、各部门在空间和时间的联系上合理地组织起来，形成一个有机整体的活动。也可称为团队。

（3）领导。领导是管理系统内的负责人员，按照组织体系进行调度，调解各部门之间的联系，并对企业员工施加影响，使企业员工为部门和企业的目标做出贡献。领导的原则有：目标协调一致原则、激励原则、领导原则、信息沟通的明确性原则、信息沟通的完整性原则、补充使用非正式组织原则。

（4）控制。控制就是在检查管理系统实际运行情况的基础上，将实际运行与计划进行比较，找出差异，分析产生差异的原因，并采取措施，纠正差异的过程。控制与计划密切相关，控制要以计划为依据，而计划要靠控制来保证实现预期目标。

企业管理控制应遵循下列原则。

1）标准控制原则。有效控制需要客观的、精确的和合适的标准。必须制订简单的、可考核的方式来衡量一项计划方案是否完成。控制是通过人来完成的，即使是最出色的主管也不得不受到人这一因素的影响，有时实际业绩受到个性迟钝或者能说会道者的文过饰非，或因下属善于"兜售"低劣业绩而得以隐瞒。因此，客观、良好的业绩标准，因其公正和合理，就比较有可能为管理人员所接受，易于执行。

2）关键点控制原则。有效控制必须选择那些对评价业绩有关键意义的因素。管理人员大可不必追踪计划执行的每个细节。他们必须了解的是：计划已经在执行之中了。所以，他们不必在意那些无关大局的细微偏差，而只需集中注意那些表明已脱离计划的任何重要偏差和与最终业绩有关的突出因素。因此，控制是否有效，在很大程度上取决于所选择的关键控制点。

3）例外原则。主管人员越是把控制工作集中于重大的例外情况，他们的控制工作就越有效。这条原则需要同关键点控制原则结合起来，但又不能相互混淆。关键点控制原则是确认有待留意的那些控制点，而例外原则是留意在这些点上所产生偏差的规模。

4）控制的灵活性原理。在出现失误或出现未曾预见的变化时，如果仍要使控制有效，就需要在设计的控制系统中保持灵活性。按照这条原理，控制不必十分死板地同计划结合在一起，因为如果整个计划失败，或发生突变，控制便会变得毫无作用。这条原理适用于计划的失败，而不是按照计划进行工作的失败。

5）采取措施的原则。只有当脱离计划的已知偏差，通过适当的计划、组织和领导工作得到了纠正，才能证明控制得当。在实际的工作中，这个简单的道理却常常被人遗忘。如果控制工作不采取辅助措施，则控制工作只是管理部门人力和时间的浪费而已。假如在已有和预计业绩中发现偏差，则要提出改进措施，或者重新制订计划。若要以制订追加计划的方式使计划的执行纳入正轨，则可能要求企业内部的重组，要求更换下属或培训下属人员，使之胜任所要求的工作。

（5）协调。在企业管理活动中，不可避免地会遇到各式各样的矛盾与冲突，这就需要协调。这是管理的重要职能，是在管理过程中引导组织之间、人员之间建立相互协作和主动配合的良好关系，有效利用各种资源，以实现企业共同预期目标的活动。

协调可分为企业内部协调、对外协调、纵向协调和横向协调。管理协调就是正确处理人与人、人与组织以及组织与组织间的关系。

（6）激励。激励是激发人的动机，诱导人的行为，使其发挥内在潜力，为追求欲实现的目标而努力的过程。激励是管理的重要手段。特别是现代管理强调以人为中心，如何充分开发和利用人力资源，如何调动企业职工的积极性、主动性和创造性，是至关重要的一个问题。这就要求管理者必须学会在不同的情境中采用不同的激励方法，对具有不同需要的职工进行有效的激励。激励的形成机制表现为个人需求和它所引起的行为，以及这种行为所期望实现的目标之间的相互作用关系。

(7) 创新。所谓创新，是事物内部新的进步因素通过矛盾斗争战胜旧的落后因素，从而推动事物向前发展的过程。创新是一切事物向前发展的根本动力。在现代管理活动中，创新是创造与革新的合称。所谓创造，是指新构想、新观念的产生；而革新则是指新观念、新构想的运用。从这个意义上讲，创造是革新的前导，革新是创造的继续，创造与革新的整个过程及其成果就表现为创新。所以，创新是通过创造与革新达到更高目标的创造性活动，是管理的一项基本职能。

1.3.2 园林经济管理的性质与内容

1.3.2.1 园林经济管理的性质

园林经济管理是一门具有综合性的马克思主义应用科学。它是在马克思主义基本原理的基础上，结合社会主义园林经济建设的实践，广泛应用现代先进的园林科学技术和科学管理理论，逐步形成和发展起来的一门新兴科学，是管理科学体系中的一个重要分支。

园林经济管理是园林专业的重要专业选修课，是研究园林经济的特点、规律及根据园林经济特点、规律组织园林经济活动的学科，主要介绍园林行业管理方面的基本理论、规律和一般方法。通过本课程的教学，培养有关园林经济管理的思维模式，掌握园林经济管理的基本理论，具备经营管理园林行业的基本知识，培养解决园林一般问题的能力，培养学生有关园林管理的综合素质，为学生毕业后从事城市园林建设与管理等工作奠定必要的基础。

1.3.2.2 园林经济管理的内容

园林经济管理原理研究的内容十分广泛。主要包括经济领导者、经济管理组织、经济管理体制的研究；人力资源、物力资源、财力资源、科学技术和信息资源管理的研究；经济管理的计划、指挥、监督、调控的研究；经济管理的目标、预测、决策的研究；对经济管理的思想教育保障、法律保障、社会保障的研究；以及经济管理现代化和经济管理效益评价的研究等。它包括生产力、生产关系和上层建筑等诸多方面的问题，以及它们在经济管理活动中相互影响、相互制约的关系等。

其次，经济管理原理的研究涉及的学科非常广泛。在管理活动以及学科研究中，要综合运用社会科学、自然科学、技术科学和思维科学的有关理论和方法。它不仅要运用社会科学，诸如马克思主义哲学、政治经济学、科学社会主义以及其他社会科学的有关理论、方法；还要运用自然科学，诸如数学、物理学、化学、生物学等学科的有关理论、方法；也还要运用某些工程技术科学，诸如信息技术、机械及电子技术、材料技术学等学科的有关理论、方法。

马克思主义的哲学、政治经济学、科学社会主义是马克思主义的基本理论，是我们的行动指南。但是，现实的社会主义革命和建设，还要求我们运用这些基本理论去研究各个领域的问题，从而形成马克思主义的各种具体学科。正如把马克思主义的基本理论用于研究军事问题，就产生了马克思主义的军事学一样，把马克思主义的基本理论运用于研究社会主义经济管理问题，就必然会产生马克思主义的经济管理理论。它是马克思主义应用学科的重要组成部分。

1.3.2.3 经济管理原理的研究对象

管理是一切共同劳动或共同活动的组织所不可缺少的活动，是管理者对一个系统施加影响，使其改变或维持既定状态的活动过程。作为人类社会的一种特殊的活动，管理的要素包括管理主体、管理客体和管理手段、管理目的。管理活动的基本内容在于规划和协调人们的行动，以达到预期的目的。

管理原理是研究管理活动一般规律的科学，它阐述管理的基本理论和方法。人类的管理实践最初来自经济活动，然而科学管理理论则是从经济活动的细胞——企业的管理开始。以后随着社会各个领域管理活动的增加，研究各种管理一般规律的管理学就应运而生了。20 世纪 20 年代以后，又不断吸收了数学分析、计算技术等新兴科学成果，使管理活动日益现代化。经济管理原理研究和揭示经济活动管理的一般规律性，为经济管理提供基本的理论和方法。

社会主义经济管理是社会主义国家的劳动者或其代表，按照客观规律的要求，采取各种科学的手段和方式，对以生产资料公有制为主体的社会主义经济活动，进行计划、组织、调控、激励等各种管理活动的总和。其目的在于以最少的投入取得尽量多的产出，以满足劳动人民日益增长的物质文化生活的需要。

社会主义的经济活动包括生产、分配、交换、消费四个基本环节。它涉及经济活动的各种要素、各个环节、各个方面，贯穿于经济活动的全过程。

社会主义经济管理从管理的范围来说，有国民经济管理、区域经济管理、部门经济管理、企业经济管理；从对部门、行业的管理来说，有工业经济管理、农业经济管理、商业经济管理、交通运输经济管理以及基本建设经济管理等；还有专门研究经济发展某一要素、某一环节管理的学科，如物资经济管理、劳动经济管理、财政管理、金融管理等。

社会主义的经济活动有许多基本内容。比如，从宏观经济来说，有生产活动（生产的技术和组织活动）、分配活动（经济运动要素的分配和产品的分配）、交换活动（市场、流通）、核算活动（宏观经济分析、财务核算）、消费活动（生产消费和生活消费）；从微观经济来说，有技术活动、生产活动、经营活动、财务活动、会计活动等。这些活动，都承担着各自的任务。

除了上述活动以外，还需要有一种负责整体经济谋划和管理的活动。如果没有这样一种活动，社会主义经济活动各个要素、各个环节和各个方面就不能按照预定的目标要求顺利地运行。因此，在各种经济活动之外，还必须有一种经济管理的活动。这种活动，不是研究社会主义经济活动中的个别内容或个别职能的，而是研究各个内容或职能之间的联系。由此，决定了经济管理原理的研究对象。经济管理原理是研究影响社会主义经济活动的各种要素、各个环节、各个方面之间合理结合，平衡运动的一般规律性，以不断提高经济发展水平和经济效益。

1.3.2.4　经济管理原理的研究方法

经济管理是人类实践活动中涉及面广而复杂的领域。对经济管理原理的研究，也应采用特殊的方法、这就是：矛盾分析法、系统分析法、科学抽象法、比较分析法、案例研究法、定性研究与定量研究相结合的方法等。

（1）矛盾分析法。经济活动是诸多矛盾的统一体。因此，经济管理原理的研究首先必须运用矛盾分析的方法，分析经济活动中的各种矛盾，找出这些矛盾运动的规律。比如，经济发展的速度和效益、产品的数量和质量都包含有质和量的对立统一。因此在研究社会主义经济管理时，还要分析经济活动中诸因素、诸环节、诸方面的质和量的辩证关系，以揭示它们之间的运动规律。

社会主义经济活动的矛盾是不断发展的。特别是在现代科学技术的作用下，生产日新月异，经济管理活动也处于不断革新的过程中。一个时期经济管理的形式、体制、方法、手段，要适应这一时期的生产技术状况，而当生产技术向前发展以后，新问题、新矛盾会不断出现，必然要引起管理活动的变化。

（2）系统分析法。社会主义经济管理的每一项活动，几乎都具有十分复杂的内外联系，而且这些联系又都处于变化之中，这本身就是一个复杂的系统。

运用系统分析的方法，分析经济管理问题，要有整体的观点。经济运动是各个环节、各种要素、各个方面的综合。经济管理的任务就在于使相关因素合理结合并力求做到平衡运动，以实现预定的方向和发展目标。所以，无论是国民经济管理，还是部门、区域经济管理，都要把它作为一个整体来研究。

所以，运用系统分析方法，分析经济管理问题，就要从整体出发，分析其构成要素、结构、层次、效能，以及与周围环境的联系，然后综合起来进行考察，得出总体的评价。

（3）科学抽象法。研究经济管理的理论要借助于科学的抽象力。因为经济管理面临的对象是非常庞杂的社会经济运动，探索有关社会主义经济管理的规律，就要通过认真地分析，抽象出一系列的基本概念和判断，然后，用于分析和指导经济管理活动。所以，经济管理的研究，必须运用具体→抽象→具体的方法。

经济管理原理是一门实践性很强的学科。经济管理的规律是从大量的经济管理的反复实践中得出来的。经济管理规律的表述有自己的特点，主要通过经济管理的原则、职能、过程、方法等的叙述，阐明经济管理的一般规律。读者在学习经济管理原理的过程中，要注意把握规律和基本方法，并运用这些规律和基本方法于经济管理活动之中。

（4）比较分析法。经济管理理论，产生于经济管理的实践。经济管理实践的经验，有的是客观规律的反映，有的则是偶然的现象。辨明二者的差异，是经验升华为理论的关键。而要达到这一目的，就必须在各种类型的经济管理实践中进行反复的比较和分析，揭示出经济管理的一般规律性。

在社会主义经济管理活动中起作用的规律是有不同层次的。有的规律是基本的，有的规律是特殊的。只有对不同类型的经济管理进行比较分析，才能分辨经济管理规律的不同层次，认识它们发生作用的条件、范围和特点，更好地运用客观规律，组织好社会主义的经济管理活动。

（5）案例分析法。经济管理中的案例分析法，是通过研究某些管理者在特定条件下的成功或失败，从中得到规律性的启迪，以充实和发展管理理论，并用来培养管理人员以提高其管理水平和素质的一种重要的途径和方法。系统化的案例是经济管理知识体系的相对独立部分，在管理科学领域的特定范围中发挥着积极的作用。

首先，案例分析法有利于管理理论和管理实践密切联系。管理是人类复杂的实践活动，管理理论，作为管理实践的总结和升华，具有实践性和实用性的特点。这就决定了它与管理实践必须保持紧密的联系，而案例研究法则是保持这种有机联系的重要媒介。

其次，案例分析法有利于培养管理者的实际管理能力。经济管理理论阐明了经济管理基本的原理、原则、方法等，而如何把这些基本原理运用于实际，则需要借助于案例的帮助。通过案例分析，使管理者逐渐学会把握理论和现实之间的联系，锻炼出把理论付诸实践的本领，从而有效地提高管理者的“实战”能力。

（6）定性研究与定量研究相结合的方法。事物的质和量是不可分割的。任何质量都表现为一定数量，没有数量就没有质量。质量和数量矛盾的对立统一是度。度表示在一定的界限之内，数量增减不会引起事物性质的变化，而如果超出一定的界限，则必然引起事物性质的变化。要正确地认识事物，就要把握住事物的质、量和度。社会主义经济管理活动的规律性，也要通过质和量的矛盾统一，通过度表现出来。我国过去经济管理中的一个重要教训，就在于只侧重于一般的、定性的研究，忽视量的研究，因而经济管理往往落不到实处，不能进行有效的管理。所以，要探索社会主义经济管理的规律，必须对经济活动进行科学的定性与定量研究。要在定性研究的基础上，细致地分析经济现象和经济过程的数量表现、数量变化、数量关系，通过定性和定量相结合的分析，揭示度的规定性，更好地认识和掌握社会主义经济管理的规律性。

1.3.3　园林经济管理的特点

园林企业管理除了一般企业管理所具有的盈利性、自主性和风险性特点以外，还具有以下三个方面特点。

（1）城市是园林业的主要载体。依靠植物来改善居住环境和休憩环境，归根结底出于两类原因：一类是都市人口密度的增长，导致原有环境已经不能满足需要；第二类是人类破坏了原有的自然环境，或生态人口条件发生变化，被破坏或恶化了的环境也不适于居住和休憩，即人类受到环境约束，从而必须加以改善。

园林业的发展依附城市的发展和人们生活水平的提高。园林是对城市建设过程中自然环境遭到破坏的补偿。也就是说，由于人口集中、工业生产、交通运输和广播通信集中，环境受到破坏，烟尘、废气、污水、噪声、射线过度，使得园林的边际效用大大提高。而相反如果仅仅考虑第一个动因，那么园林业在农村地区和城市的被需要程度就取决于园林的边际效用和生产可能性。由于园林的生态效果在农村地区的边际效用较小（因为植物较多）、生产可能性较大（人均土地较多），而在城市则相反。因此说城市是园林业的主载体。

所谓边际效用，是指最后增加的一单位有效生产量所具有的效用，即该生产量在多大程度上满足人的欲望或需要。

例如：对于都市民居中一棵树所产生的边际效用，远比森林的一棵树大得多；同理对于沙漠中的旅行者，一杯水所产生的边际效用远比身处江河边的人大得多。因此说园林是对城市建设过程中自然环境遭到破坏的补偿。也就是说，由于人口集中、工业生产、交通运输和广播通信集中，环境受到破坏，烟尘、废气、污水、噪声、射线过度，使得园林的边际效用大大提高。

全世界平均人口密度为33人/km^2；我国人口的数量居世界第一位，人口密度平均是104人/km^2，大于人口密度最高级（人口密集区）100人/km^2的标准，其中人口密度最高的江苏为600人/km^2。但是在人口分布中城市又是主要集中区，据2010年第六次人口普查结果表明，我国人口密度在2.5万人/km^2以上的城市地区有15个，其中上海黄浦区平均人口达5.5万人/km^2，人口的密集大大提高了城市的边际效应。

（2）园林既可能是公共产品，也可能是法人产品。园林经营管理的第二个特点是：园林区域作为一个行业的“产品”，正像教育和卫生保健一样，既可能是公共产品，也可能是法人产品。

所谓公共产品，是政府向居民提供的各种服务的总称，诸如国防、警察、司法、宏观经济调节、教育、卫生、城建等。公共物品既无排他性又无竞争性。这就是说，不能剥夺人们使用一种公共物品的权利。而且，一个人使用一种公共物品并不影响另一个人对它的使用。

与公共产品不同的法人产品，则是依法注册的集团（单位）或个人通过市场所提供的合法产品与劳务。法人产品如能赢利，则存在具体的受益个人或实体；亏损也是这样。公共产品则不同，即受益人是泛化的，而失误也会转嫁到公众之上。

法人产品往往受到市场调节，公共产品则可以不受市场调节。

（3）园林企业管理是活物管理。所谓活物管理是指管理的对象是具有生命特征的活的有机体。活物管理把生产建设（提供有效生产量）的过程和园林经营（提供实现效益量）的过程紧密衔接在一起。由于园林业要借靠植物，所以在基本建设中涉及绿地规划、设计及植物栽植养护；而在园林服务中也涉及植物（以及动物）养护及布局调整。这与一般的产品生产和供销之间界限分明的情况有所不同，也与一般的基建和服务（如旅店、博物馆及其他文化设施等）之间界限分明的情况十分不同。

总之，城市是园林业的主要载体；园林业的“产品”往往兼有公共性（非市场性）和法人性（市场性）以及涉及活物管理。

1.4 园林经济管理体制

1.4.1 园林经济体制

经济体制指以市场经济为前提，以规范和完善的企业法人制度为主体，以有限责任制度为核心，适应社会化大生产要求的一整套科学的企业组织制度和管理制度。

目前我国实行的是以公有制为主体、多种所有制经济共同发展的经济体制模式，它也是中国社会主义初级阶段经济体制的基本特征。

公有制经济不仅包括国有经济和集体经济，还包括混合所有制经济中的国有成分和集体成分。公有制的主体地位主要体现在：公有资产在社会总资产中占优势；国有经济控制国民经济命脉，对经济发展起主导作用。

集体所有制经济是公有制经济的重要组成部分。集体经济可以体现共同致富原则，可以广泛吸收社会分散资金，缓解就业压力，增加公共积累和国家税收。要支持、鼓励和帮助城乡多种形式集体经济的发展。这对发挥公有制经济的主体作用意义重大。

公有制实现形式可以多样化。一切反映社会化生产规律的经营方式和组织形式都可以利用。股份制是现代企业的一种资本组织形式，有利于所有权和经营权的分离，有利于提高企业和资本的运作效率，也适用于中国社会主义市场经济。国家和集体控股，具有明显的公有性，有利于扩大公有资本的支配范围，增强公有制的主体作用。城乡大量出现的多种多样的股份合作制经济，是改革中的新事物，要支持和引导，不断总结经验，使之逐步完善。提倡和鼓励劳动者的劳动联合、劳动者的资本联合为主的集体经济。

非公有制经济是我国社会主义市场经济的重要组成部分。鼓励、引导个体、私营等非公有制经济继续健康发展。

我国目前的园林经济体制也同国家的经济体制基本相同，也是以公有制为主体的、多种所有制经济共同发展的经济体制模式，但近年来随着园林行业的突起，一大批以非公有制经济形式的园林企业进入园林行业，逐渐增加了非公有制经济形式在整个园林行业中的比例。

1.4.2 园林经济管理体制

经济管理体制是指在一定的社会制度下生产关系的具体形式以及组织、管理和调节国民经济体系、制度、方式和方法的总称。它分为宏观经济管理体制和微观经济管理体制两类。

宏观经济管理是指对有关经济总体和经济全局的活动进行决策、计划、组织、指挥、监督和调节的过程。宏观经济管理的对象主要是各种经济活动的总量及它们之间的关系。宏观经济管理与国民经济管理在管理对象上有很大的区别。宏观经济管理专指国民经济活动中有关经济活动总量的方面，而国民经济管理则包括了国民经济活动的一切方面，既有宏观，还有中观和微观。

微观经济管理是对有关经济个体和经济局部的活动进行决策、计划、组织、指挥、监督和调节的过程。微观经济管理以企业管理为主要内容，但微观经济管理与企业管理却不能等同。微观经济管理除了企业管理之外，还包括关于微观经济活动的其他方面，关于劳动者个人的经济活动及经济运行的局部单位、局部过程和局部方面的内容。微观经济管理体制与微观经济管理是互相联系、互相对应的概念。但微观经济管理体制与微观经济管理却具有完全不同的角度。从经济体制学的角度来说，微观经济管理体制是决定微观经济的运行目标、管理原则、管理方法、决策主体和内在激励动力的一种管理制度；而微观经济管理则是对微观经济活动的制约过程。

园林经济管理体制是组织和管理园林经济的具体制度和方式、方法。它是在不同的发展阶段将园林经济各个方面、再生产各个环节联结成一个有机整体的具体组织形式，是管理园林经济活动的制度的总称，是生产关系具体表现形式之一。园林经济管理体制的建立是为了适应社会主义市场经济发展的市场竞争机制，健全完善的适应社会主义市场经济的运行机制，提高园林建设管理和服务水平，实现园林行业健康快速协调发展。进一步强化园林管理的政府职能；规范公益性养护作业单位的管理；实现行政管理、养护作业、企业经营的职责明确、责权清晰。提高效率，提高服务质量，使园林行业逐步走上良性循环，走向可持续发展的重要依据。

园林经济管理体制具体包括管理机制、管理结构和管理制度三大内容。

管理机制，是指管理系统的结构及其运行机理。管理机制本质上是管理系统的内在联系、功能及运行原理，是决定管理功效的核心问题。管理机制是以客观规律为依据，以组织的结构为基础，由若干子机制有机组合而成的。管理机制以管理结构为基础和载体。管理机制本质上是管理系统的内在联系、功能及运行原理。

管理结构是指各级园林管理部门的设置方式、职责、层次、权限和相互关系等。

管理制度是指由园林经济管理机制决定，体现管理主体意志并借助强力实行的行为规范的总和，它明确了管理主体实施管理的范围、程度、程序和准则等。

以上三个部分相互联系、相互影响，主要解决了园林经济运行过程中谁来管、管什么和怎么管等问题。

目前我国园林经济管理制度采用的是以企业法人为基础，以企业产权制度为核心、政企分开、管理科学为基本前提条件而展开的各项具体制度所组成的、用来处理企业关系的软件系统。公司制是现代企业制度的典型形式。理解现代园林经济体制可以从以下四个方面进行：一是从生产关系的角度看，现代企业制度对应的是市场经济；二是从生产力的角度看，现代企业制度对应的是社会化大生产；三是从法律的角度看，现代企业制度对应的是企业法人制度；四是从产权的角度看，现代企业制度对应的是有限责任制度。

1.4.3 园林绿化组织机构的形式

园林绿化组织机构的形式如图 1-1 所示。

针对本项目管理机构的人员配备情况如图 1-2 所示。

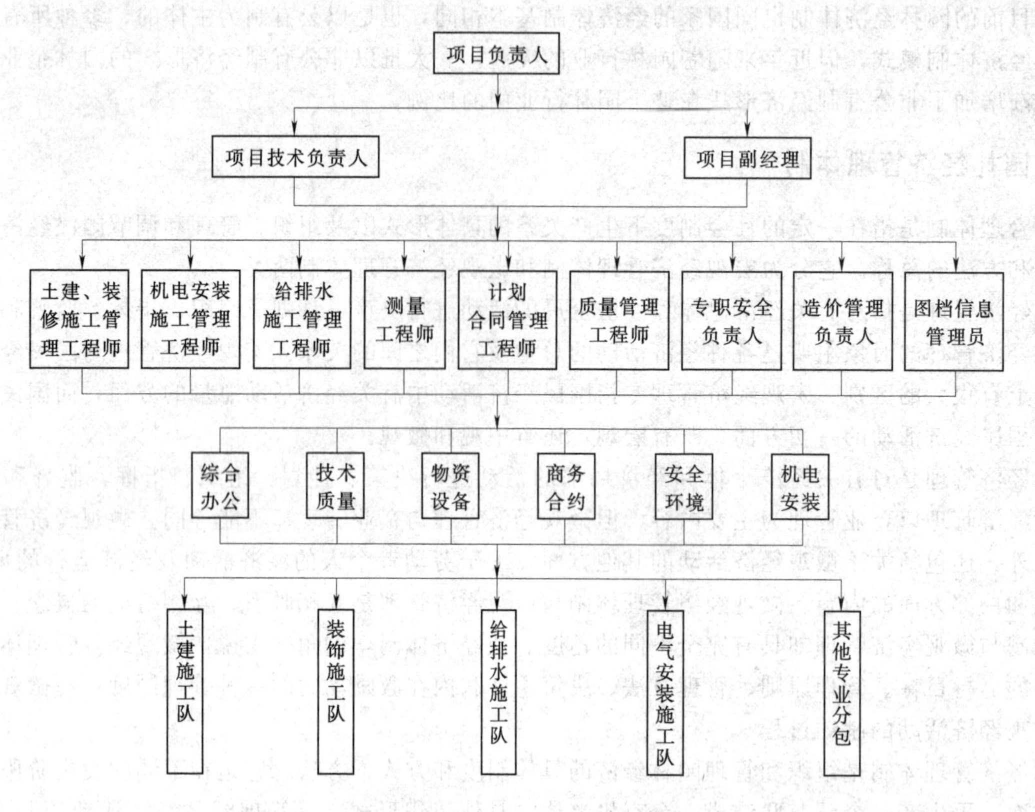

图1-1 施工组织架构图

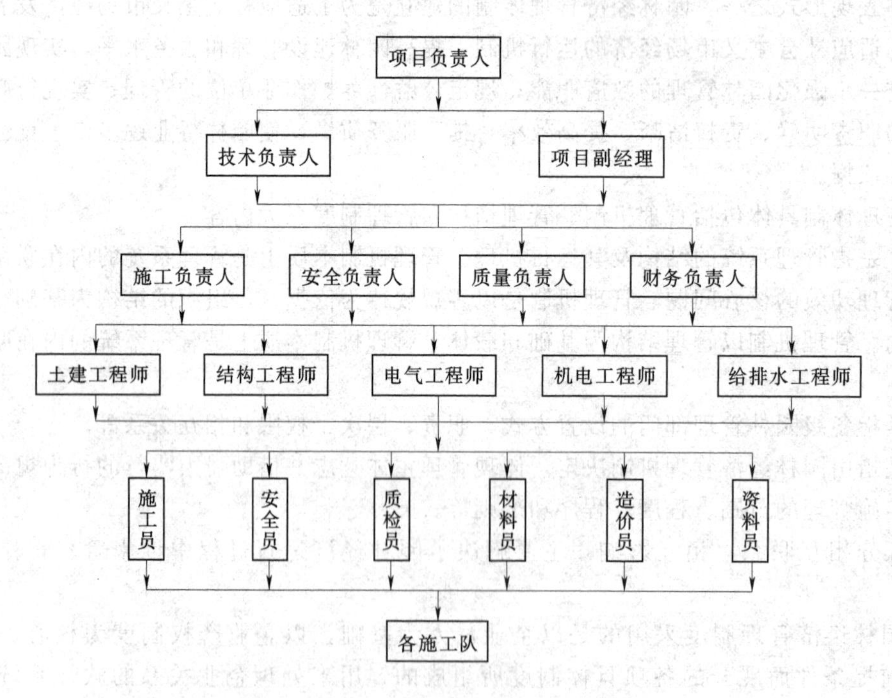

图1-2 园林管理机构的人员配备图

1.5 园林市场运行现状与管理

1.5.1 园林市场概述

在经济学中，每个独立的经济单位都可以按照各自的功能分成两大类：卖方和买方。当买方和卖方同时相互作用时，就形成了市场。市场是买卖双方通过相互作用来决定某一种或一类商品价格的集合。

市场竞争程度的强弱是经济学划分市场类型的标准。根据这个标准，我们将市场分为完全竞争性市场和非完全竞争性市场。完全竞争性市场的特点是市场内拥有许多买卖双方，但没有任何一个买者或卖者能对价格有显著的影响力。这种市场最具代表性的典型就是农产品市场，比如在小麦市场中，有成千上万的农民生产小麦，同时也有许多厂商来购买小麦进行再加工。显然这个小麦市场内的任何一个农民或厂商都不能单独决定或影响小麦的价格，这就是一个完全竞争性市场。

而非完全竞争性市场则是相对于完全竞争性市场而言的，除了完全竞争性市场以外的其他市场都可称为非完全竞争性市场，它包括垄断市场、寡头市场和垄断竞争市场。这些市场的特点都是或多或少带有一定的垄断因素，具体表现在生产者或厂商的数量有限，或者即使生产者或厂商的数量较多但它们之间也是彼此联合的关系，这样它们就可以影响商品的价格，这个市场就可以在一定程度上被其控制。如垄断竞争的香烟市场、寡头的石油市场、完全垄断的水电市场等。

市场经济也称为自由经济，萨缪尔森在其论著《经济学》中是这样定义市场经济的："市场经济是这样一种经济，在这一经济中，生产什么、如何生产以及为谁生产的有关资源配置问题主要是由市场供需所决定。"

简而言之，市场经济就是以市场自由调节作为资源配置的主要手段或工具的一种经济形式。

而计划经济也称为指令性经济。在计划经济中，政府控制着生产要素，并对其使用和收入分配作出决策，并且所作出的决策也是集中进行的。所以计划经济就是以政府计划调节作为资源配置主要工具的一种经济形式。由此可见，市场经济与计划经济的主要区别在于两者资源配置方式的不同。

市场经济注重的是市场本身的调节能力，而计划经济则以政府职能来替代市场机制进行经济活动。市场经济到底是如何运行的呢？价格机制在市场经济条件下起到了资源配置的功能，这就是市场经济运行的内涵和本质。

园林市场是园林商品交换环境和条件的总和。在园林市场中，园林产品完成从生产领域到消费领域的流通过程，实现园林产品商品价值和使用价值的转换。

园林市场是整个市场体系的重要组成部分。包括园林规划设计市场、园林工程施工市场、园林绿化苗木市场、花卉市场及中介服务市场等。

按交易参与者的集中和分散程度，可分为集中市场和分散市场。

按交易的品种的不同，园林市场又可分为单一品种的专业化市场和多种产品的综合市场。

园林需求：指的是对于园林这一特定行业的需求。随着社会经济的发展，园林需求主要包括生态需求、防护需求、游憩需求、闲暇需求等。这些需求可分成两个方面：一是作为公共基础设施的园林需求，二是作为法人产品的园林需求。

园林供给：就是指园林生产者在一定时期和一定价格水平下愿意而且能够提供的园林商品的数量。

1.5.2 园林市场运行机制

现在各个城市都在创建园林城市，"重建轻管"现象严重，如何加强城市园林绿化管理，提高城市绿化水平，成为一大难题，特别是推进园林绿化市场化运行机制，值得我们去探索。

市场运行机制是指通过市场价格的波动、市场主体之间的利益竞争、市场供求关系的变化来调节经济运行的机制。

运行机制主要包括供求机制、价格机制、竞争机制和风险机制。简而言之，市场运行机制就是依靠价格、供求、竞争等市场要素的相互作用，自动调节企业的生产经营活动，实现社会经济的按比例协调发展。

(1) 价格机制，是商品的供给与需求同价格的相互制约作用。供求的变化，引起价格变动；价格的变动又会引起供求的变化。正是在这种联系和变动中，供求趋向一致，价格与价值趋向一致。价格机制是市场机制的核心。

(2) 供求机制，是商品、资本、劳动力的供求之间的内在联系和作用机制。在一定的市场需求条件下，市场供给总量是由整个社会生产能力决定的，社会需求是消费者愿意购买并有支付能力的需求。

(3) 竞争机制，是指市场行为主体之间为获取经济利益最大化而进行的斗争。竞争是商品经济的本质属性，竞争机制可以促进社会供求平衡。

（4）风险机制，是市场活动同盈利、亏损、破产之间的相互联系和作用的机制。在市场经济条件下，任何一个微观经济主体都面临着盈利、亏损、破产等多种可能性，都必须承担相应的风险。风险机制以盈利的诱力和破产的压力作用于企业，从而鞭策企业注重经营，改进技术，加强管理，增强企业活力。

1.6　园林经济管理的现状与发展趋势

1.6.1　园林经济管理的现状

1.6.1.1　现代园林行业发展现状

（1）现代园林具有明显的特点。

1）注重绿地的系统性。在生态平衡理论的指导下，重视大环境建设，建立和完善城市绿地系统，并将其纳入城市宏观发展规划和建设轨道。

2）强调系统的外向型与开放性。

3）富于抽象性和寓意性。它既不再像东方园林那样去模仿自然，也不再像西方园林那样去逼自然就范，而是力求对大自然作本质性洞察，摒弃繁琐的细节性模拟，以生态型与几何型的有机结合，使得自然式与规则式相融一体。

4）具有鲜明的规律性和装饰性。

（2）园林行业的特点。生态环境保护和建设是未来全世界的一项重点工程，园林绿化作为生态环境的重要组成部分，受到全社会的日益重视和关注。近年来随着经济的快速发展，园林事业如雨后春笋般蓬勃发展。当前我国绿化行业正处在成长期，市场需求开始上升，行业随之繁荣，由于市场前景好，投资于绿化行业的竞争者大量增加，产品也逐步从单一、低质、高价向多样、优质和低价方向发展。但是与其他企业相比，园林企业的表现出以下几大特点。

1）起步晚。园林行业起步于20世纪70年代，从农林业分工而独立的花卉和苗圃业，经过绿地和庭院建设，逐渐发展成为包括养护管理及其他服务在内的综合的技术经济系统。其对应的园林行业法制标准化工作起步较晚，是从20世纪80年代才开始制定风景园林技术标准。

2）发展起点低。由于园林产业某种程度上属于一种涉农产业，而且是一种朝阳产业，固定资产投资比较小，技术及员工素质上要求相对比较低，因此入户门坎比较低，比较容易进入。

3）发展速度快。据中国建设报社、中国风景园林学会信息委员会六家单位联合发布的《2008—2009年度中国园林企业经营状况调查报告发布》显示，截止到2009年1月20日，具有城市园林绿化一级资质的企业共有216家。其中浙江、广东、江苏、北京和山东等城市园林绿化一级资质企业数量名列前五位，同时有9个省、直辖市、自治区目前还没有城市园林绿化一级资质企业。详细资料如表1.1所示。

表1.1　全国园林绿化企业数量情况

园林行业	数量（家）	园林行业	数量（家）
一、具有资质等级的园林企业	>16000	二、园林规划设计院或设计公司	>1200
1. 一级资质的企业	216	三、花卉市场	>2500
2. 二级资质的企业	>2000		

由表1.1可以看出我国在短短的20年内园林行业比其他行业呈现出更快的发展势头。

4）行业内容不断扩大。随着我国市场化程度越来越高，园林行业结构也逐渐变化，行业内容不断丰富扩大。例如，20世纪90年代以前，风景园林规划设计单位很少，几乎都有自己的特点。近几年由于市场的扩大，如林业和工艺美术等也打破了行业界限，分别以生态和景观的名义进入风景园林的设计领域，风景园林规划设计也和其他专业如城市规划、建筑、旅游策划等有了更多的交叉和融合。大型的跨国公司的进驻，带来了新的思想理念和丰富的实践经验，与国内企业共同分享行业市场同时，也潜移默化的影响着我国园林行业的发展。

5）行业产值持续增长，市场潜力巨大。从2002年以来我国园林行业整体运行呈现出明显的增长趋势，2002～2006年，固定资产投资以平均年增长32%的速度增加，同时城市化建设催生园林绿化大市场，园林行业迎来发展的春天。据不完全统计，我国园林行业每年产值1500亿元左右。据城市建设统计公报统计，2002～2006年，全国650余个城市市政公用设施固定资产投资持续上升，平均每年投资4741亿元，以平均20.55%的速度增长，其中城市园林绿化平均每年投资351亿元，投资平均增长速度达16.42%，2006年城市园林绿化投资达427亿元。

此外，我国的园林绿化养护市场还没有得到足够的重视。就目前国内市场而言，仅北京市草坪的绿化面积就达21152hm^2，而养护费大于6.5元/m^2。根据有关资料统计，全国绿化养护每年产值约200亿～300亿元，园林养护的市场前景看好。据农业部花卉产销数据库统计，截至2006年，全国苗木产值267亿元，2000—2006年平均年增长15.97%，高于全国GDP增速。我国每年园林设计产值达30亿元以上，并以10%的速度增长。

1.6.1.2 现代园林的发展趋势

（1）园林与艺术的融合。现代园林自产生起就从现代艺术中吸取了大量的养分，但在20世纪前半叶，艺术只是作为园林形式的一种借鉴，在20世纪60年代之后许多的艺术家才在园林与自然中进行了大胆的艺术尝试和创新，使园林与艺术真正得到了融合。

（2）园林与生态的结合。自1969年美国宾夕法尼亚大学园林学教授麦克·哈格提出了综合性的生态园林规划思想以来，许多的园林设计师都开始接受了生态园林整体设计思想，并运用生态设计的原则来进行园林环境的设计和改造。

（3）园林与文化的结合。风景园林本身就是一种文化景观，作为文化和历史的载体，必然反映出特定的文化。设计师在园林设计过程中将园林设计与地区文化有机地结合起来，并将地区文化作为景观设计的依据，就构成了园林与文化的有机结合。

（4）园林与全球化的结合。这个融合过程包含两个层面，一是本国园林的世界认同性；二是对世界园林思想、方法的认知性。

1.6.1.3 园林产业的发展前景

改善生态环境、提高人居质量，目前正成为我国城市建设的主旋律。为解决空气污染、噪音、热岛效应等不利于人们身体健康的“城市病”，我国许多大中城市正致力于发展城乡一体的城市绿化，竞相为城市营造一道绿色的“生态屏障”，园林产业的发展也被人们所看好。

（1）国民经济持续快速增长。国民经济持续快速增长是园林产业快速发展的根本动力。中国是近20年来世界上经济发展速度最快的国家之一。根据“十五”计划，“十五”期间年平均经济增长速度预期为7%左右。今后20年，中国经济仍将快速、健康发展，这是园林植物材料和花卉产业得以持续快速发展的保障。

（2）城市化进程加快和房地产业兴起。城市化进程加快和房地产业兴起是园林产业快速发展的加速器。当前，改善人居环境越来越被人们所重视，房地产开发商认为房地产环境质量好坏是房地产项目开发能否成功的关键因素之一。“十五”计划规定城市建成区绿化覆盖率要达到35%，目前很多城市建成区绿化覆盖率没有达到该指标，需要大量建设城市园林绿化，随着城市化进程的不断加快，城市人口和城市用地规模迅速扩大，新的城市和城市建成区拉动了大规模的园林绿化建设。

随着城市人口的不断增长和国家推行居民住宅商品化和市场化，房地产业迅速发展。近几年来，国家逐步取消了福利分房，大力推动住宅商品化，房地产开发投资增长很快，同时商品房销售形势非常乐观。2000年1～10月，全国商品房销售比上年同期增长36.4%（其中东部32.9%，中部47.7%，西部55.9%），进一步刺激房地产开发投资。2000年前三季度全国房地产投资比上年同期增长25%，这意味着房地产项目园林景观投入至少增长25%。住宅区园林景观得到房地产开发商的高度重视，房地产项目园林建设市场迅速扩张。

（3）基础设施建设。重大基础设施建设（如交通建设）拉动配套园林绿化和环境建设项目发展。近年来，我国重大基础设施建设投资规模庞大，固定资产投资增长强劲。在公路建设方面，到2000年底，我国公路通车总里程达140万km，其中高速公路里程达1.6万km。到“十五”期末，我国公路通车总里程将达160万km，其中高速公路里程达2.5万km以上。道路绿化和配套景观建设规模扩大、要求提高。大规模基础设施建设和固定资产投资强有力地拉动园林绿化产业的发展。在民航运输建设方面，大规模扩建、新建民航机场，配套园林绿化面积大幅度上升。“十五”期间我国将新建1.4万km高速铁路客运网。铁路、公路沿线的绿色通道建设需要大量的园林植物材料用于绿化和景观建设。

（4）国民收入水平不断提高。国民收入水平不断提高，将大大促进园林材料产品消费。2000年城镇居民的生活水平已达到小康，开始进入富裕阶段，也意味着园林材料消费将由礼品消费、集团消费为主转向日常消费，因此市场空间迅速扩大。同时居民家庭绿化、私人庭院造园也将快速启动，园林产业市场范围将大大拓展。

（5）旅游及休闲度假产业迅速崛起。旅游及休闲度假产业迅速崛起将大大刺激风景园林建设和旅游城市的园林绿化建设，据统计，2012年“十一”假期全国旅游人次达3.62亿人，国内旅游收入达1800亿元，2012年全国旅游收入达2.57亿元，在世界旅游产业中排名第五。再加上新兴风景名胜区及旅游城市园林景观建设，大大拉动了园林产业的发展。

（6）环境保护意识不断提高。环境保护意识不断提高为园林产业发展奠定了思想基础。根据“零点调查”公司的调查结果，环境问题已经成为中国城市居民关心的焦点，有49.2%的城市居民将环境问题列为其关心的焦点问题。随着市民环保意识的提高，以及政府对环保投入力度的不断加大，将大大促进环境建设和园林建设的发展，从而拉动园林产业。每年都有城市园林建设项目被列入“为民办实事工程”或重点建设工程，城市园林景观建设得到前所未有的重视。

综上所述，中国园林产业高速发展的外部条件已经基本成熟，将进入起跑和起飞阶段，估计今后5～10年，中国园林产业将以25%～30%左右的年增长速度快速发展。

1.6.1.4 园林经济管理现状

园林行业由于起步相对较晚，因此园林经济管理表现出以下几个主要特点。

（1）园林行业标准体系不完善。一个行业的标准化程度，代表这个行业的整体技术水平。我国园林行业标准化虽然得到了很大的提升，但依然存在标准化程度很低、标准体系结构不合理、系统性不完善、标准体系总体发展不平衡、标龄过长、技术含量低等一系列问题。

目前在中华人民共和国住房和城乡建设部已颁布的近1200多个标准当中，涉及城市园林绿化方面的不到20项，仅占1.7%。而且园林绿化标准体系未能涵盖园林行业主要专业领域，不能真正反映行业的结构和特点，尤其在资源管理和生态区域管理等方面的关注不够。但是在园林行业中也有部分领域发展快、行业管理标准比较齐全，如花卉苗木行业；同时部分领域由于起步晚，工程质量、安全、管护标准很少，如园林绿化行业。但总的来讲园林行业标准相对置后（如市场管理、项目管理、招投标管理、施工设计以及风景园林师制度的确定），不能满足园林行业发展的需要。

（2）缺乏行业在国民经济和社会发展中的地位作用和效益的系统研究。

园林行业的发展与当代社会经济的关系相辅相成。园林绿化所形成的环境效益，不受疆域的约束，具有普遍性等特点。但是，目前对绿化的环境效益，还处在有认识无评价或有评价无计量的状况，多数单位对绿化的效益的评价还停留在一般概念的水平上。

中国园林行业应从法制和管理上推行绿化环境效益的评价、计量，以便比较具体地反映绿化的经济效益，这是确立园林行业的作用、地位，促进园林事业发展的一项重要措施。

（3）公司发展目标不明确，忽视项目管理的核心作用。由于业务的增多，园林企业增长很快。但是，大部分企业只考虑赚钱，为完成原始积累和生存而奋斗，却忽视了工程项目管理的核心作用。导致公司管理层经营理念陈旧，难以用战略的眼光管理公司，导致管理思想落后、目标短浅、体制单薄、组织松散、方法简陋、手段庸俗，使企业管理局限于生产经营或投机倒把式的管理格局之中，企业项目管理的作用没有得到充分发挥。

（4）注重园林建设标准，轻视养护管理标准。养护管理是园林绿化中非常重要的环节，它是一项长期、反复的工作，园林绿地的建成并不代表园林景观的完成，只有高质量、高管理的园林养护，园林景观才能逐渐地形成与完美。在我国有关建设标准比较多，而养护管理标准相对较少，表现出“重建轻养”现象，许多建设单位建得“一流”工程，但维持不了“一流”的水平，发挥不出“一流”的效益。

（5）城市园林化意识相对较低。由于我国城市建设发展起步较晚，受经济条件的制约，面临着生态环境恶化和城市园林化发展迟缓的严峻局面。从目前的实际情况看，许多城市政府对园林绿化在城市文明建设中的地位与作用，尤其是在城市环境保护与管理中的战略地位与功能认识不足。如城市园林绿化建设与城市总体建设不协调，城市总体规划中，绿地预留面积比例不足，大面积、大手笔、高质量、高标准的绿化景观很少。

（6）组织结构设置不合理，人力资源管理存在漏洞。目前面对机遇，正处于扩大市场谋求发展的阶段，园林公司技术人员结构不合理，高级人才缺乏，急需相关专业素质较高的人员，这种供需矛盾暴露出绿化公司人力资源管理需进一步完善的急迫性。

（7）成本控制能力没有显著优势。在竞争日趋激烈的市场经济环境中，组织好成本管理工作显得尤为重要。多数绿化公司在成本控制上没有形成一套完善的责权利相结合的成本管理体制、忽视工程项目“质量成本”的管理和控制、忽视工程项目“工期成本”的管理和控制、存在项目管理人员经济观念不强等问题。

（8）园林苗圃市场建设不完善，养护管理技术匮乏。在园林苗木的生产和经营中，大部分企业只重视数量指标，而忽视质量指标，严重影响了苗木整体质量的提高；生产者急功近利的思想比较突出，缺乏长远规划，导致苗木培植比例不合理，需要的少，不需要的多，降低了生产的综合效益。

（9）园林绿化企业从业人员的素质普遍偏低。由于早期的园林绿化技术含量较低，只要会植树种草就行，许多园林绿化企业是从苗圃发展起来的，许多企业员工多为短工，有工程时雇人，工程一结束就解散，再有工程再雇人，不能进行系统的教育培训，导致整个企业员工业务素质低。

（10）缺乏专业化的行业协会和中介咨询机构。在市场经济运行中，行业协会和中介机构作为政府、市场、企业之间联系的纽带，具有政府行政管理不可替代的作用。

1.6.2 园林行业的发展趋势

我国园林行业的发展是随着社会主义市场经济和科学技术的发展而发展起来的。就行业发展情况来讲，不论其内容与形式，还是服务对象，在不同的社会时期和发展阶段均有着很大的变化。但总的来讲我国园林行业有以下几个发展趋势。

（1）园林市场逐步走向社会资本化。由于园林建设具有明显的公益性特点，长期以来行业的资本来源主要是以政府投资为主，民间资本和社会资本的注入为辅。但是随着人们对生态环境的重要性认识不断提高，全社会共同发展园林产业已经成为当今发展的一大趋势，全社会积极参与的资本市场比例逐渐增加，逐步走向社会资本化。因此我国未来园林行业的发展，将是在政府引导下吸引大量社会资本进入园林建设领域。

（2）园林规划设计理念扩展，走向多元化设计。与过去相比，目前园林规划设计项目的种类、深度和广度均已得到长足发展，已经从传统园林设计转向现代景观规划设计。因此未来的园林设计将更多吸收借鉴环境伦理学、环境心理学与生态哲学等新的观念，以人为本，以人与自然协调为目标，逐渐走向生态设计、文化设计、区域设计、科学和艺术相结合的设计。

（3）“生态城市”是当代城市园林建设的发展趋势。现代园林发展应该以人为本，充分认识和确定人的主体地位和人与环境的双向互动关系，强调把关心人、尊重人的宗旨具体体现在城市园林的创造中，在满足人们的休闲、游憩和观赏需要的同时更加注重对生态环境的保护，使人、城市和自然形成一个相互依存、相互影响的良好的可持续发展的生态系统。因此强调人工园林和自然生物群落的有机结合，实现城市园林生态化已成为世界各国城市园林发展的必然趋势。

（4）风景园林行业一定会进入保护与建设并举时代。我国园林行业发展的总目标是推进自然和人文资源的保护事业，建设有中国特色的、和谐的、生态的、可持续发展的城乡人居环境。对我国整体自然资源和人文资源进行保护和可持续的利用，以及建设城乡人居环境是园林行业发展的主要内容。

1.7 园林企业现代化管理

园林企业现代化管理是指应用现代化管理技术对园林企业的生产经营活动进行组织、计划、指挥、监督和调节等一系列职能的总称。通过园林企业的现代化管理使园林企业有明确的发展方向；使每个员工最大限度地发挥潜能；资本结构合理，投融资恰当，企业财务更加清晰；从而提高园林企业的运作效率；为社会提供更优的园林产品和服务。特别是在现代信息社会中，随着科学技术的进步，经济全球化进程的加快，企业的管理思想、管理制度和管理方式等必然发生改变，通过园林企业的现代化管理，重新整合人才、资本、科技等要素，使各种生产要素和生产条件得到优化，企业自身实力和市场竞争力进一步增强，从而为园林企业的可持续发展奠定了基础。

随着社会的不断发展，园林企业经营受到外部环境的影响越来越大，外来竞争的压力，必须通过创新经营，以不断提高经营效益为中心，从而提升整个企业的实力。企业经营是在科学理论指导下的系列经营。而竞争观念、市场观念、效益观念、人民消费观念、开拓创新观念已成为企业的经营指导思想。社会在发展，所以园林企业经营手段也必须逐渐现代化。

1.7.1　企业现代化管理

按管理理论的思想倾向，可将企业管理学派简化为两大类别，即计量学派和行为学派。然而现代新的管理理论已开始将两派有机融合，推出了“科学管理”与“人际关系”相结合的管理理论——“现代管理科学”。现代科学管理理论是以往的管理理论（不论是古典管理理论还是行为科学管理理论）和现代科学方法（如新三论）与技术（如电子计算机等）的有机综合，它使管理理论走向了更高的层次和水平。

现代管理科学是20世纪40～50年代以后迅速发展和丰富起来的管理理论和管理方法。政治、经济、科技等方面的发展为现代科学管理理论的诞生提供了契机。现代管理科学的发展，实际上是在过去的古典科学管理和行为科学管理的基础上，应用现代科学的思想方法和新的手段发展起来的。

现代管理科学具有以下几个特点。

（1）管理思想的科学化。这主要体现在系统论、控制论、信息论在管理方面的应用，使管理者能够以系统的观点、发展的观点去分析事物，重视信息，加强控制，提高管理效益。

（2）管理方法的数量化。管理科学已经由经验型的、定性的管理，逐步向重视定量分析、科学预测方向发展。系统工程学的产生就是数学运筹学方法应用的产物。

（3）管理手段的电子化。由于电子技术和通讯技术的发展，运用电子计算机、电视、电讯等，使管理加快了速度，提高了精确度，解决了复杂运算的费时费力现象，推进管理日益科学化。

（4）管理人员的专业化。现代的管理者，不仅应该有较高的科学文化知识，而更重要的是要善于管理，能进行科学的管理。管理成为一种跨越各种专业知识的专业，称之为“软专业”。管理者应该是“软专家”。

20世纪80年代末以来，信息化和全球化浪潮迅速席卷全球，顾客的个性化、消费的多元化决定了企业必须适应不断变化的消费者的需要，在全球市场上争得顾客的信任，才有生存和发展的可能。这一时代，管理理论研究主要针对学习型组织而展开。彼得·圣吉（P. M. Senge）在所著的《第五项修炼》中更是明确指出企业唯一持久的竞争优势源于比竞争对手学得更快更好的能力，学习型组织正是人们从工作中获得生命意义、实现共同愿景和获取竞争优势的组织蓝图。从而拉开了当代管理理论研究的新篇。

1.7.2　园林企业的现代化管理

园林企业是一个新兴的企业，是在全球关注环境问题、生活健康、生活品质的大社会背景之下产生和发展起来的新兴产业。在整个行业中各个方向的企业也都有着较好的发展前景，因此运用现代化管理是园林企业发展的基本手段。

园林企业的现代管理中首先要充分学习和应用现代化管理理论，将现代化管理理论有机地与园林经济管理相结合，最大限度地提高园林经济管理的经济效益。进一步提高并发展绿化成果。

我国的园林企业在未来的日子中有着巨大的发展潜力。而运用得当的现代化管理模式是园林企业顺利发展的基本保障。因此，在我国园林企业的管理当中，要有一个正确的指导思想，即逐步地建立中国式的、社会主义的、现代化的企业管理体系；要从提高企业基本素质入手，加强企业精神文明建设；要自觉地把企业置于世界经济发展的潮流之中；要采取有针对性的具体措施，加速企业管理现代化的进程。从而更科学的发展我们有中国的特色的现代化园林企业。

本 章 小 结

本章通过寓言故事对园林经济管理理论进行了阐述，使同学们了解现代企业管理理论、园林经济管理学研究任务、对象和主要内容，以及园林经济管理的概念、性质与特征。熟悉了园林行业的特点、对象、任务，为进一步理解园林经济管理奠定了基础。

思 考 练 习 题

1. 园林经济管理的研究对象是什么？
2. 园林经济管理有何特点？
3. 园林经济管理的研究方法有哪些？
4. 为什么要学习园林经济管理？
5. 现代园林的主要功能有哪些？
6. 园林企业一般有哪些特点？
7. 园林企业按主营业务可划分为哪几类？

第2章 园林政策与法规

本章学习要点

- 了解园林政策法规的作用和园林行业技术标准的种类，熟悉园林行业标准化及园林政策法规的构成体系，理解园林政策与法规的关系，掌握园林政策、法规的基本内容和特性，为依法进行园林经济管理奠定基础。

政策与法规就是人们做事的行为准则，人们只有凡事依法照章行事，社会才能成为真正的理性社会。园林行业也不例外，只有规范了园林行业的相关政策与法规，才能保障园林行业健康有序的发展。因此作为一个园林企业的管理者，更应该时刻关注政策与法制对园林行业的影响，认真学习与掌握相关的政策、法规的基本理论和基础知识，加强法律意识，树立法制观念，时刻保持与政策法规的高度一致，灵活地运用政策法规从事园林生产与建设，使企业最大限度地获得经济效益，实现园林行业长久可持续发展。

2.1 政策与法规管理寓言故事

2.1.1 逼改法规

从前，有一个9岁的小孩子，由于不是他父亲的婚生子，依据当时的习俗，就不能继承他父亲的爵位和财产。而他父亲又没有婚生子，便决定把他的侄子过继过来继承他的爵位和财产。

到了指定的日子，在府第里举行仪式。这位父亲是朝中的大臣，所以知名的人士都来了，连国王也亲自驾临。这时，这位9岁的小孩手中捧着许多削得尖尖的棒头走了过来，他给每位客人都分了一根，然后说道："如果谁认为我不是父亲的亲生儿子，请刺瞎我的眼睛吧！"

大家齐声说道："你是你父亲的亲生儿子。"

"如果谁认为我的堂兄弟是我父亲的亲生儿子，请刺瞎我的眼睛吧！"

"他不是你父亲的亲生儿子。"

"那么，你们为什么剥夺我——这个父亲亲生儿子的权利呢？"

大家告诉他说："法律是这样规定的呀，根据法律，你是非婚生的儿子啊！"

男孩说："那么，应该不是我非法，而是法律非法了。"

他又问道："法律是谁写的呀？"

大家回答说："是人们写的。"

"你们是'人们'吗？"

客人们议论了一会之后，回答道："我们是'人们'。"

男孩子说道："这就是说，更改这种非法的法律，你们得负责任了！"

大家不作声了。

国王听了这个男孩的话，高兴地说："这小孩子很聪明！我们为什么不改正这条不公正的法律呢？"

法律因而就更改了，这个男孩也取得了继承他父亲的爵位和财产的权利。

【管理启示】

有些法律条文有时看上去是合法的但却不合理；而有些事情是合理的却又不合法。这是现代社会上普遍存在的一种现象。园林行业法律法规也是如此，这些在法制社会里有关立法部门会不断完善和修改。

2.1.2 苛政猛于虎

春秋时期，朝廷政令残酷，苛捐杂税名目繁多，老百姓生活极其贫困，有些人没有办法，只好举家逃离，到深山、老林、荒野、沼泽去住，那里虽同样缺吃少穿，可是“天高皇帝远”，官府管不着，兴许还能活下来。

有一家人逃到泰山脚下，家里三代人从早到晚，四处劳碌奔波，总算能勉强生活下来。

这泰山周围经常有野兽出没，这家人总是提心吊胆。一天，这家里的爷爷上山打柴遇上老虎，就再也没有回来了。这家人十分悲伤，可是又无可奈何。过了一年，这家里的父亲上山采药，又一次命丧虎口。这家人的命运真是悲惨，剩下儿子和母亲相依为命。母子俩商量着是不是搬个地方呢？可是思来想去，实在是走投无路，天下乌鸦一般黑，没有老虎的地方有苛政，同样没有活路，这里虽有老虎，但未必天天碰上，只要小心，还能侥幸活下来。于是母子俩依旧只有在这里艰难度日。

又过了一年，儿子进山打猎，又被老虎吃掉，剩下这个母亲一天到晚坐在坟墓边痛哭。

这一天，孔子和他的弟子们经过泰山脚下，看到正在坟墓边痛哭的这个母亲，哭声是那样的凄惨。孔子在车上坐不住了，他关切地站起来，让学生子路上前去打听，他在一旁仔细倾听。

子路问：“听您哭得这样的悲伤，您一定有十分伤心的事，能说给我们听听吗？”

这个母亲边哭边回答说：“我们是从别处逃到这里来的，住在这里好多年了。先前，我的公公被老虎吃了，去年，我丈夫也死在老虎口里，如今，我儿子又被老虎吃了，还有什么比这更痛心的事呢？”说完又大哭起来。

孔子在一旁忍不住问道：“那你为什么不离开这个地方呢？”

这个母亲忍住哭声说：“我们无路可走啊。这里虽有老虎，可是没有残暴的政令呀，这里有很多人家都和我们一样是躲避暴政才来的。”

孔子听后，十分感慨。他对弟子们说：“学生们，你们可要记住：残暴的政令比吃人的老虎还要凶猛啊！”

【管理启示】

这个故事揭示了封建统治者的苛捐杂税对老百姓所造成的巨大危害，封建统治者的残酷剥削与压迫，使穷苦人走投无路，他们宁可生活在猛虎威胁的环境中，也不愿生活在暴政的统治下。

2.1.3 庙里的老鼠

有座土地庙，里面的墙壁是用树枝绑扎成的，外面涂上泥巴，看起来也不错。老鼠却乘机在里面打洞做窝，生儿育女。

人们非常痛恨这些害人的东西，很想把它们消灭掉。但是，如果用火熏，害怕烧着了里面的树枝；如果用水浇灌，又担心浇坏了外面的泥巴。真是左右为难。

这些老鼠之所以能够生存下来，是因为土地庙保护了它们呀！

【管理启示】

一种不良的现象能够保存下来，一定是因为他们有生存的环境。要想除掉这些现象，首先就必须铲除他们生存的条件。因此一个国家必须加强法律法规建设，用法律武器铲除不良现象的生存环境，确保人民有一个安定、和谐的社会秩序。

2.2 园林政策法规的作用

随着我国经济的快速发展和社会的不断进步，园林绿化作为一项公益事业也得到了空前发展。现代城市和新型农村社区建设中以植物为主的园林造景已经成发展主流。城市人均公共绿地面积和绿化覆盖率指标成为现代都市建设的硬性指标。营造绿色环境，改善城市环境质量，成为创建园林城市的标准。园林绿化作为一项公益事业，与城市规划、城市的绿化和美化、公园和风景名胜区的建设与管理、文物保护、环境保护等密切相关。园林的生产和建设作为一项产业，不可避免地与一些经济、行政等方面的法律法规和管理制度相联系。因而，对园林专业人才的素质要求也越来越高，尤其是要具备必要的园林方面的法律法规知识。为了适应这种要求，园林法规作为培养园林专业人才的一门重要的专业课。

2.2.1　园林政策法规的定义

政策法规就是党政机关制定的关于处理党内和政府事务工作的文件。一般包括中共中央、国务院及其部门制定的规定、办法、准则以及行业的规范和条例规章等。

园林政策法规是一门研究园林绿化与城市绿化、城市规划、城镇建设、风景名胜区与公园管理、环境保护等事业之间的法律关系，以及如何处理这些法律关系，并依法从事园林的生产、经营和管理的一门学科。其研究的范围包括：与园林绿化密切相关的城市绿化和城市规划法律制度、风景名胜区和公园管理法律制度、环境保护与文物保护法律制度、合同法律制度以及在园林的生产和经营过程中涉及的如建筑法、企业法、森林法、行政诉讼法等法律知识。作为一门新兴的综合性学科，既要阐述这些主要园林法规的基本概念和基本知识，又要讲清识别、判断园林生产，经营和管理活动中合法与违法的界限，还要明确如何处理这些法律关系，因而它的研究范围广、内容多，必须把握关键，理清各种关系，系统地学习，恰当地运用。

2.2.2　园林政策法规的作用

（1）规范和引导园林行为。园林政策法规为园林行业进行生产经营活动提供了行为规范与准则。所有园林企业必须依法进行生产经营活动才会受到政策的支持与法律的保护，反之必将受到政策和法规的制裁。由此可见，园林政策法规的制定和实施，无疑对园林生产经营活动起到了规范、引导、教育和威慑的作用。

（2）为园林业的发展提供政策支撑与法律保障。园林政策法规确定了园林活动开展的范畴与政策界限，明确了园林行业的生产经营范围以及权利、义务和行为规范，对指导园林生产经营活动起到了有序的调节作用，同时也对维护园林行业正常的生产经营秩序以及引导园林业的发展提供了政策支撑，奠定了法律基础，提供了政策与法律的保障。

（3）对园林业的发展进行有效的宏观调控。国家及其相关部门通过制定园林政策与法规，确定我国今后及相当长时间内园林业发展的基本原则、基本方针和产业政策，对园林行业的有序发展起到了有效的宏观调控作用，同时也把园林行业纳入整个社会和经济发展之中，使园林业的发展能够与社会和经济发展协调进行。

（4）如何更好地学习和掌握园林法规知识。园林法规是一门涉及面广、综合性和实践性较强的学科，学习和掌握园林法规知识时，我们要注意着重把握以下几个方面的问题。

1）必须以马列主义、毛泽东思想和邓小平理论为指导，以社会主义市场经济理论为基础，准确地理解、领会有关园林方面的法律、法规。

2）认真学习教材所涉及的法律、法规的原文，全面地领会其精神实质。注意本学科与园林规划设计、园林工程施工与管理、园林企业经营管理等学科的联系，将所学法律、法规知识同这些学科的知识结合到一起去理解掌握。

3）坚持理论联系实际，注重将学到的知识应用到日常的生产和生活实践中去，以加深对所学法律、法规知识的理解。

4）注意采取参观访问、深入基层调查、听取专题报告、旁听庭审案件、建立模拟法庭、观看录像、开展案例分析、网上查询等方式，加深对所学知识的理解和掌握。

5）注意有关法律法规的修改和调整。明确修改和调整的目的和意义、新法与旧法的区别，并认真学习领会新的法律制度。

6）注意全国性园林法规和地方性园林法规的联系。在了解全国性园林法规的基础上，注意学习和掌握本地区各项园林法规的特色和具体要求，因地制宜地应用地方性园林法规，更好地为地方园林建设服务。只有这样，才能更好地学习和掌握园林法规知识，提高运用园林法规知识的能力，具备较强的法律素质，达到学习园林法规的目的，培养和提高综合职业能力。

2.3 园林政策

政策（policy）是国家政权机关、政党组织和其他社会政治集团为了实现自己所代表的阶级、阶层的利益与意志，以权威形式标准化地规定在一定的历史时期内，应该达到的奋斗目标、遵循的行动原则、完成的明确任务、实行的工作方式、采取的一般步骤和具体措施。政策的实质是阶级利益的观念化、主体化、实践化反映。

政策是国家或者政党为了实现一定历史时期的路线和任务而制定的国家机关或者政党组织的行动准则。

2.3.1 政策的基本含义

政策有广义与狭义之分；广义的政策是指一定政治实体制定的全部行动纲领和准则，即路线、方针、政策等；而狭义的政策则指比较具体的规定和准则，通常是与路线、方针并列的政策。政策通常包括以下三层含义。

(1) 政策是作为一种制度来约束人们行为的规范和行为准则。

在人类社会组织里，通常制约人们行为的规范和准则有三种形式：第一种是伦理道德，它不仅蕴含着西方文化的理性、科学、公共意志等属性，同时也蕴含着更多的东方文化的性情、人文、个人修养等色彩，被称为“软”规范；第二种则是法规，是规定人们行为的“硬”规范，是不可侵犯的；第三种则是政策，它介于伦理道德和法律两者之间的一种中性规范。

(2) 政策主要通过引导来发挥作用。

政策的引导作用主要体现在宏观、方向和性质等方面，它规定园林行业应该做什么，不应该做什么。它引导园林行业逐步走向规范，所以政策体现在引导原则上。

(3) 政策是一种手段与策略而不是目的。

制定与实行政策的目的是为了实现特定目标，调控园林行业的社会行为规范与发展方向，因此政策的制订与实施是一种手段与策略。

2.3.2 政策的特征与特性

政策是一定政治实体在一定的社会时期为达到一定的目的，依据自身规划的发展目标，结合当时当地的现实情况或历史条件所制定的实际行动准则。政策的基本性质是由社会发展规律所决定的。客观规律不以人的意志为转移，这是毋庸置疑的。政策的制定必须以客观实际情况为依据，符合客观规律。否则，就会因政策与客观实际的脱离而造成工作失误，甚至带来一定时期的社会灾难。从政策的规范性来看，政策是由具有合法权力的政治实体，依据一定的程序制定的、具有约束力的行为规范与准则；政策的执行主体，可以凭借政策的合法性和约束力迫使客体服从，服从政策规定是客体应有的责任和义务；政策的解释、修改、变化和废止，必须由制定政策的合法政治实体，按一定程序来进行；政策规范比较原则化，在具体执行过程中可能出现理解和尺度掌握的不统一。所以，在制定和实施政策的过程中必然会表现出其独有特征与特性。

2.3.2.1 政策的特点

(1) 阶级性。政策是阶级意志的集中体现，具有鲜明的阶级性。这是政策的最根本特点。在阶级社会中，政策只代表特定阶级的利益，从来不代表全体社会成员的利益、不反映所有人的意志。同时，政策还具有一般社会性，即表现为整个社会利益集中体现的一面，它不仅要维护本阶级的利益，也必须承担起管理社会的一般职责。从这个意义上理解，当政策不再单单是一个阶级共同利益的集中体现，而是反映整个社会的共同利益要求时，政策就成了促进人类文明、进步和发展的重要杠杆。

(2) 正误性。任何阶级及其主体的政策都有正确与错误之分。

(3) 时效性。政策是在一定时间内的历史条件和国情条件下产生与推行的，当时间与国情发生变化时政策也随之发生变化。

（4）表述性。就表现形态而言，政策不是物质实体，而是外化为符号表达的观念和信息。它由有权机关用语言和文字等表达手段进行表述。

2.3.2.2　政策的特征

正是由于政策的以上特点，所以在政策执行时也表现出以下几个特征。

（1）原则性与灵活性。任何一个政治实体在研究、制定和贯彻一定政策时，都表现出坚定的原则性，目的是维护其政策的严肃性。这种原则性旨在体现政策制定者的指挥意志，表现为对本阶级和全社会共同利益的维护，表现为要求人们坚定不移地贯彻执行政策。决不允许为了小团体利益、个人利益等对政策的执行随心所欲。但是，坚持政策的原则性并不意味着政策就失去灵活性，这里的灵活性具有相对意义，层次越高的政策灵活性相对越强。政策作为一种调控社会各方面的策略和手段，不具有解决各种具体问题的功能，也不是解决具体问题的办法和措施，它提供的只是解决具体问题时应遵循的原则，因此在政策执行时应该具有一定灵活性。

（2）连续性与稳定性。政策既然是一种约束人们行为的规范和准则，因此任何一项新政策的出台，必须与同类政策在时空上保持相对一致性和连续性，同时政策不能在不同时期前后矛盾和冲突，不能在不同空间范围内相互矛盾和冲突。如果前后时期的同类政策确有矛盾和冲突时，就必须废旧立新，但政策不能朝令夕改，它一经制定和发布执行，就必须在一段时期内保持稳定。如果同一时期在不同空间范围内，同类政策有冲突，就应依据实际情况进行适当调整。若政策多变，政出多门，缺乏相对稳定性和连续性，其权威性就会受到置疑，政策的执行者也会感到无所适从，最终会使大多数人的利益受损，带来不良的社会影响。

政策的相对连续性和稳定性是与政策的科学性分不开的。只有经过深入调查研究、依据客观情况、坚持科学精神制定出来的政策，才能真实地反映社会大众利益。这样的政策才具有生命力，才能保持其相对连续性和稳定性。

（3）系统性与相关性。社会是一个极其复杂的系统，作为调控社会行为和发展方向的政策，必须呈现出多侧面、多层次及其相互关联的网状结构状态。

从横向看，针对不同侧面的各项政策，有着自己特定的调控对象和作用范围，每一侧面的政策都具有相对独立性。但是，它们彼此之间又具有相互联系、相互制约、相互补充的相关性。每一项政策不可能独立于其他政策而孤立地存在。如园林绿化政策与社会再生产中的诸如林业、国土等多种政策密切相关，与科技、教育、管理等政策必须有效配合。

从纵向看，政策体系的层次性有很明显的表现。统揽全局的高层次政策是一类带有方向性和原则性、能指导全局的行动准则和规范。其作用范围大，是较低层次政策的“灯塔”、“路标”，具有较大的稳定性。较低层次的政策是指导局部的行为准则和规范，其作用范围相对较小，为高层次政策服务，是高层次政策的具体化。越是高层次的政策，服务的范围就越宽，内容就越原则化，稳定性亦越强。政策的层次越低，其服务的范围就越窄，内容就越具体，可变性也就越大。所以，人们在制定和执行具体政策时，要以总方针、总目标和总原则等总的政策为指导；同时，在做出指导全局的战略决策时，也应制定贯彻执行总政策的具体政策措施。这样，贯彻执行具体政策时才不会迷失方向，而总政策的落实也有具体措施予以保障。

（4）阶段性与针对性。政策的阶段性是指其在不同历史时期有不同的政策。构成政策阶段性特征的客观基础主要源于在社会发展的不同历史阶段里，不同行业在发展过程中实践的内容不同，包含的矛盾不同，各种社会经济等关系的变化趋势不同，等等。为此，作为调控社会行为和发展方向的规范与准则，必须与时俱进地根据社会发展规律的要求，及时制定、调整、修订、完善符合社会大多数人共同利益的政策，以适应和维护政治文明、经济增长、社会发展的需要。

政策的针对性是指每一项具体的政策，是为一定时空条件下解决某一具体领域的特定具体问题或倾向而制定。没有这样的具体问题或倾向，就没有制定政策的必要，政策的针对性与其目的性高度统一。

政策的阶段性与针对性使我们清楚地看到，那些试图制定具广泛意义、高度原则、面面俱到的所谓政策必然是徒劳无功的。因为，政策不是法律、不是普遍真理，它只为特定时空条件下解决特定问题而存在。当然，强调政策的阶段性与针对性特征而分析问题不全、不深、不适，找不准问题的症结所在，这样制定出来的所谓政策，因其片面性必然也是缺乏实际效用的。

2.3.3 政策体系

任何政策都不可能是孤立、零散、非系统地存在的，只有一个完整的政策体系，才能有效地发挥作用。从系统性角度看，园林政策由多项政策共同构成一个完整的政策体系，它可以分为系统性政策与自成体系的单项政策两种类型。

系统性政策指的是在一定时期内为解决某方面的问题而存在的形式多样、内容不同的诸多政策及其相互关系。这一概念表明园林的系统性政策中的各项政策，虽然表现形式不一，反映内容不同，但相互间存在着密切的联系。这种联系主要是由于它们的指导思想、理论基础、责任使命等具有同一性。同时，社会中存在的各种问题时常相互交织，要解决某一矛盾或问题，往往需要从不同方面采取各种政策和措施，这也必然使其成为彼此关联，协调一致的政策体系。

单项政策是指在一定时期内为了解决某一特定的问题而自成体系的政策。从政策的形成过程看，单项政策也是一个系统，它由政策目标、政策内容和政策形式三部分组成。一定时期内，各项政策之间不能相互抵触和冲突。一旦出现政策间的矛盾，应及时调整与修订。

2.4 园林法规

法规是国家政策的一种表现形式，更是国家意志与强制力的表现形式，是影响和制约社会活动极为重要的因素。“有法必依，执法必严，违法必究”是确保社会公正、维护社会秩序，规范和保障公民权利、义务和责任的重要手段。

法制是园林绿化管理的重要手段，园林法规就是通过对园林行为的预测为行业发展清除障碍，同时通过执法保证园林建设的顺利实施。

2.4.1 法规的基本含义

法规是法律规范（法律规则）的简称，广义地讲包括法律与法规两个部分。前者是由全国人民代表大会制定的宪法和基本法律，以及全国人大常务委员会制定的法律；后者则是指由国家机关颁布或制定的行政法规、地方法规、行政规章和地方规章等。

而一般意义的法规则指的是由国家制定或认可，反映国家主权者的意志，具体规定权利义务及法律后果的行为准则，并由国家强制力保证实施的行为规则。法规是国家意志的体现，具有强制性、可行性和可操作性，是以国家的名义，通过有关法规文件，明确规定其依据、任务、目的和适用范围；具体规定公民在一定关系中的权利和义务；规定各种违法行为应当承担的法律责任及应当受到的法律制裁。

2.4.2 园林法规

园林法规属国家经济技术法规，是自然资源的保护和利用，环境保护和城市建设管理法规的组成部分。内容包括城市绿化、园林和风景名胜区三个方面，从性质上可分为行政管理法规和技术法规两种。

园林法规的制订是依照《中华人民共和国宪法》第二十二条规定“国家保护名胜古迹、珍贵文物和其他重要历史文化遗产”。第二十六条规定“国家保护和改善生活环境和生态环境，防治污染和其他公害。国家组织和鼓励植树造林，保护林木”。第四十三条规定“中华人民共和国劳动者有休息的权利。国家发展劳动者休息和休养的设施”。这些规定是中国制订园林法规必须遵循的原则。例如1981年12月，第五届全国人民代表大会第四次会议通过了《关于开展全民义务植树运动的决议》，国务院于1982年2月发布了《关于开展全民义务植树运动的实施办法》。1986年4月，第六届全国人民代表大会第四次会议通过的第七个五年计划中规定城市公共绿地要达到平均每人4m^2。

（1）园林的行政法规。城乡建设环境保护部于1982年12月颁发的《城市园林绿化管理暂行条例》是中国进行城市园林绿化建设和管理工作的依据。这个条例规定了城市园林绿地包括的内容、范围、规划、建设和管理的方针、政策和标准，管理机构的设置和权限等。各个城市根据国家法规的精神，分别颁发本市的园林绿化管理条例。国务院于1985年6月颁发的《风景名胜区管理暂行条例》，是中国进行风景名胜资源保护和风景名胜区规划、建设、管理工作的依据。它规定中国的风景名胜区按其资源的价值和规模大小实行国家、省、市（县）三级管理体制，对风景名胜区的规划、开发建设、经营管理方针和机构设置、管理权限、奖惩制度等作了明确规定。有关省、自治区、直辖市和各风景名胜区，根据国家规定和本身的情况、特点制定本地区的管理条例或办法。

（2）园林的技术法规。包括园林技术标准、定额、技术规范和操作规程等内容。是由城乡建设环境保护部建立园林绿化和风景名胜区方面的技术法规体系，例如1985年颁发了《园林苗圃技术规范》和《动物园动物饲养管理技术规范》等均属于园林技术标准。

（3）相关法律法规。除此以外我国还制订了一系列与园林法规有关的法律法规，例如《中华人民共和国森林法》规定了城乡森林覆盖面积及其保护的要求。1989年12月26日第七届全国人民代表大会常务委员会第十一次会议通过《中华人民共和国环境保护法》把绿化作为重要的环境保护措施，规定要与工厂同步建设。国家建设委员会发布的《城市规划暂行定额指标》中规定了城市各级绿地设置的标准。交通、冶金、化工等部门的法规对铁路、公路、工业企业的绿化也有相应的规定。

学习园林法规，是园林事业不断发展的要求。园林事业既是一项社会公益事业，也是一项重要的产业。园林事业集生态效益、社会效益和经济效益于一体，对于加强生态环境建设，促进城市可持续发展，提高人民的生活水平起着重要的作用。

作为园林专业技术人才不仅要掌握全面的园林技术，同时还必须全面地、系统地掌握与园林事业密切相关的法律、法规知识，并且正确运用法律，依法管理、依法从事园林的生产经营能力。党的“十五大”提出了“依法治国”的基本方略，我国为了更好地促进园林绿化事业的发展，更需要把园林的规划设计、施工、日常管护、经营管理等纳入法制化轨道。尤其是随着园林绿化地位和作用的日益突出，与社会生产、生活的关系越来越密切，涉及范围也越来越广，更有必要用法律的形式，规范园林绿化与社会方方面面的关系，并自觉运用法律理顺这些关系，才能保证园林事业顺利发展。

在社会主义市场经济条件下，尤其是我国于2001年11月7日加入了世界贸易组织之后，园林绿化作为一项产业，也将融入到国际化之中，更要求我们用法律的形式，来确定园林与其他方面的关系，按国际惯用的规则来办事，才能增强园林产业的国际竞争力，为国民经济的发展做出更大贡献。

2.5　政策与法规的关系

政策与法规是现代社会调控和治国中互为补充的两种手段，在加快推进依法治国的进程中，各自发挥着其独特的作用。政策是国家或者政党为实现一定的政治、经济、文化等目标而确定的行动指导原则与准则，它具有普遍性、指导性、灵活性等特征；法规则是由一定的物质生活条件所决定的，由国家制定或认可，并由国家强制实施的具有普遍效力的行为规范体系，具有普遍性、规范性、稳定性等特征。政策与法规作为两种不同的社会政治现象，它们的区别表现在意志属性不同、规范形式不同、实施方式不同、稳定程度不同。政策与法规的关系极为密切，二者相互影响、相互作用，具有功能的共同性，内容的一致性和适用的互补性。

政策与法规都是国家意志、社会大众利益的集中体现，担负着维护和保障社会大众利益、促进生产力发展的使命，它们都是由社会经济基础决定并为其服务的上层建筑的组成部分，是调控社会关系和行为的重要工具。虽然两者之间存在着显著的差异，就其实质而言，它们之间有着高度的一致性。

2.5.1　政策与法规的区别

政策与法规作为两种不同的社会政治现象，虽然存在着密切的联系，但在制定主体和程序、表现形式、调整和适用范围以及稳定性等方面，都有各自的特点。具体而言，它们的区别表现在以下几个方面。

（1）意志属性不同。法律是由国家机关依照法定程序加以制定的，它是国家意志和公共意志，是全体公民之间的契约性文件。而政策有所不同，党的政策是党的领导机关依党章规定的程序制定的，是全党意志的集中、不具有国家意志的属性。

（2）规范形式不同。法律必须具有高度的明确性，每一部法典或单行法律和法规，都必须以规则为主，而不能仅限于原则性的规定，否则就难以对权利义务加以有效的调整。而政策则不同，比较注重理论阐述，其规定带有更多的原则指导性和一般号召性，主要或完全由原则性规定组成，只规定行为方向而少有具体、明确的权利和义务。

（3）实施方式不同。法律具有鲜明的强制性和惩罚性，它依靠其强制力使人们普遍遵从。政策不一定都以强制力为后盾，政党的政策主要靠宣传教育、劝导，靠人民对政策的信任、支持而贯彻执行，虽然国家的政策具有一定的强制力，但这种强制较弱，政府对反政策的人只能通过行政手段予以处分。

（4）稳定程度不同。法律一般是对试行和检验为正确的政策定型化，具有较强的稳定性。政策则要适应社会发展的需要，及时解决新出现的社会现象和社会问题，相对于法律而言，政策灵活多变，稳定性不强。

（5）调控范围不同。政策的调控范围十分广泛、渗透到国家和社会生活的各个领域、环节，并在其中发挥作用，是区分是与非、正确与错误的标准；而法律法规一般仅用于调控有重大影响的社会关系和行为，是提供辨别人们行为是否违法犯罪的标准。

2.5.2　政策与法律的一致性

政策与法律在本质上的一致性，集中表现在它们都是以统治阶级的政治权利为基础，服务于政治权利的要求，实现维护、巩固阶级统治的目的。这种一致性决定了它们的关系极为密切，二者相互影响、相互作用。具体表现在以下几个方面。

（1）功能的共同性。政策和法律都是国家进行社会管理的工具和手段，共同调整、控制和规范社会关系。政策与法律在社会调控上具有同样性质的功能。

（2）内容的一致性。在我国作为国家基本政策的国家大政方针，它往往体现在宪法和法律之中，具有明显的法律效力，是宪法和法律的核心内容，因此国家政策往往成为法律的指导原则或法律本身。

（3）适用的互补性。政策与法律虽然在性质上相同，但是二者的适用范围并不完全相同，只在自己所调整的社会关系的领域内发生作用。政策比法律调整的关系更加广泛，社会生活的各个方面都受政策的调整和规范。而法律则并不可能深入社会生活的各个方面，比如宗教、道德、民族等领域的许多问题就只有适用政策调整，而不能用法律进行硬性约束。

总之，法律是约束法人行为规范及处理矛盾的标准，是量具。政策是管理者实现既定目标所采取的策略，是航标。两者是国家管理必不可少组成部分。目前我国还没有完全进入法治国家，在许多方面没有法律、法规、规章，此时只能依靠政策（红头文件）来引导行为方向，虽然这些文件在立法中没有任何地位，但是在实际中有强制力，必须遵守。从另一个角度讲在法制国家即使很多方面已经有了法律，实践中具体的部门仍然要制定政策。

2.6　园林政策法规体系

园林作为一项公益事业，与城市规划、城市的绿化与美化、公园与风景名胜区的建设与管理、文物保护、环境与资源保护等密切相关。园林作为一项产业，不可避免地与一些经济、行政等方面的政策法规相联系。无论是作为公益事业的园林，还是作为产业的园林，都必须依照相应的政策法规行事。由此可见，园林政策法规对规范园林业的有序发展具有十分重要的意义。因此园林行业在共同遵守基础性法律法规的基础上，还必须遵守行业的政策与法规。园林政策法规体系包括法律、法律性决议和决定、行政法规、地方性法规、行政规章、法律解释、相关法规（包括有关国际条约和国际惯例）等几类，它们之间既相互独立又相互联系，共同构成一个调控园林社会经济活动的政策法规体系。

目前我国正逐步规范园林政策与法律法规的建设，园林作为一个涉及第一、二、三产业的庞大行业系统，规范园林政策、法规也是一个复杂的工程。由于我国园林建设与发展起步较晚，同世界发达国家相比仍然存在一定差距，表现为法律管理机构不健全，园林法规、政策不配套，从而也影响了园林业的正常发展和有效的行业管理。

2.6.1 法律

与园林行业有关的法律包括了资源环境保护方面的法律和行政管理方面的法律，以及生产、规划等方面的法律，它们是在国家根本大法《中华人民共和国宪法》的统领下，各自在不同的方面共同发挥着调控与园林有关的各项事务的强制规范性作用，以确保园林业的建设与发展在法制轨道上有序进行。目前我国与园林相关的主要法律如表2.1所示。

表2.1 与园林行业相关的基本法律

行政法规名称	级别	颁布机构	颁布时间（年-月-日）	实施时间（年-月-日）
中华人民共和国种子管理条例	国家	国务院	1989-03-13	1989-05-01
城市绿化条例	国家	国务院	1992-06-22	1992-08-01
城市绿化规划建设指标的规定	国家	建设部	1993-11-04	1994-01-01
风景名胜区管理处罚规定	国家	建设部	1994-11-14	1995-01-01
中华人民共和国土地管理法实施条例	国家	国务院	1998-12-24	1999-01-01
城市绿化工程施工及验收规范	国家	建设部	1999-02-24	1999-08-01
中华人民共和国森林法实施条例	国家	国务院	2000-01-29	2000-01-29
风景名胜区条例	国家	国务院	2006-09-06	2006-12-01

2.6.2 法律性决议和决定

法律性决议和决定是指由全国人民代表大会根据国家建设与发展的需要，对确需规范的某项社会事务，或者对现有法律中与现实不相适应的某些条款，或者对现实中已出现而法律又无明文规定的方面所作的一系列决定或决议。这种决定和决议同样具有法律效力。例如1981年12月13日第五届全国人民代表大会第四次会议通过的《关于开展全民义务植树运动的决议》，是新中国成立以来国家最高权力机关对绿化祖国做出的第一个重大决议。从此，全民义务植树运动作为一项法律开始在全国实施，并以其特有的公益性、全民性、义务性、法定性，在广袤的中华大地上如火如荼地开展起来，历久不衰。1992年12月27日国务院常务会议通过国务院《关于开展全民义务植树运动的实施办法》，再次重申公民参加义务植树的法定义务，使全民义务植树运动进一步走上了法制轨道。但该决议更多的是一个纲领性、原则性文件，缺乏具体的可操作性规范，因其间的条款过于原则化、口号化而导致实施过程中表现出弹性大，法律后果的可预见性不足，可操作性较差，存在一些法律空白。鉴于此，各省（自治区、直辖市）人民代表大会或常务委员会陆续通过各自的《义务植树条例》，弥补了该法规作为全国立法的一些遗憾。如《重庆市实施全民义务植树条例》、《河南省义务植树条例》、《江西省公民义务植树条例》、《广东省全民义务植树条例》等相继颁布与施行。

2.6.3 行政法规

行政法规是国务院为领导和管理国家各项行政工作，根据宪法和法律，并且按照《行政法规制定程序条例》的规定而制定的政治、经济、教育、科技、文化、外事等各类法规的总称。在我国的法律规范体系中，宪法具有最高的法律效力。行政法规的法律效力仅次于宪法，高于地方性法规和规章。行政法规是对法律法规的重要补充与具体化，我国有关园林行业的行政法规如表2.2所示。

2.6.4 地方法规

地方（权力机关）根据当地情况和自己的相关经验，经过理论推理证实可行而推出的法律规范条例，该条例为地方性的，仅限制在该地应用，包括该地区原住人口和该地区外来人口都应该遵守的地区性政治法规。地方法规的制定以符合国家宪法等法规为前提，不得对国家和广大人民群众的应有利益造成损害，与国家有关部门总体方针方案不得产生对立冲突，适应社会发展和规范的需要。

表 2.2　　我国有关园林行业的行政法规

法律名称	级别	颁布者	颁布时间（年-月-日）	实施时间（年-月-日）
中华人民共和国土地管理法	国家	全国人大	1986-06-25	1987-01-01
中华人民共和国大气污染防治法	国家	全国人大	1987-09-05	1991-07-01
中华人民共和国标准化法	国家	全国人大	1988-04-29	1989-01-01
中华人民共和国野生动物保护法	国家	全国人大	1988-11-06	1989-03-01
中华人民共和国环境保护法	国家	全国人大	1989-12-26	1989-12-26
中华人民共和国城市规划法	国家	全国人大	1989-12-26	1990-04-01
中华人民共和国农业法	国家	全国人大	1993-07-02	1993-07-02
中华人民共和国行政处罚法	国家	全国人大	1996-03-17	1996-10-01
中华人民共和国建筑法	国家	全国人大	1997-11-01	1998-03-01
中华人民共和国水法	国家	全国人大	1998-01-21	1998-07-01
中华人民共和国森林法	国家	全国人大	1998-04-29	1998-04-29
中华人民共和国合同法	国家	全国人大	1999-03-05	1999-10-01
中华人民共和国招标投标法	国家	全国人大	1999-08-31	2000-01-01
中华人民共和国种子法	国家	全国人大	2000-07-08	2000-12-01
中华人民共和国环境影响评价法	国家	全国人大	2002-10-28	2003-09-01
中华人民共和国安全生产法	国家	全国人大	2002-06-29	2002-11-01
中华人民共和国行政许可法	国家	全国人大	2003-08-27	2004-07-01
中华人民共和国固体废物污染环境防治法	国家	全国人大	2004-12-29	2005-04-01
中华人民共和国可再生能源法	国家	全国人大	2005-05-28	2006-01-01

例如为了发展城市园林绿化事业，改善生态环境，美化生活环境，适应公众游憩需要，增进人民身心健康，根据《中华人民共和国城市规划法》和国务院《城市绿化条例》等法律、法规，北京市、上海市、天津市、重庆市、广东省、四川省、江苏省等在严格贯彻执行国家相关法规的基础上，结合本地实际情况制定出了适用于本地城市绿化条例等地方法规（见表 2.3）。

表 2.3　　部分“城市绿化管理条例”地方法规

地方法规名称	级别	颁布机构	颁布时间（年-月-日）	实施时间（年-月-日）
上海市植树造林绿化管理条例	省级	上海市人大	1987-01-08	1987-01-08
上海市公园管理条例	省级	上海市人大	1994-07-24	1994-10-01
北京市城市绿化条例	省级	北京市人大	1997-04-06	1997-06-01
广东省城市绿化条例	省级	广东省人大	2000-01-01	2000-01-01
上海市古树名木和古树后续资源保护条例	省级	上海市人大	2002-07-25	2002-10-01
重庆市城市绿化管理条例	省级	重庆市人大	1997-10-17	1997-11-15
四川省城市绿化条例	省级	四川省人大	1997-10-17	1997-10-17
天津市城市绿化条例	省级	天津市人大	2004-09-14	2004-10-15
江苏省城市绿化管理条例	省级	江苏省人大	2005-06-24	2005-09-23

在制订园林行业地方法规的同时，各省市还根据园林行业发展的需要，同时制订了一系列与园林相关的地方法规，这对建立和完善城市园林管理，提升城市形象、提高城市管理水平，有效改善人民的生活质量提供了法制的保障。例如城市绿线管理、古树名木保护、城市公园管理、市政设施管理、城市环境等等相关地方法规。

2.6.5　行政规章

行政规章是指国务院各部委，各省、自治区、直辖市的人民政府，省、自治区的人民政府所在地的市，国务院批准的较大城市的人民政府根据宪法、法律和行政法规等制定和发布的规范性文件。国务院各部委制定的称为部门行政规章，其余的称为地方行政规章。根据专用章制定程序条例规定，行政规章的名称一般称“规定”或“办法”，但不得称“条例”。行政法规是最高国家行政机关国务院制定的有关国家行政管理方面的规范性文件，其地位和效力低于宪法和法律，如表 2.4 所示。

表 2.4　　部分省市的行政法规

行政规章名称	颁布机构	颁布时间（年-月-日）	实施时间（年-月-日）
城市园林绿化当前产业政策实施办法	住房和城乡建设部	1992-05-27	1992-05-27
城市雕塑建设管理办法	文化部　建设部	1993-09-14	1993-09-14
城市园林绿化企业资质管理办法	住房和城乡建设部	1995-07-04	1995-10-01
中国森林公园风景资源质量等级评定	国家质量技术监督局	1999-11-10	2000-04-01
创建国家园林城市实施方案	住房和城乡建设部	2000-05-11	2000-05-11
城市古树名木保护管理办法	住房和城乡建设部	2000-09-01	2000-09-01
国务院关于加强城市绿化建设的通知	住房与城乡建设部	2001-05-03	2001-05-03
建设项目水资源论证管理办法	中国水政部、发改委	2002-04-09	2002-06-01
城市绿线管理办法	住房和城乡建设部	2002-09-09	2002-11-01
全国经济林花木之乡命名工作管理暂行办法	国家林业局	2001-11-28	2002-11-28
花卉园艺师国家职业标准	中华人民共和国劳动和社会保障部	2003-06-14	2003-06-14
水利风景区管理办法	中国水政部、发改委	2004-05-08	2004-05-08
城市湿地公园规划设计技术导则	住房和城乡建设部	2005-06-24	2006-05-24
环境影响评价公众参与暂行办法	国家环境保护总局	2006-02-22	2006-03-01
国家重点公园管理办法	住房和城乡建设部	2006-03-31	2006-03-31
关于加强城市绿地和绿化种植保护的规定	住房和城乡建设部	2006-04-18	2006-04-18
城市园林绿化企业资质标准	住房和城乡建设部	2006-05-23	2006-05-23
全国经济林花卉示范基地命名工作管理暂行办法	国家林业局	2006-11-24	2006-11-24

例如 2006 年 2 月 22 日国家环境保护总局正式发布《环境影响评价公众参与暂行办法》，这是中国环保领域的第一部公众参与的规范性文件，更是贯彻国务院《关于落实科学发展观加强环境保护的决定》中关于“健全社会监督机制”内容的实际行动。打破了传统的上级对下级环境保护部门、环境保护部门对环评机构的监督，主要依靠行政手段、而缺乏社会监督的模式。丰富了《中华人民共和国环境影响评价法》中规定的公众参与的原则，解决了范围不清晰、途径不明确、程序不具体、方式不确定，公众难以实际操作等实际问题，明确了公众参与环评的权利，而且规定了参与环评的具体范围、程序、方式和期限，有利于保障公众的环境知情权，有利于调动各相关利益方参与的积极性。

2.6.6　法律解释

法律解释指由一定的国家机关、组织或个人，为适用和遵守法律，根据有关法律规定、政策、公平正义观念、法学理论和惯例对现行的法律规范、法律条文的含义、内容、概念、术语以及适用的条件等所做的说明。

法律解释分为立法解释和司法解释。《中华人民共和国宪法》规定，全国人大常委会有权解释法律。立法解释具有法律效力，同时，最高人民法院和最高人民检察院作为国家的审判机关和法律监督机关，就行政诉讼以及对行政机关的司法监督问题发布的有关指示、批复是具有法律效力的司法解释。法律解释是人们日常法律实践的重要组成部分，又是法律实施的重要前提。法官在依据法律做出一项司法活动之前，需要正确确定法律规定的含义；律师在向当事人提供法律服务时候也需要向当事人说明法律规定的含义；公民为了遵守法律也要对法律规定的含义有正确的理解。

例如 2007 年 2 月 1 日起施行的《最高人民法院关于审理侵犯植物新品种权纠纷案件具体应用法律问题的若干规定》；2005 年 12 月 30 日起施行的《最高人民法院关于审理破坏林地资源刑事案件具体应用法律若干问题的解释》；2006 年 7 月 28 日起施行的《最高人民法院关于审理环境污染刑事案件具体应用法律若干问题的解释》；2000 年 12 月 11 日起施行的《审理破坏森林资源刑事案件若干问题的解释》等均属于有关园林方面的法律解释。

2.6.7 相关法规

相关法规包括有关园林方面的国际条约、公约、协定和惯例和国内有关园林方面的相关法规两部分，国际相关法规主要表现形式一般为公约，中国政府积极支持有关国际环境与资源保护的许多重要文件，并把这些文件的精神引入到中国的法律和政策之中。如 1992 年 6 月 5 日的《生物多样性公约》，1973 年 3 月 3 日签于华盛顿的《濒危野生动植物种国际贸易公约》，1971 年 2 月 2 日订于拉姆萨尔，经 1982 年 3 月 12 日修正的《国际湿地公约》等均属于此类法律法规。而国内园林方面的相关法律法规则相对比较多。

2.7 园林行业标准化

随着全社会对城市可持续发展的认识，人们对生活环境质量提出了更高的要求，传统园林向城市绿化即将整个城市作为园林建设的对象而发展。园林城市的创建、城市园林绿地系统的规划、宜居环境的建设、人居环境的优化、自然和文化遗产的保护和管理、风景名胜区的建立、景观环境规划论证等现代园林行业发展急需建立标准化体系，因此建制和完善园林行业标准，是规范和提高我国园林行业发展水平的重要举措，也是目前园林行业走向国际化的重要措施。

2.7.1 标准化的定义

所谓标准化是为了在一定的范围内获得最佳秩序，对实际的或潜在的问题制定共同的和重复使用的规则的活动，称为标准化。它包括制定、发布及实施标准的过程。目的是为了获得最佳秩序和效益。

标准：是对重复性事物概念所做的统一性规定，它以科学、技术和实践经验的综合成果为基础，经有关部门的协商一致，由主管机构批准，以特定的形式发布，作为共同遵守的准则和依据。

按标准化的内容可分为技术体系标准化与管理体系标准化两大部分，简称技术标准与管理标准。技术标准是对技术活动中，需要统一协调的事物制定的技术准则。它是根据不同时期的科学技术水平和实践经验，针对具有普遍性和重复出现的技术问题，提出的最佳解决方案。而标准化管理是指符合外部标准（法律、法规或其他相关规则）和内部标准（企业所倡导的文化理念）为基础的管理体系。也就是说管理标准是对标准化领域中需要协调统一的管理事项所制定的标准，是对管理目标、管理项目、管理程序、管理方法和管理组织所作的规定。

2.7.2 标准化的特点

(1) 技术先进性。国际标准化组织明确指出："标准化"不仅奠定了当前各项发展的基础，而且也奠定了将来发展的基础。它应当始终和发展的步伐保持一致。可见标准化始终是技术进步、经济发展的基础，实现标准化的一条最重要的原则就是坚持在标准中采用先进科学技术，使标准化活动始终保持技术先进性，并随着生产技术的发展而不断发展。

(2) 协商一致性。这里的协商一致指在标准化活动中，要协调好各方面的利益，使制订出来的标准能够考虑和照顾到各个相关方面的意见和利益，为有关方面所接受和贯彻。

(3) 权威性。标准是标准化活动的成果，经公认的权威机构批准或"由主管机构批准"，以特定形式发布，作为相关各方共同遵守的准则与依据。只有这样才能使标准具有权威性，也才具有实现标准化的可能性。鉴于标准实行的国家不同，以及标准级别的差异性和批准标准的机构不同，所以不同的标准具有的权威性也不尽相同。

(4) 实践性。标准化的效果只有通过在实际中贯彻执行才能获得。如果在制订标准后并不在实践中贯彻，那么，再好的标准也只是一纸空文，并不具有现实意义。标准化实践包括标准的制订、贯彻、修订、再贯彻的循环往复过程，只有不断完成这一循环过程，标准才有生命力，才能发挥其促进技术进步，提高管理水平，增加经济效益的作用。

2.7.3　标龄

标龄指的是自标准实施之日起，至标准复审重新确认、修订或废止的时间，也称为标准的有效期。标龄因国家不同存在差异，但一般有效期为 5 年，我国在国家标准管理办法中规定国家标准实施 5 年内要进行复审，即国家标准（GB/T）。国际标准（ISO 标准）目前也采用每 5 年复审一次，但实际实施时由于从标准制订到实际有一个过程，通常标龄是小于 5 年的，如 ISO 标准平均标龄 4.92 年。

2.7.4　园林行业技术标准的种类

园林行业标准是一个庞大的标准体系，这些标准体系间既相互独立，又相互联系、同时又相互制约，从而构成了园林行业标准系统。为了更好地应用这些标准体系，标准体系从不同角度出发有多种分类方法，但一般我们按照内容可将其分为技术标准和管理标准两大类。

2.7.4.1　技术标准

对标准化领域中需要协调统一的技术事项所制定的标准，称为技术标准。它是从事生产、建设及商品流通的一种共同遵守的技术依据。技术标准的分类方法很多，一般有以下几种。

(1) 根据技术标准的内容进行分类。基础标准：在一定范围内作为其他标准的基础，并被普遍使用、具有指导意义的标准，如《中华人民共和国行业标准园林基本术语标准》。

产品标准：为保证产品的适用性，对产品必须达到的某些或全部要求所制订的标准。包括：品种、规格、包装、储藏、运输、技术性能、试验方法、检验等。

方法标准：以试验、检查、分析、抽样、统计、计算、测定、作业等各种方法为对象制订的标准。包括：试验方法标准、抽样标准、计算方法、设计规程、工艺标准、操作规范等。

(2) 根据技术标准适用的范围进行分类。

国家标准：对需要在全国范围内统一的技术要求。

行业标准：全国某个行业范围内统一的技术要求。

地方标准：省（自治区、直辖市）范围内统一的技术要求。

企业标准：在没有国家标准和行业标准时，园林企业为了规范技术操作，制定企业标准，作为组织生产的依据。

(3) 根据技术标准是否具有强制性进行分类。园林技术标准还可根据是否具有强制性分为强制性标准与推荐标准两个标准。强制性标准指本行业需要强制执行的标准。而推荐标准则是非强制性标准。推荐标准又称自愿性标准，是指生产、交换、使用等方面，通过经济手段或市场调节而自愿采用的一类标准。推荐标准不具有强制性，任何单位均有权决定是否采用，违反这类标准，不构成经济或法律方面的责任。

(4) 园林技术标准。技术标准研究和管理专家普遍认为，技术标准的发展与科学技术的进步密不可分。技术标准以科学、技术和实践经验的综合成果为基础，在市场经济条件下，科技研发的成果通过一定的途径转化为技术标准，通过技术标准的实施和运用，即标准化来促进科技研发成果转化为生产力，而在技术标准实施以及科技研发成果转化为生产力的过程中，市场的信息和反馈又可以反作用于技术标准的修订改进和科技研发活动，从而促进技术标准和科技发展。园林行业是一个庞大的行业，它涉及领域广，有第一产业的种植业，还有第二产业的制造加工业和第三产业的园林服务业。因此，与之相配套的园林行业技术标准体系也是一个非常复杂的体系。它不仅有基础标准、产品标准与方法标准；同时还有国家标准、行业标准和地方标准，在不同的标准体系中既有强制性标准、也有推荐性标准。目前，园林技术标准体系还处在不断建立健全的过程中，行业标准化体系亦正在趋向完善。如在全国实施的《国家园林城市标准》、《中国人居环境奖评奖标准》、《城市规划基本术语标准》等均属于国家技术标准；而《公园设计规范》、

《风景园林图例图示标准》、《居住区环境景观设计导则》等属于行业技术标准；再配合各地市的地方标准共同形成了园林行业标准化体系，它们在园林业的发展过程中发挥着极其重要的作用。

2.7.4.2 管理标准

（1）管理标准的定义。管理标准是对标准化领域中需要协调统一的管理事项所制定的标准，是对管理目标、管理项目、管理程序、管理方法和管理组织所作的规定。

（2）管理标准的分类。

（1）根据对象分类。管理标准按其对象可分为技术管理标准、生产组织标准、经济管理标准、行政管理标准、业务管理标准和工作标准等。制定管理标准的目的是为合理组织、利用和发展生产力，正确处理生产、交换、分配和消费中的相互关系及科学地行使计划、监督、指挥、调整、控制等行政与管理机构的职能。

1）技术管理标准。技术标准是对技术活动中，需要统一协调的事物制定的技术准则。它是根据不同时期的科学技术水平和实践经验，针对具有普遍性和重复出现的技术问题，提出的最佳解决方案。

2）生产组织标准。生产组织标准是为合理组织生产过程和安排生产计划而制定的，包括生产能力标准、资源消耗标准，以及对生产过程进行计划、组织、控制的方法、程序和规程等；

3）经济管理标准。经济管理标准是指对生活、建设、投资的经济效果以对生产、交换、流通、分配、积累、消费等经济关系的调节、管理为管理对象所制定的标准。经济管理标准是合理组织国民经济生产，正确处理各种经济关系和分配原则，合理安排积累与消费的比例、提高经济效益的有效措施，也是用经济办法管理经济，保证国民经济持续稳步发展的重要手段。

4）行政管理标准。行政管理标准是指由社会约定俗成或由国家机关明文规定的，要求国家行政机关及其工作人员在有效履行各项行政管理职能、行使国家行政权力的过程中应该遵守的各种行为规范、准则的集合。

5）业务管理标准。例如计划供应、销售、财务等，依据管理目标和相关管理环节的要求，对其业务内容、职责范围、工作程序、工作方法和必须达到的工作质量、考核奖惩办法所规定的准则。

（2）根据内容分类。管理标准按管理内容可分为管理基础标准、管理程序标准、管理业务标准和质量管理体系标准。

1）管理基础标准是管理标准体系的最高层次，是从其他各类管理标准中提炼出来的共同标准，它可分为管理用术语、符号、代号、编码标准和文件格式统一标准。

2）管理程序标准是把各管理环节在空间上的分布和时间上的次序加以明确和固定，规定过程和活动秩序的标准。

3）管理业务标准是对某一管理部门在管理活动中重复出现的业务，依据管理目标和要求，规定其业务内容、职责范围、工作程序、工作方法和必须达到的工作质量所作的规定。工作标准是对每个具体的工作操作岗位做出的规定。

4）质量管理体系标准如ISO9000、TL9000、QS9000、环境管理体系标准（ISO14000）、职业健康与安全标准（OHSAS18000）、食品安全体系标准（HACCP）都是典型的管理标准，是管理基础标准、管理程序标准、管理业务标准和工作标准的综合。

2.7.4.3 技术标准化工作

（1）要组织企业有关人员认真学习各种有关的法规与技术标准，掌握技术标准的内容和实质，以便按技术标准的要求办事。

（2）要对有关的国家标准、专业标准和企业标准进行分解和具体化，便于直接指导工人的生产，把标准落实到岗位。

（3）要相应地加强其他各项技术管理工作，如产品设计、工艺管理，特别是质量检验。通过严肃检查和严格验收，以促进操作工人认真按技术标准生产，保证产品的质量。

（4）标准化专职人员要深入实际了解情况，发现问题及时予以解决。当某些标准贯彻告一段落时，应进行总结，搞好技术经济效果分析，为制订新的标准积累经验。

（5）对贯彻标准好的单位和个人，应给予表扬和奖励；对贯彻差的单位和个人，要进行具体指导和帮助。

标准化是制度化的最高形式，可运用到生产、开发设计、管理等方面，是一种非常有效的工作方法。作为一个企业，能不能在市场竞争当中取胜，决定着企业的生死存亡。企业的标准化工作能不能在市场竞争当中发挥作用，这决定标准化在企业中的地位和存在价值。

本 章 小 结

本章通过寓言故事，使同学们了解园林政策法规的重要性以及在社会主义建设中的作用，同时通过对园林行业标准化及园林政策法规的构成体系的阐述，帮助同学们加深了对园林政策与法规的理解，为掌握园林政策、法规和依法进行园林经济管理奠定基础。

思 考 练 习 题

1. 园林政策法规有哪些作用？
2. 政策的基本含义和特征有哪些？
3. 政策有哪些特点？
4. 园林法规的含义和特征有哪些？它包括哪些内容？
5. 政策与法规有哪些关系？
6. 园林行业标准化管理的内容与特点有哪些？
7. 园林技术标准的含义和特点有哪些？

第3章 园林企业人力资源开发与管理

本章学习要点

- 了解人力资源开发的意义，掌握人力资源规划和企业人力资源吸收的原则。
- 熟悉人力资源开发与管理和园林企业员工培训与发展的内容与方法。
- 为人力资源的有效开发、合理配置、充分利用奠定基础。

现代园林市场的竞争首先是人的竞争。谁占领了人才制高点，谁就会在园林市场竞争中脱颖而出。因此人才如何储备和选拔，人力资源如何培训和开发，员工业绩如何考核，人员工资如何确定等，都是现代园林企业人力资源部门必须面对的问题。同时也是现代园林企业在残酷的市场竞争中取胜的根本法宝。

人力资源管理分六大模块，包括人力资源规划、招聘与配置、培训与开发、绩效评估、薪酬福利管理、劳动关系管理。

3.1 人力资源开发与管理故事

3.1.1 怎样让石头浮起来

公司的一次例会上，董事长向大家提了一个问题："怎样使水里的石头不下沉?"大家纷纷议论起来，财务经理站起来说："把石头掏空，就浮起来了。"董事长摇了摇头："石头是实的。"人事经理说："用木板把石头托起来。""没有木板。"董事长说。大家渐渐不说话了。突然，营销经理站起来大声说："是速度，只要使石头在水上移动得足够快，就能使它飘起来不下沉。"董事长微笑地站起来说："对，是速度，只要公司保持快速的发展，就一定会在市场竞争中获胜!"全场响起了热烈的掌声。

【管理启示】

企业管理中最有效的激励方法就是能够让每一个人都快速运动起来，也就是说，只要快速运动起来，效益自然就有了。

3.1.2 定位效应

社会心理学家作过一个试验：在召集会议时先让人们自由选择位子，之后到室外休息片刻再进入室内入座，如此5～6次，发现大多数人都选择他们第一次坐过的位子。

【管理启示】

凡是自己认定的，人们大都不想轻易改变它。

3.1.3 酒井法则

每家企业在招工时都会用尽浑身解数，使出各种方法争取招到最好的员工，但是往往不尽如人意。而最好的方法是使自己的公司成为一家好公司，这样人才便会自然而然地汇集而来。这一个管理故事的提出者是日本著名的企业管理顾问酒井正敬。

【管理启示】

如果一家企业不能吸引人才，那么已有的人才也留不住。

3.1.4 倒U形假说

当一个人处于轻度兴奋时，能把工作做得最好。当一个人一点儿兴奋都没有时，也就没有做好工作的动力了；相应地，当一个人处于极度兴奋时，随之而来的压力可能会使他完不成本该完成的工作。世界网坛名将贝克尔之所以被称为常胜将军，其秘诀之一即是在比赛中自始至终防止过度兴奋，而保持半兴奋状态。所以有人亦将倒U形假说称为贝克尔境界。这一个管理故事的提出者是英国心理学家罗伯特·耶基斯和多德林。

【管理启示】

激情过热，激情就会把理智烧光；热情中的冷静让人清醒，冷静中的热情使人执著。

3.1.5 隧道视野效应

一个人若身处隧道，他看到的就只是前后非常狭窄的视野。

【管理启示】

不拓心路，难开视野；视野不宽，脚下的路也会愈走愈窄。

3.1.6 "弼马瘟"效应

在两千多年前，我国一些养马的人在马厩中养猴，以避马瘟。据有关专家分析，因为猴子天性好动，这样可以使一些神经质的马得到一定的训练，使马从易惊易怒的状态中解脱出来，对于突然出现的人或物及声响等不再惊恐失措。马是可以站着消化和睡觉的，只有在疲惫和体力不支或生病时才卧倒休息。在马厩中养猴，可以使马经常站立而不卧倒，这样可以提高马对血吸虫病的抵抗能力。在马厩中养猴，以"辟恶，消百病"，养在马厩中的猴子就是"弼马瘟"，"弼马瘟"所起的作用就是"弼马瘟"效应。

【管理启示】

在一个经济组织中，也应该配备"弼马瘟"式的人物，以增强员工的活力，避免疲沓和懈怠，进而增进整个组织的活力。

3.1.7 会五种技能的鼯鼠

鼯鼠会飞、会跑、会游泳、会爬树，还会打洞。可是样样能、样样不精。

【管理启示】

在公司人才管理中，就有一些自称是文武全才的人，而且自视清高，老认为自己大材小用，没有给他施展才华的舞台，但是当公司启用这些人的时候却不能承担大任，还破坏了整体计划，所以管理者要善于识才，同样要善于用人，得力干将是实践中干出来的而不是吹出来的。

3.1.8 青蛙实验

19世纪末，美国康奈尔大学曾进行过一次著名的"青蛙试验"。他们将一只青蛙放在煮沸的大锅里，青蛙触电般地立即窜了出去，并安然落地。后来，人们又把它放在一个装满凉水的大锅里，任其自由游动，再用小火慢慢加热，青蛙虽然可以感觉到外界温度的变化，却因惰性而没有立即往外跳，等后来感到热度难忍时已经来不及了。

青蛙实验的原理告诉大家：在人力资源管理中，每一个人都有创造一种环境的辉煌经历，并在这种环境下逐渐形成了熟悉的工作和生活模式，一个单位也就固定形成了一种管理模式。个人失去了竞争，缺乏必要的刺激，在一个安逸的工作氛围中无所忧虑地工作，那么，这个部门和单位就会失去工作活力，工作效率必然会越来越低。缺乏对环境的敏感度，最后只有被市场淘汰。

【管理启示】

大环境的改变能决定你的成功与失败。大环境的改变有时是看不到的，我们必须时时注意，多学习，多警醒，并欢迎改变，才不至于太迟；太舒适的环境就是最危险的时刻。很习惯的生活方式，也许就是你最危险的生活方式。不断创新，打破旧有的模式，而且相信任何事都有可以再改善的地方；要能觉察到趋势的小改变，就必须“停下来”，从不同的角度来思考，而学习是能发现改变的最佳途径。

3.1.9 分粥制度

人所共知的一个经典故事，7个人分粥采用各种方案都会使分粥者自己得到更多的一份，唯有让分粥者最后拿粥才会完全得到公平。

【管理启示】

阿克顿勋爵说过，权力会导致腐败，绝对的权力导致绝对的腐败。现代政治经济学上说：制度至关重要，但是制度是人制定的，是交易的结果。好的制度浑然天成，清晰而精妙，既简洁又高效，令人为之感叹。当管理中面临着同样的问题时，我们是否需要设计一个好的管理制度使大家都无怨言呢？

3.2 园林企业人力资源开发的意义

人才是生产力诸要素中的特殊要素，不仅是可再生性资源、可持续资源，而且是资本性资源。在现代企业和经济发展中，人才是一种无法估量的资本，一种能给企业带来巨大效益的资本，人才作为资源进行开发是经济发展的必然。企业只有依靠科技进步，进行有计划的人力资源开发，把人的智慧能力作为一种巨大的资源进行挖掘和利用，才能达到科技进步和经济腾飞。

园林企业人力资源管理的中心是充分调动人们的积极因素，管理目标就是吸引人、培养人、用好人、挖掘潜力、激发活力。现代园林企业管理必须紧紧围绕企业发展目标，以人力资源开发为根本任务，从根本上解决人力资源的开发和利用，从而全面提升企业的整体发展水平。

企业的经营目标是否能够实现，是由企业人力资源状况决定的。所以人力资源管理者必须时时向决策者和主管经理报告企业人力资源中存在的问题和有可能导致的严重后果，并向他们提出职业建议和解决方案。

3.2.1 人力资源开发经典理论

3.2.1.1 共鸣现象

美国心理学家罗森塔尔考查某校，随意从每班抽3名学生共18人写在一张表格上，交给校长，极为认真地说：“这18名学生经过科学测定全都是智商型人才。”事过半年，罗氏又来到该校，发现这18名学生的确超过一般学生，长进很大，再后来这18人全都在不同的岗位上干出了非凡的成绩。这一效应就是期望心理中的共鸣现象。运用到人事管理中，就要求领导对下属要投入感情、希望和特别的诱导，使下属得以发挥自身的主动性、积极性和创造性。如领导在交办某一项任务时，不妨对下属说：“我相信你一定能办好”、“你会有办法的”、“我想早点听到你们成功的消息”。

这样下属就会朝你期待的方向发展，人才也就在期待之中得以产生。

我们通常所说的“领导说你行，不行也行；说你不行，行也不行。”从某种意义上来说也是有一定道理的。一个人如果本身能力不是很行，但是经过激励后，才能得以最大限度的发挥，不行也就变成了行；反之，则相反。

3.2.1.2 贝尔效应

英国学者贝尔天赋极高。有人估计过他毕业后若研究晶体和生物化学，定会多次赢得诺贝尔奖。但他却心甘情愿地走了另一条道路——把一个个开拓性的课题提出来，指引别人登上了科学高峰，此举被称为贝尔效应。这一效应要求领导者具有伯乐精神、人梯精神、绿地精神，在人才培养中，要以国家和民族的大业为重，以单位和集体为先，慧眼识才，放手用才，敢于提拔、任用能力比自己强的人，积极为有才干的下属创造脱颖而出的机会。

3.2.1.3 鲶鱼效应

挪威人在海上捕得沙丁鱼后，如果能让其活着抵港，卖价就会比死鱼高好几倍。但只有一只渔船能成功地带活鱼回港。该船长严守成功秘密，直到他死后，人们打开他的鱼槽，才发现只不过是多了一条鲶鱼。原来当鲶鱼装入鱼槽后，由于环境陌生，就会四处游动，而沙丁鱼发现这一异己分子后，也会紧张起来，加速游动，如此一来，沙丁鱼便活着回到港口。这就是所谓的“鲶鱼效应”。运用这一效应，通过个体的“中途介入”，对群体起到竞争作用，它符合人才管理的运行机制。目前，一些机关单位实行的公开招考和竞争上岗，就是很好的典型。这种方法能够使人产生危机感，从而更好地工作。

3.2.1.4　海潮效应

海水因天体的引力而涌起，引力大则出现大潮，引力小则出现小潮，引力过弱则无潮。此乃海潮效应。人才与社会时代的关系也是这样。社会需要人才，时代呼唤人才，人才便应运而生。依据这一效应，作为国家，要加大对人才的宣传力度，形成尊重知识、尊重人才的良好风气。对于一个单位来说，重要的是要通过调节对人才的待遇，以达到人才的合理配置，从而加大本单位对人才的吸引力。现在很多知名企业都提出这样人力资源管理理念：以待遇吸引人，以感情凝聚人，以事业激励人。

3.2.1.5　首因效应

第一印象所产生的作用称之为首因效应。根据第一印象来评价一个人往往失之偏颇，被某些表面现象蒙蔽。其主要表现有两个方面：一是以貌取人，对仪表堂堂、风度翩翩的人容易得出良好的印象，而其缺点却很容易被忽视；二是以言取人，那些口若悬河、对答如流者往往给人留下好印象。因此在考察考核选拔人才时，既要听其言、观其貌，还要察其行、考其绩。

3.2.2　人力资源开发与管理的意义

在人类所拥有的一切资源中，人力资源是第一宝贵的，自然成了现代管理的核心。不断提高人力资源开发与管理的水平，不仅是当前发展经济、提高市场竞争力的需要，也是一个国家、一个民族、一个地区、一个单位长期兴旺发达的重要保证，更是一个现代人充分开发自身潜能、适应社会、改造社会的重要措施。

3.2.2.1　人力资源管理的定义

人力资源管理，就是指运用现代化的科学方法，对与一定物力相结合的人力进行合理的培训、组织和调配，使人力、物力经常保持最佳比例，同时对人的思想、心理和行为进行恰当的诱导、控制和协调，充分发挥人的主观能动性，使人尽其才，事得其人，人事相宜，以实现组织目标。

根据定义，可以从两个方面来理解人力资源管理。

(1) 对人力资源外在要素——量的管理。对人力资源进行量的管理，主要表现为根据人力和物力及其变化，对人力进行恰当的培训、组织和协调，使二者经常保持最佳比例和有机的结合，使人和物都充分发挥出最佳效应。

(2) 对人力资源内在要素——质的管理。主要表现为采用现代化的科学方法，对人的思想、心理和行为进行有效的管理（包括对个体和群体的思想、心理和行为的协调、控制和管理），充分发挥人的主观能动性，以达到组织目标。

3.2.2.2　人力资源管理的意义

(1) 通过合理的管理，实现人力资源的精干和高效，取得最大的使用价值。并且指出：人的使用价值达到最大时就等于人的有效技能得到最大地发挥。

(2) 通过采取一定措施，充分调动广大员工的积极性和创造性，也就是最大限度地发挥人的主观能动性。现代统计学调查研究结果证明：当对员工采用按时计酬管理模式时，员工每天只需发挥自己20%～30%的能力，就足以保住个人的饭碗。但若采用计件管理模式时就可以充分调动其积极性和创造性，使其潜力发挥到80%～90%以上，甚至更高。

(3) 培养全面发展的人。人类社会的发展，无论是经济的、政治的、军事的、文化的发展，最终目的都要落实到人，也就是说一切为了人本身的发展。目前，教育和培训在人力资源开发和管理中的地位越来越高，马克思指出，教育不仅是提高社会生产的一种方法，而且是造就全面发展的人的唯一方法。

现代人力资源管理的意义还可以从三个层面，即国家、组织、个人来加以理解。目前，“科教兴国”、“全面提高劳动者的素质”等国家的方针政策，实际上谈的是一个国家、一个民族的人力资源开发管理。只有人力资源得到了充分的开发和有效的管理，一个国家才能繁荣，一个民族才能振兴。退一步讲在一个园林企业中，只有求得有用的人才、合理地使用人才、科学地管理人才、有效地开发人才，才能促进组织目标的达成和个人价值的实现。再退一步讲，针对一个人，只有潜能开发、技能提高、适应社会、融入组织、创造价值、奉献社会，才有可能找到更好的、理想的工作。

3.2.2.3　人力资源管理衡量的标准

人力资源管理者必须将自己视同一个普通的企业经营者，用衡量企业经营者的标准来衡量自己的工作，即一是利润；二是成本；三是时间。所以在规划或实施人力资源管理项目时必须关注项目的人力资本、企业经济指标，以成本、利润为中心，视人力资源工作为创造企业利润，必须达到能为企业降低成本或控制成本，必须注意时间讲求时效。

3.2.2.4　人力资源管理的特征

既然人力资源是推动整个经济和社会发展的劳动者的能力，那么人力资源管理一般具有以下五个方面的特征：能动性、动态性、智力性、再生性、社会性。因此人力资源管理的目标是围绕企业目标建立一支具有首创精神和整体观念的、一切行动听指挥的、稳定的员工队伍，主要包括三个方面的内容。

（1）保证组织对人力资源的需求得到最大限度的满足。

（2）最大限度地开发与管理组织内外的人力资源，促进组织的持续发展。

（3）维护与激励组织内部的人力资源，使其潜能得到最大限度的发挥，使其人力资本得到应有的提升与扩充。

3.2.2.5　现代人力资源管理者必备

为了科学、有效地实施现代人力资源管理各大系统的职能，从事人力资源管理工作的人员有必要掌握以下三个方面的基本知识。

（1）关于人的心理、行为及其本性的一些认识。

（2）心理、行为测评及其分析技术，即测什么、怎么测、效果如何等。

（3）职务分析技术，即了解工作内容、责任者、工作岗位、工作时间、怎么操作、为什么做等方面的技术。这是从事人力资源管理工作的基本前提和基础条件。

3.2.2.6　现代企业人力资源管理现状

（1）人力资源管理制度正在建立。调研发现，企业的工作重点是管理制度的健全和完善。正如汉王科技公司所言：国外理论的确很好，新颖、量化程度高而易于操作，但是跟我们现实的工作联系不上，在我们企业，人力资源部门工作内容随机性很强。因此，与其把精力放在引进国内外先进理论和技术上，还不如着力使公司人力资源管理制度化，使事务处理程序化、结构化。目前，制度的建立完善已经有一些成效，主要表现在以下几方面：

1）招聘制度市场化，招聘途径公平、公开。现代企业的人才引进逐步由原来的接班、推荐演变成纯市场行为，个人关系背景的重要程度日益让位于真才实学。

2）培训制度多样化，培训形式多样化。很多企业已经把培训制度作为一项长期的、战略性行动纳入企业计划。以房地产为主要经营对象的北京当代集团建立了自己的“当代训练营”，目标是培养合格的“当代人”。在培训形式上，不仅有“请进来”式的“引进”，也有“派出去”式的“猎取”。

3）薪酬和考核制度合理化。人力资源管理中薪酬和考核制度是重要管理部分，目前一些传统行业已经开始打破职称终身制，同时开始改变相关的岗位和薪水只见上调不见下调的现象。并逐渐建立起科学的考核制度，使薪酬和考核制度逐步合理化。

4）人力资源管理地位正在转变。现代企业人力资源管理已不仅仅限于考勤记录、档案保存、户口办理、工资发放等事务性工作，在企业发展和人才战略上有了自己的主观意见，体现出更大的自主性和决策权。

5）人力资源管理手段正在完善。绝大多数企业都建立了人力资源管理决策支持系统，有的企业甚至自行开发出系统软件，以提高工作效率。

6）职业经理人正在成长。主要表现在三个方面：①素质全面，业务知识扎实。他们不仅对管理学、法律、心理学以及计算机知识有了一定掌握，还具备良好的道德品质，如有责任心、宽容、善解人意和乐于奉献等；②管理方法多、技巧性强；③注重实践，不拘泥于教科书。在人们为了追求高学历不惜违法的今天，业之峰装饰公司得出“最优秀的不一定是最合适的”的论断。在众多人为了提高社会地位而盲目追求职位的同时，北京三元食品公司提出“优异的工作人员不一定能成为合格的管理人员”的观点。

(2) 人力资源管理内涵正在丰富。首先，企业文化正在日益融入人力资源管理。其次，人性化的管理成为现代人力资源管理的核心。清华紫光药业甚至将人性化管理推及员工离职，午餐时间交流，以建立良好的私人关系。

3.2.2.7 我国企业人力资源管理工作中存在的问题

(1) 管理水平参差不齐。许多企业已引进国外先进技术制定员工薪酬激励制度，或充分利用各类专业咨询机构的时候；还有一些企业的人事管理仍在由党委办、劳资科等部门处理。许多企业已经建立了自己的人才信息库、利用决策支持系统的时候；还存在一些企业没有普遍运用计算机。这类人力资源管理发展较缓的企业，以大型国有企业和传统产业为主。

(2) 管理制度不够完备。管理制度在逐步完善中，但仍有很大空缺。主要表现在77%的企业缺乏详尽的职位说明书。另外，培训制度虽门类繁多，但有教条化倾向。不论是人力资源管理人员还是被培训的员工，仅仅将培训看作一项制度来执行。一谈到培训就是所有员工到一个固定的地点，由专门老师讲课等等。培训课程今年与去年的差别不大，这一批与上一批的差别不大。采用活泼的形式、把培训活动渗透到日常工作中的做法并不多见。

(3) 人事法规不尽完善。人力资源管理和法律法规的关系密切。伊藤忠商社的人力资源管理者，把熟悉各类政策法规视做成为一个合格人力资源管理者的必要条件。目前，我国法律法规还不很健全，给人力资源管理带来外在性的困难是政府部门之间的法规不一致，使人才引进渠道不够通畅。

(4) 个人诚信危机不容忽视。部分员工的不诚信，经常使企业人力资源管理陷于两难处境。如：在制定培训计划时，面对高昂的培训费用，企业会考虑，一旦员工接受培训后迅速离职，将给企业带来损失；不进行培训，则肯定不利于企业发展。目前我国大部分企业实力有限，不能发表“只要十个骨干分子中，有三个甚至更少的人留下来发挥重要作用，培训仍然有效”的言论，培训前的协议也不足以约束人，所以公司由于员工的信用问题，在执行人力资源计划中有所保留。事实证明，这种由于个人信用不佳带来的效应，对企业和个人都是负面的。

3.3 园林企业人力资源规划

“凡事预则立，不预则废”。同样，园林企业的人力资源管理也要从制定规划开始，尤其是在当今园林市场内外部环境变化速度越来越快的今天，如果没有一个完整的人力资源规划，很难应对瞬息万变的市场环境。因此园林企业为了实现自己的发展目标，提高人力资源的效率，必须科学地预测人力资源供求关系，有效地配置人力资源，这就要求企业制定人力资源规划。

人力资源规划（HRP)，是指根据企业未来的发展战略，通过对未来人力资源的需要和供给状况进行分析，对组织所需人才在数量、质量和结构上做出准确预测和规划。它是企业发展战略规划的重要组成部分，同时也是企业各项人力资源管理工作的基础和依据。

人力资源规划包含三个方面的内容，即人力资源战略、人力资源规划、人力资源计划。人力资源战略是企业组织发展战略或者经营战略的重要组成部分。人力资源规划是根据人力资源发展战略而编制的，服务于人力资源战略。人力资源计划是规划的具体实施方案，往往以年度计划的形式表现出来。

3.3.1 人力资源规划的案例

案例：人力资源管理如何满足园林企业经营活动的需要。

某园林公司是一家具有省一级资质的园林绿化企业。在一次年终聚会上公司总经理说：“我们今年取得了较大的成绩，今天我们在此举杯庆祝。但是明年我们将有一个更大的市政园林建设项目，而且工程要求务必在6月份完成，实际可用时间只有5个月，而不是一年完成”。此时，人力资源部经理提出一个现实的问题：“据我所知，我们现有人员根本无法在要求的期限内完成项目设计要求的质量产品。我们必须加快对我们现有工人进行培训，同时还需要到社会上招聘一些特殊技术生产工人。我认为我们还应该对这一项目再进行一些详细分析。如果我们必须在半年内而不是一年完成这一项目，我们的人力资源成本将大幅度增加，相对项目的建设成本也将大幅度增加。”

3.3.2 人力资源规划的定义与作用

从以上案例中可以看到，当一个园林企业或组织的经营目标、经营战略或经营活动发生变化时，可能会使它的人力资源管理面临一系列的问题，如企业的组织结构和人员结构是否会发生变化？企业需要多少员工？这些员工应该具备哪些知识、技能和经验？园林企业现有人员能否满足这种需要？是否需要对现有人员进行进一步培训？是否需要从企业外部招募人员？能否招募到企业需要的人员？何时招募？企业应该制定怎样的薪酬政策以吸引外部人员和稳定内部员工？当企业人力资源过剩时，有什么好的解决办法等等。此时园林企业要想在竞争中取得优势，就必须不断地调整其经营目标和经营战略。企业的人力资源管理如何应对这种变化？如何做到未雨绸缪？人力资源规划提供了一个有效的工具。

人力资源规划是企业组织为了实现企业经营目标、发展战略及适应外部具体环境，不断地审视其人力资源需求的变化，以科学规范的方法，进行人力资源需求和供给的分析预测，编制相应的吸引、留住、使用、激励的方案，以确保在组织需要时能够获得一定数量的具有一定知识和技能要求的人力资源的一个系统过程。

人力资源规划是一种战略规划，它着眼于为未来组织的经营活动预先准备人力，持续和系统地分析组织在不断变化的条件下对人力资源的需求，并开发制定出与组织长期效益相适应的人事政策。它是组织整体规则和战略的有机组成部分。

3.3.3 人力资源规划的意义

园林企业人力资源规划是人力资源管理工作的一个重要职能，也是人力资源管理工作的基础性工作。人力资源规划的意义主要表现以下几个方面。

首先，现代人力资源管理重视人的价值，在管理上是以人为中心进行管理的，因此员工的数量、质量和需求情况直接关系到企业经营的成败。

其次，园林企业所处的外部环境对企业组织的影响较大，它可直接影响企业组织对人员数量和结构方面的改变。如国家的法律法规和政策、社会保障制度的建立，影响了企业组织的人工成本上升，劳动法的实施规范了企业的用工制度，对工资总额的控制或者工资指导线的颁布影响企业组织的薪酬政策等。科学技术的迅猛发展导致劳动生产率大幅提高，因此对劳动力素质提出了更高的要求。企业间对优秀人才竞争的加剧导致优秀人才稀缺，劳动力价格上涨。

最后，园林企业组织的内部结构、管理方式的变化影响人力资源结构和员工素质。园林企业组织内部人力资源的流入、晋升、流出等会影响员工结构的变化。企业管理必须促使企业人力资源的数量和结构向着符合企业发展需要的方向稳步渐进的调整，避免大起大落，而且要引导员工队伍的年龄、学历、能力结构达到最优状态，产生最大的竞争力。

而人力资源规划第一，可以使企业及时了解由于经营活动变化而导致的人力资源方面的变化，预见企业组织变化将要对人力资源需求的变化，并且及时进行准备；第二，其次使企业组织能够预见未来人力资源不足或过剩的潜在问题，并通过分析组织变化，预测人力资源的供求差异，及时预见组织在未来可能出现的人力资源不足或过剩的潜在问题，并及时采取措施进行调节；第三，人力资源规划有助于企业获得并且留住能满足企业需要的具有一定知识、技能和经验的人力资源。并通过人力资源规划了解哪些人员是组织稀缺的，组织应该制定什么样的员工发展政策和薪酬政策吸引和留住组织所需要的人力资源，人力资源规划对调动员工的积极性也很重要，只有在人力资源规划正确的前提下，员工才有可能看到自己的发展前景，同时人力资源规划有助于引导员工职业生涯设计和职业生涯发展；第四，人力资源规划使组织充分有效地利用人力资源，防止人力资源的过剩造成生产成本增加，最大限度降低人力资源成本；第五，人力资源规划为人力开发培训提供依据，同时也为员工招聘和培训提供信息；第六，企业组织通过人力资源规划使企业稳定地拥有一定质量和数量的必要的人力资源，并且使得企业组织的人员需求量和人员拥有量与企业未来发展相互匹配。

3.3.4　人力资源规划的内容

人力资源规划按期限长短可分为：长期规划（5年以上）、短期规划（1年及以内），介于两者的为中期计划。

按规划内容划分可分为：战略发展规划、组织人事规划、制度建设规划、员工开发规划和人力资源管理费用规划。

人力资源规划还可分为战略规划和战术规划两个方面。

（1）战略规划。战略计划主要是根据公司内部的经营方向和经营目标，以及公司外部的社会和法律环境对人力资源的影响，来制定出一套跨年度计划。同时还要注意战略规划的稳定性和灵活性的统一。在制定战略计划的过程中，必须注意以下几个方面的因素：①国家及地方人力资源政策环境的变化；②公司内部的经营环境的变化，本着安定、成长和可持续发展原则进行规划；③人力资源的预测；④企业文化的整合，人力资源规划中必须充分注意与公司文化的融合与渗透，保障公司经营的特色，以及公司经营的战略的实现和组织行为的约束力，只有这样才能使公司的人力资源具有延续性，具有自己的符合公司的人力资源特色。

（2）战术规划。战术计划则是根据公司未来面临的外部人力资源供求的预测，以及公司的发展对人力资源的需求量的预测，根据预测的结果制定的具体方案，包括招聘、辞退、晋升、培训、工资福利政策、梯队建设和组织变革。

人力资源的战术规划包括以下四部分内容。

1）招聘规划。针对公司所需要增加的人才，应制定出该项人才的招聘计划，一般一个年度为一个段落，其内容包括：第一，计算本年度所需人才，并计划考察出可由内部晋升调配的人才，确定各年度必须向外招聘的人才数量，确定招聘方式，寻找招聘来源。第二，对所聘人才如何安排工作职位，并防止人才流失。

2）人员培训规划。人员培训计划是人力计划的重要内容，人员培养计划应按照公司的业务需要和公司的战略目标，以及公司的培训能力，分别确定专业人员培训计划、部门培训计划、一般人员培训计划、选送进修计划。

3）考核规划。一般而言，内部因为分工的不同，对于人员的考核方法也不同，在提高、公平、发展的原则下，应该根据员工对于公司所做出的贡献作为考核的依据。这就是绩效考核的指导方法。绩效考核计划要从员工工作成绩的数量和质量两个方面，对员工在工作中的优缺点进行策定。譬如科研人员和公司财务人员的考核体系就不一样，因此在制定考核计划时，应该根据工作性质的不同，制定相应的人力资源绩效考核计划。至少包括以下三个方面：①工作环境的变动性大小；②工作内容的程序性大小；③员工工作的独立性大小。绩效考核计划做出来以后，要相应制定有关考核办法，常用的方法包括：排序法、平行法、关键事件法、硬性分布法、尺度评价表法、行为定位等级评价法、目标管理法。

4）发展规划。结合公司发展目标，设计核心骨干员工职业生涯规划和职业发展通道，明确核心骨干员工在企业内的发展方向和目标，以达到提高职业忠诚度和工作积极性的作用。

3.3.5　人力资源规划的程序

人力资源规划的程序即人力资源规划的过程，一般可分为以下几个步骤：收集有关信息资料、人力资源需求预测、人力资源供给预测、确定人力资源净需求、编制人力资源规划、实施人力资源规划、人力资源规划评估、人力资源规划反馈与修正。

（1）人力资源需求预测。人力资源需求预测包括短期预测和长期预测，总量预测和各个岗位需求预测。人力资源需求预测的步骤为：①现实人力资源需求预测；②未来人力资源需求预测；③未来人力资源流失情况预测；④人力资源需求结果预测。

（2）人力资源供给预测。人力资源供给预测可分为组织内部供给预测和外部供给预测两种。人力资源供给预测步骤为：①内部人力资源供给预测；②外部人力资源供给预测；③将组织内部人力资源供给预测数据和组织外部人力资源供给预测数据汇总，得出组织人力资源供给总体数据。

(3) 人力资源净需求预测。在对员工未来的需求与供给预测数据的基础上，将本组织人力资源需求的预测数与在同期内组织本身可供给的人力资源预测数进行对比分析，从比较分析中可测算出各类人员的净需求数。这里所说的“净需求”既包括人员数量，又包括人员的质量、结构，即既要确定“需要多少人”，又要确定“需要什么人”，数量和质量要对应起来。这样就可以有针对性地进行招聘或培训，就为组织制定有关人力资源的政策和措施提供了依据。

(4) 人力资源规划编制。根据组织战略目标及本组织员工的净需求量，编制人力资源规划，包括总体规划和各项业务计划。同时要注意总体规划和各项业务计划及各项业务计划之间的衔接和平衡，提出调整供给和需求的具体政策和措施。一个典型的人力资源规划应包括：规划的时间段、计划达到的目标、情景分析、具体内容、制定者、制定时间。其中具体内容包括以下几个方面：项目内容、执行时间、负责人、检查人、检查日期、预算等。

3.3.6 人力资源规划实施与评估

人力资源规划的实施，是人力资源规划的实际操作过程，要注意协调好各部门、各环节之间的关系，在实施过程中需要注意以下几点：①必须要有专人负责既定方案的实施，要赋予负责人拥有保证人力资源规划方案实现的权利和资源。②要确保不折不扣地按规划执行。③在实施前要做好准备，实施时要全力以赴。④要有关于实施进展状况的定期报告，以确保规划能够与环境、组织的目标保持一致。

在实施人力资源规划的同时，要进行定期与不定期的评估，从如下三个方面进行：①是否忠实执行了本规划；②人力资源规划本身是否合理；③将实施的结果与人力资源规划进行比较，通过发现规划与现实之间的差距来指导以后的人力资源规划活动。

对人力资源规划实施后的效果还要及时反馈，进而对原规划的内容进行适时的修正，使其更符合实际，更好地促进组织目标的实现。

3.4 园林企业人力资源吸收

3.4.1 导读案例分析

哲理故事：执著就能够成功。

曾经有一个做口香糖生意的年轻人，卖口香糖 12 年都没有挣到钱，很多人要求其放弃，但是他没有，在第 13 年的时候他挣了 2000 万元。

在许多人的心目中，如果一个行业是高利润行业，那么大家会在第一时间内去追风，结果在很短时间内这个行业便出现衰败，如园林苗圃行业中的某个树种的经营。但是如果此时有人坚持下来了，那么经过一段时间后，当大多数人退出此行业时，便会再次出现高额利润。相反如果一个人一味追风，结果是永远挣不到钱的。商战中一个人要想有作为，首先是必须发挥自己的特长，并要深深地吃透这个行业，然后就是掌握商战规律并执著地坚持，才有机会。相反如果始终像猴子那样拿上这个丢下那个，那么将永远没有机会获利。

一个人要有执著精神，不管遇到什么挫折，都要坚持，当然不是无谓的坚持，要看准一个行业并把它做大。

这个故事应用到人力资源吸收中具有非常重要的意义，特别是在招聘中。如果一个人没有执著精神，那么他就不能成为一名优秀的员工。

3.4.2 工作分析

工作分析是对企业各类岗位的性质、任务、职责、劳动条件与环境，以及员工承担本岗位任务应具备的资格条件所进行的系统分析与研究，并制定出工作说明书与工作规范等人事文件的过程。一个企业要有效地进行人力资源开发与管理，一个重要的前提就是要了解每一种工作的特点以及能胜任某种工作的人员特点，这就是工作分析的主要内容，也是企业招聘与录用人员的前提。

工作分析包括两个方面的内容：①工作说明书：工作说明书是有关工作范围、任务、责任、方法、技能、工作环境、工作联系及所需要人员类型的详细描述；②工作规范：完成一项工作所需的技能、知识、经验、教育程度等的具体说明。

工作分析有利于选拔和任用合格人员；有利于改进工作设计，优化工作环境与条件；是进行人力资源预测的基础，是制定人力资源规划的依据；工作分析有利于客观评价员工工作业绩；有利于培训内容的确定；是建立科学的薪酬体系前提；有利于有效地激励员工。

在完成工作分析以后还要进行任职者资格条件分析，包括必备知识、经验、操作能力、基本能力、心理素质以及各种资格证书等。最后编写工作说明书与工作规范。

那么具体分析时要分析以下几个方面的工作要素。

(1) 什么职位。工作分析首先要确定工作名称、职位。即在调查的基础上，根据工作性质、工作繁简难易、责任大小及资格等四个方面，确定各项工作名称、并进行归类。

(2) 做什么（What）。即应具体描述工作者所做的工作内容，在描述时应使用动词，如包装、检测、修理等等。

(3) 如何做（How）。即根据工作内容和性质，确定完成该项工作的方法与步骤，这是决定工作完成效果的关键。

(4) 为何做（Why）。即要说明工作的性质和重要性。

(5) 何时完成（When）。即完成工作的具体时间。

(6) 在何处做（Where）。即工作地点。

(7) 为谁做（ForWhom）。即该项工作的隶属关系，明确前后工作之间的联系及职责要求。

(8) 需要何种技能（Skills，Who）。即完成该项工作所需要的工作技能。如口头交流技能、迅速计算技能、组织分析技能、联络技能等等。

3.4.3　人员招聘

(1) 企业对员工的一般要求。工作勤奋、态度良好、经验丰富、稳定性好、机智、责任感较强。

(2) 人才招聘的原则：①少而精的原则。即可招可不招时尽量不招；可少招可多招时尽量少招。招聘来的员工一定要人尽其才，适应岗位要求，充分发挥其作用。②宁缺毋滥原则。也就是说，岗位宁可空缺也不能让不适合该岗位的人占据，这就要求我们在招聘人才时要广开贤路，礼贤下士。③公平竞争原则。只有通过公平竞争，才能吸引人才，使真正优秀的人才脱颖而出，才能起到激励的作用。我们在招贤纳士之时一定要真正贯彻公开原则、竞争原则、平等原则、全面原则、择优原则和级能原则六个方面。

(3) 人才招聘的组织结构。人才招聘需要足量的职位申请者，一般当申请者达到岗位需要人数的 30 倍以上时才有可能招聘最合适的人选，因此人才招聘需要一个金字塔结构，详见图 3-1。

(4) 招聘的基本程序。人才招聘的基本程序包括：招聘决策、制定招聘计划、发布信息、招聘测试、人事决策等五大步骤。

1) 招聘决策。招聘决策是指企业中的最高管理层关于重要工作岗位的招聘和大量工作岗位的招聘的决定过程。一般来说，企业中个别的及不太重要的工作岗位的招聘一般不需要经过最高层的决定，也不一定要经过员工招聘的五大基本程序。

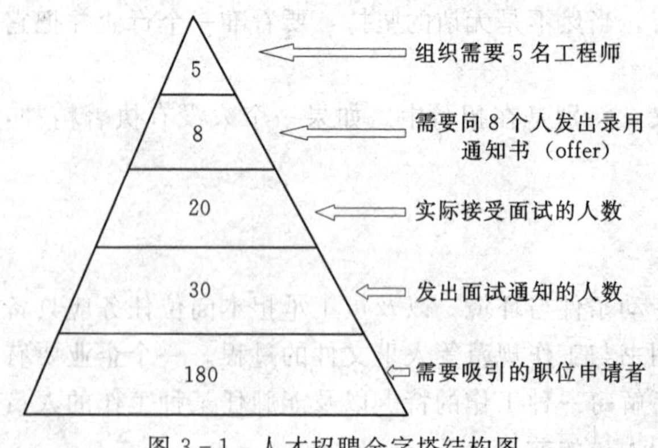

图 3-1　人才招聘金字塔结构图

2) 招聘计划。招聘计划的形成由用人部门提出需求申请（说明所需人员的数量、质量要求，所需岗位并解释理由）。然后由人力资源开发与管理部门提出方案。人力资源部门应到用人部门去实地复核并写出复核意见。最后由决策层根据不同情况提交总经理工作会议决定，也可由部门经理工作会议决定最终招聘方案。

招聘计划的主要内容包括：什么岗位需要招聘？招

聘什么人？招聘多少人？各岗位具体要求是什么？何时发布招聘信息？通过什么渠道发布招聘信息？具体招聘工作的组织实施方案。委托哪个部门进行招聘测试？招聘费用预算多少？新员工何时到位？新员工的岗前培训计划等。

（3）发布招聘信息。发布招聘信息就是向可能应聘的人群传递企业将要招聘的信息。招聘决策后，企业就应该按计划发布招聘信息。

1）发布招聘信息的原则。①面广原则。发布招聘信息的面越广，收到该信息的人越多，应聘的人越多，则企业招聘员工的选择面就越大。②及时原则。在可能的情况下，招聘信息应尽早地向外界发布，这样有利于缩短招聘进程，且有利于更多的人获取招聘信息，使前来应聘的人数增加。③层次原则。企业要招聘的人员都是处于社会的某一层次，企业应根据岗位的特点向特定层次的人员发布招聘信息。

2）人才招聘的途径。主要包括企业内部公开招聘、私人途径介绍招聘、委托临时代理招聘、委托职业社团招聘、委托中介公司招聘、网络公开招聘、广告招聘、人才招聘会设摊招聘。

（4）招聘测试。招聘测试是指在招聘过程中运用各种科学方法和经验方法对应聘者加以客观鉴定的各种方法的总称。招聘测试是企业员工招聘过程中重要的一环。通过测试，企业可以挑选合格的员工，让适当的人担任适当的工作，从而体现员工招聘的公平竞争原则。

1）招聘测试的种类。招聘测试的方法很多，目前比较常见的是心理测试法。心理测试是指运用心理学方法来测量被试者的智力水平和个性方面差异的一种科学方法，是测定员工性格气质和能力的过程。通过心理测试，可以了解一个人的潜力及心理活动规律。心理测试主要应用于招聘、人事安排和职业咨询等方面。根据测试内容又可分为：智力测试（IQ值）、个性测试（EQ值）、职业倾向测试和特殊能力测试四种。常用的测试形式包括纸笔测试、仪器测试、实验法等。

2）知识考试。知识考试简称考试，指主要通过纸笔测验的形式对被试者的知识广度、知识深度和知识结构进行了解的一种方法。根据考试的内容，知识考试又可分为百科知识考试（综合考试）、专业知识考试（深度考试）、相关知识考试（结构考试）三种。在采用考试的方式进行测试时要注意几个方面的问题：①试卷的设计；②考场的安排；③监考和阅卷。

3）情景模拟。情景模拟是根据职位要求设计一套与职位情况相似的模拟项目，将被试者置于模拟逼真的环境下，测定其心理素质和能力素养的方法。招聘测试中常常被采用的情景模拟内容包括：①公文处理。包括文件、备忘录、电话记录、上级指示、调查报告、请示报告等的处理；②沟通能力测试，主要包括电话接听、接待来访、登门拜访、处理矛盾、谈判场景等形式；③无领导小组讨论；④角色扮演；⑤即席发言等。

4）面试。面试是指要求被试者用口头语言来回答主试者的提问，以便了解被试者心理素质和潜在能力的测评方法。面试是企业员工招聘中常用的一种测试方法，通常有平时面谈、正式面谈、正式面试、随机问答和论文答辩四种类型。为了提高面试效果，保证面试质量，一般面试需要确定以下工作：确定面试主题、预定面试标准、设定好面试程序、确定主试成员构成并进行培训。

（5）人事决策。人事决策是人才招聘的最后一个环节，也是至关重要的一环。通常人事决策有广义与狭义之分。广义的人事决策是指有关人力资源开发与管理各方面的决策，主要包括：岗位定员决策、岗位定额决策、工资报酬决策、职务分类决策、员工培养决策、劳动保护决策、人事任免决策等。狭义的人事决策就是指人事任免决策，即决定让什么人从事哪一项工作。广义的人事决策主要包括以下几个步骤：对照招聘计划、参考测试结果、确定初步人选、查阅档案资料、进行体格检查、确定最终人选。

3.4.4 职前培训

为了使新聘人员尽快熟悉和适应工作环境和工作过程，在上岗前必须进行职前培训。职前培训的目标是使新职员在进入工作岗位之前完成自身的社会化并掌握必要的工作技能。使新职员顺利地接受企业的文化观、价值观、规章制度，掌握基本的工作技能，掌握解决工作的有关技术问题；使他们真正成为企业大家庭中负责任的、认真的、具有奉献精神的一员。还要解决新职员的社交问题，消除障碍，提供机会，使他们了解工作环境以及与同事、上司交往的方式。

（1）职前培训的内容。

职前培训的内容主要包括：①企业的物质文化和精神文化；②企业、行业及有关工作岗位所需的知识和技能方面的培训；③一般文化知识的普及和提高方面的培训；④知识更新，包括行业先端实用和行业最新科学技术方面的培训；⑤现代管理知识和技能方面的培训。

(2) 职前培训的原则。

职前培训的原则主要包括：①人尽其才的原则；②坚持挖潜和培养相结合的原则；③普及性的培训与重点开发相结合的原则；④改善人员结构的原则。

(3) 职前培训的方法。

职前培训的方法通常有以下几种：①案例研究；②研讨会；③授课；④游戏；⑤电影；⑥计划性指导；⑦角色扮演；⑧T小组，又称敏感性小组。

3.5　园林企业人力资源开发与管理

3.5.1　人力资源管理理论

3.5.1.1　马斯洛的需要层次理论与人力资源管理

美国心理学家马斯洛是人本主义心理学的创始人，他早在1943年发表的《人类动机的理论》一书中提出了需要层次论。马斯洛把人的需要由低到高划分为五个层次，即生理的需要、安全的需要、社会交往需要、尊重的需要与自我实现的需要。各需要层次之间的关系规律有：第一，生理的需要和安全需要是人们的基本需要。当基本需要没有满足时，这些需要会产生强大的驱动力。第二，这五种需要的次序是由低到高逐级上升的过程，符合人的心理发展过程。第三，需要是一种动态，低层次需要得到相对的满足后，就会上升到较高层次的需要。这五种需要不可能完全满足，愈上层，满足的百分比率愈小。第四，同一时期内往往存在几种需要，但是每个时期总有一个需要占主导地位，被称为优势需要，这种需要会强烈地驱使他进行各种行为去满足这种需要。因此管理者必须注意目前职工的优势需要，以便有效地激励他们。第五，低层次需要满足后，不再是一种激励力量，但高层次需要的满足，则会增强激励的力量。马斯洛还认为：在人自我实现的创造性过程中，产生出一种所谓的“高峰体验”的情感，这个时候是人处于最激荡人心的时刻，是人的存在的最高、最完美、最和谐的状态，这时的人具有一种欣喜若狂、如醉如痴、销魂的感觉。因此管理者要了解员工的需要差异，然后有针对性地采取管理对策，才能充分调动员工的工作积极性和创造性。

3.5.1.2　X理论、Y理论及Z理论

道格拉斯·麦格雷戈把对人的基本假设作了区分，即X理论和Y理论。X理论认为：人们总是尽可能地逃避工作，不愿意承担责任，因此要想有效地进行管理，实现组织的目标，就必须实行强制手段，进行严格的领导和控制。Y理论则是建立在个人和组织的目标能够达成一致的基础之上。Y理论认为，工作是人的本能，人们会对承诺的目标做出积极反应，并且能够从工作中获得情感上的满足；员工在恰当的工作条件下愿意承担责任。

不同的理论假设对于人力资源管理实践具有不同的含义：X理论要求为了实现有效的管理，实现企业的目标，应当采取严格的人力资源管理措施，进行严格的监督和控制。Y理论则要求管理实践要满足人们的成就感、自尊感和自我实现感等需求。

20世纪80年代具有重大影响的《Z理论》的作者威廉·大内，通过大量的企业调研在其著作中提出了“Z型组织”的理论。他认为：“提高生产率的关键因素是员工在企业中的归属感和认同感。”因此企业应实行民主管理，即职工参与管理。他的理论是在行为科学的X理论、Y理论之后，对人的行为从个体上升到群体和组织的高度进行研究，认为人的行为不仅仅是个体行为，而且是整体行为。Z理论的要点是：长期的雇佣；相互信任的人际关系，员工相互平等；人性化的工作条件和环境，消除单调的工作，实行多专多能；注重对人的潜能细致而积极地开发和利用；树立整体观念，独立工作，自我管理。Z理论为以人为本的思想提供了具体的管理模式，以人为本的员工管理模式的关键在于员工的参与。

3.5.2 人力资源管理

3.5.2.1 人力资源管理的定义

人力资源管理，是指运用现代化的管理方法，对人力资源进行合理的培训、组织和调配，使人力、物力经常保持最佳比例，同时对人的思想、心理和行为进行恰当的诱导、控制和协调，充分发挥人的主观能动性，最终达到人尽其才，事得其人，人事相宜的组织管理目标。

根据定义，人力资源管理可以从以下两个方面来理解。

（1）对人力资源外在要素的量的管理。对人力资源进行量的管理，就是根据人力和物力及其变化，对人力进行恰当的培训、组织和协调，使二者经常保持最佳比例和有机的结合，使人和物都充分发挥出最佳效应。

（2）对人力资源内在要素——质的管理。主要是指采用现代化的管理方法，对人的思想、心理和行为进行有效的管理（包括对个体和群体的思想、心理和行为的协调、控制和管理），充分发挥人的主观能动性，以达到组织目标。

现代人力资源管理与传统人事管理的存在较大的区别。现代人力资源管理，深受经济竞争环境、技术发展环境和国家法律及政府政策的影响。它作为近年来出现的一个崭新的重要的管理学领域，远远超出了传统人事管理的范畴。它有以下几个特点：第一，最大限度克服了传统人事管理的以“事”为中心，只见“事”，不见“人”管理模式。只见某一方面，而不见人与事的整体、系统性，强调“事”的单一方面的静态的控制和管理，其管理的形式和目的是“控制人”；而现代人力资源管理以“人”为核心，强调一种动态的、心理、意识的调节和开发，管理的根本出发点是“着眼于人”，其管理归结于人与事的系统优化，致使企业取得最佳的社会和经济效益。第二，传统人事管理把人设为一种成本，将人当作一种“工具”，注重的是投入、使用和控制。而现代人力资源管理把人作为一种“资源”，注重产出和开发。是“工具”，你可以随意控制它、使用它，是“资源”，特别是把人作为一种资源，你就得小心保护它、引导它、开发它。难怪有学者提出：人力资源管理是重视人的资源性的管理，并且认为21世纪的管理哲学是“只有真正解放了被管理者，才能最终解放管理者自己”。第三，传统人事管理是某一职能部门单独使用的工具，似乎与其他职能部门的关系不大，但现代人力资源管理却与此有着截然不同。实施人力资源管理职能的各组织中的人事部门逐渐成为决策部门的重要伙伴，从而提高了人事部门在决策中的地位。人力资源管理涉及企业的每一个管理者，现代的管理人员应该明确：他们既是部门的业务经理，也是这个部门的人力资源经理。人力资源管理部门的主要职责在于制订人力资源规划、开发政策，侧重于人的潜能开发和培训，同时培训其他职能经理或管理者，提高他们对人的管理水平和素质。所以说，企业的每一个管理者，不单完成企业的生产、销售目标，还要培养一支为实现企业组织目标而打硬仗的员工队伍。

3.5.2.2 人力资源管理的任务与意义

人力资源管理就是一个人力资源的获取、整合、保持激励、控制调整及开发的过程。用通俗的语言来讲人力资源管理就是如何求才、用才、育才、激才、留才等工作。

人力资源管理源于传统人事管理，而又超越传统人事管理。人力资源管理关心的是“人的问题”，其核心是认识人性、尊重人性，强调现代人力资源管理“以人为本”。在一个组织中，围绕人，主要关心人本身、人与人的关系、人与工作的关系、人与环境的关系、人与组织的关系等。

人力资源管理的第二步就是如何用好人才，也就是说通过合理的管理，实现人力资源的精干和高效，取得最大的使用价值。同时通过一定的激励措施，充分调动广大员工的积极性和创造性，也就是最大地发挥人的主观能动性。科学研究发现，按时计酬的员工每天只需发挥自己20%～30%的能力，就足以保住个人的饭碗。相反如何按计件工资则其生产积极性和创造性可进一步得到提高，其本能潜力可发挥出80%～90%。

3.5.2.3 人力资源管理的方法——绩效管理

在马斯洛需要层次理论中当低一级的需要获得“相对”满足之后，追求高一层次的需要就会成为优势需要，并不是低层次需要“完全”满足之后，高一层次需要才凸现出来，而是人们在某一阶段可能同时存在几类需要，只不过各类需要的强烈程度有所不同，详见图3-2。

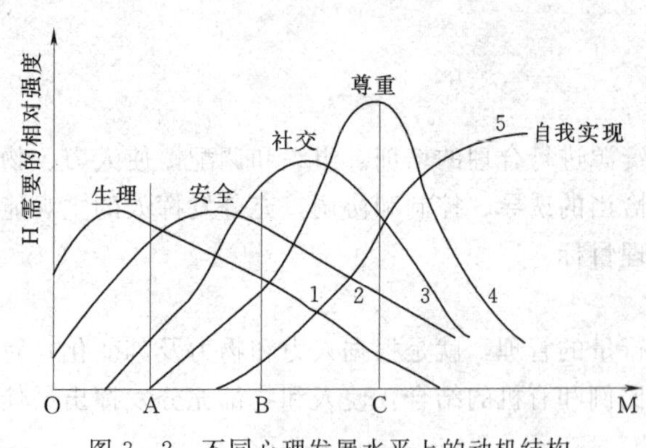

图 3-2　不同心理发展水平上的动机结构
（图中 A、B、C 为任意点）

马斯洛需要满足的难易程度与需要层次的高低有一定的相关关系，在较低层次的需要偏重于物质生活方面，弹性较小，追求易于满足，而随着需求层次的提高越来越难于达到满足。五个层次的需要在某种程度反映了人类的共同需要，通过五个层次需要的实现可有效地起到工作激励的目的。因此在工作激励上可设定工作目标，并将工作目标与需求有机地结合起来，从而实现工作激励。但是马斯洛的五个层次的需要是一般共性问题，也不排除例外个体情况的存在。

（1）工作激励。所谓的工作激励，就是通常所说的充分调动人的积极性。世界上最好的管理方法就是“一分耕耘，一分收获”。

但是具体执行时还要讲究工作激励的方法与原则，即通过组织目标与个人需要相统一；重视人们的物质利益，坚持按劳分配；坚持思想教育、精神鼓励与物质鼓励相结合进行工作激励，才能收到良好的效果。

（2）绩效考核。绩效考核也称成绩或成果测评。绩效考核是企业为了实现生产经营目的，运用特定的标准和指标，采取科学的方法，对承担生产经营过程及结果的各级管理人员完成指定任务的工作实绩和由此带来的诸多效果做出价值判断的过程。

绩效考核是现代企业重要的工作激励手段，通过绩效考核把企业生存与未来发展相联系；绩效考核可作为人员聘用的依据；同时绩效考核是人员职务升降的依据；也是人员培训的依据；绩效考核是确定劳动报酬的依据。

绩效考核的第一步是设置岗位目标；第二步是监测绩效；第三步是评价绩效，帮助员工提高绩效。其中岗位目标的设计是绩效考核成败的决定因素，目标设定时要具体可行，可衡量，而且通过努力能够在限定的时间内达到。太高或太低均不利于工作激励。而监测绩效的主要目的，不是当员工犯了错误或错过了重要的事情时，去惩罚他们，而是鼓励员工继续按计划表工作，并弄清楚他们在工作时是否需要额外的帮助和支持。

（3）奖励的技巧。①对于不同的员工应采用不同的激励手段；②注意奖励的综合效价。即尽量增加物质奖励的精神含量；③适当拉开实际效价的档次，控制奖励的效价差；④适当控制期望概率；⑤注意期望心理的疏导；⑥注意公平心理的疏导；⑦恰当地树立奖励目标；⑧注意掌握奖励时机和奖励频率；⑨其他奖励技巧。

（4）激励员工的十五妙法。所谓激励员工说白了就是尊重员工，这是员工最需要的。

1）为员工提供一份挑战性工作。经理要指导员工在工作中成长，为他们提供学习新技能的机会。

2）确保员工得到相应的工具，以便把工作做得最好。拥有本行业最先进的工具，员工会引以为豪，如果他们能自豪地夸耀自己的工作，这夸耀中就蕴藏着巨大的激励作用。

3）在项目、任务实施的过程中，经理应当为员工出色完成工作提供信息。这些信息包括公司的整体目标任务，需要专业部门完成的工作及员工个人必须着重解决的具体问题。

4）做实际工作的员工是这项工作的专家。经理必须听取员工的意见，邀请他们参与制定与工作相关的决策。坦诚交流不仅使员工感到他们是参与经营的一份子，还能让他们明了经营策略。如果这种坦诚交流和双向信息共享变成经营过程中不可缺少的一部分，激励作用更明显。

5）建立便于各方面交流的渠道，诉说关心的事，或者获得问题的答复。公司鼓励员工畅所欲言的方法很多，如员工热线、意见箱、小组讨论、经理举办答疑会等。

6）当员工出色完成工作时，经理当面表示祝贺。这种祝贺要及时，要说得具体。使员工看得见经理的赏识，那份“美滋滋的感受”更会持久一些。

7）经理还应该公开表彰员工，引起更多员工的关注和赞许。

8）开会庆祝，鼓舞士气，庆祝会不必隆重，只要及时让团队知道他们的工作相当出色就行了。

9）经理要经常与员工保持联系。学者格拉曼认为："跟你闲聊，我投入的是最宝贵的资产、时间。表明我很关心你的工作。"

10）了解员工的实际困难与个人需求，设法满足。这会大大调动员工的积极性。如在公司内安排小孩日托、采用弹性作息制度等。

11）以工作业绩为标准提拔员工。若凭资历提拔不能鼓励员工争创佳绩，反而会养成他们坐等观望的态度。

12）制定一整套内部提拔员工的标准；员工在事业上有很多想做并能够做到的事，公司到底提供了多少机会实现这些目标？员工会根据公司提供的这些机会来衡量公司对他们的投入。

13）强调公司愿意长期聘用员工。工作保障问题最终取决于他们自己，但公司应尽力保证长期聘用。

14）公司洋溢着社区般的气氛。说明公司已尽心竭力建立起一种人人为之效力的组织结构。背后捅刀子，办公室的政治纷争，士气低落，会使最有成功欲的人也变得死气沉沉。

15）员工的薪水必须具有竞争性。即要依据员工的价值来定报酬，当员工觉得自己的劳动报酬合情合理时，就不会只盯着支票了，公司也可获益良多。

3.5.2.4　人才流动的控制

一个企业如果不能有效地控制人才的流动，那么企业很难长久生存，因此人才流动的控制是每一个企业都必须关注的焦点问题，而人才流失也是企业倒闭的重要原因。

（1）员工离职原因。

员工离职的232原则。

2→2周，原因是感觉公司在骗人。

3→3个月试用期离职，大多数因为在职位上感觉受骗。

2→2年，原因是没有提拔或工作轮换。

（2）留人留心十二招。一个稳定的团队是企业取得不断前进的重要保障，如果员工大量流失，不仅造成人心浮动，而且还可能造成客户资源流失，给企业带来惨重损失。因此，除了需要淘汰的员工外，企业要确保员工的相对稳定，采取一定措施降低企业员工的流失。

1）严把进人关。在招聘员工时会经常发现，许多求职者在短时期内跳槽频频，而询问原因时，往往不能自圆其说，这说明他们难以对企业建立忠诚度，缺乏职业生涯的规划，企业稍不能满足他们要求时，都可能成为他们离职的原因，所以对于此类应聘者，建议企业不予录取。

2）明确用人标准。企业招聘时，一定要结合用人需求，并给予相应的待遇和级别，否则这些人进入企业后，如果发现实际情况不是自己想象的，就会感到上当受骗一走了之。例如朱某看到一个企业的招聘区域经理的广告，便欣然前往，顺利应聘成功，但是上任后却发现所谓的区域经理就是自己管自己，并没有下属，企业的答复是"我的区域经理就是这样啊"。朱某这才明白其实企业招聘的只是业务员，而不是招区域经理，于是向企业提交了辞职书。

3）端正用人态度。许多企业为了招揽人才，往往会在高薪许诺，等进了企业后再慢慢降待遇或承诺的东西不予兑现。许多企业和老板把这视为自己的用人高招，但是这样往往让企业潜伏着巨大的风险，因为一旦被员工识破后，往往会出现大批的员工流失。例如小邓到某园林企业应聘总经理助理，企业老板许诺月薪三千，然后到年底再给十五万年薪，可是到了年底，老板却拍着小邓的肩膀说"小邓啊，今年公司效益不好，年薪的事等明年再说吧"。小邓只得在大呼上当之余离开了该企业。

4）放弃投机心理。许多行业有明显的淡旺季分别，有的企业在旺季时大量招兵买马，到了淡季就大量裁员，认为反正中国多的是人，到时还害怕找不到两条腿的人吗？实际上反倒破坏了公司的诚信度。例如某园林企业为了快速建立网络，提升企业营销量，从另外一家企业挖了一大批营销人员，这部分人果然不负众望，迅速帮助企业达到了目的。但是到了淡季后，老板一算账，如果再养这么多人，可能就赚不到钱了，于是老板就把他们叫过来讲，从现在起大家放假，等到旺季时大家再过来上班。老板自以为自己很聪明，谁知却搬石头砸了自己，这批业务人员都迅速办理了辞职手续，就在老板正在为自己暗暗高兴之余，意想不到的事情却发生了，不仅这批业务人员离开了企业，企业中原来的老员工害怕将来老板给自己也来这么一手，于是也开始离开企业，更糟的是，这些业务人员离开企业后，很快便加入其竞争企业，企业原有营销网络机构许多也随离开的业务人员开始倒戈。

5）分析员工需求并尽可能满足。作为企业来讲，一定要经常对员工的需求进行分析，只要员工的需求没有违法违纪、没有违背企业宗旨就尽可能去满足。这样才能使员工很少离职。例如某园林企业的员工，由于工作原因天天在外施工，没有太多的时间和精力去解决个人问题，在一次企业举办的施工管理和后勤人员的舞会、文体等活动中结识良缘，企业领导也出面助其终成眷属。试想如果一个人他的另一半是在这家企业找到的，两个人又同在一家企业，员工岂有不感激之理，怎能不对企业增加忠诚度，热情去工作呢？

6）帮助员工做职业生涯规划和建立人才培养机制。许多企业的员工对自己的发展和前途往往感到非常迷茫，不知方向在哪里。于是就会产生其他企业的世界可能更精彩，从而萌生去意。如果企业帮助员工做好职业规划，使其知道自己的优势，企业给他们提供发展空间，然后结合每个人的特点去培养，使员工找到自己的定位和将来努力的方向。试问还会有哪些员工决定离开呢？

7）待遇留人。既要马儿跑，又要马吃草。对于企业的员工来讲，待遇是一种很现实的东西，既想让员工买命干活，却又不想付出合理的待遇，恐怕是难留人心的。企业在制定员工的薪酬福利时，一定要结合行业的情况，如果自己的薪酬福利没有竞争力，就会出现有能力的员工向其他企业流失的情况。

8）感情留人。人都有感情，在中国这个人情味很浓的国家里，企业加大对员工的感情投入，往往会收到事半功倍的效果。比如员工家里出现困难时，企业伸出援手；老板和企业高层主动找员工谈心沟通，会让员工有受到重视的感觉；员工结婚或家里出现老人病重，老板或企业领导应做出相应表示；员工的家属没有工作时，企业帮助员工给家属安排力所能及的工作等。都会让员工感激涕零，而企业实际上并没有多付出什么，而收获的往往是员工的心和忠诚。

9）培训和学习。为员工增加一份福利，其实对于企业的大多数员工来讲，除了待遇之外，自己能否在这个企业得到进步和成长，是否有学习的机会也是他们所关注的。这就需要企业把员工的培训和学习放到一定高度去对待，同时从某种程度来讲，员工的成长和进步也就意味着企业的成长和进步。

10）不要在企业亏损时拿员工待遇说事。企业经营难免会出现经营不善的局面。有的企业在亏损时，把降低员工的待遇放在了首要位置，结果是企业费用省了，不过等企业开始盈利时，员工也流失得差不多了。

例如，某企业由于受行业性的亏损开始大幅度降低员工待遇，致使许多员工纷纷辞职。当行业情况转暖，企业开始盈利时，却出现了人才严重短缺，企业的扩张步伐受到了严重阻碍。

11）建立核心员工的流失预警机制。如果企业出现大量人才流失，则会给企业带来沉重打击，这就需要企业的人力资源部门设立员工流失预警机制，设定员工流失的安全系数。一旦发现员工流失超过安全系数、出现员工大量流失的迹象，要马上做出判断，通报企业高层以采取应对之策。

12）建立公平竞争。能者上、庸者下的用人机制和环境。有些员工的离职原因是对企业的用人机制和环境不满，自己有能力但是得不到晋升，庸者身居高位但无人能动，帮派主义、小团队主义盛行。这种恶习不除，将很难使有能力的员工安心工作，他们的流失也就只是时间问题。所以企业如何建立公平竞争，能者上、庸者下的用人机制和环境对于稳定有能力、有抱负的员工来讲是至关重要的。

总之企业要想稳定企业的员工队伍，降低人员流失，就要明白员工流失的责任并非全在员工本身，而企业也要多方位反思，根据企业自身的情况采取有效措施降低员工的非正常流失。

【案例1】　年　终　奖

一个蒸蒸日上的公司，当年的盈余竟大幅度滑落。马上就要过年了，往年的年终奖最少加发两个月工资，有的时候发得更多，这次可不行，算来算去，只能多发1个月的工资作为奖金。按常规做法，把实话告诉大家，很可能士气要滑落。董事长灵机一动。没过两天，公司传出小道消息，由于营业不佳，年底要裁员。顿时人心惶惶，但是总经理却宣布："再怎么艰苦，公司也决不愿牺牲同甘共苦的同事，只是年终奖可能无力发了。"总经理一席话，使员工们放下了心，只要不裁员，没有奖金就没有吧。人人做了过个穷年的打算。除夕将至，董事长宣布："有年终奖金、整整1个月的工资，马上发下去，让大家过个好年！"整个公司大楼爆发出一片欢呼。

【案例分析】

为什么该公司年终奖发下去之后，整个公司大楼，爆发出一片欢呼？

【案例 2】 跳　槽

小王是一名应届毕业生，毕业时的需求仅仅是找一份稳定的工作，对于没有实践经验的他，对工资要求用固定收入以减少风险。但是随着经验的积累，业绩的增加，固定收入已经不能满足他的需要，自然提出要求采用佣金制。但是企业认为采用佣金制，当市场发生改变时，会造成公司人员流动更大，使企业的向心力减小，造成负面影响，缺少对企业的认同感。佣金制还会造成员工不团结，关系紧张等不利因素。因此小王跳槽了。

【案例分析】

企业管理应了解员工的需求变化，并根据变化采用权变管理。

【案例 3】 海尔“巧玩斜坡球”

海尔集团提出了著名的“斜坡球理论”。海尔集团从斜坡上流动的小球这一极普通的生活现象中，悟出了企业人才发展的规律——斜坡球发展理论，也成为海尔集团发展定律。斜坡上的球体好比一个员工个体，球周围代表员工发展的舞台，斜坡代表着企业发展规模和商场竞争程度。

促使一个员工实现自己的目标及前景有两个动力：内在动力和素质的提高，这是根本；外在动力是企业的激励机制，是外部的推动力。同时，也存在两种阻力，内在阻力是员工的惰性；外在阻力是发展中的困难。员工施展才华的舞台取决于两个方面：球体半径——员工的能力；球体的弹性——员工活动力的发挥程度。企业发展规模越大，商场竞争越激烈，斜坡的角度越大，竞争越激烈，对人才的素质要求就越高。企业根据员工不同层次的需求，如适应服从、充分参与、自我实现等，分别给予不同的动力——激励机制（如员工升迁、更大程度的授权等）。这一理念已成为企业发展的动力。不进则退，只有不断提高自己的素质，克服阻力和惰性，才能发展自我、实现自我；否则，只能滑落和淘汰。

根据斜坡球体发展理念，海尔在用人方面的做法是变“相马”为“赛马”。相马，是将命运交给别人，而赛马则是将命运掌握在自己手中。具体来说，斜坡球体理论表现在以下几个方面：

“三工”并存，动态转换。三工即优秀工人、合格工人、试用员工。海尔用工改革的思路是，干得好可以成为优秀工人，干得不好，可随时转为合格工人或试用人员。这种做法有效解决了铁饭碗的问题，使企业不断激发出新的活力。同时对在岗干部进行控制。海尔集团对干部每月进行考评，考评档次分表扬与批评：表扬得一分，批评减一分，年底两者相抵，达到负三分的就要淘汰。同时，通过制定制度使干部在多个岗位轮换，全面增长其才能，根据轮岗表现决定升迁。

实行定额淘汰。即每年必须有一定数量的人员被淘汰，以保持企业的活力。海尔的原则是，充分发挥每个人的潜在能力，让每个人每天都能感到来自企业内部和市场的竞争压力，又能够将压力转换成竞争的动力，这是企业持续发展的秘诀。富有特色的分配制度，薪酬是重要的调节杠杆，起着重要的导向作用。海尔的薪酬原则是，对内具公平性，对外具竞争性。高素质、高技能获得高报酬，人才的价值在分配中得到体现。员工的薪酬体系不仅是单纯的货币工资，还包括住房、排忧解难等其他隐性收入。海尔集团十分重视精神激励。物质激励绝非唯一的手段，而如何不陷入这个误区、不断开发员工的潜能，是企业高速发展的关键。海尔集团不断探索各种精神激励措施，如以员工名字命名的小发明（“启明焊枪”、“云燕镜子”、“召银扳手”等）、招标公关、设立荣誉奖励（最高奖为“海尔奖”，这是对人才最权威的奖励，由总裁签发）、开展全员性合理化建议活动（专门设立了“合理化建议奖”）等等，以此来激发员工的工作责任感和创造力。

强化培训，创造机会。海尔为各类人员设计了不同的升迁途径，使员工一进入企业就知道该向哪个方向发展，怎样才能获得成功。为此，海尔为员工创造各种学习机会，进行以市场拓展为目标的各种形式的培训，以提升员工的能力和素质。

【案例分析】

激励是管理者需要掌握的最重要的、最具有挑战性的技能，实际上就是通过满足员工的需要而使其努力工作、实现组织目标的过程。在组织中，人的努力水平取决于目标对他的吸引力，取决于目标能够在多大程度上满足员工的需要。激励员工就是要设法使他们看到满足自己的需要与实现组织目标的关系，从而产生努力工作的内在压力和动力。

引导员工需要向更高层次发展，重视精神奖励的作用，是海尔集团经验的真谛，值得借鉴。

3.6　园林企业员工培训与发展

企业用人之道最重要的是培养人，一个天才的企业家总是不失时机地把员工的培养与训练摆在重要的议事日程。培训是现代社会背景下的“杀手锏”，谁拥有了它，谁就预示着成功。“只有傻瓜或自愿把自己的企业推向悬崖的人才会对培训置若罔闻。”——松下幸之助。

长期以来，国际上的许多著名企业都非常重视员工培训与发展工作。员工的培训与开发对于企业改进生产效率、提高工作和产品质量以及增强竞争力是至关重要的。员工培训与发展是提高员工素质和使企业拥有高素质人才队伍，促进企业获得较强的竞争优势的重要工作；也是开发企业人力资源潜能，帮助员工实现自身价值，提高工作满意度，增强对企业责任感和归属感的重要内容。因此园林企业在任何时候都要十分重视员工的培训与开发工作。

3.6.1　员工培训的基本概念

3.6.1.1　什么是员工培训与开发

员工培训与开发是园林企业为员工灌输组织文化、道德，提供思路、理念、信息和技能，帮助他们提高素质和能力、提高工作效率，发挥内在潜力的过程。从管理角度看，培训主要是使员工学习掌握本行业所承担工作的相关信息和技能，开发则是指通过学习使员工掌握目前和未来在工作中所需要的思路、知识及技能，以便充分发挥自身的潜能（积极性、创造性）不断适应新情况、新环境的工作需要、卓有成效地完成组织任务和目标，所以开发又称为发展。

广义地讲，员工培训与开发包括组织一般员工的教育与培训（岗前与在岗两种）、管理人员培训与发展（管理开发计划）、员工职业生涯管理等内容。而狭义地讲则指普通员工教育培训，以及管理人员开发。

3.6.1.2　培训与开发区分

培训与开发虽然均可以理解为提高，但两者存在一定的差异。主要表现为培训的中心主要集中在员工现在的工作上，主要指的是园林企业为了适应工作需要有计划地帮助员工学习与工作相关的基本技能。员工培训主要内容为日常工作急需的知识、技能、行为等对工作绩效起关键作用的工作能力，培训的目的是为了提高工作绩效。

培训按内容分可以分为基本技能培训（完成本职工作所需的技术）、高级技能培训、对生产工作系统的了解和自我激发创造力培训以及与组织经营的战略目标和宗旨联系在一起的高层次培训等内容。

而开发集则侧重于对员工对未来工作的准备，主要是指有助于员工获取在未来工作中需要的相关知识的学习，以便更好地适应未来的工作环境的需要，以及有助于个人职业发展而开展的正规教育、在职体验、人际互动，以及人格和能力的测评等各种活动。

3.6.2　培训与开发的意义与类型

3.6.2.1　培训与开发的意义

随着信息革命、知识经济时代进程的加快，企业面临着前所未有的竞争环境的变化，因此企业要想长久持续生存下去，必须增强企业的整体竞争能力，提高企业总体素质。也就是说，企业的发展不再依靠某个杰出领袖或英雄运筹帷幄、指挥全局，未来真正出色的企业将是能够设法使各阶层人员的素质得到全面提高的企业。正如被誉为“经营之王”的松下幸之助认为，“松下是制造人的，兼之制造电器。”由此可以看出员工培训对企业的生存具有非常重要的意义，具体表现为以下几个方面。

（1）通过培训使企业不断适应新的环境变化，从而满足市场竞争的需要。园林市场的竞争，包括产品竞争、销售竞争、资本竞争和知识竞争，但归根结底的竞争是人力资源的竞争，企业要想在激烈的市场竞争中取胜，必须特别重视职工培训提高，这是园林市场竞争的必需要素。

(2) 通过培训提高质量，减少浪费提高劳动效率。职业培训可以使员工更好地掌握新技术和新方法，正确理解技术指标的含义，从而提高工作水平和质量，减少浪费，提高劳动效率。

(3) 通过培训促使企业员工接受技术变革。园林企业通过技术培训使员工更多地了解与掌握现代先进技术，从而消除因技术原因而导致的对技术升级与变革持拒绝的态度，消除消极情绪和不合作因素。因此，员工职业培训一方面促进了企业的变革，另一方面也促进企业员工更容易接受变革的事实。

(4) 通过培训使员工认同企业文化。通过对新员工的职业培训，一方面可以使他们了解企业的文化，引导他们的思想文化与企业的思想文化统一起来。另一方面，培训本身就是企业文化的一部分。例如，IBM公司认为，“教育和培训是IBM文化的一部分，而且不应该看作是与其他的人力资源政策和管理相互独立的。”许多注重自身发展与提高的人，看中的就是IBM公司能够和乐意提供高质量的培训而愿意到IBM公司工作的。

(5) 可以满足职工自身发展的需要。员工的职业生涯直接关系到员工的成长，因此职业生涯欲望如不能满足，员工就会降低工作的积极性，最终导致优秀员工的流失。在职业生涯规划中每个人也都希望在企业中有成长晋升的机会，因此都渴望能有学习的机会，以利于下一步的发展。而培训对担负一定责任的各级领导者来说更为重要。因为知识面的扩大、视野的开阔、领导水平的提高和决策能力的增强，都需要有效的培训才可以获得。

(6) 可以有效激励员工。现在许多企业把培训作为一种福利，通过培训增强员工的责任感、成就感和自信心。不仅能够提升员工素质，增加公司经营业绩，而且能够增强员工对企业的忠诚度。许多国际性的大公司里，公司不仅提供大量的培训，同时也支持员工个人进行适合自己职业道路的或自己需要的培训，即使这些培训并不在公司的计划之内，或不那么符合公司的既定目标。

3.6.2.2 员工培训的类型

员工培训与开发的项目和方式品种繁多，可以从不同角度分类概括。

(1) 按照培训与开发的对象与重点划分。在企业等组织中，若根据培训与开发的对象层次，可划分为高级、中级和初级培训；若按照对象及其内容特点的不同来分，则一般可划分为以下类型：

1) 新员工导向培训。新员工导向培训又称新员工定向培训、上岗培训或社会化培训。主要是指向新聘用员工介绍组织情况和组织文化，介绍工作任务和规章制度，使之认识必要的人，了解必要的事情，尽快按组织要求安下心来开始上岗工作的一种培训。

2) 员工岗前培训。员工岗前培训主要包括新员工岗前培训、新员工导向培训以及老员工工作变动，走向新岗位之前所接受的培训教育活动。

3) 员工岗上培训。员工岗上培训又称员工上岗后的培训或员工在岗培训，主要是指组织围绕工作需要，对从事一定岗位工作的员工开展的各种知识、技能和态度等形式的教育培训活动，为员工提供思路、信息和技能，帮助他们提高工作效率的各种培训活动。员工在岗培训可以按员工类别不同分为操作人员培训、技术人员培训、管理人员培训等。

4) 管理人员开发。管理人员开发又称管理开发或管理人员培训与开发，主要对象是管理人员和一部分可能成为管理人员的非管理人员，通过研讨、交流、案例研究、角色扮演、行动学习等方法，使他们建立正确的管理心态，掌握必要的管理技能，学习和分享先进的管理知识和经验，进而改善管理绩效。

5) 员工职业生涯开发。员工职业生涯开发是以组织的所有成员（重点是组织中的关键人才和关键岗位的工作者）在组织中的职业发展为开发管理对象，通过各种教育、训练、咨询、激励与规划工作，帮助员工开展职业生涯规划与开发工作，使个人目标与组织目标结合起来，培育员工的事业心、责任感、忠诚感与献身精神。

(2) 按照培训与开发同工作的关系划分。根据培训和开发与员工工作活动的关联性状况，一般可以分成下列三类。

1) 不脱产培训。不脱产培训也称在职培训，指的是员工边工作边接受培训，主要在实际工作中得到培训。这种培训方式经济实用且不影响工作与生产，但在组织性、规范性上有所欠缺。

2) 脱产培训。即员工脱离工作岗位，专门去各类培训机构或院校接受培训。这种形式的优点主要是员工的时间和精力集中，没有工作压力，知识和技能水平会提高较快，但在针对性、实践应用性、培训成本等方面往往存在缺陷。

3）半脱产培训。半脱产培训是脱产培训与不脱产培训的一种结合，其特点是介于两者之间，可在一定程度上取两者之长，弃两者之短，较好地兼顾培训的质量、效率与成本等因素。但两者如何恰当结合，却是一个难点。

（3）按照培训内容划分。根据学习内容与学习过程的不同特点，可以把培训与开发分为知识、技能和态度等三种类型。这种分类法在教育界和培训界被广泛使用。

1）知识培训。知识培训也称知识学习或认知能力的学习，要求员工学习各种有用知识并运用知识进行脑力活动，促进工作改善。组织对员工的知识培训也可按传授知识的性质而分为三类：对员工的工作行为与活动效率起基础作用的（数理化、语文、外语等）基础知识，与组织生产经营职能和员工本职工作活动密切相关的理论、技术和实践的专业知识，与科技发展、时代特点、组织经营环境和业务特点相关联的背景性的广泛知识。

2）技能培训。技能培训包括对员工的运动技能和智力技能的培训。也有人认为技能培训即是对员工使用工具，按要求做好本职工作，处理和解决实际问题的技巧与能力的培训与开发。运动技能培训也叫肌肉性或精神性运动技能学习，主要是教授员工完成具体工作任务所需的肢体技能，能够精确并按要求进行有关的体力活动。如操作机床、驾驶汽车等。智力技能培训则是教授人们学习和运用可被推广的要领、规则与思维方法，来分析问题、解决问题，改进工作并发明新产品、新方法、新知识等。如设计并改进组织结构和工作程序等。

3）态度培训。态度培训又称态度学习或情感性学习，它主要涉及对员工的价值观、职业道德、认知、行为规范、人际关系、工作满意度、工作参与、组织承诺、不同主体的利益关系处理，以及个人行为、活动方式选择等内容和项目的教育与培训。

【案例】　培训费只买来“轰动效应”

某园林公司新上任的人力资源部部长，在一次管理研讨会上获得了一些他自认为不错的企业的培训经验，于是就兴致勃勃地向公司提交了一份全员培训计划书，以提升人力资源部的新面貌。不久，该计划书就获批准。王先生便踌躇满志地“对公司全体人员——上至总经理、下至一线生产员工，进行为期一周的脱产计算机网络知识培训”。为此，公司还专门下拨了数万元的专项培训费。但经过一周的培训以后，大家议论最多的是对培训效果的不满。除少数管理人员和部分中层干部觉得有一定收获外，其他员工要么觉得收效甚微，要么觉得学而无用，并且大多数人形成了一项共识，认为十几万元的培训费用只买来了一时的“轰动效应”。有的员工甚至认为这场培训是新官上任点的一把火，是在花单位的钱往自己脸上贴金！而听到种种议论的人力资源部长则感到一肚委屈，在一个有着传统意识的企业里，给员工灌输一些新知识怎么效果不理想呢？他百思不得其解：当今竞争环境下，每人学点计算机网络知识应该是很有用的呀！怎么不受欢迎呢？

讨论问题：

人力资源部长的培训计划为什么收不到实效？

本　章　小　结

本章节通过大量的寓言故事与人力资源管理理论，阐述了人力资源管理的基本理论与方法，包括人力资源的预测与规划，工作分析与设计，人力资源的维护与成本核算，人员的甄选录用、合理配置和使用，还包括对人员的智力开发、教育培训、调动人的工作积极性、提高人的科学文化素质和思想道德觉悟等，为人力资源的有效开发、合理配置、充分利用奠定基础。

思　考　练　习　题

1. 关键概念解释

（1）人力资源（2）绩效管理（3）工作激励（4）团队建设

2. 人力资源管理主要包括哪些内容?
3. 人力资源规划的步骤是什么?
4. 简述工作分析的主要内容。
5. 通过哪些途径去寻找企业所需的员工?
6. 如何设立工作目标?
7. 简述绩效考核的过程和方法。
8. 简述奖励和惩罚的技巧。
9. 企业管理沟通的障碍有哪些?如何克服?
10. 如何加强对非正式团队的管理?
11. 简述企业劳动关系管理的主要内容。

第4章 园林企业质量与数量管理

本章学习要点

- 了解质量和数量管理的基本概念，熟悉全面质量管理含义与特点。
- 了解常用质量管理方法、园林设计质量标准、园林设计质量体系、园林技术管理的原则、技术革新和技术开发等。
- 掌握园林系统全面质量管理的目标以及全面质量管理工作步骤与特点。
- 全面理解数量化管理的基本内容与方法，熟悉管理组织的建立与特征，树立正确的园林全面质量管理观点，掌握园林全面质量管理的基本方法，做好园林全面质量管理的基础工作。

质量是社会生活中最常见的概念之一，质量管理是各类企业永恒的主题。有人说“21世纪是质量的世纪”。近年来，随着科学技术和服务技术的迅猛发展，顾客的期望不断提高，企业所面临的竞争也越来越激烈，失败所付出的代价也越来越大。企业不得不更加强烈地关注产品和服务的质量。显而易见，质量已经成为增加市场份额的关键因素。因此，“21世纪是质量的世纪。”在这个质量的世纪里，人类将感受到不断提高的产品和服务质量，质量文化在企业文化中的地位迅速提升，质量观念、质量意识日益深入人心，人人皆为质量监督员，质量职能机构逐渐弱化，而质量否决权进一步强化。在这个质量的世纪里，大批量的生产将逐渐被多品种、小批量的生产甚至单件生产所代替，工程质量、项目质量日益受到人们的重视。同时环境与质量的关系愈加紧密，不断寻求可持续发展中的质量创新。同时，提高产品及服务的质量也是园林企业的竞争力。

园林企业同样也要面临这个质量的世纪，因此园林企业的可持续发展必须坚持以质量管理为前提。在保证质量的前提下直接体现经济效益，相反如果没有质量的数量就等于浪费。因此，加强园林企业的质量管理，是园林企业实现企业战略目标的重要保证，只有重视质量，才能赢得信誉，企业才有可能长久发展，节约型园林建设才能够顺利实现。

园林企业的质量管理更重要的是取决于技术管理，园林企业的生产经营活动在每一个方面都涉及技术问题。技术管理工作所强调的是对技术工作的管理，是运用管理的职能去促进技术工作的开展。园林企业的各项技术活动归根结底要落实园林产品，通过科学的技术管理工作可以保证工程顺利进行，达到缩短工期、提高质量、降低成本的目标，为人民日益增长的物质文化生活需要提供优良的园林产品。本章重点介绍园林企业的技术管理工作。

4.1 质量管理的寓言故事

4.1.1 买菜的比喻

一位老板向我诉苦说，他的公司管理极为不善。我应约而往，到公司上下走动了一回，心中便有了底。

我问这位老板：“你到菜市场去买过菜吗？”

他愣了一下，答道：“是的。”

我继续问：“你是否注意到，卖菜人总是习惯于缺斤少两呢？”

他回答：“是的，是这样。”

“那么，买菜人是否也习惯于讨价还价呢？”

“是的。”他回答。

“那么，”我笑着提醒他，“你是否也习惯于用买菜的方式来购买职工的生产力呢？”

他吃了一惊，瞪大眼睛望着我。

最后，我总结说：“一方面是你在工资单上跟职工动脑筋，另一方面是职工在工作效率或工作质量上跟你缺斤少两——也就是说，你和你的职工是同床异梦，这就是公司管理不善的病灶之所在啊！”

【管理启示】

对员工的工资待遇过于苛刻的话，会直接影响员工的工作积极性和整个企业的凝聚力。

4.1.2 割草的男孩

一个替人割草打工的男孩打电话给一位陈太太说：“您需不需要割草？”

陈太太回答说：“不需要了，我已有了割草工。”

男孩又说：“我会帮您拔掉花丛中的杂草。”

陈太太回答：“我的割草工也做了。”

男孩又说：“我会帮您把草与走道的四周割齐。”

陈太太说：“我请的那人也已做了，谢谢你，我不需要新的割草工人。”

男孩便挂了电话，此时男孩的室友问他说：“你不是就在陈太太那割草打工吗？为什么还要打这电话？”

男孩说：“我只是想知道我做得有多好！”

【管理启示】

(1) 这个故事反映的ISO的第一个思想，即以顾客为关注焦点，不断地探询顾客的评价，我们才有可能知道自己的长处与不足，然后扬长避短，改进自己的工作质量，牢牢地抓住顾客。

(2) 这也是质量管理八项原则（以顾客为中心、领导作用、全员参与、过程方法、管理系统方法、持续改进、基于事实的决策方法、互利的共方关系）第6条：“持续改进”思想的实际运用的一个例子。我们每个员工是否也可结合自己的岗位工作，做一些持续改进呢？

(3) 不光是营销人员，所有的员工都可以做到让顾客满意。对于营销人员来说这样可以得到忠诚度极高的顾客。对于我们每个职能部门员工来说，只有时刻关注我们的“顾客（服务对象）”，工作质量才可以不断改进。

(4) 这也是沟通的问题，一个人想得到公正，客观的评价真的好难。这个故事是否为我们提供了一个好的方法呢？应该算是一种创新吧（营销人员可以借鉴，冒充别人打电话给客户，看看是否有些地方可以改进）。

(5) 这样的主动服务意识确实很值得大家学习，做质量管理的人大多数时候都是被动的，只是延续出现问题然后解决问题的模式，如果能主动查找问题并解决问题那才是完美的质量管理模式。

4.1.3 循规蹈矩的德国人

中国的留德大学生见德国人做事刻板，不知变通，就存心捉弄他们一番。于是大学生们在相邻的两个电话亭上分别标上了“男”、“女”的字样，然后躲到暗处，看“死心眼”的德国人到底会怎么样做。结果他们发现，所有到电话亭打电话的人，都像是看到厕所标志那样，毫无怨言地进入自己该进的那个亭子。有一段时间，“女亭”闲置而“男亭”那边宁可排队也不往“女亭”这边运动。我们的大学生惊讶极了，不晓得德国人何以“呆”到这个分上。

面对大学生的疑问，德国人平静地耸耸肩说：“规则嘛，还不就是让人来遵守的吗？”德国人的刻板可以让我们开心地一连笑上三天，而他们看似有理的解释，也足以让某些一贯无视规则的“国产大能人”笑掉大牙。但是在开心之余，嘲笑之余，我们漠视规则已经多久了？我们总是聪明地认为，那些甘愿被规则约束的人不仅是“死心眼”，而且简直就是“缺心眼”。规则是死的可人是活的，活人为什么要让死规则套住呢？正是因为这样，我们才会落后人家好多年。SAP（企业管理解决方案）是德国人做的，在学习

SAP的过程中，也感觉到他们的严谨，但是如果我们在以后的执行过程中，漠视制度，那么SAP在实际应用时会不会有障碍呢？

【管理启示】

制度就是让人来遵守的。请大家牢记这一点。

4.2　园林企业质量管理与控制

质量是企业的生命，一个优秀的园林工程需要有一个持续的使用寿命和艺术寿命。因此加强工程质量管理与控制具有非常重要的意义，同时对园林企业的信誉和发展前途是至关重要的。园林企业在当前竞争激烈、企业利润不佳的形势下，在求生存和求发展的过程中，必须始终把质量管理与控制放在首位，这是实现企业经济效益和长远社会效益的根本前提。

4.2.1　园林质量与质量管理的概念及其重要意义

园林工程建设的质量是项目建设的核心，是决定园林工程建设成败的关键，对提高工程项目的经济效益、社会效益和环境效益具有重大意义。

（1）质量。目前关于产品质量的定义较多，但在中国国家标准（GB/T 6583—92）《质量管理和质量保证系列标准》和对应的国际标准（ISO 8402—86）《质量管理和质量保证术语》中对质量所下的定义是：质量是反映实体（产品、过程或活动等）满足明确和隐含需要的能力的特征和特性的总和。

概念中的“实体”是指可单独描述或研究的事物，它既可以是活动过程，也可以是产品或服务，还可以是一个组织，或者是以上活动、过程、产品、组织、体系、人的任何组合。

“明确需要”是指在合同、标准、规范、图纸、技术文件中做出明确规定的要求或需要，一般是在合同环境中由用户明确提出，由供方保证实现。

“隐含需要”则是指非合同环境中，用户未提出或未提出明确要求，而由生产企业通过市场调研进行识别与探明的要求或需要。

定义中的“特征和特性”是“需要”的定性与定量的表现，因此一般常根据特定的准则将需要转化为特性，也是用户评价产品或服务满足需要程度的参数和指标系列。这些需要可以是性能、可用性、可靠性、维修性、安全性、经济性和观赏性等。

总之在质量的概念中必须满足以下两层含义：其一是符合规定要求，其二是满足用户期望，二者是缺一不可的。

（2）质量管理。质量管理：就是确定质量方针、目标和职责并在质量体系中通过诸如质量策划、质量控制、质量保证和质量改进使其实施全部管理职能的所有活动。

质量管理是企业管理的中心环节，其职能是质量方针、质量目标和质量职责的制订和实施。质量管理是各级管理者的职责，但必须由最高管理者领导，质量管理的实施涉及组织中的所有成员，同时在质量管理中要考虑到经济性因素。

4.2.2　园林质量管理的特点

随着经济的增长和城市化步伐的加快，城市园林绿化进程突飞猛进。建设“花园城市”、“园林城市”等设想已深入人心，这对园林工程设计施工也提出了更高的要求。创建适合人们高质量生活、工作、休憩的生态环境是社会发展的要求，也是满足群众不断增长的精神需求的唯一途径。但是园林企业不同于其他行业，因此其质量管理也与其他行业不同，表现出以下特点。

（1）园林绿化工程大部分实施对象，都是有生命的活体。园林行业是一个源于林业与其他种植业别于林业与其他种植业的特殊行业。园林绿化是通过各种彩叶植物、花卉、树木、地被草皮的栽植与配置，利用各种苗木的特殊功能，来实现净化空气、吸尘降温、隔音杀菌、营造观光休闲与美化环境空间。因此其管理不同于其他行业，属于活物管理的范畴。

（2）园林行业养护管理的长期性。“三分种七分管”，种是短暂的，管是长期的。只有长期的精心养护管理，才能确保各种苗木的成活和良好长势，否则，难以达到生态园林环境景观的特殊要求和效果。园林质量管理必须注重养护管理资金的投入。

（3）园林艺术美是园林管理的重要组成部分。

园林艺术是通过景观、小品、植物配置、古典建筑等方面综合形成的景观效果。而这种艺术美需要通过工程技术人员创造性的发挥，去实现设计的最佳理念与境界。但是同一套设计方案在不同的工地上，由于施工技术管理人员技能、实际经验不同，施工后的艺术效果、品位档次、气势就完全不同，这就给施工管理提出了深层次要求。

（4）园林工程建设的广泛性与附属性。除了大型公园、绿化广场、调整公路、大的社区、小的建设项目外，一般来讲，园林绿化工程多为建筑配套附属工程，其规模较小，工程量分散，增加园林质量管理的难度。

（5）园林行业建设材料市场价格的不稳定性。园林绿化工程的植物材料品种繁多，规格不一且区域性明显，市场价格很难把握；其栽植劳动定额，国家目前尚无统一的标准规格，各地的计算方法也不一致，因此给园林经济管理增加了难度。

（6）园林行业包括设计、施工、养护管理等方向，因其分工较细增加了质量管理的难度。因此园林质量管理又可以分为以下几个质量方向。

1）园林设计质量管理。

园林设计质量管理是园林企业全部管理活动的一个方面。园林设计质量管理以设计促质量，以质量求开拓，已成为园林企业获取市场竞争力的行为准则。因此设计质量应该是其他质量合格的前提与基础，因为任何产品的出现，往往都是从设计工作开始。

设计质量应包括设计质量指标和设计质量标准两大部分。设计质量指标一般包括外观、色彩、造型、形状、功能和表面装饰等质量品质与特性；而设计质量标准一般是参照国家或国际质量ISO标准体系的规定来确定的。但设计质量标准有其独特性，如具有难以直接定量、定性的一面，又如外观、舒适、操作方便等性能与品质。

虽然设计具有理性与感性双重要素，但这并不能说设计就没有好坏之分。好的优良的设计具有一些共同的特点。即创新的；实用的；有美学设想的；易被理解的（会说话的）；毫无妨碍的；诚实的；耐久的；关心细部的；符合生态要求的；尽可能少的设计。这十条原则比较全面地反映了一项优质设计应遵循的标准。

2）园林施工质量管理。

根据园林工程的质量特性决定质量标准。目的是保证施工产品的全优性，符合园林的景观及其他功能要求。根据质量标准对全过程进行质量检查监督，采用质量管理团及评价因子进行施工管理，对施工中所供应的物资材料要检查验收，搞好材料保管工作，确保质量。

3）园林养护质量管理。

园林绿地的养护，主要指植株栽植成活后不间断的管理工作，可分为日常保养工作、周期工作及专项工作三大类。日常保养工作是指几乎每天都需进行的或每年进行的密度较大的工作，如浇水、清除残花黄叶、除杂草、园林保洁等。周期工作是指间隔一定的时间或每当植物生长到某一阶段就进行一次的工作、一般间隔期较长，如修剪、中耕除草、施肥、病虫害防治等。专项工作是指针对某种情况或某种事物而进行的特定工作，如园林绿地灾害预防等。

4.2.3 质量管理发展与常用方法

4.2.3.1 质量管理发展历程

质量管理是工业革命的产物，它的形成与发展是随着工业化进程而不断推进的，主要经历了以下几个过程。

（1）工业革命以前的产品质量管理。产品质量由各个工匠或手艺人自己控制。

（2）工业革命后质量管理的发展。1875年泰勒制诞生——科学管理的开端。最初的质量管理——标准活动与其他职能分离，出现了专职的检验员和独立的检验部门。1925年，休哈特提出统计过程控制

(SPC) 理论——应用统计技术对生产过程进行监控，以减少对检验的依赖。1930 年，道奇和罗明提出统计抽样检验方法。20 世纪 40 年代，美国贝尔电话公司应用统计质量控制技术取得成效。美国军方制定了战时标准 Z1.1、Z1.2、Z1.3——最初的质量管理标准。20 世纪 50 年代，戴明提出质量改进的观点，在休哈特之后系统和科学地提出用统计学的方法进行质量和生产力的持续改进；强调大多数质量问题是生产和经营系统的问题；强调最高管理层对质量管理的责任。

1958 年，美国军方制定了 MIL－Q－8958A 等系列军用质量管理标准——在 MIL－Q－9858A 中提出了“质量保证”的概念，并在西方工业社会产生影响。20 世纪 60 年代初，朱兰、费根堡姆提出全面质量管理的概念（TQM）他们提出，为了生产具有合理成本和较高质量的产品，以适应市场的要求，只注意个别部门的活动是不够的，需要对覆盖所有职能部门的质量活动进行策划。20 世纪 70 年代，日本企业在戴明、朱兰博士的全面质量管理理论的影响下，制造了全面质量控制（TQC）的质量管理方法，使日本企业的竞争力极大地提高。1979 年，英国制定了国家质量管理标准 BS5750——将军方合同环境下使用的质量保证方法引入市场环境。这标志着质量保证标准不仅对军用物资装备的生产，而且对整个工业界产生影响。20 世纪 80 年代，菲利浦·克罗斯比提出“零缺陷”的概念。他指出，“质量是免费的”。突破了传统上认为高质量是以高成本为代价的观念。他提出高质量将给企业带来高的经济回报。1987 年 ISO 9000 系列国际质量管理标准问世，这套系列标准很大程度上基于 BS5750。从此，质量管理与质量保证开始在世界范围内对经济和贸易活动产生影响。1994 年 ISO 9000 系列标准改版——新的 ISO 9000 标准更加完善，为世界绝大多数国家所采用。第三方质量认证普遍开展，有力地促进了质量管理的普及和管理水平的提高。

(3) 全面质量管理。20 世纪 90 年代末至现在，全面质量管理（TQM）成为许多“世界级”企业的成功经验，证明是一种使企业获得核心竞争力的管理战略。

4.2.3.2 常用质量管理方法

(1) 5S 管理（6S、7S、10S、12S）。5S 管理起源于日本，前身是 1955 年开始推行的前两个 S，后发展到 3S（清扫、清洁、静养），到 1986 年，日本 5S 著作问世，从而在世界范围内引起了推广 5S 管理的热潮。

5S 内容管理包括以下内容。

1) 整理。把要与不要的人、事、物分开，再将不需要的人、事、物加以处理，这是开始改善生产现场的第一步。

2) 整顿。把需要的人、事、物加以定量、定位。

3) 清扫。把工作场所打扫干净，设备异常时马上修理，使之恢复正常。

4) 清洁。整理、整顿、清扫之后要认真维护，使现场保持完美和最佳状态。

5) 素养。素养即努力提高人员的修身，养成严格遵守规章制度的习惯和作风，这是“5S”活动的核心。

推行 5S 第一是提高企业形象；第二是提高生产效率；第三是提高库存周转率；第四是减少故障，保障品质；第五是加强安全，减少安全隐患；第六是养成节约的习惯，降低生产成本；第七是缩短作业周期，保证交期；第八是改善企业精神面貌，形成良好企业文化。

随着 5S 管理的进一步深入，5S 管理不断升级，增加了“安全”，保障员工的人身安全，保证生产连续安全正常的进行，同时减少因安全事故而带来的经济损失，称之为 6S 管理；增加了“节约”，就是对时间、空间、能源等方面合理利用，以发挥它们的最大效能，从而创造一个高效率的，物尽其用的工作场所，称之为 7S 管理；继续升级增加“学习”、“服务”、“满意”、“效率”、“坚持”共十二项，称之为 12S 管理。

(2) HACCP。HACCP 也称“危害分析和关键控制点”。是科学、简便、实用的预防性的食品安全控制体系，是企业建立在 GMP（良好操作规范）和 SSOP（卫生标准操作程序）基础上的食品安全自我控制的最有效手段之一。HACCP 体系自 20 世纪 60 年代在美国出现并于 90 年代在某些领域率先成为法规后，引起了国际上的普遍关注和认可，一些国家的政府主管部门也相继制定出本国食品行业的 GMP 和法规，作为对本国和出口国食品企业安全卫生控制的强制性要求，并在实际管理中收到良好的效果。

(3) 六西格玛管理 (6σ)。六西格玛是一种能够严格、集中和高效地改善企业流程管理质量的实施原则和技术。它包含了众多管理前沿的先锋成果，以“零缺陷”的完美商业追求，带动质量成本的大幅度降低，最终实现财务成效的显著提升与企业竞争力的重大突破。

西格玛即希腊字母 σ 的译音，是统计学中用来表示总体标准差的一个符号，在企业管理中用来代表产品的合格率。传统的公司一般品质要求已提升至 3σ，这就是说产品的合格率已达至 99.73%的水平，只有 0.27%为不合格产品。很多人认为产品达至此水平已非常满意。但是如果产品达到 99.73%合格率的话，以下事件便会继续在现实中发生：每年有 20000 次配错药事件；每年不超过 15000 婴儿出生时会被抛落在地上；每年平均有 9 小时没有水、电、暖气供应；每星期有 500 宗做错手术事件等等。由此可以看出，随着人们对产品质量要求的不断提高和现代生产管理流程的日益复杂化，企业越来越需要像 6σ 这样的高端流程质量管理标准，以保持在激烈的市场竞争中的优势地位。事实上，日本已把“6σ”作为他们品质要求的指标。

4.2.4 园林绿化质量保证体系

提到质量管理体系我们首先想到提 ISO 系列标准，ISO 系列标准的出现不是偶然的，它是科学技术和生产力发展的必然结果，是国际贸易发展到一定时期的必然要求，也是质量管理发展到一定阶段的必然产物。ISO 系列质量管理理论，很快被世界各国所接受，先后在日本等国家和地区取得较大的成功。从目前发展情况来看，采用这套标准已成为世界性的大趋势。这是因为一方面是采用这套标准能有效地推进企业质量管理，提高管理水平，因而受到广大企业的欢迎；另一方面是这套标准被作为企业质量体系认证和注册的依据，正发挥越来越大的作用。尤其是欧盟国家，通过对生产厂家质量体系实行第三方认证机构的审核和注册，消除欧盟成员国之间商品过境的技术壁垒，保证了安全、卫生的某些产品在欧盟成员国之间的自由流通。通过审核和注册的企业，其产品过境无需缴纳关税，也不必再检验，用户可直接接收。所以企业质量体系的审核和注册就成为进入欧洲统一市场的必要前提。因此各国采用 ISO 系列标准随着国际贸易发展而进入一个新的时期。

随着我国改革开放的深入进行和社会主义市场经济体制的建立，等效采用 ISO 系列标准已不能满足贸易往来和技术交流的需要，为了使我国质量管理同国际惯例接轨，提高我国产品在国际上的竞争能力，国家技术监督局于 1992 年 10 月决定我国等同采用 ISO 9000 系列标准和 GB/T 19000 系列标准，与此同时，国家商检局决定出口商品生产企业直接采用 ISO 9000 系列标准。

(1) 概述。“体系”是指“相互关联或相互作用的一组要素”，“管理体系”是指“建立方针和目标并实现这些目标的体系”，“质量管理体系”则指“在质量方面指挥和控制组织的管理体系”。因此，建立质量管理体系就是企业通过建立质量方针和质量目标，并规定一组相互关联或相互作用的要素（管理职责、资源管理、服务实现过程以及测量、分析和改进）来实现其规定的质量目标。

质量管理体系包括硬件和软件两大部分。在进行质量管理时首先要根据实现质量目标的需要，准备必要的条件（如人力资源、基础设施、工作环境、资金等），然后通过设置组织机构，分析确定需开发的各项质量活动，分配、协调各项活动的职责，并制订出各项质量管理活动的工作方法，使各项质量管理活动能够经济、有效、协调地进行，这样组成的有机整体就是质量管理体系。

(2) 结合实际建立有效的质量管理体系。ISO 9001 或 ISO 9004 标准提供了组织建立、实施质量管理体系的通用控制“要求”或“指南”，他们并不想统一各组织的质量管理体系的结构或文件。这是因为，一个组织的质量管理体系的设计和实施受各种需求、具体目标、所提供的产品、所采用的过程以及该组织的规模和结构的影响而各不相同。

不同的组织为满足顾客的需要，有不同的质量特性、不同的经营过程、不同的控制重点与方法，组织应结合自身产品（或服务）的特点在质量手册与相应程序文件、作业指导书中做出明确规定，形成适合自身需要的文件化质量管理体系。例如，园林绿化苗木产品质量体系建立时，首先应考虑其活物管理的特殊性；其次是栽植时间性和施工技术操作的规范性；同时，应当注意其养护管理可操作性和可保持性。由此可见，控制有针对性才能使产品或服务让顾客满意。

因此，针对 ISO 9001 标准的通用控制要求，组织必须为满足顾客的需求提出相应的质量方针和目标，然后分析产品质量形成过程的各环节，明确使其受控的准则和方法，包括为其提供支持的辅助性过程，以便达到质量目标，这样建立起来的具有企业特色的质量体系才是真正有效的。

（3）建立和实施质量管理体系的步骤。

1）确定顾客和其他相关方对质量的需求和期望。

2）建立组织的质量方针和质量目标。

3）确定实现质量目标必需的过程和职责。

4）确定和提供实现质量目标必需的资源。

5）规定测量每个过程的有效性和效率的方法。

6）应用这些测量方法确定每个过程的有效性和效率。

7）确定防止不合格并消除产生原因的措施。

8）建立和应用持续改进质量管理体系的过程。

（4）质量管理体系文件的建立。质量管理体系文件化是按 ISO 9000 系列及相关系列的国际标准建立企业质量管理体系的重要原则之一。制定和完善质量管理体系的文件是建立和完善质量管理体系的首要任务。质量管理体系的文件包括质量手册、程序文件和质量记录等，它构成了质量管理体系的软件系统，是表达质量管理体系结构，规定质量管理体系运行准则和提供运行见证的文件系列。编写和控制一套质量管理体系的文件是一项细致而又繁重的系统工程，它具有动态的高增值效用，对质量管体系的有效运行是必不可少的。

（5）质量管理体系文件的管理。2000 版 ISO 9001 标准要求组织对质量管理体系文件加以控制，包括文件的编制、批准、发放、使用、更改、作废和回收等管理事项。无论对于内部编制的文件，还是来自外部的文件，组织都应编制文件化的管理程序进行有效管理。

4.2.5 全面质量管理

4.2.5.1 全面质量管理的定义

全面质量管理是美国通用电器公司质量管理部的部长菲根堡博士在 1961 年出版的一本著作中提出的管理理论，该理论着重强调了质量管理应该是公司全体人员的责任，而不是某个领导和质量管理人员的责任，所以全体人员都应该具有质量的概念和承担质量的责任。因此全面质量管理的核心思想就是在一个企业内各部门中做出质量发展、质量保持、质量改进计划，从而以最为经济的水平进行生产与服务，使用户或消费者获得最大的满意。菲根堡姆的全面质量管理概念逐步被世界各国所接受，但是由于国情不同，各国企业在运用时又加进了一些自己的实践成果，各有所长。目前，全面质量管理已经获得了丰硕的成果。

全面质量管理的定义是：一个组织以质量为中心，以全员参与为基础，通过让顾客满意和本组织所有成员及社会受益而达到长期成功的管理途径。这个定义包括以下几方面。

（1）体现了质量管理的全面性，它是全方位的质量管理，全员参加的质量管理，全过程的质量管理。

（2）指明了质量管理的宗旨是经济地开发、研制、生产和销售用户满意的产品。

（3）阐明了质量管理的基础是由企业全体员工牢固的质量意识、责任感、积极性所构成的。

（4）强调了全面质量管理的手段，是综合运用管理技术、专业技术和科学方法，而不是单纯只靠检测技术或统计技术。

4.2.5.2 全面质量管理的特点

既然质量管理的目标是满足用户要求，用户不但要求物美，而且要求价廉、按期交货和服务及时周到等。“质量”的概念突破了原先只局限于产品质量的含义，提出了全方位质量概念，即广义的质量概念，它表示除了产品质量之外，还包括了服务质量和工作质量。

全面质量管理的特点可归的为“五全”：即全员参与的质量管理、全过程的质量管理、全范围的质量管理、全面运用各种管理方法的管理和全面经济效益的管理。

（1）全面的质量管理。全面质量管理强调以过程质量和工作质量来保证产品质量，强调提高过程质量和工作质量的重要性。全面质量管理强调在进行质量管理的同时，还要进行产量、成本、生产率和交货期等的管理，保证低消耗、低成本和按期交货，提高企业经营管理的服务质量。为保证全范围的有效性控制，具体操作时应做到以下几点。

1）确定管理职责，明确职责和权限。一个单位或组织是否协调并有机运转，主要在于是否明确管理职责和职权并各尽其责。

2）建立有效的质量体系。要从企业整体考虑如何通过系统工程对质量进行全方位控制。包括健全的组织结构，通过程序文件控制过程，并配备必要的资源。因此，建立质量体系是企业质量管理的根本保证。

3）配合必要的资源。资源包括人力资源和物资及信息等。人力资源强调智力资源比体力资源更重要。一个健全的质量管理体系，如果仅有组织结构、过程和程序，而没有必要的资源，这样的体系是无法运行的。因此，必要的资源是全企业范围质量管理的基础。

4）领导重视。大量管理实践证明，质量管理必须领导重视并带头执行才能搞好全面质量管理，否则不会成功。全面质量管理本身要求全员、全过程和全方位的控制，没有领导的重视和协调是无法进行全面质量管理的。

（2）全过程的质量管理。全过程质量管理是指产品质量的产生、形成和实现的整个过程，包括市场调研、产品开发和设计、生产制造、检验、包装、储运、销售和售后服务等过程。要保证产品质量，不仅要搞好生产制造过程的质量管理，还要搞好设计过程和使用过程的质量管理，对产品质量形成全过程各个环节加以管理，形成一个综合性的质量管理工作体系。做到以防为主，防检结合，重在提高。为了保证全过程的有效性控制，应做好以下几点。

1）编制程序文件。任何过程都是通过程序运作来完成的，因此编制科学、有效的程序文件是保证过程控制的基础。ISO 9000 标准明确要求供方必须编制程序文件。

2）有效地执行程序文件。程序文件是反映过程和运作的指南，若只编程序文件而不执行或错误地执行，都不会发挥程序文件的指南作用，也就不会保证全过程处于受控制状态。ISO 9000 标准要求供方有效地实施质量体系及其形成文件的程序，就是为了确保对质量形成全过程的控制。

3）质量策划。质量策划是为了更好地分析、掌握过程的特点和要求，并为此而制定相应的办法，最终更好地实施全过程的控制。ISO 9000 标准对质量策划同样有明确要求，这完全符合全面质量管理整体系统策划的原则。

4）注意过程接口控制。有些质量活动是由很多小规模的过程连续作业完成的，还有些质量活动同时涉及不同类型的过程，这些情况都需要协调和衔接，如果不能密切配合，就无法做到全过程有效控制。

（3）全员参与的质量管理。产品质量是企业全体职工工作质量及产品设计制造过程各环节和各项管理工作的综合反映，与企业职工素质、技术素质、管理素质和领导素质密切相关。要提高产品质量，需要企业各个岗位上的全体职工共同努力，使企业的每一个职工都参加到质量管理中来，做到质量管理，人人有责。为了保证全员质量管理的有效性，必须做到以下几点。

1）质量管理要始于教育，终于教育。通过教育提高全员的质量意识，牢固树立质量第一的思想，促进职工自觉参与质量保证和管理活动。通过培训教育，使职工掌握必要的知识和技能，达到胜任本职工作的质量目标。

2）明确职责和职权。各单位和部门都要为不同岗位责任者制定明确的职责和职权，这样才能保证全员密切配合，协调、高效地参与质量管理工作。

3）开展多种质量管理活动。全员积极参与质量管理活动是保证质量的重要途径，特别是群众性的质量管理小组活动，可以充分调动职工的积极性，为全体员工发挥自己聪明才智提供必要的用武之地，这也是全面质量管理的基本要求。

4）奖惩分明。奖励对提高质量有突出贡献的个人，可以引起大家对质量的重视。逐渐形成唯质量最重要的价值观，造就质量文化氛围，这是有效实施全面质量管理的必要基础。

（4）全面运用各种管理方法的管理。全面、综合地运用多种方法进行质量管理，是科学质量管理的客观要求。随着现代化大生产和科学技术的发展以及生产规模的扩大和生产效率的提高，对产品质量提出了越来越高的要求。影响产品质量的因素也越来越复杂，既有物质因素，又有人为因素；既有生产技术因素，又有管理因素；既有企业内部的因素，又有企业外部的因素。要把如此众多的影响因素系统地控制起来，统筹管理，单靠数理统计方法是不可能实现的，必须根据不同情况，灵活运用各种现代化管理方法和措施加以综合治理。在应用和发展全面质量管理的科学方法时，注意以下几点。

1）尊重客观事实和数据。必须用事实和数据说话，才能解决有关质量的实质性问题。否则，只凭感觉或经验，不能准确反映质量问题的实质，反而可能造成错觉。

2）广泛采用科学技术新成果。实行全面质量管理要求必须采用科学技术的最新成果，才能满足大规模生产发展的需要。目前，全面质量管理已广泛采用系统工程、价值工程和网络计划及运筹学等先进科学管理技术和方法，同时也应用一些以计算机为中心的检测技术和设备，注重实效，灵活运用。有些技术很适用于全面质量管理，但必须结合实际，否则将适得其反。

(5) 全面经济效益的管理。经济效益最大化是企业经营的最终目的，而全面质量管理的目的是在顾客满意的前提下，使组织的所有成员及社会受益最大化。并且做到企业效益与社会效益相统一，国家利益、企业利益和职工利益相统一。

4.2.5.3　全面质量管理的工作原则

(1) 预防的原则。在企业质量管理工作中，必须坚持和贯彻以预防为主的原则，必须对质量实行预先控制，防患于未然。特别是科技发达、产品复杂、大量自动化生产的今天，一旦发生质量问题，企业就会蒙受重大损失。预防为先，一是要“防止再发生”，基本程式是：问题→分析→寻因→对策→规范；二是“从开始就不允许失败”，“第一次就将工作做好”，其基本程式是：实控→预测→对策→规范。后者是根本意义上的预防。

(2) 经济的原则。全面质量管理强调用经济的手段来保证和提高产品质量，我们在质量保证和预防废品发生时要讲究经济性这个条件。因为质量保证的水平和预防的深度是无止境的，其中应有一个合理的经济界限。所以无论在质量设计或质量标准的制定时，在生产过程的质量控制中，在质量检验方式的选择性上，都必须考虑到经济效益的问题。

(3) 协作的原则。协作是大生产的必然要求。生产和管理分工越细，就越要求协作。一个具体单位的质量问题往往涉及许多部门，若无良好的协作，就很难解决。因此，强调协作是全面质量管理的一条重要原则，这也反映了系统、科学、全局观点的要求。

(4) 按照PDCA循环组织活动。全面质量管理方法的基本工作思路是一切按PDCA循环（“计划——执行——检查——总结”工作循环的简称）办事。它反映质量管理活动应遵循的科学程序。

4.2.5.4　质量管理的统计分析方法

(1) 统计调查表法。是利用专门设计的统计表对质量数据进行收集、整理和粗略分析质量状态的一种方法。

(2) 分层法。是将调查收集的原始数据，根据不同的目的和要求，按某一性质进行分组、整理的分析方法。

(3) 排列图法。是利用排列图寻找影响质量主次因素的一种有效方法。

(4) 因果分析图法。是利用因果分析图来系统整理并分析某个质量问题（结果）与其产生原因之间关系的有效工具。

(5) 直方图法。它是将收集到的质量数据进行分组整理，绘制成频数分布直方图，用以描述质量分布状态的一种分析方法。

(6) 控制图。用途主要有两个，一是过程分析，即分析生产过程是否稳定。二是过程控制，即控制生产过程质量状态。

(7) 相关图。在质量控制中它是用来显示两种质量数据之间关系的一种图形。

4.3　园林企业数量管理

早在20世纪初，“数量化”这个概念在国外就已经被引入了企业管理。直到20世纪40年代飘扬过海来到中国，目前在我国数量管理已有70多年的发展历史，特别是20世纪80年代以后随着计算机的普及，数量化理论在全世界得到了越来越广泛的应用，其完善与发展的步伐越来越快。目前数量化理论在国外已经被普遍使用，特别是在企业营销决策、市场调查，产品质量分析、客户需求分析等方面，数量化理论越来越显示出它的优越性、科学性和实用性。近年来我国园林经济呈现出良好的发展势头，随之，数量管理被引入园林企业经营管理中，特别是的园林企业间的竞争日趋激烈的今天，如何准确定位消费群、进行科学的管理决策、制订有效的营销计划等等已经成为园林企业间竞争的关键，由此可见，园林企业的“数量化生存”在我国也将是必然的趋势。

数量化在园林行业中通常应用到产品开发、财务管理、人力资源管理、各种决策分析以及园林植物栽培技术研究等方面。例如园林企业在产品开发时，需要对产品做定位分析，定位分析时首先要做市场调查，对客户需求进行抽样分析等等。怎样抽样、样本数量多少为合适，调查项目设计及其反映的情况等均需要用数据来说明，数量管理就是对这些数据进行科学的分析和解释。最后揭示出数据中所包含的规律，为准确把所握市场的脉搏奠定基础。

在实际操作时有些质量改善的问题是不能用数字表示的，此时必须将其数量化才能分析。例如我们调查影响某园林产品（鲜花）的市场因素时，就需要考虑到客户的购买能力、购买心理、性别、学历以及职业、兴趣爱好等等许多方面的影响，在这些因素中有一部分是可以直接用数字来描述的。而学历、性别、购买心理等是不能用数字描述，此时就需要将这些质量性状经过数量化以后再进行分析。

在数量化分析方法中有一些应用较多的手段，如相关回归分析、因子分析、聚类分析、判别分析以及优化理论、排队论等等。以优化理论的应用为例，当企业决定在不同的报刊上投放广告，这些报刊发行量不同，读者群体不同、投放价格不同，企业要求的用户群体比率也不一样，如何根据这些情况确定企业要在哪些刊物上投放多少广告呢？这就需要优化理论了。同样其他的分析手段也是数量化方法的必要组成，确保了数量化方法的科学有效和准确性。

在过去许多企业，管理决策的拟订主要依靠企业家的经营经验。在经济发展的初始阶段，这种原始的方法是一个行之有效的办法。但是随着时代的进步，竞争的加剧，这种方法已经明显落后于市场的发展，而将质量管理进行数量化分析已经成为企业发展保持成功密钥。因此随着经济的发展，时代的进步，数量化方法在我国企业必定会越来越广泛，企业的数量化生存是我国企业必然的发展趋势。

4.4 园林企业管理组织

4.4.1 管理组织的概念

无论进行质量管理，还是进行数量管理，都是以某些专职或半专职人员的存在为前提的。例如决策者、调度者、技术员、程序宣讲及监督者、质量检查员、数量核对记录员、财会人员、购销人员、安全防灾人员等，这些人员不同于一般的程序执行者（生产或施工中的工具操作者），统称为管理人员。由管理人员形成的分工明确的合作性组织（正式组织）称为管理组织。

组织是同类个体数目不少于两个而且个体之间既有分化（差异）又有关联（协调）的相对稳定的群体。社会组织是生物个体组成的组织（包括蜜蜂社会等）。其中人类个体组成的社会组织也常简称为组织。

人类组织可分为正式组织和非正式组织两类。正式组织是不以年龄性别作为分工标准，而且具有明确分工和规章制度的人类群体；非正式组织是仅以年龄和性别作为分工标准的人类群体，或是没有明确分工和规章制度的人类群体。

除了官方机构与合法社团之外，许多黑社会团体也是正式组织。家庭和准家庭一般都是非正式组织。由于经常在一起相处而形成的较松散的小群体，也是非正式组织，如工厂和村落中的某些小群体，又如学生班级和体育队中的某些小群体等等。其人数少则二三个，多也不超过十几个、二十个。正式组织和非正式组织在功能上最重要的区别就是是否存在经常性的制度化管理，在结构上最重要的区别就是是否存在管理组织。

4.4.2 管理组织的发展过程

管理组织是经济系统发展到同域分层之后的产物，在此之前的群内调剂社会中不存在管理组织。即使在某些部落社会中存在分散的专职人员如酋长、巫师（医生）等，他们也没有组成合作性的组织，更没有形成经济生活中的管理组织。经济系统发展为异域整合的规模之后，管理组织在科举竞争社会中获得长足的发展（皇权之下的官吏士绅），并在市场竞争社会中自生自灭、汰劣存优。由于系统权衡误差调节等“信息保障需求”的增大，相应的“信息保障系统”中的管理组织从“大环境”来看将更加知识化、通才化；而从“小环境”来看将更加信息化、商业化（金钱化）。对于生产或施工单位来说，对内将更加程序化、专业化、协调化；对外将更加灵活（非程序）化、多样（非专业）化、可调化。

4.4.3　管理组织的特征

管理组织的基本特征就是“分层”与“协调”。分层的层次数目与园林企业的整体规模及工艺技术的复杂程度直接相关。而协调程序则与管理水平直接相关。

协调程序是指下层服从上层指挥，同层之间的配合，以及上层对下层建议的反应程度。如果协调程度为零，则管理组织纯属虚设，正因为如此“协调”是管理组织的基本特征，管理组织是分工明确而又具有“合作性”的组织。

正式组织中，上层人员的个人覆盖度一定大于下层人员。正因为如此，在非正式组织中往往有某些上层人员参与，否则很难形成有效的非正式组织。非正式组织在以“抗争”为观念价值的文化圈（如欧美）中往往干扰管理、减低协调程度；而在以“协调”为观念价值的文化圈（如日本、新加坡）中则可能有助于管理、增加协调程度。非正式组织是由于人们日常接触而形成的自发团体，虽没有成立正式组织，但是存在着“团体核心”、“外围”、“边缘”等层次，并在某种程度上协调着团体的行为，例如磨洋工，互相帮助，隐瞒过失，讲义气，互相督促竞赛等。

园林企业大部分属于第二产业，它的管理组织是“主塔形”，即层次较多且下层中的部门数和人数一定多于上层，最低层是 10～15 人的建制单位，指挥者如项目经理、经理、小组长等。组长负责操作规程及相应进度，并受次低层管理人员（经理、施工队长等）指挥。后者一般指挥 3～6 个同类单位或同一工艺流程中的相互衔接的单位。从次低层再向上，通常是一个相对独立的机构或建制单位，指挥者如经理、园林处长、绿化处长等。被指挥的次低层单位也在 3～6 个。

管理组织中的各层人员都是普通人，通常不易直接指挥太多的下属。才智较好的管理人员一般是“升层”，而不是“兜揽”更多的直属单位（但一日二班或三班的单位，人数及班组等相应增多）。直属单位从类别上看，有可能少于 3 个，如绿化处下设绿化队和苗圃，但从人数及建制上看一般仍是 3～6 个，即一个绿化处常下辖 2～5 个绿化队和 1～3 个苗圃。

相对独立的机构通常另外设有 6～9 个职能机构或办事人员以辅助其最高指挥者完成管理，例如技术室、人事室、计划财务室、供销室、公共关系安全保卫室等。这些职能机构通常都兼通内外，从而使整个单位与小环境及大环境相适应。例如引进或改良技术，聘用或调剂人才，资金往来及发放，物资采购与产品推销，与供应者（商人）、需求者（顾客）、竞争者处理好外部公共关系（如公关组），协调好本单位各部门及非正式组织或个人的内部公共关系（如工会）等。除此之外，对于兼具行政职能的独立机构，则还设有相应的组织人事、党团宣传、检查监督等辅助的职能部门。无论进行质量管理，还是进行数量管理，都是以某些专职或半专职人员的存在为前提的。例如决策者、调度者、技术员、程序宣讲及监督者、质量检查员、数量核对及记录员、财会人员、购销人员、安全防灾人员等，这些人员不同于一般的程序执行者（生产或施工中的工具操作者），统称为管理人员。由管理人员形成的分工明确的合作性组织（正式组织），称为管理组织。

把若干相对独立的机构整合为更大的行业实体，甚至跨行业、跨地区的实体，加大公司，则职能部门增长较少或不增长，而下属机构的数目则可能增长较快，其原因在于在独立机构之上的各层管理比其下的各层管理要松散许多，管理的重点仍处在相对独立的机构之内。因此愈是高层，愈易于滋生人浮于事的现象。另一方面，高层管理组织的存在可以避免或减缓“紧张状态”下的巨大损失（否则人类就不会走向“整合”），例如出现经济危机、社会动乱、竞争失利等情况时，较大的整合实体就具有较强的应变能力。因此，管理组织总是面临着在正常时期精简高层（如裁减开支以及官员），而在非常时期充实高层（如破格任用人才、委派“钦差大臣”）的权衡与调节。

对于创新任务（非常时期）较多，而且生产经营复杂多变（也属“非常”）的公司来说，甚至可以制度化地采用有别于“宝塔形”的“矩阵形”机构——按管理职能设置纵向机构，按规划目标（产品、工程项目）设置横向机构。横向的项目办公室（或小组）从各纵向职能部门抽调所需人员，后者接受双重指挥。该项目完成后，被抽调人员仍回职能机构受单向指挥。缺点是在双重指挥期间可能出现指挥不一，被指挥者无所适从，且结果中的差错不易分清责任。

随着我国经济体制的改革和市场经济成分的增大，上述决策程序的最后决定权可能是“投资人”、“股东代表大会”或“董事会”，而不是“主管部门”。

本 章 小 结

本章讲授了园林企业质量与数量管理和有关知识，掌握了质量和数量管理的概念与内容，了解管理组织的特征和质量管理体系。通过学习，要树立正确的园林全面质量管理观点，掌握园林全面质量管理的基本方法，做好园林全面质量管理的基础工作。

思 考 练 习 题

1. 园林工程质量控制的原则有哪些？
2. 园林工程质量需要从哪几个方面进行全面控制？
3. 全面质量管理的特点有哪些？如何进行全面质量管理？
4. 园林工程质量需要从哪几个方面进行全面控制？
5. 园林企业管理组织有哪些特征？
6. 从循规蹈矩的德国人谈谈质量体系标准建设与管理。

第5章　园林企业成本管理与控制

本章学习要点

- 熟悉园林企业成本的种类、控制方法和原则，掌握成本分析的原理、内容与方法。
- 全面理解园林企业成本的重要性，掌握园林企业成本考核的内容与方法，最终实现园林企业成本的管理与控制，为提高园林企业的经济管理水平奠定基础。

一切物质财富的生产过程，也是物质财富和劳动力的消耗过程。为了生产产品，必然要消耗一定的生产资料和劳动力，成本就是生产产品中所消耗的各种生产资料价值和所支付的劳务价值的总和。

企业行为理论的核心其实就是企业如何最有效的分配和使用有限的资源，以达到利润最大化的目标。实现利润最大化目标，必然会涉及两个方面的问题：一是从实物形式着手，分析投入的生产要素与产出量之间的物质技术关系，这就是生产理论。二是从货币形式着手，分析投入成本和收益之间的经济价值关系，这就是成本理论。

传统的成本观念认为，成本控制就是控制园林产品的直接成本，成本控制范围只限于园林产品生产过程中的产生的直接成本，而忽视了隐含的成本因素，如市场开拓、内部结构的调整、企业规模、管理文化等；同时也忽视了设计阶段的成本控制，一味追求园林景观的优美，而不考虑成本效益；没有从行业价值链的角度出发，分析供应商、本企业和业主之间的战略合作关系，寻求降低成本的有效途径；忽视项目的“工期成本”和“质量成本”的管理和控制，使得园林企业的成本无法得到有效控制。

5.1　成本管理寓言故事

价格战的实质就是成本战。无论是降低成本，以求提高自身在行业里的地位；还是试图让对手承担高成本反应等，“成本”这张牌在各行各业里都能被演绎成各式各样的故事。特别是当前低价中标愈演愈烈，市场竞争的趋势直接转为价格的竞争，因而凸现出成本管理在提升企业竞标报价中的基础性地位。在无法改变日趋严酷的市场竞争环境的背景下，只有通过管理创新，培育成本竞争优势，从而为企业赢得市场，实现园林企业的可持续发展。

5.1.1　牧羊人的昏招（计划成本）

有个牧羊人养了条牧羊犬看管羊群。有人不解地问他，养一只食量很大的狗究竟能做什么，还不如把它送给村里的财主老爷，只有他养得起这种威风的狗。至于放羊嘛，只要养几条小狗就可以了。

牧羊人听信了这话，为了节省开支，就用这条牧羊犬与当地的财主交换了三条小狗。

从此以后，他的开销果然小了很多。但是这三条胆小鬼一旦看到狼来了，就吓得浑身哆嗦，更不敢与狼搏斗，马上就开溜了。

狼满意地对羊群大开杀戒，等到牧羊人带着帮手赶来的时候，狼已经逃之夭夭了，只剩下三条小狗在那里发呆。

【管理启示】

牧羊人为了省下养狗的费用，结果失去了自己的羊。同时有些园林企业为了在短期内提高企业盈利过于节省成本，结果往往会导致产品质量的下降、行业竞争能力削弱和抗风险能力减小。园林企业的成本管理与控制主要是指要追求一个准确的定位，而不是要一味地去压低它。企业应当信奉“适当的成本产生完美效益”的信条。过高的成本和过低的成本都不是好办法，怎样选择一个合适的成本价格是所有园林企业经营必须认真对待的问题。

5.1.2　西南航空的成本管理故事（成本管理）

1990～1992年，美国的航空业连续亏损，其中1992年的亏损就达到20亿美元。三个较具规模的公司（美国大陆航空公司、美国西部航空公司、TWA公司）相继倒闭，其他的航空公司也是惨淡经营。但令人惊讶的是美国西南航空公司虽然不是一家大公司（营业额排名在四强以后），利润率和增长率却都出奇地好。仅1992年的营业额就增长了25%。那么它的成功奥妙何在？其实就是人人都熟悉的低价攻势。但这个低成本低价攻势却是其他竞争者无法仿效的。

在美国航空运输业已属于利润不高的行业，要想在这个寸金寸土的国度里降低航空运输成本，必须从许多细节方面入手。西南航空公司采取了一系列耐人寻味的措施，如飞机飞行时不向乘客提供正餐，只提供花生与饮料；飞机座位不对号入座，想选择好座位就需抓紧时间登机，从而将登机时间减少到最低限度；公司不提供集中的订票服务，也不办理行李的转运，这些都成了乘客自己的事，等等（这样做使得西南航空公司70%的飞机滞留机场的时间只有15分钟，而普通客机需要1～2小时。对于短途航运而言，1～2小时就意味着多飞了一个来回）。从表面上看，这些措施分明是降低服务质量，令乘客避而远之。但实质上服务质量的上升就意味着成本的攀升。反之，如果适当地牺牲服务质量就能带来成本的大幅度下降，又会导致什么样的结局呢？

虽然西南航空公司的措施令乘客感到不快，但由于它的价格实在便宜，再加上西南航空公司大部分为短途航班，所以人们还是乐于做出让步而倾向于低价格的短途旅行。用西南航空公司总经理凯勒赫形容自己低价策略的话说：“我们不是和飞机比赛，和我们竞争的是汽车。我们制订票价要针对福特、通用、尼桑、丰田这样的汽车制造商。公路早就有了，但那是在地上，而我们把高速公路搬到了飞机上。”虽然西南航空公司的服务水平与其他航空公司相比有所下降，但它并不低于汽车运输公司，而价格却与它们相差无几。用坐汽车的费用去乘坐飞机，何乐而不为呢？

除此之外，西南航空公司为了降低成本还采取了另外一些“出格”的措施。如只选择波音737这一种型号的飞机用于经营，这使得人员培训、维修、保管的费用都能降低。再比如，它让空中小姐和飞行员都参加飞机的清洁工作，这无疑减少了雇员，降低了雇员的使用成本，却让空中小姐和飞行员产生了一定的安全感和对公司的忠诚。这是因为，当公司运作良好时不去大量地聘用新员工，而是尽量地发挥老员工的潜在能力。这样以来当公司遇到挫折时也不可能大量裁员，从而使得职员产生了稳定感。

西南航空公司的低价攻势让竞争对手无可奈何，尤其是那些飞机型号齐全、长短途航班齐备的大公司更是无法仿效，它们只能看着西南航空公司从自己手里抢走大批顾客。1994年5月2日，凯勒赫的照片登上了《财富》杂志封面，并配有专题文章《他是不是美国最好的总经理呢?》那时，西南公司的经营效率依然是其他竞争者无法企及的。

【管理启示】

通过西南航空成本管理的案例分析，一个园林企业要想在低价中标愈演愈烈，市场竞争的趋势直接转为价格竞争的前提下，只有加强成本管理才是唯一能够获得企业竞争优势，赢得更多更大的市场，实现园林企业的可持续发展之路。

5.1.3　本位主义与成本管理

企业提高利润最好方法之一是降低成本，要做好成本控制，必须杜绝生产过程中的浪费，降低库存导致的浪费，减少不良品造成的浪费，规范不当操作及作业的浪费，避免人力成本的浪费。

追根究底这五大浪费的肇因，常起于员工事不关己的本位主义。本位主义就是为自己所处的小团体或自我打算，不顾整体利益的思想或行为，这将困扰企业运作。在追求个人利益极大化的前提下，本位主义的负面效应不断被扩大，不只使企业的成本增加、利润减缩，最终将使企业陷入被动和困难的处境。

如何消除本位主义是企业成本降低的关键。首先企业老板要以身作则，走出个人办公室，关心每项成本和费用，发挥表率的作用。强化以公司最终利润为主要决策取舍的依据，深入了解公司成本费用存在的不合理，建立良好的全面观和全员命运共同体的整体意识，使人人把公司的成本视为自身的成本，积极参与成本改善计划。

一旦每位员工与企业价值、愿景达到协调统一，可进一步客观认识企业的成本问题所在。持平地分析问题，从纷乱复杂的资讯中寻找成本肇因和真相。

同时以宽阔的胸怀，互助、包容的正面态度，取代对抗和隐匿的负面思维，以包容而非秋后算账之心，广纳各项成本建议，相互协作，团队才会因成员的聪明才智和全心投入，透过成本降低激发企业利润提升的最大潜能。

毫无疑问，通过跨部门联谊和合作、专题汇报、例会、内部工作沟通，打破各自为政，在公司利益最大化的前提下，建立彼此的合作默契与信心，加快资讯传递和提高应变速度。

最后在严惩重赏下，淘汰无法适应团队合作和企业成本文化的人。

【管理启示】

人与人之间的差异很大，无法确保高层主管或基层员工都能够跟上公司调整、发展的步伐，也难以保证所有员工都具有良好的成本意识和团队概念。因此在成本管理与控制中除了要加强教育和监督外，还要及时让那些进步不大、阻碍企业发展、抱着本位主义思想不放的员工离公司远去，这是必要之举。

现今是团队合作的时代，企业面对成本的首要问题，是要消除本位主义，发挥团队合力，才能激情于工作，认同于使命，节流获利。

5.2　园林企业成本费用管理概述

成本一般是指为进行某项生产经营活动（如材料采购，产品生产，劳动供应，工程建设等）所发生的全部费用。成本可以分为广义成本与狭义成本两种。广义成本是指企业为了实现生产经营目的而取得各种特定资产（固定资产，流动资产，无形资产和制造产品）或劳务所发生的费用支出，它包含了企业生产经营过程中一切对象化的费用支出。狭义成本是指为制造产品而发生的支出。狭义成本的概念强调成本是以企业生产特定产品为对象来归集和计算的，是为了生产一定种类和一定数量的产品所应负担的费用。成本按其分类方法不同还可分为：

（1）会计成本与机会成本。会计成本是指企业在生产过程中按市场价格所购买的生产要素的货币支出，包括外显成本和隐含成本中的固定资产的折旧。而机会成本则是指为了得到某种东西而所要放弃另一些东西的最大价值。

（2）显性成本和隐含成本。显性成本是指货币成本。隐含成本是指不需直接支付货币，使用自有生产要素应得到的报酬。它是企业自有生产要素投入本企业生产而得到的报酬。

（3）私人成本与社会成本。私人成本也称企业的个别成本，指私人企业生产中按要素市场价格直接支出的费用，相当于会计成本。社会成本指整个社会为某个企业或某一生产要素投入所付出的成本。

园林企业的成本是园林企业的产品成本。指园林企业为生产某一种产品所发生的全部生产费用的总和。一般以项目为单位作为成本核算对象，通过各单位工程成本核算的总和来反映园林成本。

园林行业作为一个特殊行业，其成本计算可以是工程管理的一次性行为，也可以是养护管理或生产某一类产品的费用，它的管理对象是随着园林建设、养护管理或苗木生产销售的完成而结束使命。特别是园林工程，其成本能否降低、有无经济效益，得失在此一举，别无回旋余地，因此存在较大的风险性。其他园林行业的成本虽然没有园林工程风险大，但成本控制也是行业竞争的重要砝码，是园林企业能否获得经营利润的重要前提。

5.3　园林企业成本费用控制

5.3.1　园林企业成本费用的产生

园林行业是一个复杂行业，它不仅即具有第二产业的性质同时还存在第三产业的性质，因此成本产业也因分类不同而各异，如园林施工、园林花木栽培等属于第二产业，而园林设计、园林养护管理等又属于第三产业，因此成本与费用的产业与控制也存在一定的差异，但总的来讲在园林行业中园林施工的成本与费用较为复杂，而且存在一定的风险，下面我们就以园林施工为例探讨一下成本的产生与控制。

工程项目的成本分为直接成本和间接成本：直接成本主要是工、料、机三项费用和其他直接费用；间接成本是现场经营管理费。这些成本可以在施工预算中并在会计预算时反映记录，我们称之为显性成本，这是较为明显并容易控制的。而事实上，还有三大块成本人们常常视而不见，或者没有感觉到它们的存在，又很难对其定量分析、记录，这就是体制成本、机制成本和素质成本，我们称作隐性成本。其实质是体制落后、机制僵化、素质低下，最终反映为项目成本上升、经济效益下降。

5.3.1.1 园林企业的显性成本

园林施工成本管理的目的在于降低园林施工成本，提高经济效益。然而，园林施工成本降低，除了控制成本支出以外，还必须增加工程预算收入，因为只有在增加收入的同时节约支出，才能提高园林施工成本的管理水平。具体地讲园林施工显性成本可分为生产成本、质量成本、工期成本、税金成本、经营管理费和不可预见成本六个方面。

（1）生产成本。完成工程必须消耗的费用如施工机械、生产设备、植物材料费、建材费、工资、交通费、租赁费、生活费等。

（2）质量成本。为保证和提高工程质量而发生的一切费用和因未达到质量标准而蒙受的经济损失。包括园林施工内部故障成本（返工、停工、降级、复验等引起的费用）、外部故障（保障、索赔）、质量检验费、质量预防费。

（3）工程成本。为实现工期目标而采取的相应措施所发生的费用、工期索赔等费用。

（4）税金成本。国家规定的应交税金以及与之相关的费用。

（5）经营管理费。管理人员进行经营管理所产业的费用。

（6）不可预见成本。除上述的费用外的其他费用，如扰民费，人员伤亡等。

5.3.1.2 园林企业的隐性成本

园林行业的一个最大特点是劳动密集型、技术密集型和知识密集型，因此园林工程施工和绿化养护所需的专业人才正朝着多层次和多样化方向发展，技术结构已经表现出由劳动密集型向技术密集型和知识密集型方向的转变。而在我国现有的园林行业中，由于起步较晚，相当一部分企业的人才管理体制不合理、人员流动性大，无形中增加了企业管理的难度，增加了隐形成本，使得隐性成本更难控制，主要表现在以下几个方面。

（1）体制成本。是项目管理体制落后、不符合项目法施工原则，不顺应项目管理规律，不适应市场竞争需要的传统管理体制，造成机构重叠，层次过多，队伍庞大，人浮于事引起的效益低下，费用增加。所以建立健全企业内部人才、劳务、材料、设备和资金五大市场是项目管理的基础和前提条件。保证项目有充分的自主权，做到生产要素优化配置、动态管理，才能形成竞争机制，提高劳动生产率，最大限度利用项目资源，降低成本，确保工程项目效益最大化。

（2）机制成本。为用人、分配激励、监督约束等方面的方针政策、规章制度和配套措施不健全、不完善、不合格、不落实，导致管理混乱，决策失误，质量优劣等所造成经济损失而增加的成本。因此健全完善的管理机制，稳定项目管理制度，实行项目经理竞争上岗、项目负责制等措施是降低机制成本的重要环节。

（3）素质成本。是项目管理人员素质较差，造成决策失误、管理失控、效率低下并造成项目增量成本或发生很大的机会成本。项目管理人员应具备良好的思想政治素质、领导管理素质、技术素质和业务水平，并有高度的责任感和事业心及较强的市场竞争意识。应强化培训各级管理人员，采用多种方式，从课堂指导到模拟工作，使其有真才实学。同时要加强员工的思想政治工作和职业道德教育，关心员工的生活，充分调动员工的工作积极性和主动性。从而使员工有良好的思想道德素质，较强的技术业务水平。员工的综合素质提高了，就能使管理的工程项目以最小的投入，最高的效率，最低的成本，获得项目效益最大化。

因此园林企业必须提高园林施工与管理人员的素质，并建立健全各种管理体制，达到有效地控制隐性成本，提高成本管理效益的目的。

5.3.2 园林企业成本控制的原则

5.3.2.1 全面控制原则

全面控制原则的特点是动态地从全范围进行控制，包括全员控制和全过程控制两个部分。

(1) 园林施工成本的全员控制。园林施工成本的全员控制并不是抽象概念，而应该有一个系统的实质性内容，其中包括各部门，各单位的责任网络和班组经济核算等，防止成本控制人人有责却人人不管。

(2) 园林施工成本的全过程控制。园林施工成本的全过程控制，是指在园林工程项目确定以后，自施工准备开始，经过园林工程施工到竣工交付使用后的保修期结束，其中每一项经济业务都要纳入成本控制的轨道。

5.3.2.2 动态控制原则

(1) 园林施工是一次性行为，其成本控制应更重视事前、事中控制。

(2) 在施工开始之前进行成本预测，确定成本，编制成本计划，制定或修改各种消耗定额和费用开支标准。

(3) 施工阶段重在执行成本计划，落实降低成本的措施，实行成本目标管理。

(4) 成本控制随园林施工过程连续进行，与施工进步同步，不能时紧时松，不能拖延。

(5) 建立灵敏的成本信息反馈系统，使成本责任部门能及时获得信息，矫正不利成本偏差。

(6) 制止不合理开支，把可能导致损失和浪费的苗头消灭在萌芽状态。

(7) 竣工阶段成本盈亏已经成定局，主要进行整个园林施工的成本核算，分析、考评。

5.3.2.3 开源与节流相结合

降低园林施工成本，需要一面增加收入，一面节约支出。因此每发生一笔金额较大的成本费用，都需要查一查有无与其相对应的预算收入，是否支出大于收入。

5.3.2.4 目标管理原则

目标管理是贯彻执行计划的一种方法，它把计划的方针、任务、目的和措施等逐一加以分解，提出进一步的具体计划要求，并分别落实到执行计划的部门、单位甚至个人。

5.3.2.5 节约原则

(1) 园林施工生产既是消耗资财人力的过程，也是创造财富增加收入的过程，其成本控制也应该是坚持增收与节约相结合的原则。

(2) 作为合同签约依据，编织工程预算时，应“以支定收”保证预算收入，在施工过程中，要“以收定支”，控制资源消耗和费用支出。

(3) 每发生一笔成本费用都要检查是否合理。

(4) 经常性的成本核算时，要进行实际成本与预算收入的对比分析。

(5) 抓住索赔时机，搞好索赔，合理力争甲方给予经济补偿。

(6) 严格控制成本开支范围，费用开支标准和有关财务制度，对各项成本费用的支出进行限制与监督。

(7) 提高园林施工的科学管理水平，优化施工方案，提高生产效率，节约人、财、物的消耗。

(8) 采取预防成本失控的技术组织措施，制止可能发生的成本浪费。

(9) 施工质量、进度、安全都对园林工程成本有较大的影响，因而成本控制必须与质量控制、进度控制、安全控制等工作相结合，相协调，避免返工损失，降低质量成本，减少并杜绝园林工程延期违约罚款，安全事故损失等费用支出发生。

(10) 坚持现场管理的标准化，堵塞浪费漏洞。

5.3.2.6 责权利相结合原则

园林施工成本控制要真正发挥及时有效的作用，必须严格按照经济责任制的要求，贯彻责权利相结合的原则。实践证明只有责权利相结合的成本控制才是名符其实的园林施工成本控制。

随着园林施工项目管理在广大园林业企业中逐步推广普及，项目成本管理的重要性也日益为人们所认识。特别是当前低价中标愈演愈烈，市场竞争的趋势直接转为价格的竞争，因而凸现出成本管理在提升企业竞标报价中的基础性地位。在无法改变日趋严酷的市场竞争环境的背景下，只有通过管理创新，培育成本竞争优势，从而提高企业投标报价的市场竞争力和成本控制力，才能为企业赢得市场、实现可持续发展的战略目标。

5.3.3 园林生产规模效应

园林企业的成本还与园林企业的生产规模有关。而规模则是一个生产单位或服务单位从量的方面确立的所有生产要素及产量产值的总和。规模经济是指由于生产规模扩大而导致长期平均成本降低的现象，它表现为长期平均成本曲线向下倾斜。规模经济还可分为内在经济和外在经济。与规模经济相对立的是规模不经济，即指企业由于规模扩大使得管理无效而导致长期平均成本上升的情况。因此园林企业在成本管理时必须控制好企业的规模，寻找出适合本企业发展的经济规模，避免经济不规模现象的出现，从而提高成本的效益。

5.4 成本的分析和考核

5.4.1 成本的分析

5.4.1.1 成本分析的概念及意义

成本分析是指园林企业利用成本核算资料及其他有关资料，对企业成本费用水平及其构成情况进行分析研究，查明影响成本费用升降的具体原因，寻找降低成本、节约费用的潜力和途径的一项管理活动。成本分析在整个成本管理中具有以下重要意义。

(1) 可以检查企业成本计划（预算）完成或未完成的原因，对成本计划本身及其成本计划执行结果进行评价。

(2) 可以对企业各种生产经营投资、筹资决策方案进行成本效益比较，从而为企业决策者做出正确的决策提供依据。

(3) 可以促使企业不断地降低成本、节约费用。

(4) 可以检查企业成本管理行为的合理性、合法性。

(5) 可以分清成本管理各个环节或部门的成本管理责任，有利于考核和评估其成本管理业绩。

5.4.1.2 成本分析的原则

(1) 定期分析与不定期分析相结合。

(2) 全面分析与重点分析相结合。

(3) 专业分析与群众分析相结合。

(4) 经济分析与技术分析相结合。

(5) 纵向分析与横向分析相结合。

(6) 事后分析与事前、事中分析相结合。

(7) 数据分析与实地调查相结合。

5.4.1.3 成本分析的内容

成本分析的内容包括事前成本预测、决策分析，事中成本控制分析和事后成本总结分析。

事前成本分析和事中控制分析均属于成本预测、成本决策、成本计划和成本控制的内容，所以，此处主要是介绍成本的事后总结分析。

事后成本分析是指对企业生产经营过程中发生的实际成本，经营管理费用与计划成本和各项费用预算进行比较分析，查明产生差异的原因，提出降低成本、节约费用的措施。

事后成本分析包括全部产品成本分析、可比产品成本分析、主要产品单位成本分析、产品成本技术经济分析四种。园林产品由于相对较为单一，如施工、苗木、养护管理、园林设计等，产品的独立性较强，因此通常使用的是主要产品单位成本分析、产品成本技术经济分析两种。

对于园林企业来讲具体考核时主要从以下几个方面进行。

(1) 材料费分析。①量差分析：即材料实际耗用量与责任预算耗用量之差，以及造成这种偏差的原因和应采取的应对措施；②价差分析：即材料实际单价、总价和责任预算单价、总价之差以及造成这种偏差的原因和应采取的应对措施。

(2) 人工费分析。①量差分析：即实际耗用工日数与责任预算工日数之差以及造成这种偏差的原因和应采取的应对措施；②价差分析：即实际日平均工资与责任预算日平均工资之差、实际总人工费和责任预算总人工费之差以及造成这种偏差的原因和应采取的应对措施。

(3) 机械使用费的分析。①量差分析：即实际和责任预算相比，各种机械台班使用数量的增减以及造成这种偏差的原因和应采取的应对措施；②价差分析：即实际和责任预算相比，各种机械台班单价和总价的差异以及造成这种偏差的原因和应采取的应对措施。

(4) 现场管理费的分析。即实际发生额与责任预算相比，各分项、总额的差异以及造成这种偏差的原因和应采取的应对措施。

5.4.1.4 成本分析的要求

(1) 全面分析和重点分析相结合。

(2) 专业分析与群众分析相结合。

(3) 经济分析与技术分析相结合。

(4) 纵向分析与横向分析相结合。

5.4.1.5 成本分析的程序

(1) 确定成本分析目标，明确成本分析要求。

(2) 收集成本信息，整理成本资料。

(3) 发现成本管理问题，分析成本变动原因。

(4) 做出综合评价，提出改进建议。

5.4.1.6 成本分析的方法

(1) 比较分析法。比较分析法是把两个经济内容相同、时间或空间地点不同的经济指标以减法的形式对比分析的一种方法。

比较分析法是一种绝对数的比较分析，它只适用于同类型企业的产品进行对比分析。因此，采用比较分析法时，应注意相比指标的可比性，包括在经济内容、计算方法、计算期间和影响指标形成的客观条件等方面。

(2) 比率分析法。比率分析法是采用两个相同或相关的经济指标以除法的形式计算各项指标相对数而进行成本分析的一种方法。比率分析法有以下几种形式：①相关比率分析法；②构成比率分析法；③趋势比率分析。

1) 相关比率分析法。是把企业两个性质不完全相同、但又有联系的指标加以比较，求得两个指标的比值，借以进行成本分析的一种方法。通常计算的相关比率指标有

$$\text{产值成本率} = \frac{\text{成本}}{\text{产值}} \times 100\%$$

$$\text{销售收入成本率} = \frac{\text{成本}}{\text{销售收入}} \times 100\%$$

$$\text{产值成本率} = \frac{\text{销售成本}}{\text{存货平均占用额}} \times 100\%$$

2) 构成比率分析法。构成比率分析法是计算某项指标的各个组成部分占总体的比重，即对部分与总体的比率进行数量分析的一种方法。通常计算的构成比率指标有

$$\text{直接材料费用构成比率} = \frac{\text{单位产品直接材料}}{\text{单位产品成本}} \times 100\%$$

$$\text{管理费用占期间费用的比率} = \frac{\text{管理费用}}{\text{期间费用总额}} \times 100\%$$

3) 趋势比率分析。趋势比率也叫动态相对数，是通过两个时期或连续若干时期相同经济指标增减的

对比，计算比率来揭示各期之间的指标增减数额，据以预测成本发展趋势的一种分析方法。通常计算的趋势比率指标有：

$$定基发展速度=\frac{比较期成本}{基期成本}\times 100\%$$

$$环比发展速度=\frac{比较期成本}{前一期成本}\times 100\%$$

比率分析法的主要优点是通过比率计算，可以把某些不可比的企业变成可比的企业，便于外部或内部决策者选择投资方案时进行比较分析。

比率法的不足是：①比率的数字只反映比值，不能说明其绝对额的变动；②比率分析法与比较分析法一样，均无法说明指标变动的具体原因。

(3) 连环替代法。连环替代法是根据因素之间的内在依存关系，依次测定各因素变动对经济指标差异影响的一种分析方法。连环替代法的分析程序有以下几个：①分解指标因素并确定因素的排列顺序；②逐次替代因素；③确定影响结果；④汇总影响结果。

(4) 产品单位成本的比较分析。产品单位成本的比较分析，是根据企业内部的主要产品单位成本表的具体资料，利用比较分析法，分析本期实际单位成本比计划或预算、比上期、比本企业历史最好水平及先进企业成本水平的升降情况，然后着重对某种或某几种产品进一步按成本项目对比研究，查明影响单位成本升降的原因。

(5) 技术经济指标分析。技术经济指标分析，是指技术经济指标的变动对单位产品成本的影响。技术经济指标是从各种生产资源（如设备、原材料、能源以及劳动力等）的利用情况和产品质量等方面反映生产技术水平的各种指标的总称。如材料利用率、劳动生产率、设备利用率、产品合格品率等。常用分析方法有以下三种。

1) 原材料技术经济指标变动对成本的影响分析。该项分析包括改进产品设计对产品成本影响分析、原材料利用率变动对产品成本影响分析、配料比例变动对单位成本影响分析、合理代料对产品成本影响分析、综合利用材料对产品成本影响分析五项。对于园林绿化施工来讲，主要指变更施工内容和通过成本管理提高原材料利用率、通过科学计算在保证施工质量的前提下调整配料比例或采用替代材料等实现成本控制，提高施工的经济效益。

2) 劳动生产率变动对产品成本影响的分析。劳动生产率增长速度和人均工资增长速度的对比关系的变动，对产品成本的影响程度。这里主要指通过技术培训提高劳动生产率和人均工资提高对成本的影响。

3) 产品质量变动对成本影响的分析。由于生产不同等级的产品耗用的原材料和加工费用是相同的，也就是说不同等级的产品，其单位产品成本是相等的。因此产品质量变动对成本影响的分析主要是研究企业生产过程中产生的废品对单位成本的影响。

5.4.2 成本的考核

5.4.2.1 成本考核的目的及意义

成本考核是指定期通过成本指标的对比分析，对目标成本的实现情况和成本计划指标的完成结果进行的全面审核、评价，是成本会计职能的重要组成部分。园林企业项目成本考核应该包括两方面的考核，即项目成本目标（降低成本目标）完成情况的考核和成本管理工作业绩的考核。这两方面的考核都属于企业对施工项目经理部进行成本监督的范畴。应该说成本降低水平与成本管理工作有着必然的联系，又同受偶然因素的影响，但都是对项目成本评价的一个方面，都是企业对项目成本进行考核和奖惩的依据。

项目成本考核是项目成本核算的一个重要部分，是项目落实成本控制目标的关键。在工程项目成本管理的过程中或结束后，通过定期的成本考核，达到以下目的：第一，总结评价责任成本计划的合理可行程度，以提高今后成本计划的科学性。第二，确定项目各责任预算成本指标的完成情况，考核管理对象的执行水平，检查各级管理者的尽责程度。第三，按各级经济承包责权利标准实施奖惩。

成本考核时间。施工过程中项目成本的考核时间，应与该项目成本分析时间保持一致，在分析数据出台后进行。

5.4.2.2 成本考核的范围

企业内部的成本考核，可根据企业下达的分级、分工、分人的成本计划指标进行。

责任成本是在分权制形式下围绕责任成本设立的一项考核制度，是指对特定的责任中心所发生的耗费的考核。为了正确计算责任成本，必须先将成本按已确定的经济责权分管范围分为可控成本和不可控成本。划分可控成本和不可控成本，是计算责任成本的先决条件。所谓可控成本和不可控成本是相对而言的，是指产品在生产过程中所发生的耗费能否为特定的责任中心所控制。可控成本应符合三个条件：能在事前知道将发生什么耗费；能在事中发生偏差时加以调节；能在事后计量其耗费。三者都具备则为可控成本，缺一则为不可控成本。

责任成本与产品成本是企业的两种不同成本核算组织体系，他们有时是一致的，有时则不一致。责任成本是按责任者归类，即按成本的可控性归类；产品成本则按产品的对象来归集成本。

5.4.2.3 成本考核主要内容

成本考核按内容可分为考核工作内容和考核内容两个部分：第一部分是考核时考核者需要从哪些方面做好准备工作；第二部分是考核者需要从哪几个方面对被考核者进行考核。

（1）考核工作内容。

1）编制和修订责任成本预算，并根据预定的生产量、生产消耗定额制定成本标准，运用弹性预算方法编制各责任中心的预定责任成本，作为控制和考核的重要依据。

2）确定成本考核指标，如目标成本节约额（即预算成本—实际成本），目标成本节约率（即目标成本节约额/目标成本）。

3）根据各责任中心成本考核指标的计算结果，综合各个方面因素的影响，对各责任中心的成本管理工作做出公正合理的评价。

（2）施工项目的成本考核。施工项目的成本考核可以分为两个层次：一是企业对项目经理的考核；二是项目经理对所属部门、施工队和班组的考核（对班组的考核，平时以施工队为主）。

1）企业对项目经理考核的内容。①项目成本目标和阶段成本目标的完成情况；②建立以项目经理为核心的成本管理责任制的落实情况；③成本计划的编制和落实情况；④对各部门、各施工队和班组责任成本的检查和考核情况；⑤在成本管理中贯彻责、权、利相结合原则的执行情况。

2）项目经理对所属各部门、各施工队和班组考核的内容。①对各部门的考核内容，包括本部门、本岗位成本的完成，本部门、本岗位成本管理责任的执行情况；②对各施工队的考核内容，包括对劳务合同规定的承包范围和承包内容的执行情况，劳务合同以外的补充收费情况，对班组施工任务单的管理情况，以及班组完成施工任务后的考核情况；③对生产班组的考核内容（平时由施工队考核），以分部分项工程成本作为班组责任成本，以施工任务单和限额领料单的结算资料为依据，与施工预算进行对比考核班组责任成本的完成情况。

5.4.2.4 成本考核的指标

（1）实物指标和价值指标。在成本指标中，实物指标是从使用价值的角度，按照它的自然单位来表示的指标。价值指标是以货币为统一尺度所表示的指标。在成本指标中，实物指标是基础，价值指标是一种综合性指标。

（2）数量指标和质量指标。数量指标是反映企业在一定时期内某一工作数量的指标，如产量、生产费用、总成本等。质量指标是反映企业一定时期内工作质量或相对水平的指标，如单位成本、可比产品成本相对降低率等。

（3）单项指标和综合指标。单项指标是反映成本变化中一个侧面的指标，如某种产品的单位成本等。综合指标是总括反映成本的指标，如总成本、全部生产费用等。单项指标是基础，综合指标是单项指标的综合。

5.4.2.5 成本考核的方法

（1）传统成本考核方法。传统成本考核指标主要是可比产品成本计划完成情况指标。

可比产品成本降低额＝可比产品上期实际成本—本期实际成本；可比产品成本降低率＝可比产品成本降低额/可比产品上期实际成本×100％。

传统成本考核方法缺乏全面性、准确性、一致性、科学性、公正性，因此现代应用的比较少，而改用现代成本考核法。

(2) 现代成本考核方法的内容。主要是分权制形式下围绕责任成本设立成本考核指标，其主要内容包括行业内部考核指标和企业内部责任成本考核指标。

行业内部考核指标

$$责任成本差异率=\frac{责任成本差异额}{标准责任成本总额}\times 100\%$$

$$责任成本降低率=\frac{本期责任成本降低额}{上期责任成本总额}\times 100\%$$

企业内部责任成本考核指标

$$责任成本差异率=\frac{责任成本差异额}{标准责任成本总额}\times 100\%$$

$$责任成本降低率=\frac{本期责任成本降低额}{上期责任成本总额}\times 100\%$$

对于园林企业来讲成本考核按阶段可分为节点考核和竣工考核相结合的方法。

1) 节点考核主要根据全额承包责任书的有关内容，对各责任单位和责任人的成本目标完成情况按月进行考核，并将考核结果作为发放当月奖金或岗薪的主要依据。

2) 竣工考核一般有以下几个步骤。

项目竣工验收后，工程部应立即组织有关人员办理竣工结算，确定工程最终造价。工程最终造价确定后，财务部按照承包合同的规定，划分并结算项目承包收入，经项目部确认、工程部审核，报总经理审批。

财务部负责整理汇总有关成本核算资料，并将工程自开工至竣工后的预算成本和实际总成本进行汇总。同时，填写项目承包各项指标完成情况，经项目部确认、工程部审核，报总经理审批，并报人力资源部备案。

人力资源部以书面形式申请对该项目进行经济责任承包的考核与兑现。

公司财务部会同工程部成立审计小组，对项目各项成本费用核实以后，确定项目承包实际成本及成本降低率，起草审计报告，提交总经理审定。

审核完毕后，公司根据承包合同视不同情况予以兑现。

【案例 1】

某公司承担的某园林景观工程的跟踪审核及结算审核工作，因该项目在建设过程中碰到设计变更、征地补偿、沿线道路改造等情况影响，导致施工条件、结算依据发生重大变化，给结算审核带来一系列的争议，本案例的几个争议事件均引自该项目的结算审核。

【案例背景】

(1) 本工程为综合性园林景观工程，规划面积约 17.1hm^2，包含建筑物、构筑物、园林小桥、园路、停车场、给排水、电气管线等。水面规划面积约为 2.5hm^2，绿化及景观规划面积约 14hm^2。其中绿化部分造价约为 174 元/m^2（包括绿化土方工程）。

1) 建筑物主要包括一个仿古式建筑，总建筑面积 901m^2。

2) 构筑物主要是景观桥梁，分为拱桥和平桥。

3) 园路有沥青路、石板路、青砖路、木板路。

4) 同时有文化装饰展示策划工程。

本工程开工日期为 2005 年 5 月，竣工日期为 2005 年 12 月 30 日，合同工期总日历天数 220 天。实际开工日期为 2005 年 5 月，竣工日期为 2009 年 12 月。

(2) 本工程为招投标项目，合同采用固定单价合同，合同价款调整方法为："投标报价中澄清清单的单价不变（不论工作量做多大的增减）。"工程量调整方法为："工程数量由监理工程师与发包方工地代表现场签证作为付款依据。"

(3) 本工程由于各种原因（征地拆迁未到位、工程沿线道路改造影响等）使得工期延长数倍，导致施工条件、结算依据均发生重大变化，给结算带来了一系列问题。

【争议问题及审核结论分析】

(1) 固定单价合同是否成立。合同约定投标单价不变，不论工作量做多大的增减。

1) 双方争议。承包人认为虽然合同约定采用固定单价合同，但只适用于工程按计划实施，同时甲方也做好前期拆迁等工作，但由于现场拆迁不到位、工程沿线各道路改造影响以及另行增加的工程导致工程一度中断，乃至最后总工期为预定工期近7倍，且在4年多时间中人工机械材料均大幅上涨，原投标单价已低于成本，故固定单价仅适用于原工程日期，超过日期的工程量应按照合同约定套用相关定额并让利。

发包人认为既然约定了固定单价，且实际工程量超过投标工程量并不多，虽然工期延迟不少但在停工期间并没有要求施工单位全部留在工地，而是同意施工单位现场人员及机械出场去做其他工程，且施工单位投标时已勘查过现场，应预见拆迁可能成为一个问题，故标内单价应按原合同结算。

2) 审核意见及分析。维持合同约定固定单价，但根据合同对发包人原因引起的设计变更可以调整工程量及单价，同时人工材料机械按照施工期的信息价或市场价结算并按合同约定让利。

(2) 苗木种植土球问题。施工单位种植的标外苗木土球偏小，没有达到定额编制水平（约胸径的7～8倍）。

1) 双方争议。承包人认为虽然他们种植苗木的土球偏小，但苗木所带的土球大小直接关乎种植的存活率，而且合同约定一旦苗木死亡施工单位是免费更换的，不收取任何补植费用，所以承包人是用种植人工费的差价来补偿苗木成活的风险，在套用定额的时候土球应按照苗木胸径的7～8倍套用相应定额。

发包人认为既然实际是小土球就应该按照小土球来套用定额，虽然苗木成活与否对苗木冠幅没有很大的影响，但施工单位已经省下了部分的运费，所以按实计量是必须的。

2) 审核意见及分析。因为承包方是有义务对工程质量进行保证的，且绿化工程的质量很大程度上就是苗木的成活率以及搭配方式，故施工单位以降低工程质量来减低成本是与合同约定相违背的，且不收取补植费用是承包方为了承接本工程而对发包方做出的承诺，不应由成为承包方实际增加成本的理由，所以甲方审核小组认为按照到场苗木土球实际大小套用相关定额是符合工程质量要求和合同约定的，如果发生苗木因为土球偏小而成活率低的情况承包方应负全部责任。

【案例总结】

通过本案可以得出在跟踪审核过程中实事求是是首要原则。在审核过程中充分理解工程招投标的实质内容，通透双方合同约定的责任及义务，通过现场跟踪掌握的第一手资料，本着实事求是的原则，对整个工程就可以有一个全面平衡的掌握，做到既能维护发包人的利益也保障了承包人的合法利润，使得整个工程合理有序进行下去，在工程结束的时候也能顺利地完成审核工作。

试问：该项目由于工期推延产生了哪些成本，应该如何结算与审核。

【案例2】

经济生活中，我们会看到这样一种现象：不同行业的规模和企业数有很大差别。例如，园林部门有成千上万个小公司，而汽车、石化、钢铁等行业只活跃着少数巨头。试问原因何在？

【案例分析】

各种行业的适度规模究竟取决于什么因素？我们在讨论长期平均成本的变化原因时曾经指出，这是由于内在经济和外在经济所决定的。在产生内在经济的诸因素中，有三条特别重要，那就是规模扩大了，企业可买到更加先进的机器，可提高专业化程度，可充分挖掘管理人员的潜能。汽车等行业有这样一些特点，资本密集、生产高度复杂和高度集中，企业必须具有相当大的规模，才能与这样的特点相适应。这是一般企业所望尘莫及的。因此，这些行业的企业规模大、数量少。而园林部门却完全相反，它是劳动密集型的，相对生产成本较低，固定资产成本更新周期较少，地理上比较分散，技术上不大复杂，不需要经常更新机器，也不需要在专业上过度细分。因此，园林部门的适度规模应该比较小，企业却非常多。

试问：园林企业应该怎样适度规模，才能降低成本，取得利益最大化。

【案例3】

(1) 日本成本管理的显著特征。日本公司同欧美公司相比，其成本体系的显著特征是在新产品的设计之前就制订出目标成本，而这一目标成本成为产品从设计到推向市场的各阶段所有成本确定的基础。负责将一项新产品的设想变为现实的成本计划人员在制订目标成本时，是以最有可能吸引潜在消费者的水平为基础，其他一切环节都以这一关键判断为中心。

从预测销售价格中扣除期望利润后，成本计划人员开始预测构成产品成本的每一个因素，包括设计、工程、制造、销售等环节的成本，然后将这些因素又进一步分解，以便估算每一个部件的成本。目标成本的确定，只是“成本核算战役的开始”，这一战役就是公司同外部供应商之间，以及负责产品不同方面的各部门之间的紧张谈判过程。最初的成本预算结果也许高出目标成本20%左右或者更高。通过成本计划人员、工程设计人员以及营销专家之间的利益权衡后，最终产生出与最初制订的目标成本最为接近的计划成本。

日本公司的这种做法与欧美国家的习惯做法大相径庭。美国公司在设计一项新产品之前从不规定目标成本，而是一开始就由工程师设计图纸，设计阶段结束时，产品成本的85%已确定，然后设计部门将详细成本报告交给公司财务部门，财务人员再根据劳动成本、原材料价格和现行的生产水准计算出该产品的最终成本。若成本过高，要么将图纸返回设计部门重新设计，要么在微薄利润条件下将新产品投入生产。这种成本核算和管理体系所缺少的是一项新产品应该耗费多少人力、财力、物力的目标，而这一目标恰恰是激发和支持工程设计人员以最低成本设计一种新产品的关键因素。

实际上，以固定标准为基础的欧美成本管理体系只考虑保持现有的产品价格水平，而日本的这一体系是一种动态体系，不断推动产品设计人员去改进产品，降低成本。

日本公司还采用目标成本去降低已经上市产品的物耗，对其竞争对手的产品进行详细地比较研究。某公司一旦发现某个竞争对手减少了某个零部件的成本，就会紧跟着削减同类部的成本。

日本公司在制订目标的过程中，最为巧妙的是将其目标放在未来的市场，而非今天的市场。NEC的财务预算专家“深知竞争对手也在准备以较低的价格推出更好的产品”，因此，NEC制订目标成本不仅考虑到现行的零售价格水平和竞争对手同类产品的成本，而且还考虑到今后半年至一年内竞争对手在产品和成本上可能发生的变化。

日本成本管理体系的另一个突出特点是采用随时可做某些改进的简单的经营指标来规划和核算产品成本。一般来讲，日本公司一开始就使其员工明确认识到他们的工作是如何转化为表明本公司经营状况的数据的，公司经理们主要使用的直接经营指标有：新建一条生产线并生产一定数量产品所需的时间；由于员工的失误造成原材料报废的数量；从外部购进的零部件由于不合格而废弃的比率等。明确应该考虑哪些指标和不应测算哪些指标，就意味公司能对下述问题得出正确的答案：是否应该推广某种新产品？是否应该收缩某种传统产品？某个部件由公司自己生产还是从外部购进较为合算？

（2）日本成本管理的成功之本。从理论上讲，采用目标成本进行成本管理，在所有市场经济国家的企业都是同样有效的，但欧美企业和日本企业采取这种方式的有效性却大不相同。日本公司的成功主要取决于以下因素。

1）企业之间长期稳固的协作关系。在日本，大公司都与其承包企业建立了一种独特的长期合作关系，并同某些大公司组成了自己的企业集团，通过这种长期稳固的协作关系，大公司能采取某种强制手段使承包企业达到难度极大的降低成本的目标。

2）以全部产品的经营状况作为投资和新产品开发的决策基础。欧美公司的成本核算以全部产品的各种费用的分摊为基础，并十分注重考察每种产品利润率的高低。它们进行成本管理所采取的经营指标不是员工们能随时掌握并能随时做出改进的直接指标，而是在员工们看来高深莫测且无能为力的投资收益率、销售利润率等经营指标。而对于日本公司来说，至关重要的显然不是某一项产品是否盈利，而是公司所经营的全部产品的最终结果如何。索尼及其他日本公司的做法是，根据各种产品在产品寿命周期中所处的不同阶段，或某项产品在一类产品中所处的地位，公司要求有些产品获得高额利润，而另一些产品则可能获得微薄的利润，甚至可以暂时亏本经营。他们认为只要某种产品具有竞争能力，就应毫不犹豫地去生产，因为整个公司的经营好坏并不取决于某一特定产品的盈亏状况。

为了在21世纪生存发展，日本公司的经营目标就是鼓励经理人员少为成本问题操心，多在市场占有率上下功夫。这正是日本公司频繁研制出美国公司因成本较高而放弃努力的新产品的重要原因。

分析讨论：

（1）日本企业的成本管理与美国企业有什么不同？

（2）日美企业的成本管理对我国的园林企业成本管理有借鉴作用吗？

本 章 小 结

成本管理是一个企业能否长久生存下去的重要因素，本章我们通过对园林企业管理与控制的分析，讲授了成本的种类、控制方法和控制原则，熟悉了成本分析的原则、内容与方法以及实施全面成本管理的重要性，掌握了园林企业成本考核的内容、方法和原则，为园林企业成本管理与控制奠定了理论基础。

思 考 练 习 题

1. 简释生产函数、边际产量、规模报酬、成本、会计成本、显性成本、隐含成本、长期可变成本、固定成本、边际成本、短期总成本、短期平均成本、短期边际成本、长期总成本、长期平均成本、长期边际成本、规模经济的概念。

2. 1958 年“大跃进”中曾提倡密植，结果粮食减产。如何用边际收益递减规律解释该现象？而如今在园林苗木生产过程中应该如何处理密度问题？

3. 园林企业是不是越大越好？为什么？在企业经营过程中如何确定企业的经营规模？

4. 简述企业短期内生产要素投入的合理区域和短期平均可变成本与边际成本的关系。

5. 试述影响长期平均成本变化的主要因素。

6. 试述规模报酬原理及其与长期平均成本的关系。

第6章 园林企业目标管理

本章学习要点

- 了解目标管理的基本概念。
- 熟悉目标管理的程序、作用与意义。
- 掌握目标管理的原则和特点。
- 全面掌握园林企业目标管理的成果评价考核方法和原则。
- 理解园林企业目标管理的落实与控制。

任何一个组织的存在皆因其有既定的组织目标，组织所开展的一切活动和工作，都是紧紧围绕着实现组织目标在进行。它是组织及其一切成员的行为指南，是组织存在的依据，也是组织开展各项管理活动的基础。因此，目标管理也就成为组织管理工作中最为重要的因素之一，在管理中具有极其重要的作用与地位。

6.1 园林企业目标管理中的寓言故事

6.1.1 爱丽丝的故事（目标确定）

“请你告诉我，我该走哪条路?”爱丽丝说。

“那要看你想去哪里?”猫说。

“去哪儿无所谓。”爱丽丝说。

“那么走哪条路也就无所谓了。”猫说。

——摘自刘易斯·卡罗尔的《爱丽丝漫游奇境记》

【管理启示】

这个故事讲的是人要有明确的目标，当一个人没有明确的目标的时候，自己不知道该怎么做，别人也无法帮到你！天助首先要自助，当自己没有清晰的目标和方向时，别人说的再好也是别人的观点，不能转化为自己的有效行动。

6.1.2 费罗伦丝·查德威克的故事（目标丢失）

1952年7月4日清晨，加利福尼亚海岸下起了浓雾。在海岸以西21英里的卡塔林纳岛上，一个43岁的女人准备从太平洋游向加州海岸。她叫费罗伦丝·查德威克。

那天早晨雾很大，海水冻得她身体发麻，她几乎看不到护送他的船。时间一个小时一个小时的过去，千千万万人在电视上看着。有几次，鲨鱼靠近她了，被人开枪吓跑了。

15小时之后，她又累又冻得发麻。她知道自己不能再游了，就叫人拉她上船。她的母亲和教练在另一条船上。他们都告诉她海岸很近了，叫她不要放弃。但她朝加州海岸望去，除了浓雾什么也看不到。

人们拉她上船的地点，离加州海岸只有半英里！后来她说，令她半途而废的不是疲劳，也不是寒冷，而是因为她在浓雾中看不到目标。查德威克小姐一生中就只有这一次没有坚持到底。

【管理启示】

这个故事讲的是目标要看的见、够得着，才能成为一个有效的目标，才会形成动力，帮助人们获得自己想要的结果。

管理者在和下属制定目标的时候，经常会犯一个错误，就是认为目标定的越高越好，认为目标定的高了，即便员工只完成了 80%也能超出自己的预期。实际上，这种思想是有问题的，持有这种思想的管理者过分依赖目标，认为只要目标制定了，员工就会去达成。

实际上制定目标是一回事，完成目标是另外一回事，制定目标是要明确做什么，完成目标是要明确如何做。与其用一个高目标给员工压力，不如制定一个合适的目标，并帮助员工制定行动计划，共同探讨障碍并排除，帮助员工形成动力。

另外，目标不是唯一的激励手段，目标只有与激励机制相匹配，才会形成更有效的动力机制。所以，除了关注目标之外，管理者还要关注配套的激励措施。

最后，合适的目标是员工可以跳一跳就够得着的目标，当员工经过努力之后可以达成目标，目标才会对员工有吸引力；否则员工宁可不做，也不愿意费了很大力气而没有完成！

6.1.3　三个石匠的故事（目标分类）

有个人经过一个建筑工地，问那里的石匠们在干什么？三个石匠有三个不同的回答。

第一个石匠回答："我在做养家糊口的事，混口饭吃。"

第二个石匠回答："我在做整个国家最出色的石匠工作。"

第三个石匠回答："我正在建造一座大教堂。"

【管理启示】

三个石匠的回答给出了三种不同的目标，第一个石匠说自己做石匠是为了养家糊口，这是短期目标导向的人，只考虑自己的生理需求，没有大的抱负；第二个石匠说自己做石匠是为了成为全国最出色的匠人，这是职能思维导向的人，做工作时只考虑本职工作，只考虑自己要成为什么样的人，很少考虑组织的要求；而第三个石匠的回答说出了目标的真谛，这是经营思维导向的人，这些人思考目标的时候会把自己的工作和组织的目标关联，从组织价值的角度看待自己的发展，这样的员工才会获得更大的发展。

德鲁克说，第三个石匠才是一个管理者，因为他用自己的工作影响着组织的绩效，它在做石匠工作的时候看到了自己的工作与建设大楼的关系，这种人的想法难能可贵！

中松义郎的目标一致理论讲的就是这一点，当一个人的目标与组织的目标越一致，这个人的潜能发挥就越大，就越有发展！

6.1.4　马拉松运动员的故事（目标分解）

山田本一是日本著名的马拉松运动员。他曾在 1984 年和 1987 年的国际马拉松比赛中，两次夺得世界冠军。记者问他凭什么取得如此惊人的成绩，山田本一总是回答："凭智慧战胜对手！"

大家都知道，马拉松比赛主要是运动员体力和耐力的较量，爆发力、速度和技巧都还在其次。因此对山田本一的回答，许多人觉得他是在故弄玄虚。

10 年之后，这个谜底被揭开了。山田本一在自传中这样写道："每次比赛之前，我都要乘车把比赛的路线仔细地看一遍，并把沿途比较醒目的标志画下来，比如第一标志是银行；第二标志是一个古怪的大树；第三标志是一座高楼……这样一直画到赛程的结束。比赛开始后，我就以百米的速度奋力地向第一个目标冲去，到达第一个目标后，我又以同样的速度向第二个目标冲去。40 多公里的赛程，被我分解成几个小目标，跑起来就轻松多了。开始我把我的目标定在终点线的旗帜上，结果当我跑到十几公里的时候就疲惫不堪了，因为我被前面那段遥远的路吓到了。"

【管理启示】

目标是需要分解的，一个人制定目标的时候，要有最终目标，比如成为世界冠军，更要有明确的绩效目标，比如在某个时间内成绩提高多少。

最终目标是宏大的，是引领方向的目标，而绩效目标就是一个具体的，有明确衡量标准的目标。比如在四个月内把跑步成绩提高 1 秒，这就是目标分解，绩效目标可以进一步分解，比如在第一个月内提高 0.3 秒等。

当目标被清晰地分解了，目标的激励作用就显现了，当我们实现了一个目标的时候，我们就及时地得到了一个正面激励，这对于培养我们挑战目标的信心有非常巨大的作用！

6.2 园林企业目标管理的基本原理

6.2.1 目标管理的定义

目标管理（MOB）又叫成果管理，它是美国当代管理大师彼得·德鲁克1954年在《管理实践》中首先提出来的。是指组织的最高层领导根据组织面临的形势和社会需要，制订出一定时期内组织经营活动所要达到的总目标，然后层层落实，要求下属各部门主管人员以至每个员工根据上级制订的目标和保证措施，形成一个目标体系，并把目标完成情况作为考核的依据。简而言之，目标管理是让组织的主管人员和员工亲自参加目标的制订，在工作中实行自我控制，并努力完成工作目标的一种制度或方法。

目标管理制度的确立，要求必须有完善的目标体系，才能使组织各部门关系得以协调，发挥整体力量。目标体系的建立包括总目标设定、部门目标设定、员工目标设定和绘制目标体系模式图等内容。

总目标的设定是公司目标体系的核心，应以“公司总目标”为起点，然后再针对各部门、各员工具体情况分别设定出具体的“部门目标”和“员工目标”。总目标是部门目标和员工目标的前提和基础。

总目标加上各部门和员工的分目标共称为目标体系。在此体系中总目标是公司目标管理的核心，落实执行却依赖于各部门和公司员工的二级目标。但是在目标体系的建立中必须将公司的各级目标进行细化、系统化，这样才有利于目标管理的顺利展开。

6.2.2 目标管理的作用与意义

目标管理是20世纪80年代以后在世界各国广泛使用的一种管理制度。尽管国内外对目标管理的定义和具体实施的方法存在一定的分歧，但目标管理的实质都是强调根据目标进行管理，即围绕设定的目标和以实现目标为中心开展的一系列管理活动。

6.2.2.1 管理的主要特点

（1）强调活动的目的性，重视未来研究和目标体系的设置。

（2）强调用目标来统一和指导全体人员的思想和行动，以保证组织的整体性和行动的一致性。

（3）强调根据目标进行系统整体管理，使管理过程、人员、方法和工作安排都围绕目标运行。

（4）强调发挥人的积极性、主动性和创造性，按照目标要求实行自主管理和自我控制，以提高适应环境变化的应变能力。

（5）强调根据目标成果来考核管理绩效，以保证管理活动获得满意的效果。

目标管理与传统的行政指令式管理有着本质差别，它克服了行政指令式管理的局限性。园林企业目前在国内多数是小型私有制企业，在公司创业初期，人们往往采用传统式的行政指令式管理模式，通常以企业家或管理者的个人意志来确定企业发展目标，以个人喜好为评价标准和激励依据，该方法虽然直接、方便、反应快速、节省资源，但随着企业的不断壮大和发展，随着部门的不断增多和团队的不断扩大，这种管理模式表现出越来越多的局限性。行政指令式管理是一种家长式的管理，员工习惯了听指令办事，工作无头绪，不清楚自己的权利和职责是什么，对工作也缺乏了解，缺乏主动性、积极性，以及创新、总结和进步，经常犯重复性的错误。员工与领导缺少平等交流与沟通，给领导反馈的信息太少，以致问题发现太晚而无法弥补。为了保证行政指令式管理的时效性，领导需要深入到具体的工作中，才能保证事务的正确处理。对员工的工作没有一个明确的量与质的考核，缺少合理的评价标准及配套的激励措施。员工会认为做得好坏无所谓，出现消极怠工、工作质量低下等管理问题。

而目标管理与绩效考核，简单地讲就是建立在“岗位责任制”基础之上的一种有效的管理和激励机制，是贯穿企业所有管理层面的轴心。目标管理与绩效考核所带来的伟大变革，从根本上改变了过去上级监督下属工作的传统方式，取而代之的是管理人员与员工共同协商具体的工作目标，设立绩效衡量标准，并且放手让员工努力去实现既定的目标。

目标管理的优势在于每个人都渴望成功。对企业高层而言，他们渴望的成功是企业不断地向前发展，企业竞争力的不断提升以及最终利润的不断提高。对企业一般员工来说，则渴望职位的提升、薪水的增加以及最终在企业里得到自我实现。而目标无论是对企业整体还是个人，都是成功的前提。没有目标就会失去前进的方向，令人丧失斗志，最终一事无成。一个企业，如果其各部门、各责任者每一年、每一期都树立目标进行挑战，并顺利达成目标，那么一段时间后他们将会发现一个又一个令人喜悦的成果。而作为实现这些成果的员工，他们也将分享这些胜利果实带来的喜悦，并且产生因自己价值得到实现而带来的满足感，同时也因自己的付出得到应得的奖励→通常是薪水的增加。

6.2.2.2 管理的主要意义

通过以上论述，目标管理具有以下作用与意义。

（1）借助目标说明公司的期望及要求。

（2）通过目标分解使各级人员负起责任。

（3）目标及其标准为企业考核提供依据。

（4）通过目标管理使上下级建立绩效伙伴关系。

（5）有效的目标管理是自我管理的基础。

（6）目标管理有助于把握企业的命运，保持长期和短期利益之间的平衡。

据美国哈佛大学曾对一群智力、学历、环境等客观条件都差不多的年轻人做过一个长达25年的跟踪调查，调查内容为规划对人生的影响。结果发现：毕业时27%的人没有人生目标；60%的人目标模糊；10%的人有清晰但比较短期的目标；3%的人有清晰而长远的目标。

25年后的跟踪调查结果显示：60%目标模糊者，他们虽能较安稳地生活与工作，但几乎没有什么特别的成绩。而27%没有人生目标的，他们几乎都生活在社会的最底层。他们的生活过得非常不如意，常常失业，并且常常在抱怨他人、抱怨社会、抱怨这个“不肯给他们机会”的世界。10%有清晰的短期目标者，大部分都生活在社会中上层，他们的有着共同特点即不断完成短期目标，生活状态步步上升，他们成为了各行业不可或缺的专业人士，如医生、律师、工程师、高级主管等。与此相反那3%有清晰且长期目标的，25年来他们总是朝着同一个方向不懈努力，25年后已经成为社会各界的顶尖人士，他们当中不乏创业者、行业领袖、社会精英。由此我们可以清晰地看出经营目标对每个企业或个人的重要性，所以当我们了解目标的重要性以后，无论是企业的经营者，或者每一个人都要制订出一整套目标，它包括短期目标的和长期目标，并朝着目标努力前进。

6.2.3 目标管理的原则

目标管理是使企业管理人员的工作变被动为主动的一个很好的手段，实施目标管理不但有利于员工更加明确高效地工作，也是为未来的绩效考核制定目标和考核标准，使考核更加科学化、规范化，更能保证考核的公开、公平与公正，没有目标是无法考核员工的。

在目标管理中，有一项原则，叫做SMART，分别由Specific、Measurable、Attainable、Relevant、Time-bound五个单词的首字母组成。这是制定工作目标时必须谨记的五项要点。

S-specific直接具体原则。面谈交流要直接而具体，不能做泛泛的，抽象的，一般性评价。只有信息传递、双向交流的是具体准确的事实，每一方所做出的选择对另一方才算是公平的，评估与反馈才是有效的。

M-Measarable互动原则。面谈是一种双向的沟通，为了获得对方的真实想法，主管应该鼓励员工多说话，充分表达自己的观点。

A-Attainable基于工作原则。绩效反馈面谈中涉及的是工作绩效，是工作的一些事实表现，员工是怎样做的，采取了哪些行动与措施，效果如何，而不应讨论员工个人的性格。

R-Relevant分析原因原则。反馈面谈需要指出员工不足之处，但不需要批评，而应立足于帮助员工改进不足之处，指出绩效未达成的原因。

Time-bound相互信任原则。没有信任，就没有交流。缺乏信任的面谈会使双方都感到紧张，烦躁，不敢放开说话，充满冷漠，敌意。而反馈面谈是主管与员工的沟通过程，沟通要想顺利地进行，要想达到理解和达成共识，就必须有一种彼此信任的氛围。

目标管理是现代企业管理模式中比较流行、比较实用的管理方式之一。它的最大特征就是方向明确，非常有利于把整个团队的思想、行动统一到同一个目标、同一个理想上来，是企业提高工作效率、实现快速发展的有效手段之一。

搞好目标管理并非一般人想象的那么简单，必须遵循以下四个原则：

(1) 目标制定必须科学合理。目标管理能不能产生理想的效果、取得预期的成效，首先就取决于目标的制定，科学合理的目标是目标管理的前提和基础，脱离了实际的工作目标，轻则影响工作进程和成效，重则使目标管理失去实际意义，影响企业发展大局。目标的制定一般应该注意下面几个方面：①难易适中的原则（要有难度但不能让人产生畏难情绪）；②时间紧凑的原则；③大小统一的原则（年度目标与月度目标、整体目标与局部目标）；④方向一致的原则（使所有人都朝一个方向努力）。

(2) 督促检查必须贯穿始终。目标管理，关键在管理。在目标管理的过程中，丝毫的懈怠和放任自流都可能贻害巨大。作为管理者，必须随时跟踪每一个目标的进展，发现问题及时协商、及时处理、及时采取正确的补救措施，确保目标运行方向正确、进展顺利。

(3) 成本控制必须严肃认真。目标管理以目标的达成为最终目的，考核评估也是重结果轻过程。这很容易让目标责任人重视目标的实现，轻视成本的核算，特别是当目标运行遇到困难，可能影响目标的适时实现时，责任人往往会采取一些应急的手段或方法，这必然导致实现目标的成本不断上升。作为管理者，在督促检查的过程当中，必须对运行成本作严格控制，既要保证目标的顺利实现，又要把成本控制在合理的范围内。因为，任何目标的实现都不是不计成本的。

(4) 考核评估必须执行到位。任何一个目标的达成、项目的完成，都必须有一个严格的考核评估。考核、评估、验收工作必须选择执行力很强的人员进行，必须严格按照目标管理方案或项目管理目标，逐项进行考核并做出结论，对目标完成度高、成效显著、成绩突出的团队或个人按章奖励，对失误多、成本高、影响整体工作的团队或个人按章处罚，真正达到表彰先进、鞭策落后的目的。

6.2.4 目标管理的特点

目标管理指导思想上是以麦格雷格的 Y 理论为基础的，即认为只要人们能够正确理解现有状况，就会自觉地获悉工作的动机，实现自我管理，专心投入工作，并取得显著的成效。因此目标管理有以下几个特点。

(1) 员工参与管理。组织目标是上级与下级共同商定的，因此目标管理是一种参与式、民主式的自我控制管理制度，也是一种把个人需求与组织目标结合起来的管理制度，在这种制度下，上级与下级的关系是平等、尊重、依赖、支持的，下级在承诺目标和被授权之后是自觉、自主和自治的，而不是上级下达指标，下级仅仅执行。

(2) 以自我管理为中心。每个部门和个人的任务、责任及应该达到的分目标是根据组织的总目标决定的。目标管理是员工参与管理的一种形式，由上下级共同商定，依次确定各种目标。因此目标管理的基本精神是以自我管理为中心，目标的实施由目标责任者自我进行，并通过自身监督与衡量，不断修正自己的行为，直至目标的实现。

(3) 强调自我评价。每个部门和个人的一切活动都围绕着总的目标展开，这就使履行职责与实现目标紧密地结合起来。目标管理强调自我对工作中的成绩、不足、错误进行对照总结，经常自检自查，不断提高效益。

(4) 重视成果评价。目标管理将评价重点放在工作成效上，个人和部门的考核均以目标的实现情况为依据，使评价更具有建设性。至于完成目标的具体过程、途径和方法，上级并不过多干预。所以，在目标管理制度下，监督的成分很少，而控制目标实现的能力却很强。

但是目标管理也有一定的局限性，主要表现在以下几个方面。

1) 目标难以确定。即目标在设定时较难把握到最合适的标准，不是高就是低。

2) 目标设定一般是短期的。

3) 目标管理使管理不够灵活无法权变。即一旦设定目标必须坚持执行一定时期，不便于立即修改。

也正是如此使得组织运作缺乏弹性，无法通过权变来适应变化多端的外部环境。中国有句古话叫做“以不变应万变”，许多人认为这是僵化的观点，非权变的观点，实际上所谓不变的不是组织本身，而是客观规律，掌握了客观规律就能应万变，这实际上是真正的更高层次的权变观。

6.3　园林企业目标管理的程序与内容

目标管理是一种综合的以工作为中心和以人为中心的系统管理方式。它是一个组织中上级管理人员同下级管理人员以及同员工一起，共同来制定组织目标，并把其具体化展开至组织各个部门、各个层次，与组织内每个单位的责任和成果相互密切联系，明确地规定每个单位的职责范围，并用这些措施来进行管理、评价和决定对每个单位贡献、奖励报酬等一套系统化的管理方式。目标管理最为重要的思想就是让展开的、具体化的组织目标成为每个单位工作绩效的标准，从而使组织能够持久有效地运行。因此也可以将目标管理理解为“管理者的工作就应该是以完成、达到企业目标的任务为基础，管理者应该受他所要完成的目标的指挥和控制，而不是受制于老板。”

6.3.1　园林企业目标管理程序

园林企业目标管理体系内容可以归纳为一个中心、三个阶段、四个环节和九项主要工作。

一个中心：以目标为中心统筹安排工作。

三个阶段：计划、执行、检查（总结）。

四个环节：目标制定、目标展开、目标落实和目标考核。

九项工作：计划阶段（包括论证决策、协商分解、定责授权），执行阶段（包括咨询指导、调节平衡），检查阶段（包括考评结果、实施奖惩、总结经验），如图 6－1 所示。

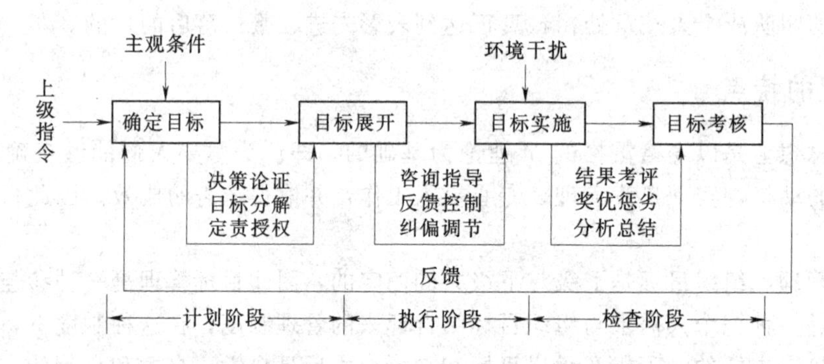

图 6－1　园林企业目标管理系统示意图

6.3.2　园林企业目标管理内容

目标管理是一个全面的管理系统，它用系统的方法把许多关键的管理活动结合起来，一般目标管理主要有以下几个方面的内容。

（1）组织目标的制定。包括组织的总体目标和各部门的分目标。但至关重要的是设定战略性的整体总目标，一个组织总目标的确定是目标管理的起点。总体目标是组织未来要达到的状况和水平，其实现有赖于全体成员的共同努力。为了协调这些成员在不同时空的努力，各个部门的各个成员都要建立与组织目标相结合的分目标。在目标的设定过程中关键要注意以下三点。

1）要能够透彻地分析判断组织所拥有的资源实力，可调动资源的多少，组织存在的问题，组织的相对优势，从而判断自己有无核心专长。核心专长是组织生存与发展最为关键的因素，因为是它支撑着组织目标的最终实现。

2）要能够透彻地分析组织的外部环境及这些环境的构成因素的未来变化。要关注这些因素的变化，以促使组织目标设定后能够良好地实现。

3）组织目标一旦设定了就成了组织计划工作的前提或依据，也成了组织未来行为获得成果的标志，为此组织总目标设定的另一个重要方面就是组织总目标是可以度量的，即可以用一系列相应指标来反映计量。

（2）制定出完成目标的周密的计划。目标管理必须制定出完成目标的周密的计划。健全的计划既包括目标的订立，还包括实施目标的方针、政策以及方法、程序的选择，使各项工作有所依据，循序渐进。计划是目标管理的基础，可以使各方面的行动集中于目标。它规定每个目标完成的期限，否则，目标管理就难以实现。理想的目标管理是每个目标和子目标都应有一个具体的人负责。但是在大多数情况下，几乎不可能去建立一个完美的组织结构，以致每一个特定的目标都成为某个人的责任。

（3）执行目标。在目标执行时首先要培养人们参与管理的意识，认识到自己是既定目标下的成员，引导人们为实现特定的目标积极行动，努力实现自己制定的个人目标，从而为实现部门单位目标，乃至整体目标的实现奠定基础。同时由于要实现组织目标，每个成员的活动中必须利用一定的资源，因此必须将组织的总目标逐级分解开来，以便于资源的调配。具体分解时主要包括以下三个方面。

1）将组织总目标按组织体系层次和部门逐步展开，直至每一个成员。这一自上而下的过程只是上级给下级的一个指导性目标，并非最后决定了的目标。

2）组织体系中的每个层次均可以根据自己的岗位分工和职责要求以及资源分配情况，结合实际对指导性目标进行分析，并最终提出自己的目标。这是一个自下而上对目标进行修订的过程。

3）组织将自下而上的目标与指导目标进行比较，分析差异，征询下级意见，再进行修订，然后再下达，下级各方仍可以修改并再次上报。经过上下的多次反复，最终将总目标分解为一个目标体系，下达给组织相应的层次。组织目标下达到每个层次时要有下达目标的具体说明、具体要求、自主权限、完成后的激励等，使接受目标的每个层次都可以有明确的工作、努力方向，有明确的责任和行为激励。

（4）评价成果。成果评价既是实行奖惩的依据，也是上下左右沟通的机会，同时还是自我控制和自我激励的手段。成果评价既包括上级对下级的评价，也包括下级对上级、同级关系部门之间以及各层次组织成员对自我的评价。上下级之间的相互评价有利于意见的相互沟通，从而有利于组织活动的控制；横向关系部门之间的评价，有利于保证不同环节的活动协调进行；而各层次组织成员的自我评价则有利于促进他们的自我激励、自我控制、自我完善。

（5）实行奖惩。成果评价是组织奖惩的依据。奖惩可以是物质的，也可以是精神的。一个组织只有公正的判断每个组织成员的业绩和努力程度，才有可能是一个无往不胜的组织，因为单就公正的评价就已经成为组织成员的有效激励。而事实上大多数组织都很难做到这一点，因为一些领导很容易偏信那些说得多做得少的人，从而导致那些真正埋头苦干的人被忽视，最终影响整个组织的士气。因此只有公平合理的奖惩才有利于维持和调动组织成员饱满的工作热情和积极性，才能不给那些光说不练的人可乘之机。

（6）制定新目标并开始新目标的管理循环。成果评价与成员行为的奖惩，既是对某一阶段组织活动效果以及组织成员贡献的总结，也为下一阶段的工作提供了参考和借鉴，在此基础上，组织成员及各层次各部门制定新目标并组织实施，即展开目标管理的新一轮循环。

目标管理（MBO）通过一种专门设计的过程使目标具有可操作性，并且这种过程一级接一级地将目标分解到组织的各个单位。组织的整体目标被转换为每一级组织的具体目标（从整体组织目标到经营单位目标，再到部门目标，最后到个人目标）。在此结构中上层的目标与下层的目标连接在一起，而且对每一位员工而言，目标管理均提供了具体的个人绩效目标。因此，每个员工对他所在单位的成果贡献都很关键。如果所有人都实现了他们各自的目标，则他们所在单位的目标也将达到，所有单位目标的实现，将意味着组织整体目标的现实。

6.3.3 园林企业目标管理控制

园林企业的目标控制主要包括管理控制、反馈控制、计划控制、目标控制、自我控制等几项内容。

（1）管理控制。管理控制是指管理人员为保证实际工作与目标相一致而采取的管理活动，一般通过监督和检查，及时发现目标偏差，找出原因，采取措施，保证目标的顺利实现。

（2）反馈控制。反馈原理是指施控系统将输入信息变换成控制信息，控制信息在作用于受控系统后，再把产生的结果运送到原输入端，并对信息的再输出发生影响，从而起到控制作用，达到预定目的。

(3) 计划控制。计划控制是以计划指标为依据，通过检查监督各项工作的落实情况，在发现问题时，及时采取措施进行调整，以保证受控系统不偏离计划轨道的方式。由于系统运行具有滞后性，所以计划控制一般适用于抗干扰能力较强的系统。

(4) 目标控制。目标控制又称为跟踪控制。在目标控制中，系统输入的是系统所要达到的目标，其基本控制过程是：第一，施控系统发出任务、目标或计划后，经过上下级之间的协商，按上级指令转化为下级的目标，以目标的形式输入受控系统；第二，受控系统根据输入的目标，并自行制定行动方案，建立反馈环节，及时调节行动偏差；第三，受控系统通过反馈调节，对运行过程中的目标状态与输入的目标状态进行比较，发现偏差时，通过调整行动方案，从而恢复到正常的目标状态上来；第四，在目标计划期内受控系统运行完毕后，将最终的目标结果再反馈到施控系统，完成一次运行。

(5) 自我控制。目标管理是自我控制取代了统治式的管理方式，自我控制更加有助于实现目标管理。它代表着一种更强大的动力：主动追求更加开阔的视野和更高的目标。实现自我控制、管理人员不仅要清楚目标，还必须能够根据目标衡量业绩和成就。衡量标准必须简明扼要，能够将注意力引向关键领域。

但是在具体实施控制时还需要从以下几个方面入手优化企业目标管理控制的过程。第一，建立明确的控制标准。控制标准是工作成果的规范，是对工作成果进行计量的一些关键点。控制标准包括计划指标、各类定额和有关的技术标准和管理标准。在目标管理中，控制标准就是可考核的目标。由于各项目标都有准确的含义、明确的目标值和完成的时限，因而就为目标实施中的控制提供了有利条件。例如企业中的产品产量、产值、利润、劳动生产率、产品合格率等目标值，就是具体的控制标准。对于不能数量化的目标值，则可以完成目标的进度等形式作为标准。第二，根据标准衡量目标实施的成效。控制的第二步就是通过目标检查的反馈信息，把目标实施的实际结果同衡量标准进行比较，找出实际结果同衡量标准的偏差，并分析产生偏差的原因，以便找到消除偏差的措施。这一步对于用数量描述的目标值的标准，做起来是比较简单的，对于定性的目标值需用完成进度的百分比或其他方法来衡量。第三，纠正实施结果与目标的偏差。根据产生偏差的原因，有针对性地采取措施，以纠正偏差，这是控制的重要工作。

设定目标不是盲目的，需要利用SWOT的分析模型来自我体检。

S（优势）：个人的优点。

W（劣势）：个人的缺点。

O（机会）：对未来发展存在哪些可能的方向或机会。

T（威胁）：对未来发展，个人目前最大的威胁。

6.4 园林企业目标管理成果评价与考核

目标考核是目标管理的重要环节，其基本目的是检验目标成果、考核管理绩效、改进领导工作和促进下级向更高的目标奋斗。目标考评是目标管理的最后一个环节，既是上一轮目标管理的终点也是下一轮目标管理的起点，起着承上启下的作用。

成果评价与考核是目标管理的最后一个过程，是管理人员在目标项目得出结果后，参照原先确定的目标项目，对目标实现情况和成员工作状况进行公正、客观衡量，是对实现目标所获得的现实成果的评价，并总结目标管理工作的经验教训，据此对成员按既定标准进行合理的奖惩。

6.4.1 目标管理成果评价与考核原则

(1) 坚持目标性原则。根据目标项目完成效率的高低、满意程度、偏差程度等，对目标项目进行评价，评价对象应该为已完成的目标项目。

(2) 坚持客观性原则。这里的客观性原则包含两个方面的内容。一是在成果评价过程中，应该注重对个人的工作成果以及能力发挥后所表现出来的业绩进行客观评价，而非对个人的人品、能力进行评价。客观评价每一个下级的目标实现情况，做到一视同仁。二是在对成果进行评价时，要考虑到客观条件对目标项目完成的影响，如不同时间的可比性，货币的时间价值因素等。

(3) 坚持激励性原则。从激励的立场来讲，对员工的称赞要比斥责有效的多，对于达成目标者，尤其对于绩效特别好的部门，要加大奖励，而参与人员由于受到赏识，会更加激起做好工作的干劲。反之，当工作做的不好时，应该作为反省的教材去检讨。评价的目的不在于回顾过去，而是更好地为下一期做好准备，这需要主管与其员工相互鼓励。

(4) 坚持个人考评与上级考评相结合的原则。根据实际情况评估各有关目标项目的完成情况。将个人评价与上级评价结合起来，可以更好地防止目标评价工作的主观片面性，提高目标评价的准确性。

6.4.2 园林目标管理的评价方法

园林目标管理的评价。这里主要针对目标本身做出评价。目标在实施过程中，应及时对目标的可行性、进度、质量、对策和计划的落实以及管理方法的有效性等情况进行阶段性评价，及时发现问题，解决问题。

目标的考核就是对目标任务完成情况的评估。根据考核时间的安排一般可分为日常检查（工作告一段落，或进展到某种程度时所举行的评价）、周期性评价（如月终或季末评价）和目标管理最终成果评价三个方面。其中在日常检查和周期性评价时，管理者需要对下级工作给予正确评价，并对存在的问题进行分析。最终成果的评价就是在达到预期目标后，对整个工作所进行的全面总结与评价。三者因时期与内容不同，其目的也各异，日常和周期性检查评价是对目标能否实现做出估计，并且决定奖惩标准；最终成果评估则是要对下级的工作是否有利于其自身的发展，做出评估。

具体评价目标管理的方法很多，不同企业常根据自身的生产经营特点，选择比较适用的方法对目标管理成果进行评价。对那些定量目标较多的营业部门和生产部门，因其目标任务在分解和完成程度上量化程度较高，比较容易实现量化评价；而在一些间接部门，由于其定性目标任务较多，难以实现量化评价，此时可以通过一些方法将定性指标予以转化，使其具备一定的量化条件，然后再对其进行评价。

园林目标管理不同于其他行业管理，这是因为园林的目标管理是以实现综合效益最大化为宗旨的，而综合效益中生态、社会和经济效益占有相当的份额，也必须予以客观、公正的评价，因此评价时方法也有所不同，常用的评价方法是“对比法则”。即：运用“项目前后对比”和“有无项目对比”两种比较方法，找出变化差距，为提出问题和分析问题找到重点。

“项目前后对比”是指将项目实施之前与完成之后的情况加以对比，以确定项目效益的一种方法。但实施后的效果有可能含有项目以外多种因素的影响而不仅只是单纯项目的效果和作用，因此，简单的前后对比不能实际反映项目的真实效果，必须在此基础上进行“有无项目对比”。

“有无项目对比”是指“有项目”相关指标的实际值与“无项目”相关指标的预测值对比，用以度量项目真实的效益、作用及影响。这里说的“有”与“无”指的是评价的对象，即计划、规划的项目。对比的重点是要分清项目作用的影响与项目以外作用的影响，诸如城镇化水平的提高，居民收入的增加，宏观经济政策的好转等项目以外的因素。评价是通过项目的实施所付出的资源代价与项目实施后产生的效果进行对比得出项目的好坏。也就是说，所度量的效果要真正归因于项目。只有使用“对比法”才能找到项目在经济和社会发展中单独所起的作用。这种对比用于项目的效益评价和影响评价，是项目评价的一个重要方法。

但无论是“前后对比”还是“有无对比”，它始终不能系统全面地对项目实施评价，特别是一些定性的方面，对比法也显得无能为力，所以对比法必须与其他方法联合起来使用，并且必须使用环境预测技术。预测技术已广泛应用于投资项目的可行性研究和项目实践中，特别是在项目效益评价方面普遍采用了预测学常用的模式。

一般综合效益评价要分析项目前的情况、项目前预测的效果、项目实际实现的效果、无项目时可能实现的效果、无项目的实际效果等。在进行对比时，先要确定评价内容和主要指标，选择可比的对象，通过建立比较指标对比表，用科学的方法收集资料。

6.4.2.1 评价项目效益的情况

对于一般园林工程项目而言，一般有以下几种情况评价项目效益的情况。

(1) 无项目也有效益，有项目后增加效益。园林工程项目是与我们生存的环境有密切联系的项目。例如，城市里的各种绿地对城市的生态环境有着不可或缺的作用，即使没有项目的干扰，也能发挥其作用。

但实施城市绿地系统规划后，有改善生态环境、维护生态平衡、提高居民生存质量等多方面功能的发挥。

（2）项目没有直接增加效益，但无项目效益减少，有项目后减少效益损失。许多园林项目并没有直接增加效益，但是实施项目后能减少环境恶化的负面影响。例如在水体污染严重的地方种植适当的园林植物，在种植后，水质并没有发生变化，或者变化不大，但若不利用可净化水体的植物，那么水质将得不到改善。从项目的“有”“无”对比来看，可以明显地看到园林植物对水体产生的效益。

（3）有项目后既增加效益，又减少损失。例如，在水源丰富且可实施的地方建立人工湿地，可以维持生物多样性，提供丰富的动植物产品。提供水资源，提供矿物资源，开发能源水运，提供观光与旅游的机会，兼有教育与科研价值，还能调蓄洪水，防止自然灾害，降解污染物。这种项目的发生既增加了效益，又减少了损失。

（4）无项目无效益，有项目后增加效益。以城市绿地系统规划为例，在对城市生态进行整合分析和绿地现状调查分析的基础上，因地制宜地、科学地制定城市绿地的发展指标，合理安排市域大环境绿化的宏观空间布局和各类园林绿地建设，可以达到保持和改善城市生态环境、优化城市品质、促进社会、经济可持续发展的目的。而这些效益在项目实施前是没有的，一般意义上的项目综合效益多指这种情况。

园林项目综合效益评价的内容包括生态效益、社会效益和经济效益。

从生态效益评价看，园林绿化中的园林植物及植物群落的生态功能主要包括释放氧气、吸收二氧化碳、增湿、滞尘、减菌、涵养水源、防风固沙、保持水土、储存能量等。虽然园林生态效益一直受到关注，特别是近年来在国内发展火热，但目前还没有一套成熟的评价指标体系，一般只对城市园林绿化生态问题中的重要指标进行研究，如释氧效益、吸收二氧化碳效益、降温效益、增湿效益、滞尘效益、吸收有害气体效益等进行研究。

从社会效益看，园林在城市中的社会效益，不仅仅是开展各项有益的社会文体活动，以吸引游客为主，更重要的是按照生态园林绿地的观点，把园林办成人们走向自然的第一课堂，以其独特的教育方式，启迪人们与自然共存之道。创建知识型植物群落，让人们认识大自然的另一个大家庭；组建保健型植物群落，则让人们同植物和睦相处；生产型植物群落告诉人们绿色植物是生存之本；景观植物群落将激发人们爱护自然、爱美的自然本性。人们越来越意识到园林绿地对旅游业的发展、繁荣所带来的日益增长的直接和间接作用，全国各地纷纷推出绿地游、生态游。2008年北京奥运会就是以“绿色奥运、科技奥运、人文奥运”为口号的。

从经济效益看，根据经济学规律得知，除大自然直接给予的物质以外，任何能够满足人的某种需要的事物都存在着交换价值，由此可能产生经济效益。按照这个规律，园林绿地的生态效益和社会效益若确实为人们所需要，也可以变成经济效益。从经济林到大中小型的景区开发项目，都为人们带来了巨大的经济效益。在植物配置中，重视植物群落的自我调节，降低园林绿地的人工维护费用，可以更好地发挥绿地的经济效益，并可根据等价交换和供求关系的原则，计算出园林绿化生态和社会效益的经济价值，同与其争夺土地和投资的其他项目相比较。一是研究计算园林绿化生态效益的量和相应的经济价值，以测算出一定量的绿地所产生的生态效益的量，并从中计算它们为社会创造的财富和因其存在而带来的投资效益，并据此计算出为改善某些环境条件所需要的绿地量，同时研究最具效果的分布方式和内部结构等，作为园林规划设计项目的评价基础；二是评价园林景观的美学价值，园林的审美价值很难以计量表达，但环境优势可以转换为经济优势，带动周边地区商贸、房地产、旅游、展览业等快速发展，同时绿化相关产业得以兴起、发展，为社会提供大量就业机会，可以产生间接的经济效益；三是畅通园林价值得以补偿与增值的途径与渠道，因为并不是所有园林项目费用支出部分，都可以通过市场交换来实现价值补偿与增值，属公共产品的园林只有通过基础设施、公益事业投资、由税收中划拨，或根据受益对象和受益方式，建立起不同的园林效益实现机制。

6.4.2.2 目标考评过程中的主要问题

目标考核是以目标为依据，它所考核的对象是成果，成果是评价工作的唯一标准。目标考核即表示一个目标管理过程的结束，同时也是下一个目标管理过程的开始。所以目标考核既是检验上一个目标落实情况的手段，又是制定下一个阶段目标体系的依据。目标管理就是这样一个循环往复的过程。因此在目标考评过程中主要还应注意以下几个问题。

(1) 正确制定考评标准。考评标准是评价目标成果的基本依据，能否制定出符合客观实际的考评标准，是做好目标考评工作的关键。因此目标考核应广泛发动群众，群策群力，努力做到：①评价尺度明确具体；②项目内容全面、准确，并与目标体系相一致，时限要求与目标计划期一致；③奖惩规定体现奖优罚劣原则。

(2) 做好日常考评记录。所谓日常考评记录，是指在目标实施过程中对各部门和个人实施目标情况的文字记载。它是正确考评目标成果的基础性资料，一般有目标检查记事薄和目标管理卡两种形式。只有认真地做好日常考评记录，才能使负责目标考评的领导和有关部门及时正确地了解各目标责任者的目标实施情况，克服目标考评中"靠估计"和"凭印象"的弊病。

(3) 加强对考评工作的领导。除加强思想教育，提高广大指战员对目标考评重要性的认识以外，最主要的是建立考评组织。一般的做法是成立考评小组。考评小组要具有权威性，其成员应由作风正派、坚持原则、群众信得过的人员组成。

(4) 综合采用多种考评方法。目标考评方法很多。但每种方法都有它的局限性，都不可能完全准确地反映集体或个人的工作绩效。特别是机关推行目标管理，考评标准难以确定，目标量化困难，更不能只采用某一种方法进行考评。因此，必须综合运用多种考评方法，做到了上级评价与本级评价相结合，个人评价与集体评价相结合，才能达到考评目的，发挥目标激励作用。

(5) 及时实施奖惩。奖惩是激励先进、鞭策后进、调动群众积极性的重要手段。当目标考评结果公布后，必须立即实施奖惩，做到奖惩兑现。领导要说话算数，按预定的奖惩规定办，即便是发现原奖惩规定有不尽合理之处也要先执行、后修改；不能言而无信，推翻原规定，搞平衡照顾。否则将会给下期目标管理造成困难。

【案例1】 狐狸与葡萄园

狐狸来到一个四面都是围墙的葡萄园，只有一个小洞可以进入其中。为了吃到美味的葡萄，狐狸用尽全力，试图从小洞里钻进去。可是洞口实在太小了，怎么也钻不过去。于是狐狸绝食三天，将自己饿成了皮包骨，终于顺利地进入了葡萄园，美美地大吃了三天。三天后，狐狸想出去了，却发现自己已经变得很胖，怎么也不能从洞口出去了。没办法，狐狸又绝食三天，重新将自己饿成皮包骨，才得以出洞。

狐狸出洞后，望着葡萄园感慨道：啊，葡萄！多么美味的葡萄！可是你所能给我的，不过是怎样进去和怎样出来。

【案例分析】

狐狸为了实现吃到葡萄的目标，不惜绝食三天，而我们为什么不可以为了实现自己的目标而发奋努力，为什么总是抱怨社会的不公；抱怨自己的运气不佳。只要我们发奋努力了，一切都是有可能的。

【案例2】 猎人、猎狗和兔子

一条猎狗把兔子赶出了窝，一直追赶他，追了很久仍没有捉到。牧羊犬看到此种情景，讥笑猎狗说："你们两个之间小的反而跑得快得多。"猎狗回答说："你不知道，我们两个的跑是完全不同的！我仅仅为了一顿饭而跑，他却是为了性命而跑呀！"

这话被猎人听到了，猎人想：猎狗说的对啊，那我要想得到更多的猎物，得想个好法子。于是，猎人又买来几条猎狗，凡是能够在打猎中捉到兔子的，就可以得到几根骨头，捉不到的就没有饭吃（竞争机制/绩效工资）。

这一招果然有用，猎狗们纷纷去努力追兔子，因为谁都不愿意看着别人有骨头吃，自己没得吃，就这样过了一段时间，问题又出现了，大兔子非常难捉到，小兔子好捉，但捉到大兔子得到的奖赏和捉到小兔子得到的骨头差不多，猎狗们善于观察发现了这个窍门，专门去捉小兔子，慢慢的，大家都发现了这个窍门，猎人对猎狗说："最近你们捉的兔子越来越小了，为什么？"猎狗们说："反正没有什么大的区别，为什么费那么大的劲去捉那些大的呢？"（考核目标单一）

猎人经过思考后，决定不将分得骨头的数量与是否捉到兔子挂钩，而是采用每过一段时间，就统计一次猎狗捉到兔子的总重量，按照重量来评价猎狗，决定一段时间内的待遇，于是猎狗们捉到兔子的数量和

重量都增加了，猎人很开心。(综合绩效薪酬)

但是过了一段时间，猎人发现，猎狗们捉到兔子的数量又少了，而且越有经验的猎狗，捉兔子的数量下降的就越厉害，于是猎人又去问猎狗，猎狗说："我们把最好的时间都奉献给了主人，但是我们随着时间的推移会老，当我们捉不到兔子的时候，您还会给我们骨头吃吗?"(59 岁问题)

猎人做了论功行赏的决定，分析与汇总了所有猎狗捉到兔子的数量与重量，规定如果捉到的兔子超过了一定的数量后，即使捉不到兔子，每顿饭也可以得到一定数量的骨头，猎狗们都很高兴，大家都努力去达到猎人规定的数量，一段时间过后，终于有一些猎狗达到了猎人规定的数量。(固定工资制)

这时，其中有一只猎狗说："我们这么努力，只得到几根骨头，而我们捉的猎物远远超过了这几根骨头，我们为什么不能给自己捉兔子呢?"于是，有些猎狗离开了猎人，自己捉兔子去了。(外出创业)

猎人意识到猎狗正在流失，并且那些流失的猎狗像野狗一般和自己的猎狗抢兔子。情况变得越来越糟，猎人不得已引诱了一条野狗，问他到底野狗比猎狗强在哪里。野狗说："猎狗吃的是骨头，吐出来的是肉啊!"，接着又道："也不是所有的野狗都顿顿有肉吃，大部分最后骨头都没的舔！不然也不至于被你诱惑。"(创业的艰难)

于是猎人进行了改革，使得每条猎狗除基本骨头外，可获得其所猎兔肉总量的 n%（绩效奖金），随着服务时间加长，贡献变大，该比例还可递增，并有权分享猎人总兔肉的 m%（年功序列制）。就这样，猎狗们与猎人一起努力，将野狗们逼得叫苦连天，纷纷强烈要求重归猎狗队伍。

日子一天一天地过去，冬天到了，兔子越来越少，猎人们的收成也一天不如一天。而那些服务时间长的老猎狗们老得不能捉到兔子，但仍然在无忧无虑地享受着那些他们自以为是应得的大份食物。

终于有一天猎人再也不能忍受，把他们扫地出门，因为猎人更需要身强力壮的猎狗。(解聘或自愿离职)

被扫地出门的老猎狗们得了一笔不菲的赔偿金，于是他们成立了微骨公司。他们采用连锁加盟的方式招募野狗，向野狗们传授猎兔的技巧，他们从猎得的兔子中抽取一部分作为管理费。当赔偿金几乎全部用于广告后，他们终于有了足够多的野狗加盟。公司开始赢利，一年后，他们收购了猎人的家当。(并购)

微骨公司许诺给加盟的野狗能得到公司 n%的股份。这实在是太有诱惑力了（员工持股计划）。这些自认为是怀才不遇的野狗们都以为找到了知音：终于做公司的主人了，不用再忍受猎人们呼来唤去的不快，不用再为捉到足够多的兔子而累死累活，也不用眼巴巴地乞求猎人多给两跟骨头而扮得楚楚可怜。这一切对这些野狗来说，这比多吃两根骨头更加受用。(公平＋自我实现＞利益)

于是野狗们拖家带口地加入了微骨，一些在猎人门下的年轻猎狗也开始蠢蠢欲动，甚至很多自以为聪明实际愚蠢的猎人也想加入。好多同类型的公司像雨后春笋般地成立了，骨易，骨头，中骨公司等。一时间，森林里热闹起来。

猎人凭借出售公司的钱走上了老猎狗走过的路，最后千辛万苦要与微骨公司谈判的时候，老猎狗出人意料地顺利答应了猎人，把微骨公司卖给了猎人。老猎狗们从此不再经营公司，转而开始写自转。

《老猎狗的一生》、《穷狗狗，富狗狗》，《如何成为出色的狗 CEO》、《如何从一只普通猎狗成为一只管理层的猎狗》、《猎狗成功秘诀》、《成功猎狗 500 条》。

老猎狗的故事被搬上屏幕，取名《猎狗花园》，四只老猎狗成为了家喻户晓的明星 F4。收版权费，没有风险，利润更高。

【案例分析】

在现实生活中，大多数人总要等到危机来到时才开始重新思考许多的价值和意义，就像故事中的老狗一样，当自己对于大环境还有利用价值时，沉浸在公司和市场的礼遇中，等到某天发现自己竞争力不存在了，才惊觉，届时经济、保障甚至自信心都已受到严重的考验。

对自己的奖赏、回报要为什么要取决于别人？为什么员工的未来掌握在老板，老板的未来却掌握在公司的营运过程中，而公司成长得看市场，但是谁能掌握市场？此时只有想的远，才走的远。曾经有一位特别受人敬佩的一位创业领导人白君毅先生说过，他这一辈子最自豪的就是"他从没有让别人把自己放在市场或职场的磅秤上，让别人去评断自己一小时该值多少钱，一天值多少钱，一个月值多少钱；而是他告诉自己或别人，我该值多少钱"。"我们用开放的心接纳新的观念，找到目标，抓住机会不断尝试，重复学习建立能力，并用恒心与努力证明了自己生命中的无限可能，达到了真正的经济自由，保障和自主的人生。”

本章小结

本章我们通过目标管理的故事和案例对园林企业目标管理进行了系统的分析，了解目标管理的基本概念与意义；掌握了目标管理的程序、作用、原则和特点以及成果评价考核方法和原则；为园林企业实施目标管理奠定了理论基础。

思考练习题

1. 什么是园林目标管理？园林目标管理有何特点？
2. 试述园林目标管理的作用和园林目标管理控制的基本内容。
3. 如何进行园林目标管理评价？
4. 在目标管理过程中，应注意一些什么问题？
5. 目标管理有什么优缺点。
6. 增加和减少员工奖金的发放额是实行奖惩的最佳方法吗？除此之外，你认为还有什么激励和约束措施？
7. 你认为实行目标管理时培养完整严肃的管理环境和制订自我管理的组织机制哪个更重要？
8. 为什么要进行目标管理？根据你所学专业的实际情况，制订一个人生十年职业规划目标。

第7章　园林企业资产与财务管理

本章学习要点

• 要求掌握园林经济管理中的物质管理、产品管理、活物管理、财务管理的基本内容。

• 要求学生明确资产管理的目标、要求和企业预算的内容和步骤，初步掌握企业筹集资金的方法。

• 了解现金、短期有价证券的含义及其他流动资产的管理方法，掌握固定资产管理的内容和方法，为从事园林企业管理奠定理论基础。

7.1　资产与财务管理寓言故事

7.1.1　扁鹊的医术

魏文王问名医扁鹊说："你们家兄弟三人，都精于医术，到底哪一位最好呢？"

扁鹊答："长兄最好，中兄次之，我最差。"

文王再问："那么为什么你最出名呢？"

扁鹊答："长兄治病，是治病于病情发作之前。由于一般人不知道他事先能铲除病因，所以他的名气无法传出去；中兄治病，是治病于病情初起时。一般人以为他只能治轻微的小病，所以他的名气只及本乡里。而我是治病于病情严重之时。一般人都看到我在经脉上穿针管放血、在皮肤上敷药等大手术，所以以为我的医术高明，名气因此响遍全国。"

【管理启示】

这个管理故事告诉我们一个在现代企业管理中对资产与财务的管理必须遵从一个原则，即事后控制不如事中控制，事中控制不如事前控制。但可惜的是大多数企业经营者均未能认识到这一点，通常是等到错误的决策造成了重大的损失才寻求弥补，有时甚至是亡羊补牢，为是已晚。

7.1.2　聪明的年青人

有个年轻人，抓了一只老鼠，卖给药铺，他得到了1个铜币。他走过花园，听花匠们说口渴，他又有了想法。他用这枚铜币买了一点糖浆，和着水送给花匠们喝。花匠们喝了水，便一人送他一束花。他到集市卖掉这些花，得到了8个铜币。

一天，风雨交加，果园里到处都是被狂风吹落的枯枝败叶。年轻人对园丁说："如果这些断枝落叶送给我，我愿意把果园打扫干净。"园丁很高兴："可以，你都拿去吧！"年轻人用8个铜币买了一些糖果，分给一群玩耍的小孩，小孩们帮他把所有的残枝败叶捡拾一空。年轻人又去找皇家厨工说有一堆柴想卖给他们，厨工付了16个铜币买走了这堆柴。

年轻人用16个铜币谋起了生计，他在离城不远的地方摆了个茶水摊，因为附近有500个割草工人要喝水。不久，他认识了一个路过喝水的商人，商人告诉他："明天有个马贩子带400匹马进城。"听了商人的话，年轻人想了一会，对割草工人说："今天我不收钱了，请你们每人给我一捆草，行吗？"工人们很慷慨地说："行啊！"这样，年轻人有了500捆草。第二天，马贩子来了要买饲料，便出了1000个铜币买下了年轻人的500捆草。

几年后，年轻人成了远近闻名的大财主。

【管理启示】

一个人的成功不是偶然的，首先需要他具备了现代人的管理素质。这些素质主要包括以下几个方面。

(1) 他要有思想。他要明白要想得到就一定要付出。他先送水给花匠喝，花匠得到了好处，便给了他回报。这也是双赢的智慧。

(2) 他要有眼光。他要知道那些断枝落叶可以卖个好价钱，但如何得到大有学问。所以，他提出以劳动换取。这也符合勤劳致富的社会准则。

(3) 他要有组织能力。他要知道，单靠他一个人难以完成这项工作。他组织了一帮小孩为他工作，并用糖果来支付报酬。从这一点看，他具备领导艺术和管理才能，他用较低的成本赢得了较大的投资收益。

(4) 他要有信息意识。他可以从和商人的谈话中捕捉赚钱的机会，再用较低的价格收购了一大批草转手卖了个好价钱。这一点，与我们今天在信息时代的经济贸易非常吻合。

我们每个人都梦想成功，而且财富就在我们身边。有的人抱怨财运不佳，有的人埋怨社会不公，有的人感慨父母无能，其实我们真正缺乏的正是勤奋和发现财富的慧眼。

7.1.3 鸟的忠告（投资管理）

一天，猎人捉到了一只能讲人语的鸟，鸟儿说："放了我，我会给你三个忠告！"

猎人说："你先告诉我，就放了你。"

鸟儿说："第一个忠告：做事不要后悔。第二个忠告：别人告诉你的一件事，你认为不可能的就不要相信。第三个忠告：当你爬不上去的时候，就不要费力去爬。"

猎人实现了承诺，放了这只鸟。

鸟儿飞向了树梢，对着猎人大声喊："你真蠢，我嘴里有一颗大明珠，你竟放弃了它。"

猎人一听很想再次捉到这只鸟，便费力的爬上树梢，当他爬到一半的时候树枝断了，他掉了下来并摔伤了双腿。

鸟儿嘲笑起了猎人："你这个笨蛋，我刚才告诉你的忠告你全忘了。你首先后悔放走了我，其次轻易相信我说的话，我这么小的嘴里怎么会放得下一颗大明珠呢？最后不自量力，强迫自己结果摔断了双腿。"

【管理启示】

股票投资的过程中经常会出现下列三种情况。

"后悔"经常出现在股票投资中。周边的股票都涨了，唯独自己持有的股票却停步不前，要么是后悔买错了股，要么直接抛出换仓。谁知道往往刚刚出手，它就大涨，直接就会产生第二个"祥林嫂"，后悔的恨不得一头撞死。

"听信"左右着新股民行为。今天听小道消息，明天看题材，后天有增发，漫天消息扑面而来，新股民不知道如何去投资了，满腔热血的去追逐热点，不去追究公司业绩，不管真假，到头来饱受消息之苦。

"追涨杀跌"形成另一股市投资现象。看见某只股票涨得好，不顾已被高估，不顾调整风险，奋勇向前的直杀过去，结果直接被套了个结结实实。套的时间久了，又过不了"熬"这一关，往往在地板价上割肉出局，亏了个大满贯。

周而复始，虽然已经有政策面的引导，往往在股海中奔波中忘却了忠告，在"后悔→听信→追逐"中把握不住投资的机遇，价值投资已经被远远抛在脑后，盲目冲动却没有留下深刻的印象，我们如何来看待这些教训呢？

7.1.4 兄弟打水

从前有兄弟两个，老大家里很富，老二家里很穷。有一天老二去找老大借钱，老大知道老二有花钱大手大脚的毛病，便提出了一个要求："你拿那两只桶去打水，打满一桶水回来我就借钱给你。"老二看了看两只桶，打水桶是有底的，装水桶却没有底。老二每次打满一桶水，都在装水桶里流得一干二净。怎么办呢？老二换了个方式，把装水桶换成打水桶，虽然每次只能打上来一点点，但是一天下来还是打满了一桶水。这时老大来了："明白这里面的道理了吧？"老二略有所思地点点头："打水桶有底，但装水桶没底，永远也打不满一桶水；而装水桶有底，打水桶没有底，却能一点点地积满一桶水，原来这和攒钱、花钱是一样的道理呀!”于是，老二不但借到了钱，而且慢慢也成了有钱人。

【管理启示】

过去人们收入少，却很少有月光族，多数人都会精打细算、量入为出，从而都略有积蓄；而现在人们收入翻了不知多少倍，很多人却月月花光，甚至刷信用卡当“负翁”。这就和故事中的老二一样，挣钱用的是有底的打水桶，而攒钱用的是没有底的装水桶，开支无度，花钱如流水，这样再多的钱也会分文不剩。因此，月光族们应给自己的水桶装个“底”，每月采用基金定投或零存整取等方式强制攒钱，花钱的时候有计划，有限度，这样才能和老二一样成为有钱人。

科学理财就是合适的人在合适的时机买了合适的产品。

7.1.5 狐狸过冬

冬天快到了，兔子、鹿和狐狸一起商量该为过冬准备点什么，怎么准备。

兔子说：“我每天在寻找食物的时候就已经留心为冬天储藏一份，可令人发愁的是，储藏的东西太多，到冬天食物就腐烂了，我该怎么办呢?”每年就因为这个原因，兔子不得不扔掉许多辛苦弄来的嫩草。

鹿说：“我很少储藏过冬的食物，所以每年冬天我不得不冒着严寒出去寻找食物，有时还得小心谨慎，因为害怕落入猎人的圈套。”

狐狸看着兔子和鹿，笑了笑说：“我就没有你们这样的烦恼。”

兔子和鹿齐声问：“你是怎么解决这些问题的?”

“为什么不换个角度思考问题，让别人替你准备过冬的食物呢?”狐狸说，“前几年我搞清楚了人是怎么种田的，并把这些技术教给了猴子和其他小动物，而猴子和其他的小动物则每年冬天为我准备可以在冬天贮藏的食物为交换，你们说我还用为过冬发愁吗?”狐狸笑呵呵地说。

【管理启示】

现实中，我们也会像寓言里的动物一样，为自己和家人谋划着如何积累财富，以备不时之需。那么具体的方法，是等待残酷的经济危机摆在面前时再仓促应对，还是用合理的投资方式应对风险？答案显而易见是后者。

寓言中的狐狸很聪明，它既不像兔子一样单纯地依靠储蓄来缓慢生钱或者让钱贬值，更不会像野鹿一样凭借年轻的资本和赚钱能力来“现赚现花”以应对难题，而是选择了一条最为经济可靠的方式，“授人以渔，并以之获利”。这不仅解决了危机，还能从中抓住创富的机会。

理财不是一时的冲动，也不是投机取巧，更不是凭运气，而是我们每个人通过学习和实践都可以掌握的一门学问。

少贪一杯酒，少抽一根烟，少买一件不必要的衣服，多想想明天——理财就是从这些点滴小事开始的。

7.1.6 宰鸡与偷鸡

养鸡场雇佣一名管理员负责管理财产，而管理员每天偷宰一只鸡下酒，把鸡毛都甩进了粪坑。附近的一只黄鼬把这一切看在眼里，心里很不平衡，“既然可以杀鸡下酒吃，我为什么不可以呢?”一个漆黑的晚上，黄鼬偷偷潜入鸡舍，咬住一只鸡就逃。可不幸得很，偏偏让管理员给逮住了。狡猾的黄鼬苦苦哀求说：“我只偷了一只，又是初犯，请你放了我吧。”管理员说：“这鸡是人民的财产，你就是动一根毫毛，也是犯罪！你偷了一只鸡，现在就剥你一张皮!”说着就要动手。黄鼬大叫：“且慢，就算我被剥一张皮，那么你呢？你利用管理鸡场的便利条件，天天偷鸡，后面粪坑里的鸡毛都塞满了！你自己算算该剥几张皮?”管理员笑着说：“正是因为如此，我才需要你做替罪羊……另外你要知道，我与你不同的是，你是在偷鸡而我是在宰鸡。”说着就将黄鼬杀了。第二天，管理员因为打死偷鸡贼——黄鼬而受到了表扬。但鸡场里的鸡仍在一天天地减少。

【管理启示】

从“宰鸡与偷鸡”现象中，我们感觉到，这个鸡场表面上看管理到位、奖罚分明，是一个管理比较“突出”的鸡场。但实际上，每天鸡都在人为地减少，管理上的漏洞很大，其主要原因就是内部管理不到位。现如今我们每个独立核算单位，都是一个“养鸡场”，一些单位不同程度地存在着“宰鸡与偷鸡”现象，有一则数据显示：把我国所有办案涉及的金额除以案件数量，把每个案件造成的损失都统计出来，得出一个结论——贪污犯罪个案平均经济损失是15万元，渎职侵权犯罪的平均个案经济损失是258万元，渎职侵权犯罪案给国家和人民造成的损失更加严重，造成这类事件的根源很多，但每个经济事件都有其共性因素，就是财务内部管理不到位，这充分表明财务内部管理是现行财务管理的一根软肋。

近年来，随着市场经济的进一步深化，各地方、各单位坚持经济建设这个中心，整合资源优势，开源节流，经济建设取得了长足发展，财政收入有了大幅度的提高，财政主管部门在财务管理上也就相应制定了一系列的管理措施，并取得了明显成效。但仍有一些单位内部管理上还存在着一些问题，主要表现为：一是公款吃喝、请客送礼；二是借外出学习培训的机会公费旅游；三是公车私用；四是以开会为名，滥发纪念品，吃喝招待，造成会议浪费；五是为了政绩，不切合实际地搞一些工程，浪费了大量的人力物力和财力；六是在招投标、采购上暗箱操作。正因为这些问题较为普遍，很多人习以为常，不再认为是什么问题，甚至有些人还得到了提升，成了真正的“宰鸡”者。然而正是这些“宰鸡”者的行为，严重地影响了党在人民群众心中的形象和威信。

7.1.7 量布裁衣

古时候有个裁缝拿出三尺见方的两块布料，要即将出师的两位徒弟为他各做一件衣服。大徒弟按量体裁衣的师训，替师傅量衣长、袖长、肩宽、胸围后，便去剪裁；小徒弟则看了看布的尺寸后，只量了师傅的衣长和胸围。结果小徒弟交出了一件合格的马夹，而大徒弟却只拿来了两支袖子和一些碎布。

【管理启示】

任何事物之间都存在着两重性，即共性和个性。量体裁衣是一般原理，属于共性的东西，量布裁衣是特殊情况下的原则，属于个性的东西。做财务工作犹如做衣服，更要把一般原理和特殊情况结合起来。

7.2 经营

7.2.1 经营的概念

经营（Operation）是根据企业的资源状况和所处的市场竞争环境对企业长期发展进行战略性规划和部署、制定企业的远景目标和方针的战略层次活动。它解决的是企业的发展方向、发展战略问题，具有全局性和长远性。

(1) 狭义的“经营”（Business）概念。狭义的“经营”是指企业的经营，是指企业的生产活动以外的活动，即企业的供销活动。目前比较流行的观点是将“经营”更高于“营销”一个层次，经营包含但不仅限于营销，经营同管理的区别在于，经营的对象主要还是财，而管理的对象是人、财、事。因此虽然一个人可以经营上千万的生意，但还不能说他具有管理着一个公司的能力。

(2) 广义的“经营”概念。广义的“经营”是法约尔在他的名著《工业管理和一般管理》中提出来的。他认为企业的经营活动包括六个方面的活动：技术活动（生产、制造、加工），商业活动（购买、销售、交换），财务活动（筹集和利用资本），安全活动（保护财产和人员），会计活动（清理财产、资产负债表、成本、统计等等），管理活动（计划、组织、指挥、协调、控制）。也就是说人类的一切活动都是经营活动，只要是有目的的、有意识的活动，就是经营活动，即经过筹划（含决策、计划）、控制、组织、实施等经营职能，使其达到期望目标（目的）的活动就是经营活动。

综上所述，所谓“经营”就是指个人或团体为了实现某些特定的目的，运用经营权使某些物质（有形和无形的）发生运动，从而获得某种结果的人类最基本的活动。运用经营权的活动就是经营活动，在运用经营权的种种活动中所发生的人与人之间的关系就是经营关系，以进行经营活动为任务的各种组织就是经营组织，在经营活动中形成的观念、思想、感情、心理等就是经营意识或经营文化。

对于园林行业来讲经营的结果是生产出来的某种产品或是施工完成的建设，这些经营结果大部分是要通过公共分配系统或市场分配系统来满足社会成员或集团的需要。而与分配系统中相关的行业大部分是

"第三产业"的重要组成，因此园林经营即兼跨"技术行为"与"文化行为"，或者兼跨"技术行为"与"生理行为"。

7.2.2 经营行为的内容

(1) 安全行为。"安全"行为包括两方面：一是防护自然灾害，二是防护人为破坏。仓储、防雷、防虫、防鼠、活物的养护、基础设施的维修保养、环境卫生的清理等，属于前者，以技术行为为主。防人为破坏、防失火、防爆炸、防偷盗抢劫等，属于后者，以文化行为为主。严格说来，"偷盗抢劫"不是真正的"无效消耗"，有关产品满足了窃贼抢匪的福利需要，他们也是社会成员的一类。但是，从"文化行为"的角度来看，偷盗抢劫等社会行为无论在哪一个文化圈中都是遭到排斥的（因为"占有器具"或"化物为奴"是早于其他文化行为的原始行为），因此也属防范对象。不过，在统计中，这一部分产品不是计入"无效消耗量"，而是计入"游离覆盖度"，其效果是减小"保障比积"。

(2) 商业行为。"商业"行为也包括两方面：采购推销和包装运输。这是物质（含能源信息源）管理的重要内容，作为"商品"形态的产品、物资、设备等管理属物质管理。物质管理是物资管理、产品管理、设备管理、活物管理和基础设施管理的通称。其中物资是原材料和燃料以及未交付使用的工具设备及活物，设备是除去随身工具之外的各种工具（手工器械、动力机器、仪器、电脑）的总称，活物指生长或衰败中的植物及非人类动物。对农林牧渔猎业来说，它们是有待开发或有待成熟的"资源"；对园林业来说它们常是已被开发的"产品"。人类借靠它们来改善居住环境和休憩环境。基础设施是除去活物之外的园林建设如建筑、管道、电力线等；产品则是各种终端消费品以及提供给社会（包括本单位）的物资。广义的产品还包括基本建设和各种服务。在园林生产与施工的过程中，也存在物质管理问题。

(3) 财务行为。"财务"行为包括理财、聚财和保险三个方面。理财包括预算、收入、支出、决算、监督。聚财包括生产经营的赢利、征收、募捐、储蓄、发行债券股票货币，以及非法的聚财方式。保险包括投保和理赔。

通常所说的"财务管理"常兼含商业行为的管理，对某些部门来说，还包括"会计"行为。其实"会计"是根据凭证对财金事务进行全面的复式记录以便核查（财务会计），往往不止于经营活动及钱财记录，还包括生产、施工等活动的记录及统计分析（管理会计）。"会计"行为的目的是提供基础数据、建立数据档案并利用有关数据来改善管理。它作为"管理"的辅助，在层次上略高于安全、商业、财务。

经营活动之所以要促进"物"与"钱"的周转，是因为一切搁置的"物"都会自然消耗；而一切搁置的"钱"也会逐步被贬为"废纸"或递减为微不足道的"心理安慰"。对于发展中的市场竞争社会来说，适度的通货膨胀是与产业升级相伴的正常现象，搁置的金钱必然逐渐贬值。

(4) 服务行为。"服务"行为就是为了促进物与钱的周转而发展起来的。它与安全、商业、财务行为之间有不少重合，却又有所不同：它所提供的各种"服务"常常是以信息成分为主（有利于物与钱的周转，甚至是"刺激需求"），与物质形态的"商品"和金钱都有所不同。服务行为包括面向法人（企业）、面向个人和兼营三个方面。

7.2.3 园林经营

园林经营不是纯粹的商业性经营，而是包括生产、养护、服务等等，所以对于市场的依赖较小，而对于公共分配系统的依赖较大。此外，其经营的优劣在很大程度上取决于内部的管理水平。

对园林经营来说，特别是公共绿地、专用绿地养护管理及公园经营，约束条件有其特殊性，一般呈现市场需求不足，所以常是"公共产品（服务）"。其经济效益较多地相关于经营水平，除了前述的物质金钱管理之外，促进物与钱的周转的重要内容之一就是在市场调查和预测的基础上增加服务项目和提高服务质量，以此吸引顾客、激活需求。其中，又要在服务项目与服务质量之间进行适当安排，服务项目不应影响服务质量，服务质量又不应约束适度的服务项目。

例如在公园中举办"商品展销会"或出租部分场地给马戏团、杂技团，这类与园林功能相关甚少的项目就降低了服务质量，没有达到"借靠植物改善人们休憩环境"的目的。与此不同，花展、画展、工艺美术品展、养花品评会、植物知识普及讲座、划船、滑冰、儿童游艺、旅游纪念品出售、琴棋书画专室、茶座沙龙等项目就不会损害园林服务的质量。相反如果以高级餐厅的服务质量来要求公园内的饮食服务，就可能约束其他服务项目，因为公园的编制不可能过多。事实上公园内的服务受季节、气候的影响，不可能把较多的人员专用于饮食服务。公园内的其他商业部门，如小卖部、照像馆等也与一般商业部门有显著的区别。需求有限且涨落幅度较大；每年只有春秋两季高峰，每周只有1个周末高蜂，每天只有1个中午高峰等等。因此园林经营者必须结合园林经营的特点进行调度，安排好服务项目并提高服务质量。

随着国民经济发展和城镇化进程的加速，人们对园林的需求逐渐增加，导致花木生产、绿化设计与施工、服务部门的产品市场需求呈上升趋势，于是园林经营中逐渐形成了对机关、企事业单位、私人住宅提供有偿服务的项目。其中的园林式院落在经营上主要是活物管理，室内花卉租摆则除了活物管理以外，还存在一定商业行为。因此生产（花卉）经营（服务）之间就由于其经常性而可能从定点协作、合同供应而发展成经济联合体。这一类生产与服务通常提供法人产品，而不是公共产品。它们往往受市场供求关系的影响较强，而经营者往往受到最大利润原则的支配，随着价格信号而调节其经营行为。

商品服务的市场价格主要取决于它们的消费边际效用与单位有效生产量中各生产要素的货币成本。有些商品如珍禽异兽，由于稀缺度较大而有较大的边际效用，所以尽管从局部（原产地）来看成本较低，但其市场价格较高。这往往促使各地开发本地资源，并以生产经营方式提供配套产品与服务。

因此园林生产及服务业接近于新型产业而不同于正在被淘汰的产业。另一方面，又因它不具有明显的排它性或专利性，因此市场价格起伏相对较大，导致一定的投机行为和盲目决策。容易受一时一地的市场价格引导，盲目生产经营，导致经营失败。园林业中作为公共产品的一部分，更不宜受市场左右。因为园林行业是经济发展的产物，只要城市化不后退，园林需求就不会减弱。

总之，园林经营不是纯粹的商业性经营，而是包括生产、养护、服务等等，所以对于市场的依赖较小，而对于公共分配系统的依赖较大。而经营的优劣在很大程度上取决于内部的管理水平。

7.3 资产管理

资产是指企业拥有或控制的、能以货币计量的经济资源，通常包括各种财产、债权和权利。按其变化或耗用时间的长短，可分为流动资产和固定资产。

企业的资产可以分成三类：第一类是不良资产，这类资产的特点是已经失去了价值或者使用价值，可仍然在资产里列着，其作用只能是虚增资产；第二类是沉淀资产，这类资产还有价值或者使用价值，但没有给企业带来利润，不能盈利，这类资产是管理的重点，原因在于如果管理失控，它将转换成不良资产；第三类是良性资产，具有价值或者使用价值，并且能够给企业带来利润。显然，这三类资产中前两类都是影响企业盈利的，实现企业管理目标时就必须对前两类资产进行控制。

企业资产管理（简称EAM）。EAM是面向资产密集型企业的信息化、制造业信息化、企业信息化解决方案的总称。它以提高资产可利用率、降低企业运行维护成本为目标，以优化企业维修资源为核心，通过信息化手段，合理安排维修计划及相关资源与活动。通过提高设备可利用率得以增加收益，通过优化安排维修资源得以降低成本，从而提高企业的经济效益和企业的市场竞争力。企业资产管理除保持静态核算外，还实现资产的动态管理，包括从资产申购、领用、维护到报废的整个生命周期管理。

7.3.1 资产管理的目标

关于企业资产管理的目标主要有三种观点：一是利润最大化；二是每股盈余最大化；三是企业价值最大化。目前在我国一般认为，企业资产管理目标的选择，始终不能偏离企业总目标的要求。而且确定资产管理目标时，要树立长期的观点，企业资产管理目标实现与否，不应该局限于短期行为，不仅要考虑利润取得的多少，还要与质量、技术等其他管理目标联系起来加以考虑，以求实现企业价值最大化。园林企业与其他企业一样，资产管理的目标也是追求企业价值的最大化，其具体要求如下。

（1）园林企业资产与企业实际的经营规模相匹配。

（2）园林企业应尽可能减少营运资金占用量。

（3）园林企业可变现的资产应等于或大于即期应偿还的。

(4) 园林企业应调节好流动资产与流动负债的比例。

(5) 加快资金周转，提高资金的利用效率。

7.3.2　园林企业资产的预算

预算是一种以货币量表述收入、支出、资本运用的计划，它应当在预算期之前编制完成并获得通过。

企业常用的预算有月度预算、年度预算和长期预算，一般年度预算最常用。而园林企业不同于其他企业，在资产的预算时除具有一般企业的特点外，还常用园林工程项目预算。

7.3.2.1　预算的概念和目标

预算的主要目的有：

(1) 计划编制执行。预算可以促使企业管理人员向前看，预测可能存在的问题，指明发展方向。预算是企业达到其总体目标的工具之一。

(2) 控制。一旦预算编制完成，企业管理人员就可以定期比较实际业绩与预算业绩，并在此基础上采取必要的措施，纠正不利的影响，对企业的业绩实施控制。

(3) 沟通编制和使用。预算是高层经理人员与预算执行经理人员之间交流意见的好方法。预算以易懂的词汇反映高层经理人员对企业预算期内经营业绩的期望，而保证预算目标的实现则是基层经理人员的责任。在预算编制过程中，如果能很好的交流意见，基层经理人员就能把他们自己的想法和预算执行中存在的问题传达给高层经理人员。

(4) 协调。构成综合预算或总预算的所有分项预算必须相互配合协调，只有这样，才可能实现总预算目标。例如，要达到顺利生产的目标，原材料的采购预算必须满足生产预算的要求。同样生产预算与销售预算要相衔接，才能满足预期的客户需求。因此预算编制过程，就会迫使企业各个独立的部门及其经理人员配合协调起来，以求实现总预算的目标。

(5) 激励最后定性的预算。是以某种书面形式表达对某个预算期、某一领域或相关经理的业绩期望。这种计划对相关管理人员及其员工而言，是一种挑战，因此会激励他们为完成预算而努力。

(6) 评价。预算是一种“以货币表达的计划”，它可以反映在什么程度上已经完成了计划，或者未完成计划，因此预算可用于评价经理人员及其员工是否完成既定目标。

简单地说，预算的目的是将足够的额外资金固定下来，以保证工作能够完成，即使在最恶劣的情形下或企业陷入困境时，也能以有效的资金保护员工的利益和企业的运转机能。

7.3.2.2　预算的编制

编制预算方法各异，正误有别。错误的方法是复印一份上一年的预算，交上去以旧代新。

正确的方法是从多种渠道搜集信息，检查、审核信息的准确性，然后再运用良好的判断力去预测未来的趋势。所以有人说预算是一种对未来的预测，事实上它就是用数据和判断来预测未来。

那么怎样才能编制一个合理预算呢？有经验的预算编制人员都知道，一旦了解了运作所需的成本费用以及费用的来源，那么预算过程就变得非常简单。只需要拨通几个电话，开几次会，然后看一看近期的会计报表，最后在经济上紧缩一些数字，预算就编完了。另外，还有一点工作要做，那就是对编制预算过程中的基本步骤再核查一遍。

(1) 编制预算文本和说明时，需要仔细检查预算文本以及会计人员提供的每条信息，尽管企业已经用同样的程序运行了多年，但仍需谨慎，以免某一环节发生失误。

(2) 广纳贤言，群策群力。当开始编制预算时，要让企业的相关人员输入信息。例如需要了解销售人员上一年实际外出和所到地方等。另外，编制预算时，还要征求一下员工的建议，如有的员工希望将提高工资编入预算，有的会反映目前的电话系统已无法满足客户和企业员工的需要，将购置新的电话系统纳入预算。但无论是何种情形，企业的员工们都会提供非常有用而又非常重要的预算信息。

(3) 搜集数据。找出以前的预算复印件及会计报表，然后将其预算数字与实际数字相对比，确定以前的预算是否超支？以及差额数量是多少？如果不能从以前的预算中找到可利用的数据资料，那么就应该从其他渠道寻找相关信息资料，这些信息资料将对预算起一定的指导作用。同时在预算时还要考虑下一个预算期内将开展多少商务活动？需要花费多少钱？考虑一下是否需要雇用更多的员工，是否需要租用新场所或购置新设备和物资。另外还要考虑一下在销售或支出上是否存在大规模的上升或下降的可能性，以及对预算结果的影响程度。

（4）运用判断力。在编制预算过程中，严格准确的数据和不容置疑的事实至关重要。这些由数据和事实显示出的无任何偏见和感情色彩的信息是果断决定的基础。然而数据和事实并不代表一切。预算部分是科学，部分是艺术。预算者的工作就是利用数据和事实，运用自己的判断力来决定最大可能的结果。

（5）填写数字，校改草稿。以企业如何运营为依据，填写预算表格，将其交与预算人员去加工处理，并形成预算草案。预算草案一定要精细准确，最忌粗糙或信息遗漏。但在预算草案最后定稿之前，可以随时审查修改草案。

（6）检查结果。核准、检查预算草案是否合理，是否漏掉了某些项目（如税款或其他开支），预算草案中所列数字是否真实可信，用过去的观点看这个预算是否还讲得过，预算编的是否偏高或偏低，如果将预算方案上交给上层主管后，对各种结果非常满意，能否完成。

总之预算的准确度与两个因素密切相关，其一是预算使用数据的准确度和应用数据进行判断的能力高低。判断力的高低在某种程度上依赖个人经验，而数据的质量则与数据的来源紧密相连。

7.3.3　物资管理

所谓物资管理，是指企业在生产过程中，对本企业所需物资的采购、使用、储备等行为进行计划、组织和控制。物资管理的目的是，通过对物资进行有效管理，以降低企业生产成本，加速资金周转，进而促进企业盈利，提升企业的市场竞争能力。企业的物资管理，包括物资计划制订、物资采购、物资使用和物资储备等几个重要环节，这些环节环环相扣、相互影响，任何一个环节出现问题，都将对企业的物资供应链造成不良影响。因此，在市场异常活跃的今天，物资管理已不能用“计划”、“配额”、“定量”等几个简单概念进行诠释，它已经成为现代企业管理的重要组成部分，成为企业成本控制的利器，成为企业生产经营正常运作的重要保证，成为企业发展与壮大的重要基础。

7.3.3.1　物资采购

物资采购是企业资金支出的关口，能不能把好这个关口是企业成本控制的关键。为此，实行比价、限价和定价采购制度为核心的物资采购管理便成为当前企业物资采购的主流模式。比价采购，指的是在采购物资过程中实行的一种以综合比对为主要手段的物资采购管理制度。其中，物资的供应质量和价格、采购的中间费用、售后服务、供货商的信誉及货款的承付方式等是采购对比的要素。简单而言，就是“同种物资比质量，同等质量比价格，同样价格比服务，同等服务比信誉，先比后买”，其实质就是通过对各要素进行综合比对，实现“物美价廉”的目标。企业实行比价采购，不但可以使物资市场的竞争更加活跃，使物资的性价比不断提升，还在无形之中拓展了企业的物资来源渠道。限价采购和定价采购是比价采购的一种延伸，在特定的情况下能够发挥更加积极的作用。当企业采购的物资品种繁杂、零星采购次数频繁、物资采购难以形成大规模的情况下，可以由企业物资部门在深入调查物资市场行情的基础上，拟定和公布企业所能接受的物资价格上限或具体数额，实行限价采购或定价采购。科学合理的物资采购计划加上严格的物资采购过程控制，可以使企业有效节省开支，为赢取更丰厚的利润打下坚实基础。随着比价采购、限价采购、定价采购等采购方式的普及。企业的运用程度将日渐熟练，这样可以从根本上解决盲目采购、无计划采购、多头采购等问题，可以最大限度地改善企业成本支出状况，这种物资采购管理模式必将在实践中更加完善。

7.3.3.2　物资储备

传统意义上的物资储备是为了保障生产经营正常进行的必要手段。而现代意义上的物资储备管理则要求企业在满足现实生产需求和扩大再生产需求的前提下，尽可能地降低库存，减少资金占用。在中国计划经济时期，“物资储备越多越好”的观念曾经占据物资储备管理的主流地位，很多企业简单地将“生产能力”和“仓储量”画上等号。在物资相对紧缺的计划经济时期，充足的物资储备为扩大再生产提供了动力和保障。但是在市场经济条件下，生产物资的积压反过来使企业承担了巨额的仓储费用，而且无限量地购买物资使企业的资金周转日益艰难，超额的物资储备让众多企业背上了沉重的“包袱”。而现代企业的物资储备管理模式正是解决这些问题的良策，因为它是以调整企业库存结构、盘活超储（积压）物资、加快资金周转、减少储备资金占用为主线，主要有以下几点。

(1) 对长线物资、产销平衡物资、紧俏物资实行物资分类管理，对供应充足、可即时购买的长线物资原则上不储存，对产销平衡物资通过合理安排进货时间实现不储存，而对于进货相对困难的紧俏物资则要备有一定的储存量。

(2) 对物资储备量实施实时监控，及时将储备情况向管理层上报，预防超储现象的发生。

(3) 若出现物资超储、积压现象，企业内部能够代用的物资实行代用，无法代用的物资可与供货商进行协商退货，或与其他企业交换物资实现“双赢”。在此有必要提及“零库存”概念。零库存，是指物料(包括原材料、半成品和产成品等)在采购、生产、销售、配送等一个或几个经营环节中，不以仓库存储的形式存在，而均是处于周转的状态。它并不是指以仓库储存形式的某种或某些物品的储存数量真正为零，而是通过实施特定的库存控制策略，实现库存量的最小化。

总之，物资管理作为企业管理的重要组成部分，其管理模式的不断创新是社会主义市场经济发展的必然要求，是历史发展的潮流，也是我国企业今后的努力方向。

7.3.3.3 物资取用

物资取用主要是指物资的配送及消耗。现代企业物资使用管理，重点突出了配送方式的灵活性、多样性和物资消耗的控制力度。统一进货、集中存放、定点发放材料的配送方式，在过去被大部分企业所认可，相信很多企业对材料员到库房排队领料的场面都不会陌生。这种管理模式由于缺少弹性，在材料搬运、等待领料等环节造成了许多浪费。今天，企业的物资配送更趋向灵活，“即时配送”、“准时配送”、“变领料为送料”等新方式、新观念逐渐被企业所接受。比如，有些施工企业就很善于使用“多批次、少批量”的配送方式，根据各施工阶段的要求统筹安排配送计划，从而提高了材料的配送效率。事实上，在配送方式的选择上并没有固定的规则，企业要遵循的是方便、高效的原则，并结合本企业的特点和实际工作情况，制定最适合于本企业的物资配送计划。

生产过程中的物资消耗量是控制企业生产成本的决定因素，目前，企业已经将物资消耗控制作为管理的重点。一般来说，在物资计划中企业都会制订比较科学、合理的物资消耗定额，然而，在物资计划实施的过程当中，物资消耗定额沦为“摆设”的现象却并不少见。为什么会出现这种状况呢？应当说，企业对物资消耗的监控力度不够是主要原因之一。现代企业应该对物资的消耗建立起一套行之有效的监控系统，比如可以利用计算机系统对生产过程中的物资消耗量进行详细记录、分析、比对，通过监控将超额情况及时反馈到管理层，尽早查明超额原因，最大限度地降低物资消耗环节出现浪费现象的几率。

总之物资管理最终要实现两个目标，一个是在现有的物资资源、人力、财力、仓储能力的条件下，如何最大限度地满足企业再生产的需要，这在线性规划中是求“最大值”的问题；另一个目标是在保证物资供应的前提下，如何最大限度地降低费用，减少资金占用，这在线性规划中是求“最小值”的问题。要实现这两个目标需要在制定物资平衡计划、物资分配计划、物资运输调运计划、物资合理进销量、仓库布置、材料堆放、材料综合利用等方面做好物资管理。

7.3.4 产品管理

产品管理是企业或组织在产品生命周期中对产品规划、开发、生产、营销、销售和支持等环节进行管理的业务活动，它应该包括五个环节，即需求管理、产品战略管理、产品市场管理(或称产品营销管理)、产品研发管理和产品生命周期管理。产品管理的内容包括新产品开发、产品市场分析、产品发布、产品跟踪推广、生命周期管理等。但对于园林产品来可细分成公共产品与法人产品，但总的来讲以活物产品为主，当然也存在其他形式的园林产品如工具、花器等，因此园林产品的管理除具有一般产品管理的属性外还具有特殊性一活物管理(放在活物管理中讲授)，具体管理时主要包括以下几个方面。

(1) 产品贮存。园林产品贮存与物资储备一样，需要有数量控制和仓库(贮运站)管理。一般说来，经常性贮存额度应等于每日平均出库量与平均出库间隔日数之积。在计划经济中，这往往是个不大的常数，甚至为零——生产多少，调出多少，然后由商业部门负责储存包装运输。但在市场竞争社会中，必须通过比较准确的市场调查和预测，以及通过与对手竞争，提高自身的经营水平和公关能力，才能把贮存产品控制在较少的数量水平。贮存越少，积压所造成的无效消耗量越少，实现效益量越高，产出实现率也越高。但是，由于人类需求受到各种消费心理的影响，对于某些特定产品来说，有可能在较多的消耗（较长时间库存）之后再投入市场而使得金钱上的获利较大（成本利润率较高），即所谓“囤积居奇”效益。这往往要求生产者具有较长远的经营眼光，掌握宏观需求格局和市场信息动态，以制定合理有效的贮存额度。

(2) 产品包装。包装在市场竞争社会中已不只是为了防变质、防损坏，同时还为了便于运输、销售和消费。尤其是果品、菌品（木耳、蘑菇等）、蜂蜜等产品，包装设计对于提高产品的竞争能力常有重要影响。商标名称及设计，以及按照国际惯例采用条形码（便于微机售货系统进行识别）等项，也有助于产品打开市场。内地某些大宗产品曾被港澳台及国外商人改为小包装，而从滞销变为畅销，说明产品不只需要物质质量，而且需要文化质量，才能满足社会成员或集团的福利需要。

(3) 产品定价。产品价格的确定对于计划经济来说，主要是通过总体平衡和决策目标的选择来确定有关产品在整个经济系统中的相应比重或份额。对于市场竞争社会来说，产品价格一般由均衡价格来调节。同时，经营者为了进入市场还常常采用特殊的定价策略。例如，采用低于平均水平的“渗透价格”，待产品在市场上站稳之后，再逐渐提高价格。又如，一开始就把价格定得较高，如果高消费者的购买总额太少，再逐渐削减价格。新推出的高新产品可以采用这种策略（赚取创新或风险利润）。

(4) 产品流通。产品流通管理以商业行为为主，除商业部门之外，生产经营型单位也更密切注意市场信号，利用广告和其他合法的公关方式促进产品流通。

(5) 售后服务和反馈。产品管理还应包括售后服务和信息反馈，减少无效消耗。

7.4 设备管理

设备管理是以设备为研究对象，追求设备综合效率，应用一系列理论、方法，通过一系列技术、经济、组织措施，对设备的物质运动和价值运动进行全过程（从规划、设计、选型、购置、安装、验收、使用、保养、维修、改造、更新直至报废）的科学型管理。

设备管理的基本职能是合理运用设备技术经济方法、综合设备管理、工程技术和财务经营等手段，使设备寿命周期内的费用/效益比（即费效比）达到最佳的程度，即设备资产综合效益最大化。

设备管理是对设备寿命周期全过程的管理，包括设备选择安装调试、设备高效运行、设备保养维修以及设备更新改造全过程的管理工作。

7.4.1 设备的选择、安装与调试管理

(1) 设备的选择原则。合理地选购设备，可以使企业以有限的设备投资获得最大的生产经济效益。这是设备管理的首要环节。选择设备的目的，是为生产选择最优的技术装备，也就是选择技术上先进，经济上合理的最优设备。一般来说，技术先进和经济合理是统一的。这是因为技术上先进总有具体表现，如表现为设备的生产效率高等。但是两者有时也表现出一定矛盾。例如设备效率比较高时，存在能源消耗大，这样从全面衡量时也不一定适宜。再例如有些设备自动化水平和效率都很高，但当在生产量还不够大时使用，往往会带来设备负荷不足的矛盾。因此选择机器设备时，必须全面考虑技术和经济效益，选择那些以最小输入获得最大输出的设备、性能稳定可靠、维修性好、节能、耐用、配套设备齐全、通用的设备。具体选择设备时，应以设备管理部门为主，把有关科室组织、协调起来，以便于对设备进行全面评价。

(2) 设备安装。既可能在基本建设阶段完成，也可能在生产经营时期的新增与更换中进行。安装质量的管理与一般生产施工的质量管理没有什么不同，即包括制定规程、执行规程、检查执行情况、纠正违规或修改规程的一级环节。不同之处在于：安装质量的标准除了静态的数量标准之外，还有动态的运行状况，通常要通过调试来检测。设备调试应由称职的技术人员进行，除了与安装质量相关的水平度、震动性等之外，还要检测设备说明书上载明的各项功能是否达到要求。尤其对于一些较复杂的高功能设备，如果调试水平不足，就可能在低功能状况下运行（操作者根本不知道有关设备具备较高功能），形成“小用”无效消耗量。这样就浪费了设备潜力，降低了时空符合度，也降低了购买有关设备所用较高资金的经济效益。

7.4.2 设备高效运行的管理

设备高效运行的管理基于合格的安装与调试，同时相关于“物资计划”和经营水平。如果在制定计划时无视经营特点，盲目追求大型设备和先进设备，那么无论经营水平如何，都不可能使设备高效运行，不可避免地出现“高射炮打苍蝇”式的浪费（“小用”无效消耗）。经营水平对设备高效运行的作用在于，尽量促成满额运行，减少低额运行和闲置，从而减少“小用”无效消耗。满额运行俗称让设备“吃得饱”，这就要求设备拥有足够的生产任务和服务对象，也就是受到需求牵引。如果经营不当，业务太少，就往往会出现低效运行或闲置。设备利用程度的指标是设备能力利用率（实际利用与利用能力之比）和标准产量实现率（实际产量与设备可达到的产量之比）。每台设备的利用能力是设备在满额运行的情况下一年内按正常工作日计算可达到的功能及相应数额。

设备可靠运行的管理基于安装调试质量，同时要杜绝超载运行、预测检验瞬息、总结事故教训。尤其是有时会涉及高空、水中、电击等人身安全的设备，绝对不能见利忘义，仅仅因为“生意兴隆”就超负荷超时间运行。预测检验瞬息除根据环境变化（如气温过高、湿度过大等）进行之外，还可根据设备运行状态变化的数据，利用概率统计或随机过程等数字模拟来加以分析论证和检测。设备的可靠性管理这一领域尚处于新兴阶段，有待开发。总结事故教训并进行统计分析，制定相应的安全规程，在目前仍是可靠性管理的主要内容——“亡羊补牢，未为迟也。”人类的进步常常是以一定的代价来换取的，只有“重蹈覆辙”才是真正可悲的，当然也是不经济的，不但增大设备的无效消耗量，而且可能危害人类自身，从而违背了发展经济的目的。

7.4.3 设备保养维修的管理

设备保养维修的管理包括环境调节、合理操作、清扫润滑、定期检修和及时排除故障。除了设备说明书特殊指明的设备工作环境之外，大多数设备都不宜在过热、过湿及尘垢环境中运行。如遇这类环境，应设法通风降温，除尘扫垢。合理操作即不宜使设备超越说明书的指定范围运行，对于贵重设备，应制定操作规程。清扫设备和润滑加油应成为日常规范。定期检修则根据设备使用额度和损耗经验记录来进行，无论有关设备运行是否正常，到期都应进行检修，以便排除隐患。对于某些并不贵重且不会危及人身安全的设备，也可延期检修或不检修。其前提是设备本身的可能损失小于停工检修所引起的经济损失。由于园林经营的季节性较强，有的专用机具在忙时不必安排检修，但在闲置之前应该检修保养，及时排除设备故障，使设备处于完好状态。

设备保养维修的管理指标是设备完好率（完好设备台数与实有设备台数之比）和设备功用率（设备实际运行时间与设备按正常工作日计算的可运行时间之比）。排除故障及定期检修常由专职维修人员进行，但随着管理水平的提高，操作人员也应具备相应维修常识。正如一个汽车司机，不但开车技术要好，同时可以及时排除较小的故障，这对于汽车的正常运行大有裨益。较大设备保养维修一般可按“大修→小修→小修→中修→小修→小修→大修”的周期循环进行。

7.4.4 设备折旧报废管理

设备折旧报废管理与更新换代管理是相辅相成的。设备在运行中因不断磨损、变形、腐蚀、结垢或技术落后等原因，逐渐丧失功能，使设备的利用能力和产量降低，如果不作折旧，那么“设备完好率”、“运用率”就会与“设备能力利用率”及“标准产量实现率”出现矛盾，只有适当折旧，才能正确了解已有设备的能力，安排更新措施，从而保证产品的质量和数量，完成有效生产量。例如，如果 1 台设备的年折旧率是 5%，那么用过 1 年之后，就只能按照 0.95 台设备来计算其标准产量实现率。用过 20 年之后，就结束其使用。当设备寿命结束后，应予以报废，重新购置所需设备。设备寿命的估算与物资管理直接相关，在“资源约束”型经济中常以设备的“物质寿命”作为指标，即有关设备的利用能力为零且无法修复时，才予以报废。在“需求不足”型经济中，多以设备的“赢利寿命”（常被称为“经济寿命”）作为指标，即有关设备的检修资用的投资效益小于购买新设备的投资效益时，就予以报废。在“信息保障”型经济中，则应以设备的“系统寿命”（常被称为“技术寿命”）为指标，即有关设备落后于新技术发展而导致浪费资源或污染环境时就予以报废。

7.4.5 设备更新换代的管理

重新延续“物质寿命”或“赢利寿命”，称之为“更新”；获取新的“系统寿命”，称之为“换代”。设备更新又分为“修旧利废”和“购置新的固定资产”两类（在计划经济中，前者决策易而后者决策难，因为修理资用可以报销，而购置费用则需重新立项）。设备换代也可分为“技术改造”与“汰旧用新”两类（在计划经济中，前者较易而后者较难）。

7.5 活物管理

活物管理是园林经营与其他产品或服务的经营所不同的方面，常称为“养护”。“养”与“护”分别涉及技术行为和文化行为两个方面。相应的管理程序涉及“规程”和“法规”。

7.5.1 引种、繁殖、驯化

一般来说，园林经营中的动物繁殖和驯化等技术行为需要由专业人员管理。植物中花卉、树木等可以在花圃苗圃中引种、繁殖，动物却往往难以专设生产单位，只能由经营部门如动物园、森林公园等一并进行。其中植物养护管理中的水、肥、草、虫等管理规程是为了保证植物的生态条件、新陈代谢。而动物的养护还包括饮食、活动、卫生、医疗等，而且在动物引种、养殖方面除了猫、狗、金鱼等宠物的生产行业规模较大相对独立外，其他动物目前还只能作为稀有资源饲养、繁殖于动物园中。况且动物园的数目远远少于其他园林，拥有较多动物种类的动物园仅见于中大城市。

7.5.2 日常养护管理

园林养护管理是一个经常性管理工作，必须一年四季不间断地进行。其主要内容有浇水与排水、施肥、中耕除草、整形与修剪、防寒、病虫害防治等。因此管理时必须建立一支技术过硬的专业养护队伍，并制订相应的养护规程，才能确保活物的健康生长。

7.5.3 修剪、改良、更新

园林植物的修剪、改良、更新等既涉及技术行为，又涉及有关审美方面的文化行为。对于技术方面的管理，程序性较强；而对于文化方面的追求则程序性较弱，并且与不同文化圈相关。如西欧北美往往注重显示人类改造自然的能力，体现人定胜天的思想，强调人和自然是一种征服与被征服的关系，以强度的修剪加工为美；而中国则注重人与自然和睦相处，体现天人合一的思想，而对自然情有独钟，以不饰雕琢为美。二者表面上看似乎是相斥，但实质上二者是可以互补的。因此管理者应该扩大自身的审美情趣和范围。

在“更新”管理方面，合理“存旧”是园林经营中最为特殊的内容。人类文化行为的动因之一是“刺探隐秘”，而越是古旧的活物，越具有揭示时间隐秘的功能。活文物的价值甚至比死文物还要大，有的公园因园中千年古木而名扬天下。因此，园林经营管理不仅要对古树名木进行特殊养护，而且要诉诸现代科研，采取复壮措施。除此之外，目光远大的经营者还应该有意识地筛选可能长寿的植物加以特护及保存，随着岁月的推移可能因此成为“传园之宝”。

7.5.4 防止人为损害

园林管理是一个活物管理，既然是活物又是开放式管理，因此防止人为损害是园林管理的重要组成部分，为了避免人为损害动植物的现象发生，管理时可进行有效的“疏导”与“阻禁”。例如用游园指示图、路标、斜向穿插小路等疏导措施可有效减少游人“找路”或“抄近路”等“最小耗能”行为对活物造成的损害。配合设置安保机构并制订相关管理规定，同时派遣巡查人员对有意破坏活物者进行有效的制止，并提示人们不要在活物管理区进行不利于活物管理的活动。在管理中除了对直接损害活物的行为进行阻止外，还应防止间接损害活物的行为，例如破坏环境卫生、排放有害气体及污水、污物等。

7.6 基础设施管理

园林是一个复杂的概念，园林绿化系统是个综合的工作部门，它本身体系是多层次、多行业，经济上是多结构，作用上又是多功能的。从总体上看园林行业是一个社会公益事业，是一个非生产行业；那么从局部看，从各种贯注结构看，从内部多种行业的经济管理看，又不能排斥它是一个生产行业。所以园林行业本身就是城市基础设施，因此园林管理本身就是基础设施管理。而园林管理中的基础设施管理则指园林建筑、道路、椅凳、管道、电力线等方面的管理，它们一般都是比较牢固、经久耐用的“产品”（有效生产量），但这些基础设施在园林中使用频繁程度较大，而且是园林中的重要组成部分，因此往往需要经营者加以适当管理。主要管理内容包括以下方面。

（1）卫生清洁。由于园林基础设施的直接服务对象是人，而且使用频率较高，而卫生状况直接影响人的使用，所以应经常保持清洁卫生（包括清扫各处杂物垃圾、打扫消毒厕所、清除水面污物等）。因此需要专设班组，并实行分片包干，定人、定地段、定指标进行管理。必要时由上级主管统一制定有关“随地吐痰罚款”、“随地大小便罚款”、“禁止吸烟”、“禁止乱扔乱堆杂物”等条款，同时设立“果皮箱”、“吸烟角”等加以疏导。

（2）制止随意刻涂。制止随意刻涂是园林基础设施管理中十分特殊的工作内容。人类在获得闲暇而去园林休憩时，最易产生“超越自我”的需求，而把自己的大名刻在赏心悦目的园林景观上，仿佛就是超越时空的具体表现。至于题诗作画、乱写乱涂，也是人舒展闲情雅致的常用方法。因此在园林管理中为了减少对基础设施的损害，在基础设施建设时不妨专设某些区域及设施，供游人尽其游兴；同时制止游人在其他区域随意刻涂，以保持基础设施的完整和整个园林景观的整洁。

（3）维修设施。设施维修应及时进行，“一针及时省九针”。无论是道路房屋、碑匾亭台、楼阁池桥、山石湖岸、供水排水、供电供暖还是露天桌椅等，及时维修不仅可以减少无效消耗量，而且可以减少坍塌毁坏，从而保证园林服务的质量。其中对于具有文物价值的古旧设施，则需要专业化的施工维修队伍进行维修，有时为了保持原貌，甚至需要利用现代新工艺重现古代旧面貌。在维修施工期间，如果仍然向游人开放其他园林设施，此时需要对施工中的材料运输时间、堆放场所以及操作现场进行统一规划，并加以隔离。而且一旦开工则应连续进行，决不拖延工期。

（4）防范违章建筑。园林场所是人类集中活动的主要场所，同时由于其环境优越、人类活动频繁，所以也是商业性服务站、棚以及流动性商业车辆等违章建筑、经营的主要场所，它们直接对园林基础设施造成负面影响，有碍观瞻，同时也产生有毒有害物质间接影响园林植物的生长发育，尤其对于绿面时间比本来就比较小的园林。因此必须加强对绿地违章建筑的管理工作，及时清除违章建筑，确保作为公共基础设施的园林景观效果与功能。

7.7 资金与财务管理

7.7.1 园林企业资金管理

资金是企业进行生产、开垦经营的源泉，没有足够的资金，企业的生产、经营就不可能正常运转，企业的经济效益也就无从谈起。所以，作为企业管理中心的财务管理，首先必须抓住资金管理这个核心，以此来搞好整个财务管理。

园林企业资金管理包括资金的筹集、资金的安排和使用、资金的管理。如何管好用好资金，寻求合理的资金结构，做好资金的安排和使用以获取高回报，促使资金快速流动以实现最大的盈利等，这些都是企业要做的至关重要的工作。

7.7.1.1 资金的筹集

企业要扩大再生产，仅靠自身有限的资本金和盈余公积是远远不够的，负债经营是企业寻求发展的重要手段之一，它不仅可以缓解企业自有资金紧缺的矛盾，而且能够提高企业自有资金利润率。企业在利用负债进行资金筹集时，必须遵循筹资费和资金占用费低于相应资金投放使用所带来收益的原则。但具体在筹资过程中还要根据企业的资产负债结构、自有资金额、需要对外筹集的资金额三个方面的内容来确定筹资的数量与途径。

(1) 确定合理的资产负债率。资产负债率既反映着企业经营风险的程度，又反映了企业利用外部资金的能力和水平，是企业需要重点关注的一项指标。企业资产负债率越高，说明企业利用外部资金的能力越强，但企业债务压力越大，风险也越大；相反资产负债率越低，说明企业实力越强，企业越稳定。企业资产负债率以多少比较适宜，一般认为国际标准是50%，而国内是60%。同时还要考虑宏观经济环境，如银行利率、经济增速、通货膨胀率等，也要考虑本企业所属行业的情况，特别是自身产品在市场上的占有份额和获利能力以及市场的信用环境，同时还要考虑企业的能力和经营风格等因素的影响。如果企业所处环境不同，资产负债率高低可以有所以差异，关键是企业要使产品市场和企业的经济环境相适应，并处于可控之中。

(2) 确定企业的自有资金。企业自有资金是企业经营资金的重要来源，也是对外筹资的基础。其在总资产中所占比例用总负债与自有资金之比来衡量，一般以1：1较为理想。企业自有资金多，意味着企业净资产多，所有者权益大，企业的偿债能力较强，有利于企业稳定和发展。企业要保持和增加自有资金，主要依靠自身的积累，通过提高盈利能力和拓展业务规模获得。

(3) 确定企业需要对外筹集的资金。根据确定的资产负债结构和已经确定的自有资金，再结合企业自身的投资规模，我们基本上可以确定企业的外筹资金数额。在这种情况下，我们要结合应收款项和应付款项的额度来考虑外借款。如果原材料是买方市场，可以充分利用信用条件来减少借款；与此同时如果产品也是卖方市场则会增加借款额度。市场环境和宏观政策是企业筹资时必须要考虑的因素。当企业负债经营决策正确，能够合理保证企业达到最佳资本结构时，这部分资金就可以为企业创造出高于负债成本的超额利润，促进实现企业价值的最大化。这正是企业重视负债经营策略的实质所在。但必须注意的是：①要有清晰的风险意识。在规范的市场经济中债务人必须承担利率风险、信誉风险、被抵押的资产风险、外债的汇率风险等。因此，举债前必须进行认真而慎重的风险分析，做到不盲目举债，并坚持量力而行的原则，尽量控制在企业的负债水平以内。②要注意分析负债环境，不断调整负债水平。比如金融环境比较宽松、银行贷款利率走低、企业产品销售好，而且获利率高于利息率，负债水平可以高些；企业内部管理好，优质资产比例高，资金周转较快，负债水平也可以高些，相反应该降低负责率。③要合理确定负债中借款、信用条件债务以及其他负债的比例，尽量减少长期负债。

(4) 切实加强工程款的回收工作，确保自有资金来源。通过负债可为企业筹集生产经营所需资金，但企业负债超过一定限度就可能发生较大的财务风险，甚至由于丧失偿债能力而面临破产。所以负债是有条件、有限度的，企业不要把负债作为筹资的唯一法宝，而应把资金来源的重点放在工程款回收上，确保自有资金来源。

但是任何从筹资渠道融来的钱都不是免费的"唐僧肉"，而很可能是一块"烫手的山芋"，因为资金的提供者总要获得期望中的收益。企业没有好的投资项目，或投资收益远低于筹资成本时，不如不筹资。"企业是在为银行打工"，形象地反映了某些经营者的这种状态。

7.7.1.2 资金的使用

有了资金，必须把资金管好、用活，才能保证资金结构合理，避免浪费损失，提高资金使用效率，为企业扩大再生产、创造最佳效益服务。管好用活资金主要从以下几方面进行。

(1) 做好资金使用计划，优化资金配置。任何时候企业可支配的资金数量都是有限的，但对资金的需求是无限的，企业应通过科学的分析预测，把筹集到的可支配资金有效地组合起来，保持合理的配置结构。包括固定资金和流动资金结构，储备资金与生产资金结构，存货资金和速动资金结构等。同时，确定各项结构资金计划额度，并将其分解下达到有关单位，以求最小的资金消耗和占用，实现最大的资金收益。

(2) 在时间上灵活调度，把有限资金用在刀刃上。在资金支付手段和时间上，按资金急需程度灵活安排。例如，在资金紧缺的情况下，首先保证职工工资的按时发放，以稳定职工情绪，然后安排生产急需的原材料和配件，保电力、保税金，以缓解资金不足的矛盾。

(3) 严格管理，紧缩开支，搞好资金节流工作。

1) 强化采购资金管理。实行择优、择廉、择近采购材料，防止间接采购、盲目采购，压缩采购成本，节约采购费用，把好资金支出主流关。

2) 强化生产资金管理。企业要从推行经济责任制入手，以降低消耗为突破口，以提高劳动生产率为基础，以压缩可控费用为重点，降低生产成本，从而降低生产资金的占用。

3) 严格控制日常费用支出。实行费用包干制，节约有奖，超支不报；对有的费用则采取严厉的冷冻手段，即在一定时期内不予开支，促进管理人员勤俭节约，防止大手大脚的败家子作风。

(4) 合理安排资金投向。企业如何使投入的资金风险最小、收益最高，关键是要选择好资金投向和投入时间。首先园林企业一定要作好投入项目的调研和评估工作，不可盲目投入。其次对企业进行技术改造，使技术更新、产品创新，从而扩大市场份额。第三是学会将资金投向资本市场运作，以获取高额回报。资金转化为生息资本后，可以游离于物质再生产过程而相对独立化，企业要学习掌握证券投资、参股投资等投资规律，以便将其作为资金投向的重要选择之一。第四是要加大对技术开发和创新及人才培养工作的投入。第五是不论资金投向哪个方面，投入都应做到基本上是用自己的资金量力而行，并且进行认真的可行性研究，力求把投资风险降到最低。

7.7.1.3 资金的管理

企业所占用的资金应加强管理并促使其快速流动，增加资金的使用效率和价值。在企业的日常生产经营中，资金的流动和周转速度对资金的总量有着巨大的影响，资金周转速度快，沉淀就少，资金的总量要求就少；资金周转慢，积压在中间环节的资金就多，资金的总量就大。企业经营者一方面要注意日常生产经营活动的正常资金拥有量，另一方面要使其快速流动和周转，以获得最大的效益。

(1) 确保资金总量和借款、还款的筹划。只有资金总量得到保证，才能谈到资金的快速周转。因此首先要保证有足够的营运资金，营运资金一般应相当于企业2～3个月的销售额。二是要做好生产经营过程中资金占用和资金来源的测算与平衡。三是要做好归还借款或债务所需资金的平衡。

(2) 提高资金流转速度。资金的周转速度影响资金总量，资金周转速度快，同样的生产规模，资金总量要求就少，资金的使用价值就高；反之亦反。提高资金流转速度的主要途径有以下几个。

1) 保持合理的流动比率、速动比率和现金比率。流动比率以2∶1为宜，速动比率以1∶1为宜。现金比率反映企业当前或近期需支付现金的能力，应保持企业现金收入略大于现金支出。

2) 保持合理的存货比率（存货/流动资产总额）。存货包括原材料、半成品、产成品及备品备件、包装物、低值易耗品等，这些存货占用着资金并影响着资金的周转。企业应对采购物资实行定额控制，做到事前有计划、事中有控制、事后有分析，使物资结构趋于合理，尽量减少储备资金和成品资金的占用。在满足生产经营的前提下，存货越少越好。

3) 要严格控制存货周期、应收账款周期及应付账款周期。存货周期是通过当期的销售额和库存资金占用之比来体现的，只有通过缩短存货在生产经营过程中的停留时间和减少库存、加速产品销售，才能缩短周期，加速资金周转，减少资金占用。应收账款周期即账款回收天数，应强化对应收账款的管理，制定相应的应收账款政策，千方百计缩短账款回收期。应付账款周期是指充分利用供货方允许企业支付货款的期限，这样企业可利用这部分资金来周转，但也应注意不能拖延应付账款周期而影响企业信誉。

4) 合理调剂安排使用资金，减少借款和承担利息的债务以降低财务费用。企业的资金应得到合理安排，由于企业的生产经营活动中存在投资性的长期项目和生产性的短期项目，在生产规模变动不大的情况下，企业的流动性资金总量是相对稳定的；但由于长期项目的资金投入是不均衡的，所以应合理组织资金，尽量减少资金沉淀，降低财务费用。

(3) 做好资金的安全防范工作。企业的资金安全是防范风险工作的重中之重，一定要做好资金安全管理。要做好资金的安全管理：①要做好资金支付的授权，严格不同职责的支付权限，超出支付权限的一律不予办理；②要做好资金管理岗位的内部牵制工作，不相容岗位绝对不允许由一人兼任；③是加强与银行之间的配合，对超过一定数额的重大支付项目，采取银行电话询证的办法；④是经常进行资金收支业务的检查，对存在疑问的问题要一查到底；⑤是限制银行账户的开列和审批，严格控制银行账户的数量。总之，资金的安全是企业风险防范工作的最重要的工作之一，一定要采取切实的措施和行动确保其安全。

随着市场经济的发展和完善，对企业财务管理工作提出了新的要求。当前，财务管理要围绕资金管理这个主旋律，从企业经济管理内在要求出发，努力提高财务部门宏观综合能力、参谋决策能力、多向协调能力，构建适应市场经济发展、适合企业特点的新型资金管理模式，以充分发挥财务管理在企业管理中的核心作用。

7.7.2　财务管理

7.7.2.1　财务管理的概念

财务管理是基于企业再生产过程中客观存在的财务活动和关系而产生的，它是利用价值形式对企业再生产过程进行的管理，是组织财务活动、处理财务关系的一项综合性管理工作。

财务管理工作可分为预算、支出、收入、决算、监督等五项内容。

7.7.2.2　财务管理的内容

企业的各项管理活动都渗透着财务管理的内容，财务管理全面、系统地贯穿于整个企业生产经营的全过程。

(1) 预算管理。预算是相对独立的经济实体对于未来年度（或若干年）的收入和支出所列出的尽可能完整、准确的数据构成。建立以财务预算为前提的事前预测与财务规划。企业应当建立财务预算管理制度，以现金流为核心，按照实现企业价值最大化等财务目标的要求，对各项财务活动实施全面预算管理，并严格按照预算分解落实，保证实施。

预算编制时要覆盖所有财务领域。预算执行时要先建立先期预测、分析、考核和决算制度，然后跟踪并及时修订预算执行情况，确保预算目标的完成。园林企业的预算收入主要是通过借贷、自身盈利及集资等途径获得，同时由于园林企业是一个介于企业与事业之间的单位，具有公共基础设施的性质，因此还存在政府拨款以及社会性赞助与集资等项目经费。园林企业的支出预算主要有工资、物资、管理费用等。对于没有经常性收入的园林企业，如园林养护管理单位等，其预算管理是全额式的，即所需预算支出全部由上级主管部门的相应预算拨款，所取得的各种收入全部上缴。对于有经常性业务收入的单位（如园林工程公司、公园、旅游景区等），预算管理是差额式的，即单位预算中的一部分支出由自己的收入来支付，大于收入的支出部分由上级预算拨款来支付，而大于支出的收入部分上缴，作为上级预算的收入。

对于园林苗圃、花圃以及公园内部的服务机构（餐厅、照相部、花木商店等），其产品或服务受需求影响而周转较快，盈亏幅度也受经营水平而起伏较大，所以可实行企业化预算管理，即预算收入全部来自单位自身的收入、集资或贷款，一般不包含上级财政的预算拨款；同时预算支出（包括上缴利润和税收）由预算收入来支付。

在预算管理中，从理论上讲，如果预算越细，越能较准确评价资金财务效益，也更有利于开源节流。但是由于园林行业是一个比较新兴的行业，目前预算编制的标准还不规范，这无形中给预算编制带来一定的困难。再加上部分经营种类如园林苗木和花卉行业，由于受产品生产总量与市场需求量的影响，市场价格变化幅度更大，因此在预算时一方面可根据政府提供的苗木指导价格进行；另一方面可完全按照市场运作，通过大量的询盘，并依据近期苗木市场行情制定预算。

(2) 收入管理。收入管理就是由财务职能机构（处、室等）核准、纳入、记录每一项收入，并加以汇总的过程。其中上级拨款、折旧提成、发行股票及借贷收入有较严格的审批程序及拨付途径和手续，管理比较简单。而在经营过程中所获得的收入（出售产品和提供服务所获得的收入）则是收入管理的重点，这些收入来自各种顾客个人或社会团体，也可能来自政府的消费活动，如果管理不善，就可能因为多收或漏收而影响物与钱的周转。如果多收直接影响企业的信誉，导致顾客源减少；相反如果漏收或少收则会减少本单位收入，甚至还可能造成财务漏洞，为贪污盗窃者提供获取非法收入的机会，其结果是扰乱正常经济秩序，提高游离覆盖度，从而降低保障比积。

收入管理的主要措施是对每一项收入都建立相关的票、据、凭证，售票及开出凭据的人员接纳货币金钱，交出产品或提供服务的人员核收等值票据，二者在财务部门汇总核对。如果出现金钱与票据不等值的情况，就要追查原因。票据本身应该是连续编号，不得伪造，不许涂改。主管部门和监察部门还应经常抽查核对，鼓励公民对于财务漏洞进行检举揭发。用一句不好听的话来说：为了减少财务漏洞，就必须把每个“与钱打交道”的人都当成“小人”甚至“恶人”来管理，如果只是“防君子不防小人”，那就用不着财务管理了。

园林企业的经营收入常与企业一线经营管理人员有关，因此对增加收入的项目开发常能提供具有建设性的建议，以供决策者参考。

（3）支出管理。支出管理是由财务职能机构核准、付出、记录每一项支出，并加以汇总。其中，除在编人员的工资及统一规定的补贴是相对稳定的支出项目外，大多数支出都需要逐项核准其财务依据（预算、计划、专用等），以及有关的费用开支标准（开支范围及额度），核准其财务手续（票据、签章）及数额。

支出管理不善与收入管理不善的后果相同，过多及过少的支出影响物与钱的周转，还可能为吃里爬外、贪污盗窃造成可乘之机。支出管理的主要措施也与收入管理相似，即每一项都要有收款人签章，除稳定日常性支出外，还要有票据等凭证，有主管人签章和付款人签章。并且支出汇总后要与财务依据相符，否则就要追查原因、堵塞漏洞。对于伪造、涂改票据等行为应制订严格的处罚措施。

支出管理人员应该熟记重要的费用开支标准，了解并能及时查找一切有关的费用开支标准，以保证各种支出的合法性。费用开支标准可分为国家、地区及部门、企业三个层次。愈是高层标准，愈具有较强的法律效应。例如国务院关于限制社会集团购买力的费用开支标准，就比某单位自行规定的一次报销现金的费用开支标准具有较强的约束性。再如基层单位的预算内的各项开支费用，如基本建设资金、事业拨款、专用拨款、生产或经营周转金等，一般是由上级主管部门批准的，也比单位内部的费用开支标准有较强的约束性，不可移作其他用途，更不能用于预算外开支。而某些具有特定资金来源和专门用途的专项资金（如从木材、竹材和部分林产品销售环节征收的育林费），也必须专款专用。

支出管理人员有权拒绝支付违反财务规定的资金。由于支出管理人员常与“资金流出”相关，因此对于“节流”常可提供具有建设性的建议。财务主管人员与出纳人员的协调，对财务管理规范化具有非常重要的作用。正如生产、施工的管理人员与操作人员的协调，对于质量管理的重要性一样。

（4）决算管理。决算是相对独立的经济实体对过去的年度的实际收入和支出所列出的完整、详尽、准确的数据结果。它与该年度预算的差异源于实际收支环节出现的各种条件变化以及预算外收支。决算结果比预算方案具有更强的实践性，一般都成为后续预算的基础构成。

决算一般以表格形式表达，决算表编制完成后一般还需要编写决算说明书，用文字概括表内情况、分析成败得失、总结经验教训、提出改进意见。

（5）财务监督。财务监督是运用单一或系统的财务指标对企业的生产经营活动或业务活动进行的观察、判断、建议和督促。它通常具有较明确的目的性，能督促企业各方面的活动合乎程序与要求，促进企业各项活动的合法化、管理行为的科学化。财务监督按照实施监督的时间来分类，可分为事前监督、事中监督和事后监督。财务监督从实施的时限上看，还可分为经常性监督、定期性监督和不定期监督。

在市场竞争社会中，金钱多少决定了人们对资源的占用。除了纯真的少年和极少数“谦谦君子”之外，大多数人都不会拒绝从各种漏洞中掉落到自己手中的金钱（不违法），还有少数人主动去寻觅漏洞，甚至违法揽取金钱。尤其在推崇金钱而又缺少信仰或“国魂”的社群中，“最小耗能地”非法获取金钱往往成为相当普遍的日常行为。因此，为了维护经济系统的正常秩序，从而满足社会中各成员和集团的福利需要，有必要进行财务监督，堵塞财务漏洞，打击违法谋利，促进货币的正常周转。

由于财务监督对现代经济管理十分重要，所以通常从不同的两套机构同时进行，即财务职能机构和审计机构，以及股份制企业中的会计部门和监事会。

财务机构上级主管人员除了主持预算、决算及日常管理之外，其重要职责之一就是对下级人员进行财务监督；下级财务管理人员也有权检举揭发上级主管人员的违法违规行为。

上述收入管理和支出管理中的各种措施，就是为了便于监督而设，其主要内容就是尽量保证每一笔金钱都有据可依、有人可证、有档可查。其中，“有人可证”不是 1 人，而是至少 2 人，他们都要在有关票据上签章。上级对于下属实行日常财务监督的重要方式就是抽查票据，主要是看是否有据可依，是否合乎手续、有无涂改以及有否明显超额或亏缺。为了防止同谋作弊，必要时还需将票据与实物相对照（如清仓交库），以及与实际编制相对照（防止“吃空额”）。

定期财务监督的主要方式就是清点对账，如清仓、年终收支清理等等。后者既是决算的准备，又是清查票据并实施监督的重要内容。决算汇总之后，还可从总体的盈亏情况分析原因，发现漏洞（如随意借支、非法挪用、白条抵库、套取现金、私设金库等）。必要时向检查、司法机构申请立案。下级对上级的揭发一般只有通过更高级主管机构或检察、司法机构才能实施，实现有效监督。

审计机构是与财务机构并立的机构。审计机构的唯一职能就是进行财务监督或审查，具有独立性、公正性、权威性。审查内容主要是：审查核算会计资料的正确性和真实性，审查计划和预算的制定与执行，审查经济事项的合理性和合法性。揭露贪污盗窃和投机倒把等各种涉及金钱的违法乱纪行为，检查财务机构内部监控制度的建立和执行情况。其中，“审查经济事项的合理性”不仅对整个经济系统有利，也往往对于被审查单位自身的收支改善有利。

由于审计机构具有公正性和权威性，还可对被审查单位的经济情况和经济事项进行公证。因此对于“问心有愧”的经济单位来说，应该欢迎审计监督，并尽力与审计人员合作，从而得到后者的帮助。

7.7.2.3 财务管理指标

财务管理的综合性指标是资金利润率和资金周转率，即资金周转次数或资金周转天数。资金周转次数是流动资金在一定时期（年、季、月）内，从货币资金形态开始，通过支出转变为其他形态（物、人、土地、专利等），最后又通过售出产品及提供服务的收入回到货币资金形态的次数。通常以每年销售服务收入总额与资金平均占用额之比来计算周转次数；而以 365 天除以 1 年内的资金周转次数作为周转天数。

【案例 1】

某园林公司苗圃每月需用特种商品营养粉 1000kg。供应商就在附近，而且交货很可靠，所以该苗圃一般一次进货 1000kg，当库存减少到 500kg 时再订购。以通常的使用率和交货时间来看，在库存降到最低保险库存 200kg 之前，就会收到新的订货。

供应商现在宣布改变价格政策：以前的价格为 1 元/kg，新价格调整如表 7.1 所示。

表 7.1

购买量 (kg)	价格 (元·kg^{-1})
0～499	1.2
500～999	1.1
1000～1999	0.95
≥2000	0.9

【分析讨论】

该苗圃要不要改变订货政策？（注意这是一道开放题，讨论时要引入各种可能的限制条件。）

本 章 小 结

本章从寓言故事开始深入浅出地介绍了园林企业资产与财务管理，使同学们对园林经济管理中的物质管理、产品管理、活物管理、财务管理的基本内容有所了解，明确了资产管理的目标、要求和企业预算的内容和步骤，初步掌握企业筹集资金的方法。为从事园林企业管理奠定理论基础。

思 考 练 习 题

1. 概念解释

（1）资产；（2）流动资产；（3）短期有价证券；（4）固定资产。

2. 简述企业资产管理的目标和要求。

3. 企业筹集资金有哪些方式？

4. 试作一份园林绿化工程资产管理的方案。

第8章 园林工程招投标管理

本章学习要点

• 熟悉园林项目建设可行性研究的基本内容。

• 掌握招标文件、投标文件制作方法。

• 理解招标、投标、开标与决标管理的内涵。

• 掌握园林项目合同的执行、变更、转让、终止和解除的原则，了解可行性研究报告的作用、措施及审批程序、招投标的园林工程项目、园林工程招标程序、常见合同格式，为科学地进行园林工程招投标管理奠定基础。

8.1 招投标寓言故事

8.1.1 地方的管理思想

古代，有一个地主，家有良田百亩，算是一个小地主，他家一共雇佣了4个雇农，都属于长工性质，主要负责田地的耕种。

开始，地主按照传统的方式对雇农采用高压政策，雇佣了一个护卫作为监工，现场监督雇农劳作，雇农稍有懈怠就会招来监工的一顿鞭打。雇农们非常气愤，经常聚集在一起声讨地主，一致达成默契，表面服从，但暗地里都不努力劳动，一有可能就磨洋工。

一年下来，收成比别家低了许多，地主一怒之下，认为护卫监工不力，便换了个护卫，由于成本问题，他不可能雇佣更多的人来做监工。第二年收成依然下降，而且还发生了雇农集体罢工事件。

地主气不打一处来，将监工和雇农全部拿下，并增加了四个雇农，他们分别是张三、李四、王五、赵六，同时地主亲自参与监督雇农的劳作，但情况丝毫没有转变，到了年底收成依然达不到理想水平。

地主苦恼极了，正在此时，一个西方的传教士来到这个封闭的山庄，经过与传教士的深层次交流，地主深感资本主义的先进性，他转变成为了新兴派人物，同时落实到实际情况上，他辞退了监工，并强调给予雇农们充分人权和自由，保证不再采用强制性的高压政策，而采用固定工资制并制定了详细的规章制度。

规章制度规定雇农们每日鸡叫必须起床，太阳升起之前必须上岗劳动，中午太阳烈时可以在树荫下休息一个时辰，太阳落山了才能够收工。上工和收工都必须在地主家按拇指印，考虑到雇农还得照顾家庭，地主规定雇农每隔5天可以休息2天，但条件是不得耽误农活。

凡违反劳动记录，一次迟到或早退扣罚当天工资，一次旷工扣罚10天工资，一年累计5次旷工（三次迟到或早退算一次旷工，缺少一个拇指印按半次旷工处理）做自动离职处理。劳动期间不准偷懒和晒太阳，凡发现者一律按迟到论处。

由于地主提供的薪金极具挑战性，而且按月提供，不至于青黄不接，雇农们欣喜若狂，纷纷表示一定要努力工作，以报答地主的大恩大德。

当年土地收成提高了50%，地主看到民主管理带来的巨大收益，高兴得嘴都笑不合拢。兴奋之余，他决定扩大生产规模，于是向其他地主购买了100亩土地，另外又招聘了周七、武八两个雇农，准备大干一场。

一切照旧，想象着年底丰厚的收成，地主经常从梦中笑醒，日子一天天过去，年底来了，收成汇总下来，在新增100亩地和两个人的情况下，收入仅仅增长了10%。地主气急败坏，把雇农们召集起来，开了一个声色俱厉的批判大会。大会会场悬挂了一幅大大的横幅上书一行大字“今天不努力耕作，明天就努力找工作”让人看了胆战心惊、不寒而栗。

会上地主在深刻批判了雇农们的懒惰和无能后，宣布今年年终最后一个月的工资全部扣罚。

这一下子可捅了马蜂窝一样，大家纷纷表示不满和抗议，地主用手指朝横幅一指，丢下一句话“谁不想干，立马走人”转身便走。大家像蔫了的茄子一般，都不讲话。

会后，张三、李四和王五在一起打“斗地主”，一边打，一边骂地主狠心，让他们过年都没有钱拿回家，这下子回家不被老婆骂死才怪。

一番发泄之后他们决定分头去找地主说情。

张三首先出发，找到地主诉苦说他们四个人本来干得好好的，由于新来的周七、武八两个人平时工作不努力，一有机会就偷懒，而每个月工资和大家拿得一样多，时间长了大家觉得心里不公平，于是便纷纷开始偷懒，所以才造成了收成下降的原因。

地主勃然大怒，决定找其他人来确认此事，他决心一旦落实此事，定当对当事人予以重罚。

张三走后，李四即来找地主反映情况，地主当即核实了周七、武八的事情，情况基本与张三讲的一致。

李四走后，王五也找地主谈心来了，除了张三、李四提及的问题外，他还提到了另外一个情况，说他有一次看到隔壁家的牛来吃庄稼，他去赶的时候被牛角顶破了腿，第二天没有能够来上班，被地主扣罚了10天的工资，于是以后他看见别家的牛吃庄稼就再也不管了。地主哼他一顿道：“当时你为什么不声明理由呢?”王五说：“我本来准备说的，但你当时气急败坏的样子把我吓慌了，就没有讲，过后也没有机会再说。”

地主想，接下来该赵六来了，谁知等了一天却没有等到。地主等不及了，正准备召开员工大会，宣布对周七和武八的处分决定。俩人同时来找地主了，地主将他们大声责罚一番，两人大呼冤枉，说张三、李四他们仗着是老员工，资历老，人数多，平时经常欺负他们，自己从不好好劳动，还嘲笑他们俩踏实肯干是傻帽，还说他们经常在地主去视察的时候装着勤劳的样子。地主晕了，一下子分不清真伪，将六人找来当面对质，大家除了吵成一团外，没有解决丝毫的问题。

地主被吵得不行，恍惚中似乎发现了问题的症结所在，他决定推行承包制，将土地划分为六份，采用招标的方式，根据土地的肥沃程度和面积大小以及耕种难度等指标，由地主事先根据往年的指标核定一个最低土地收益，由六人投标竞价，最后价高者承包成功，以此类推，直到最后一块土地。

雇农们似乎对此都表示了极大的热情，投标当天，他们六人共同用竹竿支撑起一条更大更醒目的横幅，上书“地主地主我爱你，我们永远支持你!”地主看到横幅，前段时间的不快一扫而光，笑眯了双眼看着大家，大家回报给他的是自信而激昂向上的眼光。

招标非常成功，在经过激烈的竞标之后，大家都获得了比较满意的结果。

会场散去，地主的目光中散发出一种醉人的芬芳，他仿佛又看到了明年谷物满仓的丰收景象。

刚开始，地主不放心，不时的到田间地头去转转，看见大家都在辛勤的耕种，庄稼一块比一块好，地主终于放下了心，在传教士朋友的邀请下，他们一起去游历祖国大好的河山，一去就是大半年。

年底地主回到家里，看到自家的谷仓里面装满了稻谷、玉米等粮食，看到老婆脸上灿烂的笑容，不用说，今年的收成好得不得了。

一算下来，“哇”，地主禁不住跳了起来，今年的净收益比上年增长了100%，雇农们全部完成定额，每人还主动多贡献了20%。地主尝试到了包产到户的甜头，决心将事业做大做强，他发誓要做乡里，不，县里、省里最大的地主。

可是地主没有多余的钱大规模买地，怎么办?

地主苦恼不已。

第二天一开门，“哇”，门口站满了大大小小的地主们，他们每个人的额上都用血书写着“来吧，兼并我吧!”

原来，大大小小的地主们看到地主取得了如此巨大的成绩，纷纷表示愿意用自有土地入股，与地主一起发展壮大。

经过仔细挑选，地主选定了地主甲、地主乙、地主丙三个当地最有名的大地主作为战略合作伙伴，成立了一个土地合作经营联社，由地主出任社长负责日常经营，地主甲、地主乙、地主丙作为副社长，重大经营决策必须有三票以上同意才能通过。收益按 1∶1∶1∶1 分配。

由于几个大地主的参与，地主的经营规模一下子扩大了 10 倍，达到了 2000 亩。按每个人平均承包 40 亩计算，地主需要招聘 50 人，而目前只有 6 个人，地主决定公开对外招聘。

地主放话出去，来竞标的人挤破了地主的大门，地主决定对参加投标者每人收取 1 两银子的投标费用，以保证投标活动的支出。仅此一项就收入 1000 两银子。地主们无不对地主的经营能力佩服得五体投地，尚未开张就净赚 250 两银子，真是太划算了，这更增加了他们对地主的信任和爱戴。

投标活动的会场非常热闹，到处洋溢着热烈的气氛，各种各样的横幅飘扬在会场当中，好不精彩。

“宝锄一出，谁与争锋!”

“放眼田间，舍我其谁!”

“东风吹，战鼓擂，如今的田地谁怕谁?”

“没有了地，我的世界雨下个不停!”

“东方红，太阳升，我们出了个好地主!”

还是老员工们的横幅比较感人：“东家，东家，好东家，世世代代跟着你!”此条横幅被后人评选为投标最佳横幅，奖品是以后上茅厕每人可以领用两张草纸（备注：一般人每天只能领用一张）。

竞标按预期进行，50 人经过长达 3 天的征战终于将和约拿下，按照同等条件，老员工优先获得和约的规则，6 个老员工如愿拿到了和约。

从和约的统计来看，今年的每亩收益至少在去年的基础上增长 50%，对于地主来说总收益的增长将达到去年的 375%，想想都让人兴奋。其他的地主总收益也有很大的提高，大家都非常高兴，期待着来年的收成快快到期来。

第二年，地主主动邀约传教士去周游各地，这次他们去的是遥远的东瀛，一来一回正好一年的时间，地主玩得好不痛快。

临到家了，想着家里新增的谷仓装满粮食的情景，地主的心情真是急不可耐。

远远地看到了家门，还有门口站着的地主甲、地主乙和地主丙，他们一定是来欢迎我了。

大老远的，地主就打着招呼：“大家好！我回来了!”

看见大家阴沉着脸都没有答话，地主发现情况不对，连忙问其详情。

原来今年的每亩收益只比去年增长了 1%，这样各个地主的总收益不升反降，你叫他们怎么高兴得起来。

“怎么会这样呢?”地主不断地自言自语到。

地主连夜召集了 10 个雇农代表参加土地收成分析研讨会，经过与会人员的充分讨论，汇总后得出如下原因。

(1) 今年的天气比去年干旱，由于没有人肯出钱修建引水渠，导致庄稼缺水，收成下降。

(2) 由于投标额太高，大部分雇农基本没有多余的收益，极大地影响了他们的积极性的发挥。

(3) 没有人愿意多施肥，因为明年耕种的土地可能就不属于他们了，客观上导致土地施肥不足，产量下降。

(4) 由于土地面积较以前扩大比较多，每户人家都需要增加耕牛和农具，这对大家造成了新的困难，而平时这些东西闲置又比较多，这使得大家本来就薄的收益更加雪上加霜，这也是大家不愿意努力的原因。

(5) 粮食收成之后，大家集中在一起竞卖，由于要卖掉换银子，大家的卖价一个比一个低，使得大家的收益降低。

(6) 少数雇农缺乏职业道德，存心不交或少交承包金，甚至不惜举家迁徙到他乡，据初步统计大约有 10 户人家，直接导致大量的经济损失。

经过仔细分析，地主看到了包产到户的各种弊端，决心进行大幅度的改革，但他面临的问题还很多，首当其冲的是副社长们的支持问题，地主甲已经明确提出要退股，地主乙和地主丙也在徘徊之中，维护联社的稳定是当务之急。

由于地主耐心而细致的劝说，并承诺如果明年每亩收益增加不超过10%，地主分文不收，地主们总算同意再合作经营一年。

经过上年的教训，地主成熟了许多。

首先他意识到，作为领导者，仅仅制定了正确的政策，确立了发展战略就交给大家放手去做，自己不闻不问已经不适合现在的经营方式了，他必须亲自参与管理，这点对于不管何种模式来说都是至关重要的。

其次，追求短期效应，想要在短期内年年大幅度增长，忽视了长期的投资，导致土地的后续资源不足。

最后在经营方针上，鉴于历史原因和目前土地经济发展的状况，包产到户对农户的积极性具有重大的促进作用，地主再次肯定了在目前的联社规模下将继续坚持并不断完善包产到户的经营方式，同时针对其目前所具有的各种局限性，特地做了如下调整。

（1）鉴于农户的短期效应，不愿意对田地进行有效的维护，将土地承包期提高到5年。

（2）在设置投标金额上除设置保底金额外，另外设置封顶金额，在封顶金额上选取最佳人选中标，以保障投标人的合理利益。

（3）在社长和副社长的高层领导下面增设以下几个部门。

1）水利部门：负责辖区内的水利基础设施的建设和维护工作，农户根据用水量合理收取费用，从体制上保障耕地和人畜的用水。

2）耕牛和农具部门：出资将农户手中的耕牛全部收购上来，统一管理，根据农户的需要安排耕种，并根据每亩收取相应的费用，多余的耕牛可以租借给其他农户。负责农具的购买和日常保养，先进农具的采购和试用等。

3）农肥部门：建立联社统一的肥料中心，将各家各户的农肥集中起来，并通过废料发酵等方式科学、合理地提供庄稼所需要的肥料。

4）农技部门：负责新产品、新技术以及先进耕种方式的推广，提高农户的耕种效率和经济效益。

5）管理部门：负责农户的日常管理和相互间纠纷处理，保障农户能够安心劳作，对于可能发生欠款和困难的农户建立预警机制，确保承包金的安全。

6）销售部门：负责农产品的销售问题，确保收益的增加。

（4）确定管理人员的人选。建立了各个部门之后，选取相应的负责人就成为一个重要的任务，鉴于地主对张三等的了解决定启用他们六人作为联社的第一批管理人员。

地主找张三等谈话，希望他们能够弃农从管，提升自己的层次。张三等表示非常愿意，但对于收入提出了疑问，充当管理人员之后，自己的收入会不会发生大幅度的下降。对此，地主予以明确答复，由于工作性质已发生了改变，在目前的生产规模下，要保证以前的收益是比较困难的，但工作本身具备很高的挑战性，同时对于自己未来职业生涯的帮助非常大，大家应该克服暂时的困难，将来我们的规模扩大了，我保证大家的收益会发生巨大的转变。

由于对地主的信任和对新工作的憧憬以及对今后人生的重新认识，张三等人决定跟着地主就新生活赌上一把，他们对自己和联社的未来充满了激情。

张三沟通能力比较强，综合处理各种冲突的水平比较高，负责管理部。

李四头脑灵活，善于专营，习惯和经销商打交道，负责销售部。

王五擅长养牛，负责耕牛和农具部门。

赵六喜欢钻研新的农耕技术，负责农技部门。

周七的农田灌溉搞得比较好，负责水利部门。

武八没什么专长，但踏实肯干，就负责农肥部门。

地主全面而系统的整体安排获得了联社其他地主的一致通过，他们决心在未来的日子里再跟地主一起同风雨共患难，共同打造美好的明天。

工作紧张而有序地进行着，大家怀着满腔的激情奔赴各自的岗位，尽心尽力，不辞劳苦，各项工作均得到了有效的落实，事业在稳固而扎实地前进。

这一年共做了如下大的事情：

(1) 完成红河河水引水工程，并根据农田的布局，建设了一系列的庄稼灌溉设施。

(2) 组成了50头牛的耕牛队，除圆满完成本联社的耕作计划外，在外承包了大量的耕作工程，为联社创造效益500两银子。

(3) 建立了统一的肥料供应中心，保障了农民用肥需要。

(4) 新推广"红河一号"产品，并取得初步见效，获得农户们的热烈欢迎。

(5) 完美协调农户间的关系，全年没发生一起大的纠纷和逃税事件。

(6) 寻找到好的粮食销售商，并在往年的基础上提高10%的粮食售价。

由于各项措施安排得力，在水利、耕种、施肥、技术、农户管理、市场销售等的有力保障下，扣除大量的基础投资之后，年底每亩收益仍然较上年增长15%，考虑基础设施建设，实际增长在30%以上，而且这种增长是长期的，可以预见和有充足保障的。

年底，在地主的倡导下，地主们一致同意对表现优异的张三等管理人员奖励一个丰厚的红包，并加发一个月的工资。

公司走上了正轨，大家也走上了管理者的道路，对此大家都非常高兴，期待着来年更大的收获。

联社高层领导在经过协商后，一致同意新增资本，为此他们又引进了地主戊、地主戌、地主庚、地主辛，总耕地规模扩展到4000亩，新引进的地主表决权占原有地主的50%。新的一年开始了，新增的土地招标工作也取得了巨大的成功，新引进农户50家，这样联社直接管理的农户数目达到100家。

一切在按部就班的执行着，但地主渐渐发现目前的管理形式出现了一些不和谐的情况，比如农户间的纠纷增多，农户对联社的各种不满情绪在扩大，张三们的工作激情似乎在减退，而且工作效率似乎不如从前，工作中相互扯皮的事件经常出现，地主经常忙于处理各种各样的冲突，尽管最后都获得了解决，但地主还是觉得其中存在明显的问题。

年底，问题终于集中爆发了。

问题是由李四那里开始的，今年粮食的销售价格比去年足足下降了15%，平均每亩总产量仅增长10%，这样总收益比去年还下降8%，考虑今年固定资产投资减少，汇总后每亩收益较去年依旧增加15%。相同的15%却具备不同的概念，联社高层在召开了相关的收益分析会议后，决定由地主出面组成一个调查小组，就今年出现的情况进行深入而仔细的调查分析。

地主在深入走访各农户后，又召开了张三等中层管理人员和少数农户代表参加的分析会议，希望能够通过大家的畅所欲言，发现问题的症结所在。

会上地主先对大家去年一年的辛苦工作表示感谢，并提出对去年的工作进行全面总结。

总结首先从问题的源头，李四开始。

李四发言了：今年的销售比往年下降的主要原因有以下几点。

(1) 今年风调雨顺，农户们都有好的收成，客观上增加了供应，加大了市场的竞争，经销商压价情况比较严重。

(2) 经销商普遍反映我们主要产品的成色下降，色泽及饱满程度都不好，市民也反映不好吃。

(3) 我们去年的新产品"红河一号"虽然外观比较美观，味道也好，但价格太高，市民不接受。

针对李四的发言，赵六发言了。

今年我们主要产品的成色下降，味道不好，主要原因在于肥料的肥度不足和灌溉水源经常出现问题，至于"红河一号"成本高的原因主要在于没有大面积的耕种，农户的耕种技巧还不成熟等原因。

听了赵六的发言，武八不干了，他立马反驳道，由于新增2000亩的农田，而肥料中心又没有扩建，农肥部在人手不足的情况下采用轮流加班的办法，不分白天黑夜的努力工作，基本保证了农田的用肥，哪里还管得了肥料的技术指标，另外，他也指出，既然农肥的肥度不足，为什么没有人跟他提出来过。

周七对李四的发言也表示了极大的不满，他几乎用愤慨的语气说道，去年我们新增了2000亩田地的灌溉工程建设，而红河引水工程的主渠道又没有拓宽，你叫我到哪里去找水源，能够基本保证供水我们已经是出了大力了。

农户甲说，联社去年总的说来工作效率非常低，有一次，为了水源，他同其他农户乙发生了纠纷，要求联社出面解决。结果，整整三天后，才有人来问了一下情况，之后又没了下文。这样的情况几乎所有的农户都遇见过，无论是缺少化肥、种子，还是相互间的纠纷，联社都处理得非常令人不满意，农户们对联社基本上已丧失了信任，有纠纷，有困难基本都自己解决。

张三听后，也坐不住了，他站起来说道，农户甲说的的确不错，去年我们的工作的确存在这样或那样的问题，可是我敢保证，所有的纠纷，凡是报到管理部的，我们都负责处理了，只是由于人手的原因，处理得不是很及时。他随即叫来当时处理该问题的小刘。

小刘来了后，说道，当时由于每天要处理的纠纷太多，而农户相互间又不买账，所以只好根据当时的情况，直接处理了，后来具体他们到底服不服气、有没有执行就没有时间去追问。

大家都讲完了，只有王五没有发言，也没有农户对王五的工作指出不满，但地主还是指了出来，他问到，今年耕牛和农具部在新增 50 头牛的基础上，为什么赚取的外汇反而比去年减少了许多?

王五似乎也憋着一肚子气，他说道，新增 50 头牛，2000 亩地，我的人手才增加了 2 人，忙都忙不过来，哪还有时间去接外面的活儿，再说，弟兄们平时工作够累的了，出去接活也不增加收入，就算我安排他们去，也没人愿意去。

王五的话成了一个火药引子，大家纷纷开始诉苦，主题均是关于工作、收入和付出的。主要集中在如下几点：

(1) 去年，大家刚刚转型，联社也处于创业的阶段，富有激情和冲劲，不辞辛苦，不计报酬使得联社取得了较大的收益，今年大家都适应了新的工作方式，土地也增加了 100%，而大家的收入却没有增加多少，目前他们管理人员的收入仅是农户的 1/2，而下属员工的收入就更加少了，这极大地影响了大家的工作热情和工作效率。

(2) 工作缺乏考核和激励，大家干好、干坏一个样，创造效益和亏损都不会影响大家的工资收入。

(3) 部门间缺乏有效的沟通和配合，互相不买账，各自为政的特点非常明显。

(4) 个别部门官僚主义严重，对农户反映的问题不及时处理。

在听了大家的汇报和争吵后，地主的心中对目前联社存在的问题有了清晰的认识，他决心就这些问题做一个完整的规划，以保证今后不再出现以上问题。

地主从 100 亩的小地主发展到如今拥有良田 4000 亩的大型合作联社的董事长兼 CEO，他的奋斗历程是特别而艰苦的，他能够克服目前联社存在的问题，并带领联社走向新的辉煌吗?

8.1.2 上帝招标

天堂门坏了，上帝要招标重修。印度人说：3000 元就弄好，理由是材料费 1000 元，人工费 1000 元，我自己赚 1000 元。来个德国人说：要 6000 元，材料费 2000 元，人工费 2000 元，自己赚 2000 元。最后中国人淡定地说：这个要 9000 元，3000 元给你，3000 元我的，剩下 3000 元给那个印度人干。上帝拍案：就你了!

能操作不代表有利于大家，有利于民族，有利于民族的未来!

8.2 园林建设项目的可行性研究

8.2.1 园林建设项目可行性研究的概念与作用

可行性研究报告，简称可研，是在制订生产、基建、科研计划的前期，通过全面的调查研究，分析论证某个建设或改造工程、某种科学研究、某项商务活动切实可行而提出的一种书面材料。

项目可行性研究的编制是确定建设项目前具有决定性意义的工作，是在投资决策之前，对拟建项目进行全面技术经济分析的科学论证，在投资管理中，可行性研究是指对拟建项目有关的自然、社会、经济、技术等进行调研、分析比较以及预测建成后的社会经济效益分析。在此基础上，综合论证项目建设的必要性，财务的盈利性，经济上的合理性，技术上的先进性和适应性以及建设条件的可能性和可行性，从而为投资决策提供科学依据。

（1）园林建设项目可行性研究概念。

园林建设项目可行性研究是应用多学科有关理论与方法，对拟建设的园林项目进行综合论证的一种具有科学性、预见性和决策性的分析评价方法。

园林建设项目可行性研究是园林项目投资决策的基础工作和可靠依据。它的基本任务是：从技术、经济、生态及社会等多方面对拟建园林项目的影响因素和主要问题进行全面、系统的调查研究、分析评价，优选出生产上可行、技术上先进适用、经济上合理和社会效益显著的方案，为投资经营者提供决策参考的依据。

（2）园林建设项目可行性研究的作用。

作为园林建设项目决策期工作的核心和重点的可行性研究工作，在整个项目周期中，发挥着非常重要的作用，具体表现在以下几个方面。

1）作为园林建设项目投资决策的依据。

2）作为编制设计文件的依据。

3）作为向银行贷款的依据。

4）作为建设单位与各协作单位签订合同和有关协议的依据。

5）作为环保部门、规划部门审批项目的依据。

6）作为施工组织、工程进度安排及竣工验收的依据。

7）作为项目实施后评价的依据。

8）作为园林企业组织管理、机构设置、劳动定员、职工培训等企业管理工作的依据。

8.2.2 园林建设项目可行性研究的内容

8.2.2.1 可行性研究的主要内容

（1）投资必要性。主要根据市场调查及预测的结果，以及有关的产业政策等因素，论证项目投资建设的必要性。

（2）技术的可行性。主要从项目实施的技术角度，合理设计技术方案，并进行比选和评价。

（3）财务可行性。主要从项目及投资者的角度，设计合理财务方案，从企业理财的角度进行资本预算，评价项目的财务盈利能力，进行投资决策，并从融资主体（企业）的角度评价股东投资收益、现金流量计划及债务清偿能力。

（4）组织可行性。制定合理的项目实施进度计划、设计合理组织机构、选择经验丰富的管理人员、建立良好的协作关系、制定合适的培训计划等，保证项目顺利执行。

（5）经济可行性。主要是从资源配置的角度衡量项目的价值，评价项目在实现区域经济发展目标、有效配置经济资源、增加供应、创造就业、改善环境、提高人民生活等方面的效益。

（6）社会可行性。主要分析项目对社会的影响，包括政治体制、方针政策、经济结构、法律道德、宗教民族、妇女儿童及社会稳定性等。

（7）风险因素及对策。主要是对项目的市场风险、技术风险、财务风险、组织风险、法律风险、经济及社会风险等因素进行评价，制定规避风险的对策，为项目全过程的风险管理提供依据。

8.2.2.2 园林建设项目可行性研究报告内容

园林工程项目可行性研究是在对项目进行深入细致的技术经济论证的基础上做多方案的比较和优选，提出项目可行与否的结论性意见。一般情况下园林工程可行性研究包括以下几个方面。

（1）总论。园林工程项目建设的目的、性质、提出的背景和依据。

（2）需求预测及拟建规模。园林工程建设项目的规模、市场预测的依据等。

（3）选址及基础条件分析。园林工程项目建设的地点、位置、当地的自然资源与人文资源和状况，即现状分析。

（4）方案设计。园林工程项目内容，包括面积、总投资、工程质量标准、单项造价等。

（5）实施进度建议。园林工程项目建设的进度和工期估算。

(6) 资金筹措及成本估算。园林工程项目投资估算和资金筹措方式，如国家投资、外资合营、自筹资金等。

(7) 企业效益及国民经济评价。园林工程项目的经济效益、社会效益和生态效益分析。

(8) 结论。运用各种指标数据，从各方面分析拟建项目的可行性，分析存在的问题并提出建议。

(9) 附件。提供必要的图件、协议文件等所需的全部资料。

8.2.3 可行性研究报告用途

(1) 用于企业融资、对外招商合作的可行性研究报告。此类研究报告通常要求市场分析准确、投资方案合理、并提供竞争分析、营销计划、管理方案、技术研发等实际运作方案。

(2) 用于国家发展和改革委员会（以前的计委）立项的可行性研究报告。此文件是根据《中华人民共和国行政许可法》和《国务院对确需保留的行政审批项目设定行政许可的决定》而编写，是大型基础设施项目立项的基础文件，发改委根据可行性研究报告进行核准、备案或批复，决定某个项目是否实施。另外医药企业在申请相关证书时也需要编写可行性研究报告。

(3) 用于银行贷款的可行性研究报告。商业银行在贷款前进行风险评估时，需要项目方出具详细的可行性研究报告，对于国家开发银行等国内银行，该报告由甲级资格单位出具，通常不需要再组织专家评审，部分银行的贷款可行性研究报告不需要资格，但要求融资方案合理，分析正确，信息全面。另外在申请国家的相关政策支持资金、工商注册时往往也需要编写可行性研究报告，该文件类似用于银行贷款的可研报告。

(4) 用于申请进口设备免税。主要用于进口设备免税的可行性研究报告，申请办理中外合资企业、内资企业项目确认书的项目需要提供项目可行性研究报告。

(5) 用于境外投资项目核准的可行性研究报告。企业在实施走出去战略，对国外矿产资源和其他产业投资时，需要编写可行性研究报告报给国家发展和改革委或省发改委，需要申请中国进出口银行境外投资重点项目信贷支持时，也需要可行性研究报告。

8.2.4 可行性研究报告的审批程序

(1) 可行性研究报告审批。国家发展和改革委员会现行规定审批权限有如下三种情形。

第一，大中型项目的可行性研究报告，按隶属关系由国务院主管部门或省、自治区、直辖市提出审查意见，报国家发展和改革委员会审批。其中，重大项目由国家发展和改革委员会审查后报国务院审批。

第二，国务院各部门直属及下放、直供项目的可行性研究报告，上报前要征求所在省、自治区、直辖市的意见。

第三，小型项目的可行性研究报告，核隶属关系由国务院主管部门或省、自治区、直辖市发改委审批。

(2) 可行性研究报告批准后的主要工作。可行性研究报告批准后即国家同意该项目进行建设，列入预算项目计划。列入预算项目计划并不等于列入年度计划，何时列入年度计划，要根据其前期工作的进展情况、国家宏观经济政策和对财力、物力等因素进行综合平衡后决定。

建设单位在可行性报告获批后可进行下列工作：用地方面，开始办理征地、拆迁安置等手续；委托具有承担本项目设计资质的设计单位进行初步设计，引进项目开展对外询价和技术交流工作，并编制设计文件；报审给水、供气、供热、排水等市政配套方案及规划、土地、人防、消防、环保、交通、园林、文物、安全、劳动、卫生、保密、教育等主管部门的审查意见，取得有关协议或批件；如果是外商投资项目，还需编制合同、章程、报经贸委审批，经贸委核发企业批准证书后，到工商局领取营业执照，办理税务、外汇、统计、财政、海关等登记手续。

8.3 园林工程招投标管理

8.3.1 工程项目承发包的概念

工程项目承发包是商品经济发展到一定阶段的产物。是指交易的一方负责为交易的另一方完成某项工作或供应一批货物，并按一定的价格取得相应报酬或价款的一种交易行为。在园林工程项目建设市场中，作为供应者的园林企业对作为需求者的建设单位做出承诺，负责按对方的要求完成某一园林项目工程的全部或其中一部分工作，并按商定的价格取得相应的报酬。在交易过程中，承发包双方存在着一定的经济、法律上的权利、义务与责任关系，并依法通过合同予以明确与约定，双方都必须认真按合同规定执行。

承发包方式可分为指定承发包、协议承发包和招标承发包。

指定承发包是指建设单位指定某施工企业完成某项施工任务的一种承包方式。

协议承发包是指建设单位与某施工企业就工程内容及价格进行协商，签订承包合同。

招标承发包是指由三家以上施工企业进行市场竞争，建设单位择优选定施工企业，并与其签订承包合同。

8.3.2　园林工程项目发包

园林工程发包是指建设单位遵循公开、公正、公平的原则；以采用公告或邀请书等方式提出项目内容、条件、要求；让参与竞争的单位按规定条件提出实施计划、方案、价格等；再采用一定的评价方法择优选定承包单位，最后以合同形式委托其完成指定工作的活动。

园林工程常见的发包模式有：传统模式、管理承包模式、施工管理模式、设计施工一体化模式、伙伴模式。

(1) 传统模式。发包方首先选择设计单位完成设计任务，然后再选择承包单位完成施工任务，这种发包模式就是典型的传统发包模式。遵循招投标→设计→招投标→施工→竣工交付使用这样的过程，上一个过程完成之后才能进入下一个过程。

第一次招投标选择的是方案，第二次招投标竞争的是价格。只有满足了如下的条件，这种发包模式才可能运作正常。

传统的发包模式仅限于一个承包商，而无法实现两个承包商同时参与施工，因而降低施工效率，使进度拖延；同时由于设计单位和承包商之间的沟通不畅（两个不相关的单位），会给业主的利益带来一定的损害。

(2) 管理发包和施工管理模式。如果在设计工作完成之前就要确定承包商来参与设计工作并负责施工管理，业主就可以选择管理发包模式或施工管理模式。

发包商支付一笔管理费给负责管理的企业，用于支付项目管理人员费用，工地办公室费用，临时设施费用，健康、安全和环境管理费用等。

这类发包模式的优点有：第一，设计的“可实施性”好，施工管理人员协同设计人员一起做好设计工作，提高设计质量。第二，工期相对缩短，这是由于设计和施工的平行作业而产生的，设计方案通过就可以开工，因此施工工作可以提前进行。第三，分包商的选择由业主和承包商共同决定，改善了交流渠道，提高了工作效率。

施工管理和管理承包模式的缺点在于：其一，风险大，因为在招投标选择承包商时，项目费用的准确值不清。其二，设计单位要承受来自业主、承包商、甚至分包商的压力，如果协调不好，设计质量可能会受到影响。

(3) 设计施工一体化模式。所谓设计施工一体化模式是指业主通过招投标以合同的方式确定承包商，该承包商根据业主的要求全面负责设计和施工。

这种发包模式的特点如下：责任更加明确，设计单位和施工单位无法在业主面前推卸责任。业主与承包商直接联系，交流效率大为提高，对业主的想法，承包商可以更快地做出反应满足业生的要求。承包商负责设计、施工计划、组织和控制，因此更有可能开展平行作业，并扩大平行作业的范围。分包商所推荐的施工材料更易采购，项目的工期缩短。

(4) 伙伴发包模式。伙伴模式是指为了最大限度和高效率地使用园林企业的资源和技术，发包方寻找两家或多家园林企业进行发包。

合作中的各方必须明晓对方的需要、目的和利益，并尽最大努力去实现。此时如果合作成员的利益得不到保障，那么合作必然会以失败告终。在伙伴发包模式中款项的及时支付是合作成功的必要条件，条款中必须明确规定如何处理工程变更导致的费用等问题，尽量避免费用超资、进度拖延和法律纠纷。

8.3.3　园林工程项目承包

8.3.3.1　承包商及其分类

从事园林工程项目承包经营活动的企业，通称园林工程项目承包商。承包商通常可分为：

（1）园林工程总承包企业。园林工程总承包企业是指从事园林工程建设项目全过程承包活动的智力密集型企业。应具备的能力：工程勘察、规划设计、工程施工管理、材料设备采购、工程技术开发应用及工程建设咨询等业务活动。

（2）园林工程施工承包企业。园林工程施工承包企业是指从事园林工程施工阶段的承包活动的企业。应具备的能力是：工程施工承包和施工管理。

（3）园林工程项目专项分包企业。园林工程项目专项分包企业是指从事园林工程建设项目施工阶段专项分包和承包限额以下的小型工程活动的企业。应具备的能力：在园林工程总承包企业和园林施工承包企业的管理下，进行专项园林工程分包，对限额以下的小型园林工程施工承包和施工管理。

8.3.3.2　园林绿化企业的资质

园林绿化企业的规模是市场资质管理中需要考虑的一个主要问题，企业规模的大小是生产力诸要素（劳动力、生产设备、管理能力、资金能力）在生产单位集中程度的反映。企业资质通常分为一、二、三级。

一级企业可在全国或国外承包各种规模及类型城市园林绿化工程，可从事城市绿化苗木、花卉、盆景、草坪等植物材料的生产经营，可兼营技术咨询、信息服务等业务。

二级企业可跨省区承包承揽 8 万 m^2 且工程造价在 1200 万元以下的园林绿化工程综合工程，可从事城市园林绿化植物材料生产经营、技术咨询、信息服务等业务。

三级企业可以在省内承包 2 万 m^2 且工程造价在 200 万元以下的园林绿化综合性工程，可兼营城市园林绿化植物材料。

园林资质每年都要进行年检，程序和申报差不多。《中华人民共和国建筑法》对园林企业资质等级评定的基本条件明确为企业注册资本、专业技术人员、技术装备和工程业绩四项内容，并由建设行政主管部门对不同等级的资质条件做出具体划分标准。

8.3.4　园林工程施工招标

8.3.4.1　园林工程招标概述

工程招标是国际上普遍的达成建设工程交易的主要方式，其目的是为待建园林项目选择适当的承包单位（设计和施工单位）。招标时一般是由唯一的买主设定标底，招请若干个卖主以匿名方式进行竞标，最后从中选择优胜者达成交易协议。

园林工程承包商需要具备一定经济技术实力和施工管理经验，并且完全能胜任承包工程项目的任务等硬件指标，才有可能在竞标中获胜。此外园林工程承包商还应具有效率高、价格合理、信誉良好等软件指标，也是投标竞争获胜的基本条件。

在工程招标中应本着坚持鼓励竞争，防止垄断的原则。同时为了规范招标市场，保护国家利益、社会公共利益和招投标活动当事人的合法权益，提高经济效益，保证项目质量，招标时必须依照《中华人民共和国招标投标法》进行。

8.3.4.2　招标的园林工程建设项目

园林工程建设项目主要包括勘察、设计、施工、监理以及工程建设的重要设备、材料的采购等内容。

（1）园林工程建设项目根据经费来源可分为：①全部或部分使用国有资金或国家融资的园林工程建设项目；②使用国际组织或外国政府贷款、援助资金的园林工程建设项目；③集体、私营企业投资或援助资金的园林工程建设项目。

（2）园林工程建设项目根据工作内容和规模可分为：①施工单项合同估算价在 200 万人民币以上的；②重要设备、材料等货物的采购，单项合同估算价在 100 万人民币以上的；③勘察、设计、监理等服务的采购，单项合同估算价在 50 万人民币以上的；④单项合同估算价低于上述规定的标准，但项目总投资在 3000 万人民币以上的。

8.3.4.3　园林工程施工招标应具备的条件

（1）招标单位招标应具备的条件：①招标单位必须是法人或依法成立的其他组织；②招标单位有招标园林工程相应的资金或资金已落实，以及具有相应的技术管理人员；③招标单位有组织编制园林工程招标文件的能力；④招标单位有审查投标单位园林工程建设资质的能力；⑤招标单位有组织开标、评标、定标的能力。对如不具备 2～5 项条件的园林工程建设单位，必须委托有相应资质的咨询、监理单位代理招标。

（2）招标的园林工程建设项目应具备的条件：①项目概算已经批准；②招标项目正式列入国家、部门或地方的年度固定资产投资计划；③项目建设用地的征用工作已经完成；④招经济标要有能够满足施工需要的施工图纸和技术资料；⑤项目建设资金和主要材料、设备的来源已经落实。

园林工程施工招标可采用项目工程招标、分项工程招标、特殊专业工程招标等方式进行，但不得对分项工程的分部、分项进行招标。

8.3.4.4　园林工程的招标方式

园林工程招标方式同一般建设工程招标一样，其招标方式可分为公开招标和邀请招标两种。

（1）公开招标。国家重点建设项目和各省、自治区、直辖市人民政府确定的地方重点建设项目，以及全部使用国有资金投资或者国有资金投资占控股处于主导地位的工程建设项目，应该公开招标。

公开招标园林建设项目的主要形式。它是由招标人以招标公告的形式，邀请不特定的法人或者其他组织投标，然后以一定形式公开竞争，达到招标目的的全过程。采用这种形式，可由招标单位通过国家指定报刊、信息网络或其他媒介发布招标公告，招标公告须载明招标人的名称、地址、性质、数量、实施地点及获取招标文件的办法等事项，并要求潜在投标人提供有关资质证明文件和企业业绩情况。

公开招标的优点：可以给一切法人资格的承包商以平等竞争的机会参加投标。招标单位有较大的选择范围，有助于开展竞争，打破垄断，能促使承包商努力提高工程质量，缩短工期，降低造价。其缺点是：审查投标者资格及证书的工作量大，招标费用支出较多。

（2）邀请招标。邀请招标是指招标人以投标邀请书的方式邀请特定的法人或其他组织投标。采用这种形式时，招标人应当向三个以上具备承担招标项目能力，资信良好的特定的法人或其他组织发出投标邀请书。邀请招标不仅可节省招标费用，而且能够提高每个投标者的中标几率，所以对招投标双方都有利。但由于限定了竞争范围，把许多可能的竞争者排除在外，被认为不完全符合自由竞争的机会均等原则，所以邀请招标多在特定条件下采用，一些国家对此也做出了明确的规定。

1）受自然地域环境限制的。

2）项目技术复杂或有特殊要求，只有少量几家潜在投标人可供选择的。

3）涉及国家安全、国家秘密或者抢险救灾，适宜招标但不适宜公开招标的。

4）拟公开招标的费用与项目的价值相比，不值得招标的。

5）法律、法规规定不宜公开招标的。

6）公开招标费用过多，与工程投资不成比例的。

7）公开招标未能产生中标单位的。

8）由于工期紧迫或保密的要求等其他原因，而不宜公开招标。

（3）议标。议标是建设单位和施工单位通过友好协商，最终确定工程造价的方式。议标一般是在工程量较小或在多个项目的招标中，其中一个标段因某种原因，造成招标无效的时候所采用的方式。如参加招标的单位数量不符合招标文件的要求，或所有参加招标的单位的投标报价都不符合招标单位的要求等。

8.3.4.5　园林工程招标程序

园林工程招标可分为准备阶段和招标阶段。按先后顺序应完成以下工作。

（1）向政府管理招标投标的专设机构提出招标申请。包括：①园林建设单位的资质；②招标工程项目是否具备了条件；③招标拟采用的方式；④对招标企业的资质要求；⑤初步拟订的招标工作日程等。

（2）建立招标班子，开展招标工作。在招标申请被批准后，园林建设单位组织临时招标机构，统一安排和部署招标工作。

1）招标工作人员组成。一般由分管园林建设或基建的领导负责，由工程技术、预算、物资供应、财务、质量管理等部门作为成员。要求工作人员懂业务、懂管理、作风正派、必须保守机密。

2）招标工作人员主要任务。①编制招标文件；②招标文件的审批手续；③发布招标公告或邀请书，审查资质，发招标文件以及图纸技术资料，组织潜在投标人员勘察项目现场并答疑；④提出评标委员会成员名单并核准；⑤发出中标通知；⑥退还押金；⑦组织签订承包合同；⑧其他该办理的事项。

招标人可以根据招标项目本身的特点和需要，要求潜在投标人或者投标人提供满足其资格要求的文件，对潜在投标人或者投标人进行资格审查。

资格审查分为资格预审和资格后审。资格预审是指在投标前对潜在投标人进行资格审查。资格后审是指在开标后对投标人进行的资格审查。如已进行资格预审，一般不进行资格后审。

采取资格预审和资格后审的，招标人应当分别在资格审查文件和招标文件中载明资格预审的文件、标准和方法。资格审查的主要内容包括营业执照、企业资质等级证书、工程技术人员和管理人员、企业拥有的施工机械设备是否符合承包本工程的要求。同时还要考察其承担的同类工程质量、工期及合同履行的情况。审查合格后，通知其参加投标；不合格的通知其停止参加工程招标活动。

（3）分发招标文件。包括设计图纸和技术资料，向审查合格的投标企业分发招标文件，同时由投标单位向招标单位交纳投标保证金。

（4）踏勘现场及答疑。招标人根据招标项目的具体情况，可以组织潜在招标人员踏勘现场，向其介绍工程场地和相关环境的有关情况，对招标文件，图纸等提出的疑点和有关问题进行交底或答疑。为潜在投标人员决定是否投标提供依据。但是招标人不得单独或者分别与某一投标人进行现场踏勘。

对于招标文件中尚须说明或者需要修改的内容，招标人可以通过纪要和补充文件形式通知投标企业，投标企业在编制标书时，纪要和补充文件与招标文件具有同等效力。

（5）接受标书。投标企业应按招标文件要求认真组织编制标书，标书编好密封后，按投标文件要求送交招标单位。招标单位验收后出具收条并妥善保管，直到开标前任何单位和个人不得启封标书。

8.3.4.6 园林工程的招标工作机构

（1）招标工作机构人员组成。

1）决策人：通常由主管部门任命的建设单位负责人或授权代表人。

2）专业技术人员：包括风景园林师、建筑师、结构、工艺等专业工程师和估算师，他们的职责是向决策人提供咨询意见和进行招标的具体事务工作。

3）一般工作人员。

（2）我国招标组织形式。招标组织形式分为：委托招标，自行招标。

依法必须招标的项目经批准后，招标人根据项目实际情况需要和自身条件，可以自主选择招标代理机构进行委托招标；如具备自行招标的能力，按规定向主管部门备案同意后，也可进行自行招标。

1）委托招标：按照《招标投标法》的规定，招标人有权自主选择招标代理机构，不受任何单位和个人的影响和干预；招标人和招标代理机构的关系是委托代理关系，招标代理机构应当与招标人签订书面委托合同，在委托范围内，以招标人的名义组织招标工作和完成招标任务。

2）自行招标：是指招标人依靠自己的能力，依法自行办理和完成招标项目的招标任务。自行招标需要两个基本条件：第一具有编制招标文件和组织评标能力；第二具有自行招标条件的核准与管理能力，即事前监督和事后管理能力。其中事前监督有两项具体规定；一是招标人应向项目主管部门上报具有自行招标条件的书面材料；二是由主管部门对自行招标书面材料进行核准。而事后监督管理指的是对招标人自行招标的事后监管，主要体现在要求事后招标人提交招标投标情况的书面报告。

8.3.4.7 标底

（1）标底。标底是指招标工程的预期价格，也称投标指导价。标底编制的依据主要有以下几个方面。

1）招标文件的商务条款。

2）工程施工图纸、工程量计算规则。

3）施工现场地质、水文、地上情况的有关资料。

4）施工方案或施工组织设计。

5）现行工程预算定额、工期定额、工程项目计价类别及取费标准，国家或地方有关价格调整文件的规定等。

（2）标底的作用。第一是使建设单位预先明确自己在拟建工程上应承担的财务义务。第二是给上级主管部门提供核实投资规模的依据。第三是作为衡量投标报价的准绳，也就是评标底主要尺度之一。标底一经审定应密封保存至开标时，所有接触过标底的人员均负有保密责任，不得泄漏。

（3）编制标底应遵循的原则。

1）根据设计图纸及有关资料、招标文件，参照国家规定的技术经济标准定额及规范，确定工程量并编制标底。

2）标底的价格一般包括成本、利润、税金三大部分，应控制在上级批准的总概算及投资包干的限额内。

3）标底价格作为建设单位的期望计划价格，应力求与市场的实际变化吻合，要有利于竞争和保证工程质量。

4）标底价格应考虑人工、材料、机械台班等价格变动因素，还应包括施工不可预见费、包干费和措施费。工程要求优良的，还应增加相应的费用。

5）一个园林工程只能编制一个标底。

（4）标底的编制方法。标底的编制与工程的概、预算编制方法基本相同，但在编制时要尽量考虑以下因素。

1）根据不同的承包方式，考虑适当的包干系数和风险系数。

2）根据现场条件及工期要求，考虑必要的技术措施费。

3）对建设单位提供的价格，以暂估价计算，对按实际须调整的材料、设备，要列出数量和估价清单。

4）主要材料数量可在定额用量的基础上加以调整，使其反映实际情况。

（5）几种常用编制标底的方法。

1）以施工图预算为基础。即根据设计图纸和技术说明，按预算定额规定的分部、分项工程子目，逐项计算出工程量，再套用定额单价确定直接费，然后按规定的系数计算间接费、独立费、计划利润以及不可预见费等，从而计算出工程预期总造价，即标底。

2）以概算为基础。即根据扩大初步设计和概算定额，计算工程造价形成标底。

3）以最终成品单位造价包干为基础。园林建设中的植草工程、喷灌工程按每平方米面积实行造价包干。具体工程的标底即依此为基础，并考虑现场条件、工期要求等因素来确定。

8.3.4.8 招标文件

招标文件是作为建设项目的需求者——建设单位向可能的承包商详细阐明项目建设意图的一系列文件的总称，也是投标单位编制投标书的主要依据。

招标文件通常包括下列七部分基本内容。

（1）工程综合说明。主要内容包括：工程名称、规模、地址、发包范围、设计单位、施工场地、土壤条件、给水排水、供电、道路及通信情况、工期要求等。

（2）设计图纸和技术说明书。编制这部分内容的主要目的是使投标单位能够了解工程的详细内容和具体技术要求，并能据此拟定施工方案和进度计划。设计图纸的深度可随招标阶段相应的设计阶段而有所不同。施工图阶段招标，则应提供全部施工图纸（可不包括大样）。

技术说明书必须对工程的要求做出清楚而详细的说明，使各投标单位都能有共同的理解，能比较清楚地估算出造价；能够明确招标过程适用的施工验收技术规范；保修期及保修期内承包单位的责任；同时明确承包单位应提供的其他服务，诸如监督分包商的工作，防止自然灾害的特别保护措施，安全防护措施等；明确有关专门施工方法及指定材料产地、来源、标准以及可选择的代用品的情况说明；明确有关施工机械设备现场清理及其他特殊要求的说明。

（3）工程量清单和单价表。工程量清单是投标单位计算标价和招标单位评标底的依据。工程量清单通常以每一个体工程为对象，按分项、单项列出工程数量。工程量清单由封面、内容目录和工程表三部分组成。单价表是采用单价合同承包方式时投标单位的报价文件和招标单位评定标底的依据，常用的有工程单价表和工程量单价表两种。

(4) 合同条款。有完整的符合要求的合同条款，既能使投标单位明确中标后作为承包人应承担的义务和责任，又可作为洽谈商讨签订正式合同的基础。合同主要条款包括以下各项：合同所依据的法律法规、工程内容、承包方式（包工包料、包工不包料、总价合同、单价合同或成本加酬金合同等）、总包价、开工与竣工日期、图纸、技术资料供应内容和时间、施工准备工作、材料供应及价款结算办法；以及工程款结算办法、工程质量及验收标准、工程变更（包括停工及窝工损失的处理办法、提前竣工奖励及拖延工期罚款、竣工验收与最终结算、保修期内维修责任与费用、分包、争端的处理等）。

(5) 要明确提交投标文件的截止时间和方式及开标的地点、方式等。

(6) 招标文件的解释。投标单位在收到招标文件后，若有问题需要澄清，应于收到招标文件后招标答疑会前以书面形式（包括书面文字、传真等）向招标代理机构提出，招标单位将以书面形式予以解答（包括对询问的解释，但不说明询问的来源），答复将以书面形式送给所有获得招标文件的投标单位。

(7) 招标文件的修改。在投标截止日期前五天，招标单位都可能会以补充通知的方式修改招标文件。补充通知将以书面方式发给所有获得招标文件的投标单位，补充通知作为招标文件的组成部分，对投标单位起约束作用。

8.3.5　园林工程施工投标

园林企业进行施工投标是其获得施工工程的必由之路，也是施工企业决策人、技术管理人员在取得工程承包权以前的主要工作之一。

8.3.5.1　园林工程投标工作机构和投标程序

(1) 投标工作机构。为了在投标中获胜，园林施工企业应设置投标工作机构。投标工作机构由施工企业决策人、总工程师或技术负责人、总经济师或合同预算部门、材料部门负责人、办事人员等组成投标决策委员会。专门负责研究决策企业是否参加工程项目投标工作。

(2) 投标程序。园林工程投标程序与其他工程投标一样可参考如下程序进行。

报名参加投标—办理资格预审—取得招标文件—研究招标文件—调查投标环境—确定投标策略—制定施工方案—编制标书—投送标书。

8.3.5.2　园林工程投标资格预审

参加投标后，招标单位需要对申请投标企业进行资格预审，此时申请投标企业需要提供以下基本资料。

(1) 企业营业执照和资质证书。

(2) 企业简历。

(3) 自有资金情况。

(4) 全员职工人数，包括技术人员，技术工人数量和平均技术等级，技术人员的资质等级证书，企业自有的主要施工机械设备情况。

(5) 近年来承建的主要工程及质量情况，包括企业现有主要施工任务（含在建和尚未开工工程）。

8.3.5.3　园林工程投标前的准备工作

当资格预审通过以后，投标企业即可获得招标文件，进入投标前的准备工作阶段。

(1) 研究招标文件。这一阶段的工作重点是必须仔细认真研究招标文件，充分了解其内容和要求，及时发现和澄清疑点。其具体过程是：①研究工程综合说明，以对工程作整体性的了解；②熟悉并详细研究设计图纸和技术说明书，为制定施工方案和投标报价提供依据，对不清楚或矛盾之处，及时与招标单位沟通，获取相关解释和订正；③研究合同主要条款，明确中标后应承担的义务和责任及应享有的权利，包括：承包方式，开竣工时间及提前或推后交工期限的奖罚，材料供应及价款结算办法，预付款的支付和工程款结算办法，工程变更及停工、窝工等造成的损失处理办法等；④熟悉投标单位须知，明确招标要求，在投标文件中要尽量避免出现与招标要求不相符合的情况。

(2) 调查投标环境。投标环境是招标工程项目施工的自然、经济和社会条件。投标环境直接影响施工成本，因而要充分熟悉并掌握投标环境，才能做到心中有数。

投标环境主要内容有：场地的地理位置；地上、地下障碍物种类、数量及位置；土壤（质地、含水量、pH 值等）；气象情况（年降雨量、年最高温度、最低温度、无霜期天数及灾害性天气预报的历史资料等）；地下水位；冰冻线深度以及地震裂度；现场交通状况（铁路、公路、水路）；给水排水；供电及通信设施；材料堆放场地的极限容量与位置；绿化材料苗木供应的品种及数量、途径；劳动力来源和工资水平、生活用品的供应等基本情况。

（3）投标策略。投标策略是能否中标的关键，也是提高中标效益的基础。投标企业应首先根据企业的内外部情况及项目情况，慎重考虑，做出是否参与投标的决策，如果投标则必须采取合适的投标策略争取中标。常见投标策略有：①做好施工组织设计，采取先进的工艺技术和机械设备；优选各种植物及其他造景材料；合理安排施工进度；选择可靠的分包单位，力求以最快的速度，最大限度地降低工程成本，以技术与管理优势取胜。②尽量采用新技术、新工艺、新材料、新设备、新施工方案，以降低工程造价，提高施工方案的科学性，以此赢得投标成功。③投标报价是能否夺标的重要内容，投标报价是投标策略的关键。在保证企业相应利润的前提下，实事求是地以低报价取胜。④为争取未来的市场空间，宁可目前少盈利或不盈利，以成本报价在招标中获胜，为今后占领市场打下基础。

（4）制定施工方案。施工方案是招标单位评价投标单位水平的重要依据，也是投标单位实施工程的基础。施工方案一般由投标单位的技术负责人组织制定。具体内容包括：施工的总体部署和场地总平面布置；施工总进度和单项工程进度；主要施工方法；主要施工机械数量及配置；劳动力来源及配置；主要材料品种的规格、需用量、来源及分批进场的时间安排；大宗材料和大型机械设备的运输方式；现场水电用量、来源及供水、供电设施；临时设施数量及标准；特殊构件的特定要求与解决的方法等。

关于施工进度的表示方式，有的招标文件专门规定必须用网络图，有的文件规定亦可用传统的模道图。施工方案只要抓住重点，简明扼要即可。

（5）报价。报价是投标全过程的核心工作，也是工程投标承包商经营活动中头等重要的一环，对能否中标，能否盈利，盈利多少起决定性作用。如果报价太高则根本不可能中标，而太低则要遭受经济损失。因此在报价时主要从以下各个方面进行。

1）要做出科学有效的报价必须完成以下工作。看图了解工程内容、工期要求、技术要求；熟悉施工方案，核算工程量；以造价部门统一划定的概（预）算定额为依据进行投标报价，如大型园林施工企业有自己的企业定额，则可以以此为依据自主报价；确定现场经费，间接费率和预期利润率，并要留有一定的伸缩余地。

2）高度重视报价内容。一个合理的报价需要考虑以下几个方面费用。直接工程费，包括三方面内容。一是人工费、材料费和施工机械使用费，是施工过程中耗费的，构成工程实体并有助于工程形成的多项费用。二是施工过程中发生的其他费用，如冬季、雨季、夜间施工增加费、二次搬运费等。当然，具体到单位工程来讲，可能发生，也可能不发生，需根据现场施工条件而定。三是现场经费，指为施工准备、组织施工生产和管理所需的费用（包括量单上显示不出来的费用，如工长、监理、职员、车辆及办公费用等、这些是在准备费中必须考虑的）。在总的费用中材料费和施工机械使用费所占比重较大，而且价格受市场影响较大，因此在报价时，至少要了解三种同性能产品的价格，同时每种产品至少要掌握三个以上价格，然后从中选择低价的或性价比较高的产品，并以此来计算成本价格。间接费，指虽不直接由施工工艺过程所引起，但却由工程总体条件有关的园林施工企业为组织施工和进行经营管理以及间接为园林施工生产服务的各项费用。计划利润，指按规定应计入园林建设工程造价的利润。税金，按税法规定应计入园林工程造价内的营业税、城建税和教育附加费。

3）报价决策。报价决策的工作内容首先是计算基础报价，即根据工程量清单和报价项目单价表，进行初步测算，对有些单价可做适当调整，形成基础报价；其次，要进行风险预测和盈亏分析；再次，在前两项工作的基础上，最后测算可能的最高标价和最低标价。

基础标价、测算的最低标价和测算的最高标价分别按下列公式进行计算

$$基础标价=\sum(报价项目\times单价)$$

$$最低标价=基础标价-(估计盈利\times修正系数)$$

$$最高标价=基础标价+(风险损失\times修正系数)$$

考虑到在一般情况下，无论各种盈利因素或风险损失，很少可能在一个工程上100%出现，所以应加一修正系数，这个修正系数凭经验，一般取值0.5～0.7。

(6) 园林工程投标标书的编制和投送。

1) 标书的编制。园林施工企业做出报价决定后，即进行标书的编制。

投标书一般包括：标书编制说明、总报价书、单项工程报价书、工程量清单和单价表、施工技术措施和总体布置以及施工进度计划图表、主要材料规格要求、厂家、价格一览表等，但没有统一的格式，而是由地方招标管理部门印制，由招标单位发给投标单位使用。

2) 标书的投送。投标书做好以后，要按招标文件要求的时间按时送达。但具体标书投送时，应从以下几个方面特别加以注意。

标书编制好后，要由负责人签署意见并加盖公章，并按规定分装、密封，派专人在投标截止日期前送达指定地点，并取得收据。邮寄时，一定要考虑路途时间。

投送标书时，须将招标文件包括图纸、技术规范、合同条件等全部交还招标建设单位，切勿丢失。

将报价的全部计算分析资料加以整理汇编，归档备查。

8.3.6 园林工程招标的开标、评标和议标

8.3.6.1 开标

(1) 开标概述。开标，招标单位在规定的时间、地点内，在有投标人出席的情况下，当众公开拆开投标资料（包括投标函件），宣布投标人（或单位）的名称、投标价格以及投标价格的修改的过程。

1) 开标的时间和地点。开标应在招标文件确定的投标截止时间的同一时间公开进行；开标的地点应在招标文件中预先确定。若变更开标日期和地点，应提前电话通知投标企业和有关单位。

2) 开标的参加人员。开标由招标人或招标代理机构主持，邀请评标委员会委员、投标人代表、公证部门代表和有关单位代表参加。招标人要事先以各种有效的方式通知投标人参加开标，不得以任何理由拒绝任何一个投标人代表参加开标。

3) 开标的主要工作内容。开标会的主要工作内容包括：宣读无效标和弃权标的规定；核查投标人提交的各种证件、资料；检查标书密封情况并唱标；公布评标原则和评标办法等。

(2) 开标的一般程序。

1) 由招标单位工作人员介绍参加开标的各方到场人员和开标主持人，公布招标单位法定代表人证件或代理人委托书及证件。

2) 开标主持人检验各投标单位法定代表人或其他指定代理人的证件、委托书，并确认无误。

3) 宣布评标方法和评标委员会成员名单。

4) 开标时，由投标人或其委派代表检查投标文件的密封情况，也可由招标人委托公证机构检查并公证。经确认无误后，由工作人员当众拆封，宣读投标单位名称，投标价格和投标文件的其他主要内容。开封过程应当记录，并存档备查。

5) 启封标箱，开标主持人当众检查启封标书。如发现无效标书，经半数以上的评委确认，并当场宣布无效。按我国现行规定，有下列情况之一者，投标书宣布无效：①标书未密封；②无单位和法定代表人或其他指定代理人的印鉴；③未按规定格式填写标书，内容不全或字迹模糊，辨认不清；④标书逾期送达；⑤投标单位未参加开标会议。

6) 开标、唱标。按标书送达时间或以抽签方式排列投标单位唱标次序，各投标单位依次当众予以拆封，宣读各自投标书的要点。

7) 当场公开标底。如全部有效标书的报价都超过标底规定的上、下限幅度时，招标单位可宣布全部报价为无效报价，招标失败，另行组织招标或邀请协商。此时暂不公布标底。

8) 开标会记录确认签字。开标会记录应当如实记录开标过程中的重要事项，包括开标时间、开标地点、出席开标会的各单位人员、唱标记录、开标会程序、开标过程中出现的需要评标委员会评审的情况，有公证机构出席公证的还应记录公证结果，投标人的授权代表应当在开标会记录上签字确认。开标记录一般记载下列事项，由主持人和其他工作人员签字确认：案号；招标项目名称及数量摘要；投标人名称；投

标报价；开标日期以及其他必要事项。

9）投标文件、开标会记等送封闭评标区封存。

8.3.6.2　评标

评标的原则是公平竞争、公正合理、对所有投标单位一视同仁。

评标委员会由招标人代表和技术、经济方面的专家 5 人以上组成，成员总数应为单数，其中技术经济专家不得少于成员总人数的三分之二。召集人由招标单位法定代表人或其指定代理人担任。

评标在开标后立即进行，也可在随后进行。一般应对各投标单位的报价、工期、主要材料用量、施工方案、工程质量标准和工程保修养护的承诺以及企业信誉度进行综合评价，为确定中标单位提供依据。

常用的评标方法主要有以下几种。

(1) 加权综合评分法。先确定各项评标指标的权数。如报价为 40%，工期为 15%，质量标准为 15%，施工方案为 10%，主要材料用量为 10%，企业实力和社会信誉为 10%，合计 100%。评分系数可分为两种情况确定：①定量指标。如报价、工期、主要材料用量，可通过标书数值与标底数值之比值求得；②定性指标。如质量标准，施工方案，投标单位实力及社会信誉，由评委确定。评分系数在一定范围内浮动。

(2) 接近标底法。以报价为主要尺度，选报价最接近标底者为中标单位，这种方法比较简单，但要以标底详尽，正确为前提。

(3) 加减综合评分法。以报价为主要指标，以标底为评分基数，例如定为 50 分。合理报价范围为标底的±15%，报价比标底每增 1%扣 2 分或减 1%加 2 分。超过合理标价范围的不论上下浮动，每增减 1%都扣 3 分。其他为辅助指标，满分分别为工期 15 分、质量标准 15 分、施工方案 10 分、实力与社会信誉 10 分。每一投标单位的各项指标分值相加，总分最高者为中标单位。

(4) 定性评议法。以报价为主要尺度，其他因素作为定性分析评议。由于这种方法主观随意性大，现已很少应用。

8.3.6.3　决标

决标又称定标。评标委员会按评标办法对投标书进行评审后，应提出评标报告，推荐中标单位，经招标单位法人认定后报上级主管部门同意，当地招投标管理部门批准后，由招标单位按规定在有效时期内发中标和未中标通知书。

要求中标单位在规定期限内签订合同。未中标单位退还招标文件，领回投标保证金，招标即告圆满结束。

开标到定标时间，一般小型园林工程不超过 10 天，大中型园林工程不超 30 天，特殊情况可适当延长。

8.3.7　园林工程投标的策略及注意事项

(1) 投标策略的原则。制定投标策略应根据不同招标工程的不同情况和竞争形势，采取不同的投标策略。投标策略是非常灵活且并非不可捉摸的东西，但一般应遵循以下原则。

1）知己知彼。也就是在具体工程投标活动中，掌握“知己知彼，百战不殆”的原则。当没有了解竞争对手的历史资料，或者虽然知道竞争对手是谁及竞争者数目，但不知道他们目前的投标策略，承包商可用自己的投标资料进行判断。当然，这种判断有较大的盲目性和冒险性，如果能收集到一些相关竞争对手们的报价平均值，投标时可采取低于这些平均值的报价去战胜对手，这样的策略可靠性就稍高些，也是可行的。

2）以长胜短。即用优势战胜劣势，以己之长胜过对手。在知己知彼的基础上，分析本企业和竞争对手的优、劣势。

3）掌握主动。即在投标竞争过程中，不管面临什么样的竞争形势，投标企业一定要善于把握主动。在选择投标项目时，做到能投则投，不利则不投。一般情况下，凡适合本企业能力和特点，可发挥企业优势的工程，适合当前企业经营需要，并具备投标条件的工程，外部影响因素对本企业有利等，即可积极参加投标。反之，则不参加。

4）随机应变。这主要包括三方面的内容：一是在某项工程投标过程中，随着竞争对手的变化，如放弃投标、改变投标策略等，必须及时地修正自己的策略；二是在确定投标报价时，必须根据影响报价较大的企业因素和市场信息变化，适时做出决策；三是灵活地采取不同的投标策略，一成不变的策略是很难成功的。

（2）投标策略。精明的投标策略，除掌握以上四个原则外，更重要的是来自实践经验的积累，对客观规律的认识和对实际情况的了解。在实践中，常见的投标策略有以下几种：

1）靠高水平的取胜。主要靠做好设计；采取合理的施工工艺；安排紧凑而均衡的进度，力求节省管理费用等等，从而有效地降低成本而获得较大的利润。这种投标策略，本质是通过提高企业经营管理水平来降低工程成本，并在这个基础上降低投标报价，提高竞争能力，这是企业采取的最根本的策略。

2）靠改进设计和缩短工期取胜。即仔细研究原设计图纸，提出能降低造价的建议，以提高对建设单位的吸引力。提出缩短工期取胜，达到早投产、早收益，有时甚至标价稍高，对承包商也是有吸引力的。

3）低利润策略。当企业任务不足时，或者某些承包商，为了开辟市场、建立信誉、也往往采取低利润政策。

4）低标价，高索赔策略。是利用设计图纸和说明书不够明确的漏洞，有意提出较低的报价，得标后在利用合同中的索赔条款索取补偿。

5）未来策略。从投标企业本身条件、兴趣、能力和近期、长远目标出发进行投标决策。对一个企业，首先要从战略眼光出发，投标中既要看到近期利益，更要看到长远目标。承揽当前工程要为今后工程创造机会和条件。对企业自身特点要注意扬长避短，发扬长处。

6）突然降价策略。报价是一件保密性很强的工作，但是对手往往会通过各种渠道、手段来刺探情况，因此在报价时可以采取迷惑对方的手法。即先按一般情况报价或表现出自己对该工程兴趣不大，到投标快截止时，再突然降价。采用这种方法时一定要在准备投标报价的过程中考虑好降价的幅度，在临近投标截止日前，根据情报信息及分析判断，再作最后决策。

8.4 园林项目合同管理

8.4.1 园林项目合同概述

8.4.1.1 合同的概念与作用

合同是一种契约，是当事人之间依法确定、变更、终止民事权利义务关系的协议。市场经济要求公平有序地竞争，竞争的秩序要靠法规来规范。依法签订的工程合同是工程实施的“法典”、竞争的“规则”、运行的“轨道”。

工程合同管理有两个层次：第一层次是政府对工程合同的宏观管理，第二层次是工程师对合同实施的具体管理。

在发达国家和地区，政府对工程合同的管理主要体现在以下四个方面。

（1）制定法规。

（2）授权专业人士组织（学会）编制标准合同条件。

（3）设置专门机构监督合同执行。

（4）调解机构、仲裁机构和法院处理合同争议，维护合同当事人的合法权益。

园林项目合同是指发包人与承包人之间为完成商定的园林项目，确定双方权利和义务的协议。依据工程施工合同，承包方完成一定的种植、建筑和安装工程任务，发包人应提供必要的施工条件并支付工程价款。园林工程施工合同是园林工程的主要合同，是园林工程建设质量控制、进度控制、投资控制的主要依据。在市场经济条件下，建设市场主体之间相互的权利义务关系主要是通过市场确立的。因此，在建设领域加强对园林工程施工合同的管理具有十分重要的意义。

在园林项目合同中，工程师受发包人委托或者委派对合同进行管理，在园林项目合同管理中具有重要的作用（虽然工程师不是施工合同当事人）。施工合同中的工程师是指监理单位派的总监理工程师或发包人指定履行合同的负责人，其身份和职责由双方在合同中约定。

8.4.1.2 园林施工项目合同的特点

园林工程施工合同不同于其他合同，具有显著的特点。

（1）特殊性。园林工程施工合同中的各类建筑物、植物产品，其建设基础是土地，具有不可移动性特点，导致施工生产的流动性，施工项目的独特性和相互间不可替代，因此所有施工对象如植物、施工场地、施工队伍、施工机械必须围绕施工对象不断移动。

（2）长期性。在园林工程建设中，由于材料种类多、工程量大，导致施工工期相对较长（与一般工业产品相比）。再加上工程建设是在合同签订后才能开始，而且合同签订后到正式开工前还需要一个较长的施工准备时期，工程全部竣工验收后还有较长时间的保修期和植物养护期。此外，在工程的施工过程中，还有可能因为不可抗力、工程变更、材料供应不及时等原因而导致工期顺延。所有这些情况，决定了施工合同的履行期限的长期性。

（3）多样性和复杂性。园林工程施工合同除了应具备合同的一般内容外，还应对安全施工、专利技术使用、发现地下障碍和文物工程分包、不可抗力、工程设计变更、材料设备供应、运输、验收等内容做出规定。在施工合同的履行过程中，除施工企业与发包人的合同关系外，还应涉及与劳务人员的劳动关系、与保险公司的保险关系、与材料设备供应商的买卖关系、与运输企业的运输关系等。所有这些，都决定了施工合同的内容具有多样性和复杂性的特点。

（4）严格性。由于园林工程施工合同的履行对国家的经济发展、人民的工作有重大影响。因此，国家对园林工程施工合同的监督是十分严格的。

8.4.2 园林工程施工合同的签订

8.4.2.1 园林工程施工合同签订的条件

签订园林工程施工合同应具备的条件：初步设计已经批准；工程项目已经列入年度建设计划；有能够满足工程施工需要的设计文件和有关技术资料；建设资金已经落实；招标工程的中标通知书已经下达。

8.4.2.2 签订园林工程施工合同应遵守的原则

（1）遵守法律、法规和计划的原则。订立园林工程施工合同，必须遵守国家法律、行政法规；对园林工程建设的特殊要求与规定，也应遵守国家的建设计划。由于园林工程施工对当地经济发展、社会环境与人们的生活有多方面的影响，国家或地方有许多强制性的管理规定，施工合同人必须遵守。

（2）坚持平等、自愿、公平的原则。签订园林工程施工合同的当事人双方同签订其他合同当事人双方一样，都具有平等的法律地位，任何一方都不得强迫对方接受不平等的合同条件。当事人有权决定是否订立合同和合同的内容，合同内容应当是双方当事人真实意思的体现。合同的内容应当是公平的，不能损害一方的利益。对于显失公平的合同，当事人一方有权申请人民法院或者仲裁机构予以变更或者撤销。

（3）遵循诚实信用的原则。要求在订立园林工程施工合同时要诚实，不得有欺诈行为，合同当事人应如实将自身和工程的情况介绍给对方。在履行合同时，施工当事人要守信用、严格履行合同。

8.4.2.3 园林工程施工合同签订的程序

园林工程施工合同的签订程序可以分为要约和承诺两个阶段。

（1）要约阶段。要约是指合同当事人一方向另一方提出订立合同的要求，并列出合同条款以及限定其在一定期限内做出承诺的意思表示。

要约是一种法律行为。它表现在要约规定的有效期限内，要约人要受到要约的约束，受约人若按时完全接受要约条款时，要约人负有与受约人签订合同的义务。否则，要约人对由此造成受约人的损失应承担相应的法律责任。

使要约具有法律约束力，须具备以下四个条件：要约是特定的合同当事人的意思表示；要约必须是要约人与他人以订立合同为目的；要约的内容必须具体、确定；要约经受约人承诺，要约人即受要约的约束。

（2）承诺阶段。承诺是指当事人一方对另一方提出的要约，在要约有效期限内，做出完全同意要约条款的意思表示。

承诺也是一种法律行为。承诺是要约与受约人之间，在要约有效期限内以明示的方式做出答应照办，并送达要约人；承诺必须是承诺人做出完全同意要约的条款，方为有效。如果要约的相对人对要约中的某些条款提出修改、补充、部分同意，附有条件，或者另行提及新的条件以及迟到送达的承诺，都不能视为有效的承诺，而被称为新要约。

承诺要具有法律约束力，必须具备三个条件：承诺须由受约人做出；承诺的内容应与要约的内容完全一致；承诺人必须在要约有效限期内做出承诺并送达要约人。

8.4.2.4 园林工程施工合同签订方式

园林工程施工合同签订的方式有两种：直接发包和招标发包。一般园林建设项目的施工应通过招标投标确定工程施工企业。

由于园林工程施工合同的签订受严格的时限约束，所以要求中标通知书发出后，依据招标投标法的规定，中标的园林工程施工企业应与建设单位在30天内签订完合同工作；同时签订合同的当事人必须是中标施工企业的法人代表或委托代理人；而且投标书中已确定的合同条款在签订合同时原则上不得更改，合同价应必须与中标价相一致。为了保证招投标的严肃性，如果中标企业在规定的有效期限内拒绝与建设单位签订合同，则建设单位不再退还保证金，同时建设行政主管部门或其授权机构还可视其情况给予一定的行政处罚。

8.4.3 园林项目合同的履行、变更、转让、终止和解除

8.4.3.1 园林工程施工合同的履行

园林工程施工合同履行是指合同当事人双方依据合同条款的规定，承担各自应负的义务。就其实质来说，是合同当事人在合同生效后，全面地、适时地完成合同义务的行为。

合同的履行是合同法的核心内容，也是合同当事人订立合同的根本目的。当事人双方在履行合同时，必须全面地、善始善终地履行各自承担的义务，使当事人的权利得以实现，从而为各社会组织及自然人之间的生产经营及其他交易活动的顺利进行创造条件。

依照合同法的规定，合同当事人双方应当按照合同约定全面履行自己的义务，包括履行义务的主体、标底、数量、质量、价款或报酬以及履行的方式、地点、期限等，都应当按照合同的约定全面履行。

园林工程施工合同履行必须遵守诚实信用的原则，该原则贯穿于合同的订立、履行、变更、终止等全过程。因此，当事人在订立合同时，要证实，要守信用，要善意，当事人双方要互相协作，合同才能圆满地履行。诚实信用原则的基本内容，主要是合同当事人善意的心理状况，它要求当事人在进行民事活动中不得有欺诈行为，要恪守信用，尊重交易习惯，不得回避法律和歪曲合同条款。正当竞争，反对垄断，尊重社会公共利益和不得滥用职权等。

公平合理是园林工程施工合同履行的另一原则。合同当事人双方自订立合同起，直到合同的履行、变更、转让以及发生争议时对纠纷的解决，都应当依据公平合理的原则，按照合同法的规定，履行其义务。

签订园林工程施工合同的当事人不得擅自单方变更合同是合同履行的又一个重要原则。合同依法成立，即具有法律约束力，因此，合同当事人不得单方擅自变更合同。合同的变更，必须按合同法中有关规定进行，否则就是违法行为。

8.4.3.2 园林工程施工合同的变更

合同变更是指合同依法成立后，在尚未履行或尚未完全履行时，当事人依法经过协商，对合同的内容进行修改或调整所达成的协议。

合同变更时，当事人应当通过协商，对原合同的部分内容条款做出修改、补充或增加新的条款。例如，对原合同中规定的标底数量、质量、履行期限、地点和方式、违约责任、解决争议的办法等做出变更。当事人对合同内容变更取得一致意见时方为有效。

《中华人民共和国合同法》规定："变更合同应当办理批准、登记等手续，必须依据其规定办理。"因此当事人变更有关合同时，必须按照规定办理批准、登记手续，否则合同之变更不发生效力。

当事人因重大误解、显失公平、欺诈、胁迫或乘人之危而订立的合同，受损害一方有权请求人民法院或者仲裁机构做出变更或撤销合同中的相关内容的决定。

8.4.3.3　园林工程施工合同的转让

园林工程施工合同的转让是合同主体的变更，合同的内容并没有发生改变。合同转让根据其转让的内容可以分为债权转让、债务转移和债权债务一并转让三种。但无论哪一种都必须办理批准、登记手续。债权转让又称债务转移或合同权利的转让。

债权转让即债权让与，是债权人与第三人协议将其债权转让给第三人的双方法律行为。这里的债权人为转让人，第三人为受让人。债权移转在双方当事人达成协议时发生法律效力，受让人即取代原债权人的地位而成为新的债权人，如债务人不履行义务，新的债权人有权以自己的名义向债务人提起诉讼，请求人民法院强制债务人履行义务。

债务转移，是指园林工程施工合同债务人与第三人之间达成协议，并经债权人同意，将其义务全部或部分转移给第三人的法律行为。债务转移又称债务承担或合同义务转让。

实践操作中通常是两者一并转移，但无论是何种转移，根据《中华人民共和国合同法》第八十七条规定："法律、行政法规规定转让权利或者转移义务应当办理批准、登记等手续的。"法律、行政法规规定了特定合同的成立、生效要经过批准、登记，否则不能成立。因此，园林工程施工合同的权利转让或者义务转移也须经过批准、登记。因为，需要批准、登记的合同都是具有特定性质的合同，在批准、登记时，合同主体——当事人是重要的审查内容，无论是合同债权转让还是合同债务转移，都会引起合同主体的变化，所以要按规定进行批准、登记等手续。

8.4.3.4　园林工程施工合同的终止

合同终止是指合同当事人双方在合同关系建立以后，因一定的法律事实出现，使合同确立的权利义务关系消灭，即合同关系消除。《中华人民共和国合同法》第九十一条规定：有下列情形之一的，合同的权利义务终止。

（1）债务已经按照约定履行。

（2）合同解除。

（3）债务相互抵消。

（4）债务人依法将标的物提存。

（5）债权人免除债务。

（6）债权债务同归于一人。

（7）法律规定或者当事人约定终止的其他情形。

现实交易活动中，合同终止原因绝大多数是第一种情形。按照约定履行，是合同当事人订立合同的出发点，也是订立合同的归宿，是合同法调整合同法律关系的最理想效果。

8.4.3.5　园林工程施工合同的解除

合同的解除，是合同有效成立后，因合同当事人一方或双方的意思表示，提前解除合同效力的行为。合同解除包括：约定解除和法定解除两种类型。

约定解除合同。《中华人民共和国合同法》第九十三条规定：当事人协商一致，可以解除合同。当事人可以约定一方解除合同的条件。解除合同的条件成熟时，当事人通过行使约定的解除权或者双方约定而进行的合同解除。

法定解除合同。合同解除的条件由法律直接加以规定者，其解除为法定解除。在法定解除中，有的以适用于所有合同的条件为解除条件，有的则仅以适用于特定合同的条件为解除条件。前者为一般法定解除，后者称为特别法定解除。中国法律普遍承认法定解除，不但有关于一般法定解除的规定，而且有关于特别法定解除的规定。

《中华人民共和国合同法》第九十四条规定有下列情形之一的，当事人可以解除合同：①因不可抗力致使不能实现合同目的；②在履行期限届满之前，当事人一方明确表示或者以自己的行为表明不履行主要债务；③当事人一方迟延履行主要债务，经催告后在合理期限内仍未履行；④当事人一方迟延履行债务或者有其他违约行为致使不能实现合同目的；⑤法律规定的其他情形。

所谓法定解除是指在合同依法成立后尚未全部履行完毕以前，当事人基于法律规定的事由行使解除权，从而使合同的效力归于消灭的行为。此种合同解除关键在于由法律规定的事由，当条件成熟时，解除权产生，解除权可直接行使，将合同关系解除，而不必争得对方同意。

8.4.4 园林工程施工合同的管理

8.4.4.1 园林工程施工合同管理的意义

（1）有利于发展和完善社会主义园林工程市场经济。园林工程施工合同管理的目的及任务是发展和完善社会主义园林工程市场经济。我国经济体制改革的目标是建立社会主义市场经济，以利于进一步解放和发展生产力，增强经济实力，参与国际市场经济活动。因此，培育和发展园林工程市场，是我国园林系统建立社会主义市场体制的一项十分重要的工作。

为此，在园林工程建设领域中要加强园林工程市场的法制建设，健全市场法规体系，以保障园林工程市场的繁荣和园林业的发达。要达此目的，必须加强对园林工程建设合同的法律调整和管理，认真做好园林工程施工合同管理工作。

（2）有利于建立现代园林工程施工企业制度。现代企业制度的建立，对企业提出了新的要求，企业应当依据公司法的规定，遵循“自主经营、自负盈亏、自我发展、自我约束”的原则，这就促使园林工程施工企业必须认真地、更多地考虑市场的需求变化，调整企业发展方向和工程承包方式、依据招投标法的规定，通过工程招标投标签订园林工程施工合同，以求实现与其他企业、经济组织在工程项目建设活动中的协作与竞争。

园林工程施工合同，是项目法人单位与园林工程施工企业进行承包、发包的主要法律形式，是进行工程施工、监理和验收的主要法律依据，是园林工程施工企业走向市场经济的桥梁和纽带。订立和履行园林工程施工合同，直接关系到建设单位和园林工程施工企业的根本利益。加强园林工程施工合同的管理，已成为在园林工程施工企业中推行现代企业制度的重要内容。

（3）有利于规范园林工程施工市场主体、市场价格和市场交易。建立完善园林工程施工市场体系，是一项经济法制建设工程。它要求对市场主体、市场价格和市场交易等方面的经济关系加以法律调整。

市场主体进入市场进行交易，其目的就是为了开展和实现工程项目承包发包活动，也即建立工程建设项目合同法律关系。为达此目的，有关各方主体必须具备和符合法定主体资格，也即共有订立园林工程合同的权利能力和行为能力，方可订立园林工程承包合同。

园林市场价格，是一种市场经济中的特殊商品价格。在我国，正在逐步建立“政府宏观指导，企业自主报价，竞争形成价格，加强动态管理”的园林建筑市场价格机制。

园林工程施工的市场交易，是指园林产品的交易通过工程建设招标投标的市场竞争活动，最后采用订立园林工程施工合同的法定形式，以形成有效的园林工程施工合同的法律关系。

（4）有利于提高园林工程施工合同履约率。牢固树立合同法制观念，加强工程建设项目合同管理，必须从项目法人、项目经理、项目工程师做起，坚决执行合同法和建设工程合同行政法规以及“合同示范文本”制度，从而保证园林工程建设项目的顺利建成。

（5）有利于开拓园林工程施工国际市场。努力发展和提高我国园林工程产业在国际工程市场中的份额，十分有利于发挥我国园林工程的技术优势和人力资源优势，推动国民经济的迅速发展。改革开放以来，园林企业在开拓和开放国际工程承包、发包过程中，坚持贯彻“平等互利、形式多样，讲求实效，共同发展”的经济合作方针和“守约、保质、薄利、重义”的经营原则，在国际工程承包市场上树立了信誉，获得了国外先进的工程管理经验，加快了我国园林工程施工合同管理与国际园林工程施工惯例接轨的步伐。

8.4.4.2 园林工程施工合同管理的任务

（1）发展和培育园林工程施工市场，振兴我国的园林工程施工业，建立开发现代化的园林工程施工市场。市场的模式应当是：市场机制（即供应、价格、竞争）健全，市场要素完备，市场保障体系和市场法规完善，市场秩序良好。为了形成高质量的园林工程施工的市场模式，必须培育合格的市场主体，建立市场价格机制，强化市场竞争意识，推动园林工程项目招标投标，确保工程质量，严格履行园林工程施工合同。

（2）努力推行法人责任制、招标投标制、工程监理制和合同管理制。认真完善和实施“四制”并做好协调关系，是摆在园林工程建设管理工作面前的重要任务。现代园林工程管理中的“四制”，是一个相互促进、相互制约的有机组合体，是主体运用现代管理手段和法制手段，实现园林工程施工市场经济发展和促进社会进步的统一体。因此，工程建设管理者必须学会正确运用合同管理手段，为推动项目法人负责制服务；工程师依据合同实施规范性监理，落实工程招标与合同管理一体化的科学管理。

(3) 全面提高园林工程建设管理水平，培育和发展园林工程市场经济，是一项综合的系统工程，其中合同管理只是一项子工程。但是，工程合同管理是园林工程科学管理的重要组成部分和特定的法律形式。它贯穿于园林工程施工市场交易活动的全过程，众多园林工程施工合同的全部履行，是建立一个完善的园林工程施工市场的基本条件。因此，加强园林工程施工合同管理，全面提高工程建设管理水平，必将在建立统一的、开放的、现代化的、机制健全的社会主义园林工程施工市场经济体制中，发挥重要的作用。

(4) 有效控制工程质量、进度和造价。园林工程合同管理，是对园林工程建设项目有关的各类合同，从条件的拟订、协商、签署、履行情况的检查和分析等环节进行的科学管理，以期通过合同管理实现园林工程项目“三大控制”的任务要求，维护当事人双方的合法权益。

8.4.4.3　园林工程施工合同管理的方法和手段

(1) 园林工程施工合同管理的方法。

1) 健全园林工程合同管理法规，依法管理。在园林工程建设管理活动中，要使所有工程建设项目从可行性研究开始，到工程项目报建、工程项目招标投标、工程建设承发包，直至工程建设项目施工和竣工验收等一系列活动全部纳入法制轨道，就必须增强发包商和承包商的法制观念，保证园林工程建设项目的全部活动依据法律和合同办事。

2) 建立和发展有形园林工程市场。建立完善的社会主义市场经济体制，发展我国园林工程发包承包活动，必须建立和发展有形的园林工程市场。有形园林工程市场必须具备及时收集、存储和公开发布各类园林工程信息的三个基本功能，为园林工程交易活动，包括工程招标、投标、评标、定标和签订合同提供服务，以便于政府有关部门行使调控、监督的职能。

3) 完善园林工程合同管理评估制度。完善的园林工程合同管理评估制度是有形的园林工程市场良性发展的重要保证，又是提高我国园林工程管理质量的基础，也是发达国家经验的总结。我国在这方面，还存在一定的差距。面临全球化进程加快的客观现实，只有尽快建立完善这方面的制度，才能使我国园林工程合同管理评估制度尽快与国际接轨，在激烈的竞争中立于不败之地，符合市场经济发展的基本要求。一般园林工程合同评估主要包括以下几方面内容：合法性：指工程合同管理制度符合国家有关法律、法规的规定；规范性：指工程合同管理制度具备规范合同行为的作用，对合同管理行为进行评价、指导、预测，对合同行为进行保护奖励，对违约行为进行预测、警示或制裁等；实用性：指园林工程管理制度能适应园林建设工程合同管理的要求，以便于操作和实施；系统性：各类工程合同的管理制度是一个有机的结合体，互相制约、互相协调、在园林工程合同管理中，能够发挥整体效应的作用；科学性：指园林工程合同管理制度能够正确反映合同管理的客观经济规律、保证人们运用客观规律进行有效的合同管理，才能实现与国际惯例接轨。

4) 推行园林工程合同管理目标制。园林工程合同管理目标制，就是使园林工程各项合同管理活动按照达到预期结果和最终目的的制度。其过程是一个动态过程，具体讲就是指工程项目管理机构和管理人员为实现预期的管理目标和最终目的，运用管理职能和管理方法对工程合同的订立和履行施行管理活动的过程。其过程主要包括：合同订立前的目标制管理、合同订立中的目标制管理、合同履行中的目标制管理和减少合同纠纷的目标制管理等四部分。

5) 园林工程合同管理机关必须严肃执法。园林工程合同法律、行政法规，是规范园林工程市场主体的行为准则。在培育和发展我国园林工程市场的初级阶段，具有法制观念的园林工程市场参与者，要学法、懂法、守法，依据法律、法规进入园林工程市场，签订和履行工程建设合同，维护自身的合法权益。而合同管理机关，对违反合同法律、行政法规的应从严查处。由于我国社会主义市场经济尚处初创阶段，特别是园林工程市场因其周期长、流动广、艺术性强、资源配置复杂以及生物性等特点，依法治理园林市场的任务十分艰巨。在工程合同管理活动中，合同管理机关应在严肃执法的同时，又要运用动态管理的科学手段，实行必要的“跟踪”监督，可以大大提高工程管理水平。

(2) 园林工程施工合同管理的手段。园林工程施工合同管理是一项复杂而广泛的系统工程，必须采取综合管理手段，才通达到预期目的。

1) 普及合同法制教育，培训合同管理人才。认真学习和熟悉必要的合同法律知识，以便合法地参与园林工程市场活动。发包单位和承包单位应当全面履行合同约定的义务，不按照合同约定履行义务的，依法承担违约责任。工程师必须学会依据法律的规定，公正地、公开地、独立地行使权力，努力作好园林工程合同的管理工作。这就要进行合同法制教育，通过培训等形式，培养合格的合同管理人才。

2) 建立专门合同管理机构并配备专业的合同管理人员。建立切实可行的园林建设工程合同审计工作制度，设立专门的合同管理机构，并配备专业的管理人员。以强化园林建设工程合同的审计监督，维护园林工程建筑市场秩序，确保园林建设工程合同当事人的合法权益。

3) 积极推行合同示范文本制度。积极推行合同示范文本制度，是贯彻执行《中华人民共和国合同法》，加强建设合同监督，提高合同履约率，维护园林建筑市场秩序的一项重要措施。一方面有助于当事人了解、掌握有关法律、法规，使园林工程合同签订符合规范，避免缺款少项和当事人意思表达不真实，防止出现显失公平和违约条款；另一方面便于合同管理机关加强监督检查，也有利于仲裁机构或人民法院及时裁判纠纷，维护当事人的合法权益，保障国家和社会公共利益。

4) 开展对合同履行情况的检查评比活动，促进园林工程建设者重合同、守信用。园林工程建设企业应牢固树立“重合同，守信用”的观念。在发展社会主义市场经济，开拓园林工程建筑市场的活动中，园林工程建设企业为了提高竞争能力，应该认识到“企业的生命在于信誉，企业的信誉高于一切”的原则的重要性。因此，园林工程建设企业各级领导应该经常教育全体员工认真贯彻岗位责任制，使每一名员工都来关心工程项目的合同管理，认识到自己的每一项具体工作都是在履行合同约定的义务，从而保证工程项目合同的全面履行。

5) 建立合同管理的信息系统。建立以计算机数据库系统为基础的合同管理信息系统。在数据收集、整理、存储、处理和分析等方面，建立工程项目管理中的合同管理系统，可以满足决策者在合同管理方面的信息需求，提高管理水平。

6) 借鉴和采用国际通用规范和先进经验。现代园林工程建设活动，正处在日新月异的纳新时期，我国园林工程承包、发包活动的国际性更加明显。国际园林工程市场吸引着各国的业主和承包商参与其流转活动。这就要求我国的园林工程建设项目的当事人学习、熟悉国际园林工程市场的运行规范和操作惯例，为进入国际园林工程市场而努力。

【案例 1】　工期延误索赔

在某工程中，按合同规定的总工期计划，应于×年×月×日开始现场搅拌混凝土。因承包商的混凝土拌和设备迟迟运不上工地，承包商决定使用商品混凝土，但被业主否决。而在承包合同中未明确规定使用何种混凝土。承包商不得已，只有继续组织设备进场，由此导致施工现场停工、工期拖延和费用增加。对此承包商提出工期和费用索赔。而业主认为仅部分可以索赔，原因是：①已批准的施工进度计划中确定承包商用现场搅拌混凝土，承包商应遵守。②拌和设备运不上工地是承包商的失误，他无权要求赔偿。争执提交调解人后，承包商最终获得了工期和费用补偿。

【分析】

由于合同中未明确规定一定要用工地现场搅拌的混凝土（施工方案不是合同文件），则商品混凝土只要符合合同规定的质量标准也可以使用，不必经业主批准。因为按照惯例，实施工程的方法由承包商负责。他在不影响或为了更好地保证合同总目标的前提下，可以选择更为经济合理的施工方案。业主不得随便干预。在此前提下，业主拒绝承包商使用商品混凝土，是一个变更指令，对此承包商可以进行工期和费用索赔。（本案例引自孙镇平，建设工程合同案例评析）

【案例 2】　FIDIC 条件下的索赔与反索赔

某市大型道路绿化工程地形复杂，涉及要将原来一些工程（如鱼塘、河堤等）进行重新翻修、改造后再绿化，工程招标文件采用 FIDIC 标准合同条件，另有详细的“专用条件”及施工技术规程。中标合同价 5820 万元，工期为 24 个月。

工程建设开始后，在鱼塘开挖过程中，发现地质情况复杂，淤泥深度比招标文件资料中所述数据大得多，基部高程较设计图纸高程降低 3.0m。在施工过程中，咨询工程师多次修改设计。推迟了交付施工图纸。因此，在工程近完成时，承包商提出了索赔：要求延长工期 6.5 个月，补偿附加开支 1640 万元。

在这项重大索赔的处理过程中，业主和咨询工程师采取了慎重、细致的做法，在审核评价承包商的索赔文件之后，又向承包商提出了某项反索赔，使索赔和反索赔交错在一起，最后做了综合性的处理。

【分析】

业主和工程师采取的步骤如下。

(1) 研究招标合同文件，审核承包商索赔要求的合同依据。经逐项审查后认为，承包商有权提出相应的工期延长、工程量增加、个别单价调整等索赔要求，应对其具体索赔款项进行核算。

在招标文件的“工程造价预算”部分中，对绿化工程的造价进行了详细的估算，预算工程总造价为 6350 万元，工期为 24 个月。而承包商投标报价为 5820 万元，工期为 24 个月。可见，承包商在竞争性公开招标过程中，将工程成本压得很低，并遗漏了一些成本项目，它显然在竞争中达到了中标的目的，但报价偏低 530 万元，一开始便埋下了亏损的根子。

(2) 根据施工过程中出现的情况，对工程成本进行可能状态分析。通过对每一项新出现的索赔事项进行具体分析，绿化工程的总成本可能达到 7800 万元，所需工期为 28 个月，即在原定 24 个月工期的基础上，延长工期 4 个月。从工程成本分析可以看出：①工程总成本由 6350 万元增至 7800 万元，所增加的 1450 万元是承包商本来可以有权提出的索赔款额的上限；②由于承包商在投标报价时较工程“标底”(6350 万元) 少报了 530 万元，这是他自愿承担的风险。因此，可能给予承包商的索赔款的上限应为 999 万元；③承包商提出要求延期 6.5 个月，是根据施工进度实际情况到工程建成所需要的工期延长。但根据可能状态分析，应给予承包商延期 4 个月，其余的拖期 2.5 个月，则属于承包商的责任；④承包商要求，在他的中标合同价 5820 万元的基础上，再索赔附加成本 1640 万元。这意味着，工程总成本将达到 9440 万元。但业主和工程师的可能状态分析得出的总成本为 7800 万元。这两个总成本的差价为 1640 万元，说明承包商的成本支出偏大。其原因可能是承包商管理不善，形成过大的成本开支；或是承包商在计算索赔数额时留有余地，提高了索赔额。

(3) 对于工期延误，向承包商提出反索赔要求。根据工程项目的可能状态分析，可同意给承包商工期延长 4 个月。对于其余拖期的 2.5 个月，根据合同条款，业主有权反索赔，即向承包商扣取“误期损害赔偿费”。按照合同规定，工程建成每延误一天按 9.5 万元收取误期损害赔偿费，共计为 722 万元。

(4) 综合处理索赔和反索赔事项，咨询工程师经过数次与承包商洽商，就索赔及反索赔事项达成协议，双方同意进行统筹处理。①业主批准给承包而支付索赔款 999 万元，批准延长施工期 4 个月；②承包商向业主交纳工程建设误期损害赔偿费 722 万元；③索赔款和反索赔款两相抵偿后，业主一次向承包商支付索赔款 277 万元。(本案例引自孙镇平，建筑工程合同案例分析)

本 章 小 结

本章从寓言故事和合同管理案例分析入手，重点阐述了园林项目建设的可行性研究，招标文件、投标文件制作；招标、投标、开标与决标管理；以及园林项目合同的执行、变更、转让、终止和解除，通过学习了解了可行性研究报告的作用、措施及审批程序、招投标管理的程序与方法，为园林工程招投标的科学管理奠定了理论基础。

思 考 练 习 题

1. 名词术语解释。

承包商、工程招标、标底、投标、开标、直接发包、招标发包、债权转让、约定解除、法定解除。

2. 简述园林投资项目可行性研究的概念、步骤和内容。

3. 简述园林工程项目招投标概念、主要内容、条件和程序？
4. 园林工程投标前的准备工作有哪些？投标策略有哪几种？
5. 根据某一拟建园林工程项目编制一份招标文件。
6. 针对某一拟建园林工程项目做一本投标书。
7. 什么是园林工程施工合同，其作用和特点是什么？
8. 园林工程施工合同签订的条件、原则及程序是什么？
9. 根据某一拟建园林工程项目模拟签订一份设计或施工合同。
10. 试述园林工程施工合同的履行、变更、转让和终止的概念及相关法律规定。
11. 园林工程施工的合同管理方法和手段有哪些？

第9章 园林设计管理

本章学习要点

• 对于传统园林设计管理的理解，人们往往把“园林”、“设计”、“管理”几个词分解开来，把它们的词义简单相加，仅仅理解为在园林规划设计过程中任务分配、工期安排、人员组织等方面的管理。但是，随着现代园林学科和行业的发展，这种理解愈发显得粗放，缺乏系统性管理意识，已经不能完全适应时代需要。

• 要求了解园林设计过程中的设计团队及其工作环境，了解设计团队精神，理解园林设计中的体验设计，应用管理理论对园林设计过程进行管理，掌握园林作品设计的流程和设计过程管理，理解园林设计管理的意义和作用，学习提高创作力的方法。

9.1 设计管理故事

9.1.1 蜜蜂和苍蝇

六只蜜蜂和同样多只苍蝇被装进一个玻璃瓶中，瓶子平放，瓶底朝着窗户。

这时蜜蜂呢，不停地想在瓶底上找到出口，一直到它们力竭倒毙或饿死；而苍蝇则会在不到两分钟之内，穿过另一端的瓶颈逃逸一空。

蜜蜂以为，囚室的出口必然在光线最明亮的地方；它们不停地重复着这种合乎逻辑的行动。而对蜜蜂来说，玻璃又是一种超自然的神秘之物，它们在自然界中从没遇到过这种突然不可穿透的大气层；结果使得蜜蜂面对这种奇怪的障碍物无法穿越。事实上正是这种惯性思维模式，蜜蜂才无法通过这一玻璃屏障。

相反，那些苍蝇则对事物的逻辑毫不留意，全然不顾亮光的吸引，四下乱飞，打破了蜜蜂的惯性思维模式，通过多次试验与坚持不懈的努力，结果碰上了好运气。因此，苍蝇得以最终发现那个获得重生的出口，获得自由和新生。

这件事说明，试验、坚持不懈、试错、冒险、即兴发挥、最佳途径、迂回前进和随机应变，所有这些都有助于应付变化。

【管理启示】

本故事与园林设计创新和设计管理有关，它告诉我们一个真理，一个成功的设计实践总是跟试验、应变联系在一起的。有时需要打破传统的惯性思维模式、打破僵化，无拘无束，保持宽松开放、生气勃勃的环境，这是所有出色的设计管理的真谛。当每人都遵循规则时，创造力便会窒息。这里的规则也就是瓶中蜜蜂所坚守的“逻辑”，而坚守的结局是无路可走。

9.1.2 袋鼠与笼子

有一天动物园管理员们发现袋鼠从笼子里跑出来了，于是开会讨论，一致认为是笼子的高度过低。所以它们决定将笼子的高度由原來的10米加高到20米。结果第二天他们发现袋鼠还是跑到外面来，所以他们又决定再将高度加高到30米。没想到隔天居然又看到袋鼠全跑到外面，于是管理员们大为紧张，决定一不做二不休，将笼子的高度加高到100米。一天长颈鹿和几只袋鼠们在闲聊，“你们看，这些人会不会再继续加高你们的笼子?”长颈鹿问。“很难说。”袋鼠说:“如果他们再继续忘记关门的话!”

【管理启示】

事有本末、轻重、缓急，关门是本，加高笼子是末，舍本而逐末，当然就不得要领了。管理是什么?管理是抓事情的本末、轻重、缓急。

9.1.3　唐伯虎点秋香

江南才子唐伯虎在江南一庙宇偶遇前来进香的秋香，一见钟情，遂生共结连理之意。为此，他一路跟踪秋香到太师府，又想方设法以伴读书童的身份混进府，谋得了接触秋香的机会，后在府中多次接触秋香并表心意，均被秋香拒绝。有一次竟被秋香锁进柴房，但唐伯虎并不气馁，又请来好友祝枝山帮忙，在好友的指点下博得点秋香成婚的好机会，至此，江南才子好梦成真。唯一不太好的是唐伯虎在成婚后从太师府偷偷溜走不辞而别，显得不太有面子，不过，这也是他当时最好的选择。

【管理启示】

一个设计首先是要目标明确以后，有了目标以后围绕此目标进行措施设计，唐伯虎点秋香就是一个典型的设计案例，在目标设计与实施过程中出现问题时，可在适当时候请高人帮助，毕竟有时是旁观者清。

9.1.4　老板的要求

有一个老板告诉其秘书:“你帮我查一查我们有多少人在华盛顿工作，星期四的会议上董事长将会问到这一情况，我希望准备得详细一点。”于是，这位秘书打电话告诉华盛顿分公司的秘书:“董事长需要一份你们公司所有工作人员的名单和档案，请准备一下，我们在两天内需要。”分公司的秘书又告诉其经理:“董事长需要一份我们公司所有工作人员的名单和档案，可能还有其他材料，需要尽快送到。”结果第二天早晨，四大箱航空邮件到了公司大楼。

【管理启示】

设计团队如果没有默契，不能发挥设计团队绩效，而设计团队如果没有有效的沟通，也就根本不可能与建设单位达成共识。在园林设计中沟通的重要性更加凸现，如果一个设计单位或设计者不能有效地与甲方进行有效的沟通，就根本无法了解甲方的意图，可能使设计偏离方向，从而造成人力物力的浪费。本案例就告诉我们一个沟通的重要性。

9.2　设计管理概述

随着商业世界的不断繁荣，公司结构的日益完善复杂，协作制度的不断发展，管理在如今的商业社会已是无处不在，只要有团队合作的地方，必然有管理知识的运用，以提高工作效率，并且实现更加完美的工作目的。纵观设计发展史，不难看出设计管理是市场经济发展到一定程度的必然产物。设计与管理，是现代经济生活中使用频率很高的两个词，都是企业经营战略的组成部分。随着设计的不断发展，设计已成为增加企业生产力，使商品具有独创特性的战略手段。即设计开始在经营活动中直接发挥作用，设计管理正是使设计有效地发挥这种作用的方法。设计管理作为一个新概念，是企业提高效率开发产品的利器。

9.2.1　设计与管理

(1) 设计，是指把一种计划、规划、设想、问题解决的方法，通过视觉的方式传达出来的活动过程。它的核心内容包括三个方面:计划、构思的形成;视觉传达方式;计划通过传达后的具体应用。

(2) 管理，是由计划、组织、指挥、协调及控制等职能要素组成的活动过程，基本职能包括决策、领导、调控几个方面。在一个组织中的人们具有共同的目标，管理的任务就是要使人们相互沟通和理解为完成共同目标而努力，核心是协调人际关系。

如将设计与管理这两个概念组合成设计管理的时候，会产生多种不同的字面意思。可以理解为对设计进行管理，或是对管理进行设计;也可以是对产品的具体设计工作进行管理，或是对从企业经营角度的设计进行管理。这些定义大致可分为两类:第一类是基于设计师的层面上，即对具体设计工作的管理;第二类是基于企业管理的层面，即对特定企业的新产品设计及为推广而进行的辅助性设计工作所做的战略性管理与策划。

其中组织人事管理的目的不仅是为了设计活动的正常进行，更重要的是使设计师充分发挥创造能力。企业设计管理一般将产品计划和产品开发作为主要的领域，是企业领导从企业经营的角度对设计进行的管理，是以企业理念和经营方针为依据，使设计更好地为企业的战略目标服务。但对于园林设计管理更多的趋向于前者，是指对组织人事的管理。它的目的是有效地控制设计过程以实现预定目标并提高设计执行能力的工作程序。

(3) 设计管理的重要性。设计管理既是设计的需要，也是管理的需要。日本的设计虽起步不早，但设计水平是大家有目共睹的。日本学者认为日本产品能具国际竞争力，在设计的应用与行销上经常创新的重要因素是掌握“设计管理”。卓越的设计并非靠运气，需要实践与前瞻的企划，亦需认真执行与达成。设计管理的改善将产生较佳的设计，高品质的产品与较大的竞争力。

设计与企业管理的结合是设计发展的必然趋势，要获得好的设计不仅是一项设计工作，也是一项管理工作。设计师的专业技能当然重要，但通过有效的管理，保证企业设计资源充分发挥效益更重要。个别企业不同领域的设计人员就缺乏沟通：产品设计是由工程师进行的，视觉传达由公共关系和市场开发方面的人员负责，环境由基建部门负责。如果没有跨越传统部门界线的设计管理体制，企业设计工作相互交织的内在关系是十分复杂混乱的，因而必须在企业内部建立一种新的有力的系统来管理设计。

9.2.2　设计师与设计管理师

(1) 设计师。指的是能想象和创造设计解决方案的人，也就是所谓的“设计的执行者”。

(2) 设计管理师。是指懂得设计的管理者或懂得管理的设计师。虽然两者强调的侧重点不同，但总的是一个精通设计的管理者，而且在设计管理师应该具备的素质上是完全相同的。

(3) 设计管理师应具备的素质。设计管理师应具备以下五种基本素质。

1) 设计管理师必须具备拟定设计策略的能力。因为设计管理师真正负责的对象不是公司的上司，也不是艺术本身，而应该是消费者。园林设计管理不仅承担着园林产品质量和生态环境质量的重任，同时还承担着园林企业形象和企业品牌形象的重任，更要承担着园林企业未来投资方向和发展规划的重任。设计管理师不仅是设计部门、设计项目的负责人，他同时是企业形象和品牌形象的重要建设和监督者，企业发展的重要决策者。所以设计管理师的必须具备拟订设计策略的能力，从长远的角度确定今后一段时期内公司的设计方向和风格，只有这样，才能保证企业产品设计风格的一致性，增强消费者对品牌和公司形象的认识。

2) 设计管理师必须具备设计项目管理的能力。设计管理师不仅要对企业的宏观建设起到重要的作用，在企业的日常行为中也应该发挥他独特的作用。同时，设计管理师能够利用和调动一切可以利用的资源，尽可能的了解消费者的特点和他们对产品的消费诉求，为产品的开发收集足够的信息。

3) 设计管理师必须具备选择和使用设计师的能力。设计师是一个非常独特的群体，他们的设计工作和其他工作相比自由度高，可控制性差。设计管理师要保证每位设计师设计的产品都与目标相一致，而不能各自为政，造成混乱。

4) 设计管理师必须具备良好的商业素养。设计管理师所面对和负责的对象不应该是他的上司，而应该是他可能面对的客户。因为客户对一个品牌的忠诚源于他对用该品牌产品体验到的连贯性和满意度，对品牌内在文化的适应性。

5) 设计管理师必须具备良好的沟通和管理能力。具有良好的沟通和管理能力是一个设计管理师必备的个人素质和能力。设计管理师能将自身的能力运用到和同事的情感及业务的沟通上，运用到项目的负责和管理上，运用到对上司和公司的说服上，运用到客户对产品感觉的忠诚上，能够协同和领导他人共同完成自己所负责的业务和项目。

(4) 设计管理师在设计管理中的作用。设计管理不仅是对产品设计的管理，还是品牌和企业的形象的管理，更是对企业未来投资发展趋势上的策略规划和管理。所以设计管理师必须制定一套行之有效的管理方法和制度，来实现对设计师的活动、设计的进度与过程进行适当的控制。

1）设计管理需要一套行之有效的组织行为模式和纪律章程。设计师是一个非常独特的群体，他们的设计工作和其他工作相比具有自由度更高，可控制性更差，怎样在艺术化的设计管理中找到可操作性的管理模式，自然是设计管理师的重要职责。

2）设计管理是充分利用各种资源和信息，提高设计效率的活动。设计管理是一种创新，是关于产品的、环境的和用户经验方面的实用性的创新，需要占有大量的有效信息的前提下才能完成。设计管理就是要利用人才和企业内部、外部一切可能的资源，去收集产品的、环境的和用户体验等方面的相关信息，来提高设计效率和设计水平。

3）设计管理是对设计师和设计活动的有效管理。设计不是设计师仅仅凭借灵感就能完成的工作，它需要明确的设计目标，大量既具有细微差别，又分类明确、相对集中的信息，才能完成具有针对性的设计。这就要求设计管理师能够在设计方案的确立，设计资源的合理分配，设计进度和过程的控制等方面进行有效的管理。使设计更加明确，使设计师能够在设计方向明确，有较高的合作精神和自由度的环境中开展工作。

9.2.3 设计管理的形成与发展

早在20世纪40年代，随着工业化进程的发展，客户与市场认为设计的产品不具备战略价值，设计师们则过于侧重技法和创造能力，缺乏与市场沟通的能力。为了弥补这种缺陷，1944年由英国政府组织的工业设计委员会在英格兰成立了“英国设计委员会”，成为联系设计师与市场之间的桥梁，其目的是为了运用一切可行的手段来促进英国工业设计的发展，这就是设计管理最早的雏形。而设计管理的发展则是20世纪80年代以后，通过岁月与实践的考验，表明设计管理绝对不是一种短暂的时髦与流行，设计管理在今天越来越被重视，而且随着时间的流逝，越发体现出它的研究和使用价值。直到1988年第一届欧洲设计奖，才把设计管理与设计本身并列，同时作为衡量公司成就的两个标准。强调设计作为一项管理手段的重要性，而不是仅据公司的一两件设计作品来评奖。首批获奖的三家公司在设计管理上都是出色的，这正是它们商业上成功的基础。

设计管理在我国才刚刚起步，随着设计事业和企业管理的发展和外向型经济的成长，设计管理的重要性必将为越来越多的经理人员和设计师们所认识，设计管理这门学科也必将在我国取得较大发展。

9.2.4 园林设计管理

园林设计作为设计行业中的一种特殊行业，是20世纪90年代由建筑设计中派生出的一个新兴学科，因此，到目前为止学术界对园林设计管理的界定也众说纷纭，人们也很难理解其真正含义。根本原因在于设计管理中的“设计”与“管理”有着较广泛的外延。况且“设计”类型多种多样，不同设计类型有着不同的管理模式。因此目前人们对于传统园林设计管理的理解，往往把“园林”、“设计”、“管理”几个词分解开来，然后再把它们的词义简单相加，仅仅从字面上理解为在园林规划设计过程中任务分配、工期安排，人员组织等方面的管理。

9.2.4.1 园林设计管理的概念

在现代经济生活中，园林设计日益成为一项有目的、有计划，与各学科、各部门相互协作的组织行为。在此背景下，缺乏系统、科学、有效的管理，必然造成盲目、低效的设计，制造没有生命力的园林产品，从而浪费大量的时间和宝贵的资源，给企业带来致命的打击，同时设计师的思想意图也不可能得到充分的贯彻实施。因此园林设计作为一门边缘学科，它有着自身的特点和科学规律，并且与科研、生产、营销等行为的关系愈来愈紧密，在现代经济生产中发挥着越来越重要的作用。因此，不了解园林设计规律和特点的管理，以及对园林设计管理的不力，都会造成企业其他各项管理工作的不力。所以，园林设计是管理的需要，管理也是园林设计的需要。

园林设计管理就是研究如何在各个层次上整合、协调设计所需的资源和活动，并对一系列设计策略与设计活动进行管理，寻求最合适的解决方法，以达成企业的目标和创造出最有效的产品（或沟通）的过程。它与建筑设计管理具有相似之处，属于管理设计的性质，而不同于工业的设计管理，它注重的是设计者及设计过程的管理，则不是管理的设计，因此两者有着本质的差别。

9.2.4.2　园林设计的特点

园林设计本身是个复杂的过程，它作为一个全新的内容完全不同于制图技巧的训练。园林设计的特点可以概括为五个特性：即创作性、综合性、双重性、过程性和社会性。

(1) 创作性。设计的过程本身就是一种创作活动，它需要创作主体具有丰富的想象力和灵活开放的思维方式。园林设计者面对各种类型的园林绿地时，必须能够灵活地解决具体矛盾与问题，发挥创新意识和创造能力，才能设计出内涵丰富、形式新颖的园林作品。对初学者而言，创新意识和创造能力应该是其专业学习训练的目标。

(2) 综合性。园林设计是一门综合性很强的学科，涉及建筑工程、生物、社会、文化、环境、行为、心理等众多学科。作为一名园林设计者，必须熟悉、掌握相关学科的知识。另外，园林绿地本身的类型也是多种多样的，有道路、湖水、广场、居住区绿地、公园、风景区等。因此，掌握一套行之有效的学习方法和工作方法是非常重要的。

(3) 双重性。作为一门设计课程，它的思维活动有着不同于其他学科之处，具有思维方式双重性的特点。园林设计过程可概括为分析研究——构思设计——分析选择——再构思设计，如此循环发展的过程。在每一个“分析”阶段，设计者主要运用的是逻辑思维，而在“构思阶段”，主要运用形象思维。因此，平时的学习训练必须兼顾逻辑思维和形象思维两个方面。

(4) 过程性。在进行风景园林设计的过程中，需要科学、全面地分析调研，深入大胆地思考想象，不厌其烦地听取使用者的意见，在广泛论证的基础上优化选择方案。设计的过程是一个不断推敲、修改、发展、完善的过程。

(5) 社会性。园林绿地景观作为城市空间环境的一部分，具有广泛的社会性。这种社会性要求园林工作者的创作活动必须综合平衡社会效益、经济效益与个性特色三者的关系。只有找到一个可行的结合点，才能创作出尊重环境、关怀人性的优秀作品。

9.2.4.3　园林设计管理在园林建设中的作用

园林设计在园林工程建设中的地位和作用有以下两点。

(1) 园林设计方案直接影响工程投资。园林工程建设过程包括项目决策、项目设计和项目实施三大阶段。进行投资控制的关键在于决策和设计阶段，而在项目作出投资决策后，其关键就在于设计。据研究，一般设计费仅占建设工程总费用3%以下，但正是这少于3%的费用对投资的影响却高达75%以上。据统计，在满足同样功能的条件下，技术经济合理的设计，可降低工程造价5%～10%，甚至可达10%～20%以上。

(2) 设计质量直接影响使用功能。园林大部分作为公共产品，直接决定着人类生存环境质量，如果设计不当，除直接影响使用效果以外，还可增加后期养护管理费用。同时造成质量缺陷和安全隐患，给国家和人民带来巨大损失，造成投资的极大浪费。

9.3　园林设计师管理

9.3.1　园林设计师工作特点与管理

9.3.1.1　园林设计师的工作特点

园林企业的设计活动最终是通过设计师来实现的，设计师的组织管理就成了设计管理最重要的工作内容之一。从工作性质和工作方式看，园林设计是一个需要较大弹性时间、想象空间、环境空间的工作。由于园林设计工作的固有特点，若管理人员对设计师的工作理解不够深入，往往会表现在对设计师的管理无从下手。园林设计师工作通常表现以下几个特点。

(1) 自由松散。设计师有外出现场踏勘、参观调研、材料选择等需在公司外部去完成的大量工作，要求时间上比较自由，形式上显得较为松散，容易给企业管理者产生混乱的感觉，并难以用具体、有效的管理制度加以管理。

(2) 效率不高。由于设计师常常习惯使自己适应于所接受的一次性工作之中，而没有充分考虑自身工作与其他工作和企业整体之间的内在联系，这容易导致设计师的工作“游离”于企业目标之外。另外，设计师也有可能放任那些追求新奇而不切合实际的想法，自恃设计的“创造性”和“个性”而过分固执己见，导致实际工作效率不高。

(3) 成本过大。设计的不成熟或与相关部门、设计团队其他人员沟通不够、导致方案过多反复修改，多次出图（装订设计文件）、汇报方案，从而造成设计成本过高，给企业造成经济浪费。

(4) 跳槽频繁。一方面由于设计师工作压力大，而且越是名气大的设计师工作强度越大，经常性得不到休息，因此工作几年后就容易出现厌倦心理，此时如果不能有效地进行疏导，就会出现频繁跳槽，致使企业的设计工作难以保持一致的、连续的识别特征，给消费者或用户识别企业的产品和服务带来麻烦，从而影响企业的市场竞争力。另一方面对于设计师来讲，他们更多的是为了提升自己才选择这个公司，但当他们感觉到没有什么可学的时候就想选择离开。

9.3.1.2 园林设计师管理

鉴于园林设计师的工作和园林设计师的工作性质，我们在园林设计师管理中，除了制订严格的管理制度以外，更多的是应该在真正了解园林设计师工作的特点，掌握园林设计师工作特点和工作心理，给每一个设计师提供一份十分具有挑战性的工作，以丰富他们的情感生活，这是园林设计师管理的重要核心。同时当设计师出现跳槽或者单干时，作为管理者应当有一个良好的心态，为他们感到高兴，让他们感受到管理者的和蔼和严厉都是善意的，他们会默默地感谢和感激管理者；甚至当有搞不定的单子时他们会第一时间想到找管理者求助。

9.3.2 设计师团队管理

有时候发明是个人的聪明才智和努力的结果，但大多数情况下设计者并不是自己在工作。例如：艾迪生、罗维、陈幼坚、贝聿铭、米斯、克拉尼等著名设计师在现实中他们背后都有一个完整的设计团队作为后盾和支撑，他们只不过是设计团队的代表人物。著名的作品是他们和设计团队共同努力的结晶。

当今园林设计项目的复杂性和艰巨性也同样决定了设计项目必须由多职能的团队成员共同参与才能完成。许多事实也证明，一个获得授权的多职能团队执行设计项目更容易获得成功。但根据一般的管理理论，在工作中只要存在团队的工作方式，成员之间就不可避免地存在矛盾和冲突，为了能有效地解决由冲突带来的负面影响，高质量地完成设计项目，就必须对设计团队进行切实有效的管理。

9.3.2.1 团队的定义与特点

(1) 定义。他们是这样的一群人：有一个共同的目标，其成员行为之间相互依存相互影响，并且能很好地合作，以追求集体的成功。

(2) 优秀团队的特点。①一个优秀的团队，一定要有相同的价值观和价值取向。②一个优秀的团队，一定要有明确且清晰的目标。③一个优秀的团队，一定要有一个能够起到核心作用的团队主管，他能够清晰的制定团队目标，能够为达成这个目标制定策略，能够有效地将工作分配给团队成员，能够充分调动团队成员的积极性，能够督促团队成员工作的进展，能够和团队成员有效沟通，能够公平的对待团队成员，能够帮助团队成员成长。

9.3.2.2 成功的高效设计团队

1. 设计师类型分析

园林设计作品无疑是由许多人共同完成的，这个道理不言自明。就连单纯的设计过程中，也少不了一个设计团体共同通力合作，出色的管理者掌握团队中各个设计者性格行为是非常重要的。因此在我们的设计团队中可能有许多设计师，他们一部分是善于分析和理性思考，而另外一部分则是思想奔放喜欢感性思考。虽然在设计过程经常出现思想认识上的不统一，但相互之间互相补充，最终成功地完成设计项目。根据设计师的性格行为特点我们可以将设计师分成以下四种类型。

(1) 布道者（“精神领袖”，但不是喋喋不休的唐僧）。设计团队没有一个具有远见的领袖，就像一个教堂里没有牧师。他在最高层面关注设计、发展策略和推动设计与商业一体化进程。直觉思维使他知道如何把设计自然而然地融合到庞大的商业计划里面。他是从“狂想者”成长起来，所以他热衷把他带领负责的产品和项目覆盖范围尽量扩大，并探索更多的可能方向。“布道者”绝不会去做技术能手，但是他会领导一些在常人眼里看来不可完成的任务。在优秀的“布道者”带领下，团队往往是具有前瞻性、突破性和高创意价值的。

(2) 实干型领导，设计团队需要一个脚踏实地指导完成具体项目的领导，作为“布道者”珠联璧合的补充，设计团队需要一个脚踏实地指导完成具体项目的领导，他以理性、条理化的思维确保任何细节都不会出现偏差。就像指挥一个乐团，他把各种不同小节有条不紊地融合贯穿成协调的乐章，确保每个音符都经得起推敲，绝没有任何的偏离。他高标准严要求，以确保每个项目都是最高质量。一些团队往往当项目进行到尾声或已筋疲力尽时，他扮演了推动项目最终顺利完成的重要角色。在更多时候，他指导项目进入生产，并确保很多容易被人忽视的关键细节的到位。他也许希望自己还是个设计师，努力做到精益求精或者更多的分外工作。他发挥稳定，是切实工作和带来利益的关键。

(3) 狂想者（梦想家，空想者，指思维活跃热衷创意的人）。当理性思维和变幻无常的设计需求碰撞的时候，“狂想者”往往可以打破困境，显示出惊人的创造热情。他更倾向于相信直觉而避开项目中的技术限制。优秀的设计团队存在狂想者天马行空的头脑风暴是必需的；当产品需要有新的突破或新的发展方向的时候，他们是最合适的人选。但是没有幻想的平淡工作会让他感到痛苦和易受挫折，所以我们不要期望他去操作任何细致繁琐的工作或者有过分技术要求的工作。虽然他开阔的创意最终不会全部转换成现实产品，但活跃的思维对于建立一个创新的环境，以及需要创新价值的设计管理者团队是至关重要的。

(4) 技术专家（特指精湛技艺，思维冷静的人）。不管是不是因为美学或者人机工程学的发展，许多优秀的设计都必须关注于细节。一个优秀的团队需要的是技术专家，他能有效减少设计中遇到的问题，并对设计中出现的问题进行科学剖析，以寻找出最佳的解决方案。他能够把一个物品细细拆分开来，认真研究每个设计部分，然后再把它们天衣无缝地重新组装起来。虽然技术专家并不总是最好的决策者，他会因为一个项目目标不明确而停止思考或者沮丧。但当复杂的设计问题明确化以后，他将是你确保一切天衣无缝的最好人选。

每个团队都有各种技能不同的设计师，但是有时在团队中也会出现具备以上四种性格的全能选手（空空大师）。全能选手可能是办公室里那个最有才华的人，因为他可以面面俱到。他领导了一系列的项目，解决了各种棘手的难题，以及提出创新性的想法。我们现在的高校毕业生中有许多就是“初级全能选手”的好苗子，因为当他们积累了足够经验并意识到自己的巨大能量，就可以在多重层面发挥作用。但一定要牢记全能选手与故弄玄虚的“大师”有着本质的区别。在现实中，虽然全能选手可能不是每个公司都必须的，但你会觉得任何团队都有必要拥有一个（仅此一个）。

2. 设计师团队建设

有了以上四种性格的设计师，我们可以根据公司的规模和要求适当选择各类性格的设计师组成一个设计团队，但要想让你所组织的团队成为一个高效的设计团队，从而去完成高质量的设计任务，作为团队的管理人员必须了解团队建设不同阶段的特征并掌握其管理要点，也只有这样才能将团队建设成一个高效的设计团队。

团队建设一般要经过：形成阶段→动荡阶段→成形阶段→行动阶段→满足阶段五个阶段。

(1) 形成阶段。形成阶段指团队刚刚成立阶段，此时每一个员工均在相互打量与熟悉，处于感情隐藏期，每个人的弱点处于隐藏状态，相互之间并不真正买账，然后开始寻找自己相对于其他人的位置，并开始玩猫腻和小花招。在工作上一般缺乏主动性，但遵循各职位现行规则。

管理要点：营造多样化的场合促使团队成员互相了解；邀请成员互通意见；鼓励透露个人经历；保证团队成员得到乐趣；通过具体事例制定工作标准。了解并赏识成员的特质，调整不合理的团队组合。并明确任务的分配，跟进任务的实施，根据特质发展人员，快速形成团队，形成共同目标。在此时期，领导应扮演教练角色，以身作则，亲力亲为，投入到每一个环节，作为一个管理者，首先要学会要求自己，然后才能要求员工，只有规范自己的工作、分享工作，加强团队沟通和建设，才能避免对立面的产生。现实意义上实现真诚开放的沟通、信任感的传递和身体力行地帮助员工。加强对员工的培训，并在培训中出典型。

(2) 动荡阶段。团队形成后一定会出现动荡阶段，这是符合自然发展规律的，过了这个阶段，团队才会有所突破，再上升一个层次。管理工作的要点是如何缩短这个阶段，通过共患难，加深了解，增强凝聚和战斗力，从困难中看到希望。

在此阶段员工间陌生感消失，人性显露，形成明显的等级，对工作分配和工作制度产生争议，对领导人能力提出疑问，并逐渐形成小团队，工作上缺乏投入精神。

管理要点：要鼓励员工感情的表露，在成员之间架设桥梁，鼓励团队成员就有争议的问题发表自己的看法，发现冲突，正确认识并处理冲突，鼓励团队成员参与决策。并通过以上管理促进共识，增强和改进沟通能力和方式，制定有效的团队管理规则。明确制定关于团队内运行的各项规章制度。并应用制度判断员工的合适性和合格性，全面正确理解员工对工作投入精神，如果出现整体缺乏投入精神，则说明领导自身出了问题。同时作为领导遇事一定要冷静，多聆听，让对方暴露真实想法，建立有效沟通渠道；不要用以往的经验表象来判断和处理冲突；领导自身还要开朗、专业，以共同发展为目标树立好的风气，营造信赖和愉快的团队氛围。

(3) 成形阶段。此阶段感情得以发展，员工之间开始出现相互关怀，相互之间认识到长处和短处，意识到他人的贡献，真正的才能开始显露，大部分员工乐于实践，并能在实践中吸取教训，提高自己，所有员工能够集体工作、相互交流；此时个人需求处于次要的地位。

管理要点：培养员工发现问题、解决问题的能力，创造进行实践的机会，培养新的个人技巧，确保成员了解相互的长处和短处。并通过实践加深了解，培养员工积极参与实践。在此期间管理注意要因人而异，区别对待才能消除自满情绪，同时要减少大量的练兵时间，杜绝疲劳战。

(4) 行动阶段。此阶段每个员工的积极性得到开发，大家会主动为目标奋斗，自觉地矫正自己的行为，能够取长补短形成良好的沟通，能够高效地完成任务。为了提高和选拔领导可采用轮流当领导的方式进行锻炼。

此期管理的重点是：第一，保持成员的身心健康，促使员工自觉互补；第二，激励员工主动高效地工作，相互理解，从而激发成员的自豪感，增进相互理解，实现主动高效的管理目标。

(5) 满足阶段。此期员工会主动完成分配的任务，做好分内的工作。

管理要点：管理者要培养员工充分有效的沟通能力，重塑信任感；及时修正奖惩系统，并对新的目标进行讨论，经过充分沟通，重新确定新的、更高的目标，从而调动员工主动工作的积极性。

总之，有效的团队管理是决定一个团队能否成为高效团队的关键，作为一个管理者，应该具备在压力下果断地决策能力，丰富的知识和常识、较高的工作积极性，能从经验中吸取教训，寻找解决的方法、诚实并可信的工作态度、清晰的逻辑思维，再加上在执行过程中充满热情和良好的沟通技巧与能力，以及果断的决断力等基本素质。

在组织管理能力上应具备以下几个特点：①善于按时完成工作计划；②不接受粗心或潦草的工作；③按期监测工作的进程；④确保下属了解他们必须完成的工作；⑤分清工作的轻重、缓急；⑥不担心放权托人；⑦在做决定前了解全部事实；⑧协调班子有效工作；⑨自信斟酌、让人各尽所能；⑩明确工作目标。

最后还要建立良好的人际关系，乐于为下属讲话，但并不是乱说；关心员工业绩，与员工良好交流；视员工为独立个体，平等对待；有意培训、培养员工水平；了解员工的长短处；让员工了解公司有关事务；决策时认真听取员工的意见；并在适当的时候表扬员工，最后才能受员工尊敬，实现对团队的高效管理。

9.3.2.3　设计团队的管理

团队的协同作用已为各方共识并受到管理者的高度重视。现代园林设计问题复杂多样，没有人能回答所有问题，也没有人具备处理所有问题的水平。良好的多职能团队更可能产生有效的方案。园林企业内部的项目组织或项目部本身就是一个团队。项目的总目标必须分解成若干级子目标并落实到具体责任者，充分发挥团队职能，通过团队协作与管理，使各项子目标能有效达成，项目总目标才能得以实现，这显然不是个人力量所能达到的。

园林设计师受雇于特定的企业，主要是参与设计工作。园林设计就是一个设计团队协作的过程，是设计团队通力合作的行为。设计师一般不是单独工作，而是由一定数量的设计师组成企业内部的设计部门——团队，来协调一致地开展工作，保证设计的连续性，这就需要从设计师的组织结构和设计工作分工两方面做出适当安排。一方面要保证设计团队与项目设计有关的各个方面的直接交流，另一方面也要建立起评价设计的基本原则和规范。为此，必须采取有效措施对设计师团队进行有效的组织管理。

（1）设计师工作的管理。

1）营造良好的环境氛围。从工作性质和工作方式上看，园林设计是一个需要较大弹性时间、想象空间、环境空间的工作岗位，由于设计工作的这些固有特点，创造一个符合设计工作特点的宽松工作环境是十分必要的，这有助于设计师灵感的闪现和思维的发散、创新。

2）合理分配设计任务。现代设计已经融入了团队创新时代。企业在进行某一园林项目设计时，需要多个设计师的协同合作。设计师们从不同的角度去理解项目内容和要求，然后进行有效的沟通，通过合作与协作，可以大大提高设计效率和质量。不同设计人员的分工协作，可最大限度地拓展思维，寻求到新的设计突破点，才能设计出好方案。根据园林设计项目的规模、内容，一般涉及总体设计、建筑设计、结构设计、竖向设计、种植设计、电气设计、管网设计、项目投资概预算等多方面内容，从而需要多种专业设计师（如：风景园林师、建筑师、结构师、园艺师、预算师等）共同组成设计团队来完成这些任务。企业派发给每位设计师的任务应切实可行，无论设计师之间分工如何，只要能将各自的工作做到“完美”，就是一个设计能力非常出色的设计师，也是设计管理取得的可喜成效。当然，这里的“完美”肯定是在各专业设计师的沟通交流下才能达到的，体现的就是团队合作精神。

3）制定设计进程计划。设计计划的制定是按照企业上级管理部门对设计部门（团队）的工作进程的总体要求，根据设计团队的工作情况而制定的严密并可操作的设计工作时间进程。设计进程计划要求具体排出实施细节。

一般按照设计程序及其内容，根据总体时间要求细化到每天的工作内容及工作量，可以采用文字描述的形式制定工作计划，也可采用图表的形式（借鉴园林工程施工进度管理横道图等形式）制定工作进度表。

4）定期进行质量审核。设计管理人员应会同相关部门定期参与设计质量审核。量化考核是设计质量考核的必要手段。经过量化的图纸、图像、文件、表格、报告等都是检查设计质量的实际内容。品质的成长也需要一定的数量来保证。目前，企业对于设计质量的最终认定审核，是以设计方案是否通过专家会议评审而得到甲方认可（或中标）为标准，设计质量的高低直接与专家（或甲方）的认可度挂钩。

5）建立激励机制。明确可兑现的由设计产生利益（精神、物质）的奖励条件，以此提高设计师的工作热情和效率，保证他们在合作的基础上合理公平竞争。只有在这样的基础上，设计师的创作灵感才能得到充分的发挥。

（2）团队的凝聚力管理。一个优秀的团队如果单一有了人才那还是不够的，只有成为一个具有凝聚力的团队，才可以无坚不摧，战无不胜，所向披靡。因此领导必须学会在没有完善的信息，没有统一的意见时做出决策。也正是因为完善的信息和绝对的一致非常罕见，决策能力就成为一个团队最为关键的行为之一。

1）要建设一个具有凝聚力、高效的团队，首先就是建立信任。而且这个信任是以人性脆弱为基础的信任。但是对于很多领导来说，表现自己的脆弱是很难受的事情，因为他们养成了在困难面前展现力量和信心的习惯。如果一个领导不允许团队中任何人在任何方面超过他，那么团队成员彼此之间也就不会敞开心扉，更不会坦率承认自己的弱点或错误。也只有团队成员之间彼此说出“我办砸了”、“我错了”、“我需要帮助”、“我很抱歉”、“你在这方面比我强”的话时，而且是领导本人率先做出榜样，才能搞好团队建设。

2）良性的冲突。团队合作一个最大的阻碍，就是对于冲突的畏惧。这来自于两种不同的担忧。一方面，很多管理者采取各种措施避免团队中的冲突，因为他们担心丧失对团队的控制，以及有些人的自尊会在冲突过程中受到伤害；另外一些人则是把冲突当作浪费时间。这样做其实是在扼杀建设性的冲突，将需要解决的重大问题掩盖起来。久而久之，这些未解决的问题会变得更加棘手，而管理者也会因为这些不断重复发生的问题而越来越恼火。因此每一个管理者必须学会识别虚假的和谐，引导和鼓励适当的、建设性的冲突。否则，一个团队要建立真正的承诺就是不可能的事情。

3）坚定不移地行动。要成为一个具有凝聚力的团队，领导必须学会在没有完善的信息、没有统一的意见时做出决策。而正因为完善的信息和绝对的一致非常罕见，决策能力就成为一个团队最为关键的行为之一。只有当团队成员彼此之间热烈地、不设防地争论，直率地说出自己的想法，领导才有可能、有信心做出充分集中集体智慧的决策。不能就不同意见而争论、交换未经过过滤的、坦率的意见的团队，往往会发现自己总是在一遍遍地面对同样的问题。而相反在外人看来机制不良、总是争论不休的团队，往往是能够做出艰难决策的团队。

4）无怨无悔才有彼此负责。卓越的团队不需要领导提醒团队成员竭尽全力工作，因为他们很清楚需要做什么，他们会彼此提醒注意那些无助于成功的行为和活动。而不够优秀的团队一般对于不可接受的行为采取向领导汇报的方式，甚至更恶劣，在背后说闲话。这些行为不仅破坏团队的士气，而且让那些本来容易解决的问题迟迟得不到办理。

总之，正是因为有一个人无法做的事和一个人无法做成的事，才会有团队的产生；有了团队才能够去做、去完成与实现一个人无法完成、更为复杂的工作。正是由于团队的力量，各行各业都在讲求团队的合作、绩效与价值。只有团队密切配合，通力合作，才能回过头来谈团队创造的价值与成效。团队重要性的发挥来自于每个团队成员之间的相互信任，团队领导与团员的信任，团员与团员间的相互信任。如果一个团队推动了凝聚力，则在团队发展顺利时，是“你好、我好、大家都好”，而一旦团队出现了危机、逆境时，争吵之声就会此起彼伏、不绝于耳。激烈的矛盾与利益上的分争由此开始。此时这个团队好像永无宁日，从争吵到矛盾，从矛盾到怀疑，然后从怀疑到指责，再从指责到瓦解。因此团队的凝聚力是团队管理的中心工作；这些话与道理虽然浅显易懂，但说起容易，做起来比较难。只有达成配合默契、不断地沟通、磨合与深厚的信任的团队，才能取得团队的辉煌。

（3）一个高效的设计团队应具备的特点。

1）在组织上，团队内保持一种横向的平等而不是有等级的相互关系，各种人才一视同仁。重视发挥团队的作用，也重视发挥个人的作用，每个团队成员能意识到他们的工作是相互负有责任的、每个人的贡献和参与都需要得到认可和支持。

2）在管理机制上。强调为实现设计目标的自我控制。决策的形成构筑在以解决问题为导向的相互沟通的基础上。不仅以工作指标，同时也以完成质量和发挥人的最大潜能来评判团队成员的贡献。

3）在工作上。努力发展一种幽默、和谐的团队气氛，并能利用这种气氛来克服工作中的紧张压力。鼓励创新，但也允许失败。形成一个人人参与创新的工作氛围。主动征求各级管理部门、各类专家和用户的建议和观点，主动识别自身在工作中的不足与问题。形成一个开放、诚实、充满信任的工作氛围。团队成员对完成设计目标具有足够的信心和高昂的工作热情，团队成员内部之间沟通活跃。

9.4　园林设计内部管理

园林设计部门的内部管理工作目标主要是建立良好的工作平台。一个部门的管理工作可以从学习作风、工作作风的现象上来体现，从工作成果上来反映。但如何做好内部管理工作，我认为应从以下几个方面来考虑：

（1）组织框架。根据个人的能力特点及工作性质要求建立良好的组织和框架，保证各项工作顺利、高效的开展。

（2）培养干部。加强各级负责人综合能力的培养和锻炼。记得有句话讲得非常对：群众是基础，干部是关键。不能仅依赖个人的努力和勤奋，更重要的是要充分发挥大家的智慧和作用。

（3）工作作风。整体良好的学习作风和工作作风是部门顺利开展各项工作的基础和保证。作为部门负责人，要重视在日常工作中培养大家勤奋学习、踏实工作和勇于不断超越自我的积极向上的精神，只有这样的人才是有希望的人，只有这样的团队才是有希望的团队。

（4）计划工作。加强各项工作安排的计划性和工作节奏的合理控制，做到事先心中有数，中间进行检查和对结果的预控。另外，要求部门各组负责人对他们的工作也要做出计划，在实际工作中，要善于协调、检查和及时调整各组之间的工作计划和安排，以保证整体部门的工作效率和节奏，保证各项工作能够紧张有序的开展并最终良好的完成。

(5) 完善制度。建立并执行各项必要的考勤、管理及统计考核制度。从公司整体来说，各项制度和考核针对各部门集体的多，针对个人的较为笼统。所以，在我们这个团队里，就围绕公司各项制度和考核的总体精神，对各项工作指标和考核作了细致具体的规定划分，并和经济效益进行挂钩，形成了一套更加具体的统计表格和部门制度，使得部门各项工作都有章可循、有据可查，做到公开、公平、公正，充分调动了大家的工作积极性，真正做到表扬先进、鼓励先进的良好工作风气。

9.5　园林设计过程管理

园林设计不同于工业或建筑设计，它是一个综合的设计，因此设计过程也比其他设计复杂，下面我们通过设计步骤来分析园林设计各个阶段的内容、要求与管理要点。

9.5.1　任务书阶段

任务书阶段是设计的最初阶段，这个阶段工作做得越细致越周到，对以后的设计工作的开展越有好处。

设计任务书也叫计划任务书，是确定基本建设项目、编制设计文件的主要依据。设计任务书是对策划工作要点通过系统的分析，得出决策性的文件。作为开发建设目标与规划设计工作方向的主要信息传递手段，设计任务书较全面准确地反映了策划结论的主要信息点，以便设计成果体现系统性、超前性、可行性和应变性的要求，也是设计师进行设计的依据。

设计方（俗称乙方），在这个阶段要充分了解业主（俗称甲方）意图，搞清楚项目的概况，包括建设规模、投资规模、可持续发展等内容。特别要明确业主对这个项目的总体框架构想和基本实施内容。因为前者确定了项目的性质，后者确定服务对象。只有把握住这两项内容，才能正确制定规划总原则。同时，还要明白业主的具体要求、愿望，以及对设计所要求的造价和时间期限等内容。

园林是社会历史发展的产物，必然会反映出鲜明的时代特征和社会特点。不管业主的主观愿望如何，园林作品都将恰如其分的体现出其社会地位。设计方在理解和接受业主意图时必须遵循社会正常秩序、伦理道德和国家法律规范的约束。面对业主无视社会正常秩序的要求，作为有明辨是非能力的设计团队来说应该予以抵制，尽量说服业主放弃无理要求（特别是针对公共建设项目的业主代表的是广大老百姓的利益），如不能这样做，所创造出来的园林作品不但会对业主、对社会带来物质与精神的损失，而且对该设计团体的未来也会造成无法估量的负面影响。

设计方对业主的意图进行整理并得到业主认同后，应在公证人员的监督下由业主签字生效，以避免日后因为设计反映了业主意图却得不到业主认可所带来的麻烦。业主在设计过程中难免会有新的意图，在不影响设计阶段和进展的情况下尽量予以采纳，但是对违反或者打乱设计过程、违背法律规范和伦理道德的业主新意图应不予采纳，这些内容也应该在最开始的公证书当中予以明确。

9.5.2　基址调查和分析阶段

基址调查和分析应该尽可能的详细和清楚。接受任务以后，业主会选派熟悉基址情况的人员陪同设计方至基址现场踏勘，收集规划设计前必须掌握的原始资料。这些资料包括：温度、光照、季风风向、无霜期；水文、地质；土壤（结构、酸碱性、地下水位）及周围环境的主要道路，车流人流方向；基址内环境；湖泊、河流、水渠分布状况；各处地形标高、走向；基址周围环境等。

设计方结合业主提供的基址现状（又称红线图），对基址进行总体了解，对较大的影响因素做到心中有底，今后作总体构思时，针对不利因素加以克服和避让，有利因素充分合理地利用。此外，还要在总体和一些特殊的基址地块内进行摄影，或下载卫星航片进行比对分析，以便加深对基址的感性认识。如业主无法提供现状图或相关资料，则需要进行现场测绘地形地貌图，费用由业主承担。

基址实地踏勘收集资料后，在进行设计前要对基址现状进行分析，绘出现状分析图，并撰写形成分析报告，作为后阶段一切分析和设计的基础。

9.5.3　方案设计阶段

（1）概念性设计阶段。“概念性设计”是从城市规划中的“概念性规划”这个词义引申发展起来的。概念性规划是对具体项目表达一些规划想法，力求创新，跟战略规划一样都不是法定文件，是为业主服务的一种变通办法。实际上就是方案初步设计阶段——理念性设计，主要是在对基址详细深入调查分析基础上，进行总体构思立意，提出所谓的设计概念，这些概念往往是模糊的，需要进一步（在方案改进阶段）结合实际去印证、深化、细化并使之合理。

基址现场踏勘及收集资料后，就必须立即进行整理、归纳，以防遗忘那些较细小的却有较大影响因素的环节。在接下来的概念性设计——总体规划设计构思阶段，必须认真阅读业主提供的《设计任务书》（或《设计招标书》）。设计任务书中详细列出了业主对建设项目各方面的要求，包括总体定位、性质、内容、投资规模、技术经济及设计周期等。这里强调的是要特别重视对设计任务书的阅读和充分理解，“吃透”设计任务书最基本的“精髓”。进行总体构思时，要将业主提出的项目总体定位作一个构想，并与抽象的文化内涵以及深层的警示寓意相结合进行立意，同时必须考虑将设计任务书中的规划内容融合到有形的规划构图中去。构思草图只是一个初步的规划轮廓，接下去要结合已收集到的原始资料将草图进行补充、修改。逐步明确总图中的入口、广场、道路、湖面、绿地、建筑小品、管理用房等各元素的具体位置。经过这次修改，会使整个规划在功能上趋于合理，在构图形式上符合园林景观设计美观、舒适（视觉上）的基本原则。

概念性设计阶段主要是设计方自我构思的创作阶段，一般不给甲方提供设计文件，但是这个阶段的构思立意同样也要有一些必要的图件，以便在沟通、反馈时展示给业主，其所有权并不归业主。因为这部分工作可能会由于在团体投标中流标而前功尽弃，甚至有些恶意的业主就是希望不费力而获得不同设计团队设计师的设计分析和构思立意，暗中传递给早已确定的设计团队。设计方可以将分析、构思立意讲解给业主听，但是这些分析、构思自始至终都不应该被业主所有，而应该是设计团队自己保留的。

当然，现在国内很多业主往往把概念性设计作为一个阶段单独招标，其图纸要求必须按招标书的要求完成并提交，此类情况则另当别论。

本阶段的设计文件内容主要包括图纸和文字内容。图纸部分有：总体平面图、总体鸟瞰效果图、细部透视效果图、平面视线分析图、区域划分分析图、节点透视效果图、节点平面分析图、交通平面分析图、游线平面分析图、园林小品器物意向表现图。文字部分有：概念性设计说明书、整体形象设计说明书。

（2）二次方案阶段（方案改进阶段）。概念性设计阶段的成果还不是一个完全成熟的方案。设计人员此时应该虚心好学、集思广益，多渠道、多层次、多次数地听取各方面的建议，向其他设计师讨教并与之交流、沟通，更能提高整个方案的创意与活力。

由于大多数项目的设计，甲方在时间要求上往往比较紧迫，因此设计人员特别要注意两个问题：第一，只顾进度，一味求快，最后导致设计内容简单枯燥、无创意，甚至完全搬抄其他方案，图面质量粗糙，不符合设计任务书的要求；第二，过多地更改设计方案构思，花过多时间、精力去追求图面的精美包装，而忽视对规划方案本身质量的重视。这里所说的方案质量是指：规划原则是否正确，立意是否具有新意，构图是否合理、简洁、美观，是否具有可操作性等。

整个方案确定之后，图文的包装必不可少。当前图文包装越来越受到业主与设计单位的重视。虽然业界对此褒贬不一，过分的精美、豪华的包装甚至是资源和材料的浪费。但是适度的包装也是从侧面体现设计水平（设计师艺术修养）的一个重要因素。

最后将方案的设计说明、投资匡（估）算、水电设计的一些主要节点，汇编成文字部分；方案的平面图、功能分区图、绿化种植图、小品设计图，全景透视图、局部景点透视图，汇编成图件部分。并将文字部分与图纸部分的结合，就形成一套完整的规划设计方案文本。

（3）反馈阶段。业主拿到方案文本后，一般会在较短时间内给予一个答复。答复中会提出一些调整意见：包括修改、添删项目内容，投资规模的增减，用地范围的变动等。针对这些反馈信息。设计人员要在短时间内对方案进行调整、修改和补充。

现在各设计单位应用电脑出图已相当普及，因此局部的平面调整还是能较顺利按时完成的。而对于一些较大的变动，或者总体规划方向的大调整，则要花费较长一段时间进行方案调整，甚至推翻重做。

对于业主的信息反馈，设计人员如能认真听取反馈意见，积极主动地完成调整方案，则会赢得业主的信任，对今后的设计工作能产生积极的推动作用；相反如果设计人员马马虎虎、敷衍了事，或拖拖拉拉，不按规定日期提交调整方案，则会失去业主的信任，甚至失去这个项目的设计任务。

一般调整方案的工作量没有前期工作量大，大致需要一张调整后的规划总图和一些必要的方案调整说明，匡（估）算调整说明等，但它的作用却很重要，以后的方案评审会以及施工图设计等，都要以调整后的方案为基础进行的。

(4) 方案设计评审阶段。方案设计评审一般由有关部门组织的专家评审组，集中一天或几天时间，召开一个专家评审（论证）会，出席会议的人员，除了各方面专家外，还要有建设方领导，市、区有关部门的领导以及项目设计负责人和主要设计人员。

设计方项目负责人一定要结合项目的总体设计情况，在有限的时间内，将项目概况、总体设计定位、设计原则、设计内容、技术经济指标、总投资估算等诸多方面内容，向领导和专家们作一个全方位汇报。汇报必须详略得当，尽量做到讲解透彻、直观、针对性强。在方案评审会上，宜先将设计指导思想和设计原则阐述清楚，然后再介绍设计布局和内容。设计内容的介绍，必须紧密结合先前阐述的设计原则，将设计指导思想及原则作为设计布局和内容的理论基础，而后者又是前者的具体化体现。两者应相辅相成，缺一不可，切不可造成设计原则和设计内容南辕北辙。

方案评审会结束后几天，设计方会收到打印成文的专家组评审意见。设计负责人必须认真阅读，对每条意见都应该有一个明确答复，对于特别有意义的专家意见，要积极听取，立即落实到方案修改稿中。

(5) 扩初设计阶段。设计者结合专家组的方案评审意见，进行深入一步的扩大初步设计（简称扩初设计）。在扩初文本中，应该有更详细、更深入的总体规划设计平面图、总体竖向设计平面图、总体绿化设计平面图、建筑小品的平、立、剖面图（标注主要尺寸）。地形特别复杂的地段，应该绘制详细剖面图。剖面图中，必须标明主要空间地面标高（路面标高、地坪标高、室内地坪标高）、湖面标高（水面标高、池底标高）。

扩初文本应该有详细的水、电气设计说明，如有较大用电、用水，要绘制给水排水，电气设计平面图。

(6) 扩初设计评审阶段。扩初设计评审会上，专家们的意见不会像方案评审会那样分散，而是比较集中，也更有针对性。设计负责人的发言更要言简意赅，对症下药。根据方案评审会上专家们的意见，设计方要介绍扩初设计中修改过的内容和措施。未能修改的意见，要充分说明理由，争取能得到专家评委们的理解。

一般情况下，经过方案设计评审会和扩初设计评审会后，总体规划平面和具体设计内容都能顺利通过评审，这就为下一步施工图设计打下了良好的基础。总的来说，扩初设计越详细，施工图设计越省力。

(7) 施工图设计阶段。施工图设计阶段是园林设计创意通过施工落到实处的关键环节，是变为现实的先决条件，一丝一毫马虎不得，施工图设计阶段是根据国家相关规范与标准，按照已批准的初步设计文件和要求更深入和具体化设计，并编制施工组织计划和施工程序。其内容包括：施工设计图、编制预算、施工设计说明书等。

在进行施工图设计前，要进行基址的再次踏勘，至少有三点与前一次不同：第一，参加人员范围的扩大，必须增加建筑、结构、水、电等各专业的设计人员；第二，踏勘深度的不同，前一次是粗勘，这一次是精勘；第三，掌握最新的、变化了的基址情况。现场情况发生了变化，必须找出对今后设计影响较大的变化因素加以研究与调整，然后才能进入施工图设计阶段。

当前，很多大工程、市区重点工程的施工周期都相当紧促。往往先确定竣工期，然后从后向前倒排施工进度。这就要求设计人员打破常规出图程序，实行“先要先出图”的出图方式。一般来讲，在大型园林景观绿地的施工图设计中，施工方急需的图纸是：①总平面放样定位图（俗称方格网图）；②竖向设计图（俗称土方地形图）；③一些主要的大剖面图；④土方平衡表（包含总进、出土方量）；⑤水的总体规划图（上水、下水、管网布置），主要材料表；⑥电力总平面布置图、系统图等。

同时，这些较早完成的图纸要做到两个结合：一是各专业图纸之间要相互一致，自圆其说；二是每一种专业图纸与今后陆续完成的图纸之间，要有准确的衔接和连续关系。

社会的发展伴随着大项目、大工程的产生，它们自身的特点使得设计与施工各自周期的划分已变得模糊不清。特别是由于施工周期的紧迫性，设计方只得先出一部分急需施工的图纸，从而使整个工程项目处于边设计边施工的状态。

而后进行的便是各个单体建筑小品的设计，包括建筑、结构、水、电的各专业施工图设计。另外，作为整个工程项目设计总负责人，往往同时承担着总体定位、竖向设计、道路广场、水体以及绿化种植的施工图设计任务。作为设计师不但要按时、甚至要提早完成各项设计任务，而且还要把很多时间、精力花费在开会、协调、组织、平衡等工作上，尤其是业主与设计方之间、设计方与施工方之间、设计各专业之间的协调工作更不可避免。往往工程规模越大，工程影响力越深远，组织协调工作就越麻烦。从这方面看，作为项目设计负责人或管理者，不仅要掌握扎实的设计理论知识和丰富的实践经验，更要具有极强的工作责任心和良好的职业道德以及较高的管理水平和能力，才能担当起这一重任。

施工图设计阶段还要同时进行施工图的预算编制。它是工程总承包、控制造价、签订合同、拨付工程款项、购买材料的主要依据，同时也是检查工程进度、分析工程成本的依据。

施工图预算是以扩初设计中的概算为基础的。该预算涵盖了施工图中所有设计项目的工程费用：包括土方地形工程总造价，建筑小品工程总造价，道路、广场工程总造价，绿化工程总造价，水、电安装工程总造价等。

根据多数设计项目实践经验，施工图预算与最终工程决算往往有较大出入。其中的原因多种多样，但一般影响较大的有：施工过程中工程项目的增减，工程建设周期的调整，工程范围内地质情况的变化，材料选用的变化等。施工图预算编制属于造价工程师的工作，但项目负责人脑中应该时刻有一个工程预算控制度，必要时及时与造价工程师联系、协商，尽量使施工预算能较准确反映整个工程项目的投资状况。

工程项目建设的景观效果如何，一方面是优良设计与科学合理施工结合的体现，另一方面很大程度上由所投资金的数量所决定。近年来，很多绿地建设中出现了单位面积造价节节攀升的现象，在这里且不讨论此现象的孰是孰非，但作为项目负责人应该有责任替业主着想，客观上因地制宜，主观上发挥各专业设计人员的聪明才智，在设计这一环节中平衡协调，做到投资控制。

施工设计说明书编制。施工设计说明书的内容是方案设计说明书的进一步深化。说明书应写明设计的依据，设计对象的地理位置及自然条件，园林绿地设计的基本情况，各种园林工程的论证叙述，园林绿地建成后的效果分析等。

9.5.4 施工配合阶段

施工配合是所有项目必须进行的环节，如果一个工程没有施工配合会给施工带来许多不便，因此施工配合在整个施工管理中显得格外重要。一般施工配合由施工单位配合和设计师配合两个部分组成。

（1）施工单位的施工配合。业主拿到施工设计图纸后，会联系监理方、施工方对施工图进行看图和读图。看图属于总体上的把握，读图属于具体设计节点、详图的理解。之后会由业主牵头，组织设计方、监理方、施工方进行施工图设计交底会。在交底会上，业主、监理、施工各方提出看图后所发现的各专业方面的问题，各专业设计人员要认真听记。一般情况下，业主方的问题多涉及总体上的协调、衔接。监理方、施工方的问题常提及设计节点、大样的具体实施，双方侧重点不同。由于上述三方是有备而来，并且有些问题往往是施工的关键，因而设计方在交底会前要做好充分准备，会上要尽量结合设计图纸当场答复，现场不能回答的，回去考虑后尽快做出答复。

（2）设计师的施工配合。设计师的施工配合工作往往会被人们所忽略。其实这一环节不仅对设计师、对工程项目本身恰恰是相当重要的。通常业主对工程项目质量的要求是精益求精，而对施工周期的尽可能一再缩短，因此要求设计师在工程项目施工过程中，经常踏勘建设中的工地，及时解决施工现场暴露出来的设计问题，以及设计与施工相配合的问题。如有些重大工程项目，整个建设周期就已经相当紧迫，业主普遍采用“边设计边施工”的方法。针对这种工程、设计师更要勤下工地，结合现场客观地形、地质、地表情况，做出最合理、最迅捷的设计。

其实，设计师的施工配合工作也随着社会的发展与国际间合作设计项目的增加而上升到新的高度。配合时间更具弹性、配合形式更多样化。俗话说“三分设计，七分施工”。如何使“三分”的设计充分体现、融入到“七分”的施工中去，产生出“十分”的景观效果，是设计师施工配合所要达到的工作目标。

9.6 园林设计的创新与管理

当今时代是一个高度现代化、信息化的社会，新材料、新技术的不断涌现使我们目不暇接，随之而来的新思潮、新观念对中国的传统文化艺术带来了前所未有的冲击。作为企业或组织的管理者，每天都会遇到新情况、新问题。如果因循守旧、缺乏创新精神，就无法应对来自各方面的挑战。企业就会在激烈的市场竞争中因缺乏活力而被淘汰。所以不少管理者都把创新作为管理中的一个重要内容，视创新为“企业的灵魂”。

对于园林设计来讲，设计本身就是创新，设计师就是伟大的创造者，设计过程本身就是一个从无到有的创造过程。但对于一些园林企业来讲，他们的创新目的不明确，创新在某种意义上仅是为了取得竞标的成功或者满足甲方的要求；而且创新手段较肤浅，创新活动过分集中于外表与形式，而不考虑其他的内容，创新手段有时显得肤浅和表面化；况且创新属性欠完善，重技术，轻人文、社会、艺术等属性。因此园林设计师在创新内容上不仅要注重实用性，注重本质特征，注重设计人员内在观念创新，同时还要将技术科学创新与形式科学创新同时并举，更为重要的是不断探索理论与创作方法的创新。

园林设计创新通常包括两个部分，一是设计手法的创新，二是设计内容的创新。但不管哪一方面的创新，都直接关系到园林设计项目成败，是设计工作中极为关键内容。虽然园林设计创新最直接的表现是设计师的能力、态度和职业道德，从某种意义上讲，似乎园林设计创新与园林设计管理者没有多在关系，但作为设计管理者，如果没有创新思想和创新意识，就根本不可能将创新管理体现在对设计发展各阶段。

有设计就要有创新，创新的基础是知识的积累和灵感的迸发，也是设计人员进行创造性思维的结果。设计人员要打破习惯性思维，变换角度，开阔视野，才能使自己的创造力得到更充分地发挥。创造性思维指的是有创建的思维，即通过思维，不仅能揭示事物的本质，而且能在此基础上提供新的、具有让会价值的产物。创造性思维有扩散思维与收敛思维、逻辑思维与形象思维、直觉思维与灵感思维等多种形式。

园林设计中，努力发掘创造性思维的能力，充分注意扩散思维和收敛思维的辩证统一，准确把握逻辑思维和形象思维的巧妙结合，善于捕捉直觉思维和灵感思维的“闪光和亮点”，这样才有可能设计出新颖、独特、有创意的作品。

9.6.1 园林设计创新的特点

（1）独创性。创造性思维所要解决的问题通常是不能用常规、传统的方式来予以解决的。它要求重新组织观念，以便产生某种至少以前在思维者头脑中不存在的、新颖的、独特的思维，这就是它的独创性。独创性要求人们敢于对司空见惯或“完美无缺”的事物提出怀疑，敢于向传统的陈规旧习挑战，敢于否定自己思想上的“框框”，从新的角度分析问题、认识问题。

（2）连动性。创造性思维又是一种连动思维，它引导人们由已知探索未知，开拓思路。连动思维表现为纵向、横向和逆向连动。纵向连动针对某现象或问题进行纵深思考，探寻其本质而得到新的启发。横向连动则通过某一现象联想到特点与它相似或相关的事物，从而得到该现象的新应用。逆向连动则是针对现象、问题或解法，分析其相反的方面，从顺推到逆推，以另一角度探索新的途径。

（3）多向性。创造性思维要求向多个方向发展，寻求新的思路。可以从一点向多个方向扩散，也可以从不同角度对同一个问题进行思考、辨析。

（4）想象性。创造性思维要求思维者善于想象，善于结合以往的知识和经验在头脑里形成新的形象，善于把观念的东西形象化。爱因斯坦有一句名言；“想象力比知识更重要，因为知识是有限的，而想象力概括着世界上的一切，推动着进步，并且是知识进化的源泉。”只有善于想象，才有可能跳出现有事实的因子，才有可能创新。

（5）突变性。直觉思维、灵感思维是在创造性思维中出现的一种突如其来的领悟或理解。它往往表现为思维逻辑的中断，出现思想的飞跃，突然闪现出一种新设想、新观念，使对问题的思考突破原有的框架，从而使问题得以解决。

创新本身就意味着不拘一格，不局限也不依赖于某种特定的模式，以下诸多方而都是孕育创新的土壤：多项现有技术的有机结合或综合运用往往会产生意想不到的效果；对已有知识的创造性总结和应用常常带来重大的突破；突发奇想但经过科学论证或实验证明所产生的新思路、新方法、新技术；新知识与现有知识的合理嫁接；产品功能上的兼收并蓄和去粗取精；学科间的交叉、交融和借鉴；新技术、新材料、新工艺的有机结合及应用；科学研究中的新发现和新成果应用于工程实践等。

9.6.2 园林设计创新技术

（1）智力激励法。又称集智法、激智法，即通过集会让设计人员用口头或书面交流的方法畅所欲言、互相启发进行集智或激智，引起创造性思维的连锁反应。

（2）提问追溯法。根据研究对象系统地列出有关问题，逐个核对讨论，从中获得解决问题的办法和创造性发明的设想，或是针对园林作品的希望点（或缺点），逐点深入分析，寻找解决问题的新途径。

（3）联想类推法。通过相似、相近、对比几种联想的交叉使用以及在比较之中找出同中之异、异中之同，从而产生创造性思维和创新的方案。

（4）反向探求法。采用背离惯常的思考方法，通过逆向思维、转换构思，从功能反转、结构反转、因果反转等方面寻求解决问题的新途径。

（5）系统搜索法。把整个设计看作是一个系统，从设计初始状态开始，分析各个任务阶段、各个部分影响整个设计的图案，逐步向前搜索，获取该系统问题解决的多种办法并求得解决问题的最佳方案。

（6）组（综）合创新法。将现有的技术或作品通过艺术原理、功能原理、构造方法的组合变化，或者通过已知的东西作媒介，将毫无关联的不同知识要素结合起来，摄取各种作品或技术的长处使之综合在一起，形成具有创新性的设计技术思想或新作品。

（7）知识链接法。创新是一个动态的和复杂的作用过程和知识流，它包括知识的产生、开发、转移和应用，这一个阶段构成一条“知识供应链”。把创新过程看作一个集成化的系统，在这个知识链中，客户、设计师、工程师是涉及整个创新过程的伙伴，必须捆绑在一起才能发挥最大作用。他们都应明确什么知识内容才能满足使用者最大需求、知识转移的特征和形式是什么、最后使用者是谁及其何时需要使用这些知识。涉及创新的所有信息流和通信流对全体伙伴都是开放的，在每个知识供应者和知识使用者之间建立信息反馈，使信息交换更为有效，知识供应链中每一个伙伴能够感受到整个系统和他们自己都从中获得巨大利益，认识到自己是链中不可缺少的重要环节。该方法适于更大范围内、更高层面上的创新。

9.6.3 园林设计创新实践存在的误区

（1）创新目的不明确。一些风景园林从业人员对于创新目的并不明确，他们的创新单单是为了取得竞标的成功或者满足甲方的要求。因此，他们对创新的探索道路是艰难和曲折的，其创新成果也很难取得成功。

（2）创新手段较肤浅。许多设计师在其创作过程中反对形式的千篇一律，提倡丰富多样与地方形式和民族形式的融合，这些无疑都值得肯定。但是他们的创新活动过分集中于外表与形式，而不考虑其他的内容，创新手段有时显得肤浅和表面化。

（3）创新属性欠完善。一些设计只着重于技术的创新，如结构、材料或物理性能等方面的创新。他们认为除了技术科学，无其他创新可言。诚然，技术在设计领域相当重要，因为风景园林实践归根结底还是依赖于工程结构。然而对人文、社会、艺术等属性的过分轻视同样是不正确的。

当今时代是一个高度现代化、信息化的社会，新材料、新技术的不断涌现使我们目不暇接，随之而来的新思潮、新观念对中国的传统文化艺术带来了前所未有的冲击。中外文化、新旧文化的碰撞正在各个领域呈现出来。

如何对待传统文化和外来文化呢？首先背离传统的设计必然成为无源之水、无本之木，显然是不可取的；然而片面地对传统文化符号的简单继承和挪用将使设计艺术丧失时代个性，同样对外来文化的盲目模仿与抄袭也是不明智的。

园林设计的发展需要顺应时代潮流，要继承和创新同举。当前国内园林领域，许多从业人员正在不懈地进行着创新实践。值得注意的是创新内容应该注重实用性，注重本质特征，注重设计人员内在观念创新，技术科学创新与形式科学创新同时并举，更为重要的是不断探索理论与创作方法的创新。

园林创新可以从历史传统中生成，如果人们认识到中国园林的传统是开放、发展的，人们就可以从传统中获得丰富的资源，而创新就是对这个资源的发掘和提炼过程。首先，要用现代思维去重新审视传统；其次，要有选择地继承传统、发展传统、变革传统，不破不立，变革是创新的根本动力；但是不能矫枉过正，要遵循园林艺术和技术自身的发展规律。变革而不割断历史的延续性，转换而不失去园林的民族文化本源性。

具体地讲人们可以将传统园林中最具活力的部分与现实环境及未来发展空间相结合，将传统园林最具特色的部分转换成现代视觉表象下的崭新空间、韵律节奏，寻找到适宜新时代的载体。去容纳园林传统持质，最终把园林传统的内在精神、地域形式转换入世界的当代环境。

园林规划设计实践中，往往由于业主（甲方）特殊要求、基址立地条件等各种因素的限制，使设计师常有“巧妇难为无米之炊”之感，给规划设计增加了难度。但是，也正因为如此，园林规划设计才充满了挑战性和动力，越有难度的命题做好了才越有价值。真正优秀的设计师在分析各种现状条件的基础上往往有出其不意的创意，成为做出“无米之炊”的“巧妇”。

9.6.4　园林设计的创新管理

设计创新并非易事，还要有良好的外部环境。从我国目前的现状来看，园林设计创新的氛围还不是很浓厚。一方面园林设计公司规模小数量相对较少，不利于创新实践，另一方面创新设计需要一定的技术支撑，所以中国园林企业要想做大做强，单一依靠模仿国外的设计是不可取的，只有创造具有自主知识产权的创新型设计产品，才会具有核心竞争力。因此园林设计要想实现真正意义上的有所创新，与发达国家缩小差距。就必须注重设计创新管理，一方面制订有效的激励制度鼓励园林设计人员进行创新设计，同时还要营造一定的外部环境为设计创新提供条件，最后还要正确地引导创新设计的消费。因此，园林设计管理者除了要具备一定的专业技能外，还要具有社会的良知，为人类的全面、和谐、健康的生活旨趣进行设计和创造，克服企业一味追求商业利润的纯功利观念，倡导“绿色设计”、“生态设计”等先进的设计管理观念，为人类的长期生存与持续发展做出应有的贡献。

【案例 1】

某市有一主街道依图进行了人行道铺装，在铺装完成开始种植行道树时，发现原预留的树穴下相当一部分是管线（自来水管线和电缆管线等），根本无法种植。这虽不能排除施工中出了问题，但至少说明设计与施工没有统一起来，造成了人力、物力的浪费。规划设计、建筑设计和景观设计这三者是紧密联系的，是相依相存的一个有机整体。任何一者出问题，将直接设计效果。

问题：在该园林设计中为什么会出现这种现象？管理中哪一个环节出了问题？

案例分析：

本案例中由于设计者对现场情况了解不充分，从而导致设计结果无法施工的结果，提示园林设计人员在进行设计时必须对整个设计基址进行充分的调查和了解，在充分掌握第一手材料的情况才可以进行设计，也只有这样才能使设计结果更加可行，从而减少浪费。

【案例 2】

庄宇是某个园林设计公司的设计师，承担了某项目的设计工作，而且他是项目质量的负责人。而且在整个设计表现过程中，庄宇和他的团队经常遇到一些难题，现有的表现技术在表现某些设计效果时总有力不从心的感觉，需要对现有的技术进行改进才能有效地提高工作效率和设计效果。因此，虽然他们操作的项目不算大，但是为了更好地表现项目效果，实现项目目标，他们集思广益改进了现有的技术状况，甚至邀请了业界行家里手来协助，对相关设计技术进行了改良和提高，使项目表现的手段更加丰富有效。功夫不负有心人，最终项目的表现效果令人耳目一新。但在设计过程中，遇到了一些工程实施的工艺方面的内容，为了把握项目质量。当把项目的实施工程交给了施工公司后，他并没有一身轻松的感觉，毕竟他的设计公司是项目的直接承接单位，在与协作方的交流过程中，虽然他已经了解了一些项目所需要的工艺，但并没有完全掌握，于是他到书店买回一批相关工艺的书籍学习起来，这对于他也是一个新课题。此外，他准备项目一开工就进入工地，从施工的师傅们如何实施工工艺开始学习，将书本的知识与实践验证一下，不懂的当然也可以请教一下，总不能做工艺的门外汉吧。

问题：表现技术对于设计项目来讲真的很重要吗？设计管理者和设计师也需要懂工艺和材料吗？

案例分析：

作为一个园林设计师不仅要掌握园林设计的多种表现技法，同时也需要全面了解和掌握常用施工材料的性质与施工工艺，只有这样才能使你的设计更加科学可行，也更有利于施工配合，最终使得设计产品更趋于合理。

本章小结

本章通过寓言故事和案例分析阐述了园林设计管理的特点、园林设计团队与园林设计管理，分析了园林设计过程中的设计团队及其工作环境、设计团队精神等内容，重点介绍了园林设计中的体验设计、园林设计过程管理，为毕业以后从事园林设计管理奠定了理论基础。

思考练习题

1. 试述设计、设计管理及园林设计管理的含义。
2. 简述设计管理过程与园林设计管理症结表现。
3. 园林设计管理有哪些特点？怎样进行园林设计管理。
4. 试述创新思维的特点与园林设计过程中的创新技法。
5. 试述园林设计步骤及其相应的主要工作内容、要求和管理。
6. 简述对设计师团队进行有效组织管理可采取的措施。

第10章　园林施工组织与管理

本章学习要点

• 要求了解园林工程施工管理的意义，熟悉园林工程的特点，掌握园林工程施工管理的基本内容与作用，熟练地掌握园林工程施工组织与管理、质量成本、进度、安全管理的内容，达到能够熟练地进行园林工程现场管理与竣工验收管理的目的。

10.1　管理小故事

10.1.1　有缺陷的墙壁

某县城在建造一座大型影院，施工队严格按照设计师的图纸及要求施工。快要完工的时候，分管副县长来施工现场视察。他对影院的外观及结构十分满意，但当他走到影院里面的时候不由得皱起了眉头，他发现影院的墙壁凹凸不平。于是他叫来施工队负责人大骂一通，施工队队长委屈地说那是按照设计师的设计要求施工的。虽然当时设计师不在现场，副县长还是把设计师数落了一气。骂完人之后，副县长责令施工队把墙壁修改平整。

影院如期完工，剪裁的当天影院特意引进了一部大片让群众免费观看，以庆祝影院的落成。

观众们坐在影院里都感到十分舒适、惬意，纷纷夸赞县里给老百姓办了一件好事。没想到电影开始上演的时候，问题出现了，满大厅的回声使观众根本听不清电影里的人在说什么。结果电影还没放三分之一，观众们便再也忍受不了影院内的噪音了，纷纷逃出影院。

县里对影院首映出现的问题十分重视，立即到省里请了专家来对影院进行会诊。当专家们一走进影院，大都明白了问题出现的原因。

原来，问题就出现在墙壁上。声音如果碰到非常光滑的墙壁，必然会被连续地反射多次，这样满屋子都是乱哄哄的回声。如果声音碰到凹凸不平的墙壁，就会被吸收进去不再反射出来。当初设计师设计时就考虑到了这一问题，故意把墙壁设计得凹凸不平。不明真相的副县长误以为凹凸不平是墙壁的缺陷而勒令施工队作了修改，最后搞得噪音满大厅。

【管理启示】

一般人看人或看问题总是出于自己的主观好恶，于是结果往往会出现偏差，好的看成坏的、合理的看成不合理的等类似现象经常发生。俗话说，外行看热闹，内行看门道！如果你想真正看出某一问题的门道来，就必须具备相关的经验和知识，否则就不要对此问题指手画脚，以免陷入尴尬的境地。在我们的企业管理中，外行领导内行是很普遍的现象，因而类似“有缺陷的墙壁”这样的事情是时有发生的。因而，作为领导对自己不懂或不太懂的事情做出决定的时候，一定要三思而后行！

10.1.2　半壶水的启示

在波涛汹涌的大海上，一艘轮船不幸失事。大副带着幸存的9名水手跳上了救生艇，在海面上漫无目标地漂流。10天过去了，大家依然看不到一丝获救的希望。大副守护着仅存的半壶水，不许那9个人碰它一下——有水就有活下去的希望，没有了水，大家就再也难以撑下去了。大副是救生艇上惟一带枪的人，他用枪口对着那9个随时都有可能疯狂地冲上来抢水的水手，任凭他们对着自己咒骂咆哮。

在这9个人当中，最凶悍的是一个秃顶的家伙。他把双眼眯成一道缝，威胁地盯着大副，用他那沙哑的破嗓子奚落他道："你为什么还不认输？你无法坚持下去了！"说着，他猛地蹿上来，伸手去抢壶。大副毫不客气地用枪对准了他的胸膛。秃顶叹一口气，乖乖地坐下了。

为了保护这半壶维系着生命之希冀的淡水，大副已是两天两夜没有合眼了。他告诉自己一定要挺住，否则，秃顶他们会用鲁莽的举动亲手把所有落难者推进死亡的深渊。然而，干渴和困倦折磨得他再也撑不下去了，他握枪的手一点点软下去，软下去……惶急中，他居然把枪塞给了离他最近的秃顶，断断续续地说："请你……接替我。"然后就脸朝下跌进了船舱。

十多个小时过去了，黎明时分，大副醒了过来，他听到耳畔有个沙哑的声音说："来，喝口水。"——是秃顶！

秃顶一只手拿着淡水壶，另一只手稳稳地握住枪对着其余8个越发疯狂的水手。看到大副满脸疑惑，秃顶略显局促地说："你说过，让我接替你，对吗？"

一轮朝日终于送来了一艘救援的船。

【管理启示】

责任感是维系一个团队的最重要因素。在园林施工队中经常会出现许多责任事故，大多数老板都会认为自己的员工没有责任感。然而，造成这一切困局的原因就在于老板没有真正赋予员工真正的责任。而有责任的员工才会从全局考虑，甚至可能会有惊人的责任感。

10.1.3 分工

一位年轻的炮兵军官上任后，到下属部队视察操练情况，发现有几个部队操练时有一个共同的情况：在操练中，总有一个士兵自始至终站在大炮的炮筒下，纹丝不动。经过询问，得到的答案是：操练条例就是这样规定的。原来，条例因循的是用马拉大炮时代的规则，当时站在炮筒下的士兵的任务是拉住马的缰绳，防止大炮发射后因后坐力产生的距离偏差，减少再次瞄准的时间。现在大炮不再需要这一角色了。但条例没有及时调整，出现了不拉马的士兵。这位军官的发现使他受到了国防部的表彰。

【管理启示】

管理的首要工作就是科学分工。只有每个员工都明确自己的岗位职责，才不会产生推诿、扯皮等不良现象。如果公司像一个庞大的机器，那么每个员工就是一个个零件，只有他们爱岗敬业，公司的机器才能得以良性运转。公司是发展的，管理者应当根据实际动态情况对人员数量和分工及时做出相应调整。否则，队伍中就会出现"不拉马的士兵"。如果队伍中有人滥竽充数，给企业带来的不仅仅是工资的损失，而且会导致其他人员的心理不平衡，最终导致公司工作效率整体下降。

10.1.4 标准

有一个小和尚担任撞钟一职，半年下来，觉得无聊之极，"做一天和尚撞一天钟"而已。有一天，主持宣布调他到后院劈柴挑水，原因是他不能胜任撞钟一职。小和尚很不服气地问："我撞的钟难道不准时、不响亮？"老主持耐心地告诉他："你撞的钟虽然很准时、也很响亮，但钟声空泛、疲软，没有感召力。钟声是要唤醒沉迷的众生，因此，撞出的钟声不仅要洪亮，而且要圆润、浑厚、深沉、悠远。"

【管理启示】

本故事中的主持犯了一个常识性管理错误，"做一天和尚撞一天钟"是由于主持没有提前公布工作标准造成的。如果小和尚进入寺院的当天就明白撞钟的标准和重要性，我想他也不会因怠工而被撤职。工作标准是员工的行为指南和考核依据。缺乏工作标准，往往导致员工的努力方向与公司整体发展方向不统一，造成大量的人力和物力资源浪费。因为缺乏参照物，时间久了员工容易形成自满情绪，导致工作懈怠。制定工作标准尽量做到数字化，要与考核联系起来，注意可操作性。

10.1.5 业主、设计院、施工单位、安监站和监理

有一对小两口都是干园林施工行当的，自己的小孩也就耳濡目染，一天小孩问妈妈：业主、设计院、施工单位、安监站、监理都是干什么的？其母回答："业主就像你爹，什么也不干，整天背着个手光知道

训人。设计院就像你爷爷，思想保守，观念落后，提着个鸟笼子瞎晃悠，到处指指点点其实啥事也不管。施工单位就像你妈，整天傻干活，忙里忙外，有时还要挨你爹、你爷的训。安监站就像你奶奶，处处看你妈不顺眼，整天唠唠叨叨，但谁也不听她的。”小孩又问：“还有一个监理单位是什么呢?”其母说：“监理就像你，说是监督爸妈的，但又吃爸妈的饭，穿爸妈的衣，花爸妈的钱，只能装装样子监督一下爸妈，不过有时要起小脾气来，老妈还得要哄着你。”

【管理启示】

园林施工是一个复杂的系统工程，在这个工程中有一个复杂的管理机构，而且每一个机构均有其一定的管理权限，直接或间接地制约着施工组织与管理，所以在施工管理过程中要熟悉每一个管理机构的职能与管理权限，科学地进行施工组织与管理，从而达到优质、快速、经济的施工管理要求。

10.2 园林工程施工管理的概述

园林工程涉及面广，是一个较为复杂的综合性工程，它主要包括土方、水景、园路、假山、种植、给排水、供电工程等内容。随着现代城市景观环境要求的不断提高，新技术、新材料在园林景观上的不断应用，园林工程专业分工愈来愈细，园林工程的内容也在不断发展，朝着多样化、复杂化的方向发展，园林工程规模也日趋扩大。这就要求园林施工单位在园林工程施工中运用现代项目管理的理论和方法，按照园林工程运行的客观规律要求，对园林工程项目进行管理，以提高园林工程项目的效益和效率。因此，积极合理的管理组织形式对实现工程项目目标具有重要的影响。

10.2.1 园林工程施工的特点

园林工程是一项涵盖了技术与艺术成分的综合性工程，是集地形、植物、建筑、水景、照明、背景音乐等多个环节于一体的系统工程。园林工程不仅要求满足园林建设特有功能的需求，同时还要展示赏心悦目的景观艺术效果；体现园林的布局美、形式美、意境美。因为园林工程与建筑施工存在着较大的差异，仅有完整的图纸、严谨的态度、熟练的技术，并不一定能体现设计师的意图、做出好的作品。这是因为构成园林的各种要素如地形、地貌、山石、植被、植物等，它们不同于建筑施工中的一砖一瓦那样规格一致，景观石和植物都有大小之分，形态各异，无一雷同，因而在园林设计中也很难详尽表示，必须通过施工人员创造性地劳动去完成。这就要求对于从事园林工程施工的工程师们，除了具有一般的工程施工技术以外，还必须具备一定的园林艺术鉴赏能力，并对地形、山石、植物形态等园林工程构成要素，在体现过程中加以灵活的艺术处理，才能充分展示其独特的艺术风采。因此园林工程施工不同于其他工程施工，主要区别有以下几个方面。

（1）程序化。一般园林工程施工有一定的程序（先梳理山水—改造地形—营造建筑—构筑设施—铺装场地—绿化种植—养护管理）。因此施工中根据实地环境和实际情况，结合园林工程的施工特点按程序进行，只有这样才能在施工过程中更有利于景观工程建设，更有利于控制施工质量，降低工程成本，提高经济效益。

（2）实施对象的特殊性。园林绿化工程大部分的实施对象是有生命的活体，通过对各种乔灌木、花卉、地被、草皮的栽植与配置，来达到净化空气、吸烟滞尘、调节温度、隔音杀菌、营造观光休闲与美化环境的目的。但是这些植物材料不同于一般建筑，一方面是活的有机体，另一方面随着季节变化而呈现发芽、开花、结果、落叶的周期性变化，使得园林产生丰富的四季景观变化。同时每一种植物材料都有它特有的生长发育规律，因此园林工程建设首先要符合植物的生长发育规律，才能提高成活率，降低造价。例如每种植物都有其最佳栽植期，如落叶树一般在春季萌芽前栽植，而常绿树则在雨季为最佳栽植时期。只有这样才能营造良好的植物景观，反之完全违背自然规律，耗费了大量的人力、物力、财力，并不一定能取得好的效果，得不偿失。

（3）园林绿化工程的随意性较强。园林景观不仅要追求功能价值，更要突出的是园林景观艺术上的观赏性，园林景观工程施工不能只是简单按图粗放型地施工，而是将精品要素进行艺术创造的过程；因而它留给设计者和建造者发挥的空间很大，既没有标准去衡量它外形尺寸的大小，也没有限制所用的材料类别，因此在施工过程中，施工人员、设计人员要具有独到眼光、艺术家的细胞和临场即兴发挥的能力，因此施工过程中存在大量的二次设计。例如，摆设一块景石，有人认为横着放好，有人认为竖着放好，在这个时候，设计人员和施工人员必须有充足的理由说服人们，究竟是横着放好还是竖着放好。

(4) 施工图纸与施工现场的差异性。由于种种原因，使得园林施工图纸的设计深度不够或对现场的调查不够细致，造成施工图纸和现实情况存在一定的误差，需要在施工中进行调整，这在园林施工中是非常普通的现象。

(5) 园林建设工程的不规范性。与其他建设相比，园林建设中的材料规范性较差。园林中的假山石单靠定量的方法无法确定它的价值；在进行行道树种植时，要求树木有统一的高度和胸径，而对自然式种植的树木，同一树种有规格上的变化更能丰富园林景观；园林施工中多样的立地条件也使一些园林规范无法正常使用。

(6) 附属性。园林景观工程必须符合城市规划—建筑设计—景观设计的设计程序。园林绿化工程往往作为附属配套工程出现，其规模较小，且工程量零星，工作面分散，大多要等主体工程和其他工程结束后才可进行施工，不利于施工组织、管理，进度控制。

(7) 园林建设工程具有较强的地域性。园林中的土建工程在不同地区虽然有一些差异，但差异较小，而园林中的主体——园林植物，则是随着地区的不同，景观结构与树种以及施工技术与养护管理差异较大。

(8) 园林景观需保持良好的协调性。每一处景石、花草、绿树、湖泊等，都要与整体的景观布局保持协调，并达到相互间的映衬效果，做到每一处都是吸引人的独特景点，把每一处景点的价值都发挥到极致。因此，在进行设计和施工的过程中，要慎重考虑各种景观构造的协调性，做到高矮有序、错落有致、协调搭配。

(9) 不确定性。一方面园林绿化工程作为一种室外工程，受环境条件制约较大，连续的阴雨、高温酷暑、严冬寒流等不利气候条件都会对其进度、质量、费用产生影响。另一方面园林绿化工程还要受甲方或上级主管领导的影响，片面追求工期，因此经常出现反季节施工现象，给施工带来困难，并造成投资加大，工程质量下降。

10.2.2 园林工程施工管理的意义

园林工程施工作为工程项目建设的重要一环，是将园林设计意图转换为园林景观的一个重要过程，在此过程中，会暴露出许多设计中考察欠缺，或是同实际情况有较大出入的问题，甚至连日后使用过程中的维护问题也会有所暴露；更何况工程施工过程中的任何一道工序都会对整个工程质量产生致命的影响。因此，对于园林施工项目的现场施工管理，具有非常重要的意义。

10.2.3 园林工程施工管理的内容与任务

园林工程主要研究园林建设的工程技术，包括地形改造的土方工程，掇山、置石工程，园林理水工程和园林驳岸工程，喷泉工程，园林的给水排水工程，园路工程，种植工程等。因此园林工程开工之后，工程管理人员应与技术人员密切配合，共同搞好施工中的管理工作，包括工程管理、质量管理、安全管理、成本管理及劳务管理。

(1) 工程管理。开工后，工程现场管理由乙方实行自主管理；对乙方而言，是如何在确保工程质量的前提下，保证工程的顺利进行，并在合同规定的工期内完成建设项目；对甲方而言，则是以最少的投资取得最好的效益。工程管理的重要指标是工程速度，因而应在满足经济施工和质量要求的前提下，求得切实可行的最佳工期。

(2) 园林工程项目分类与企业资质等级。

1) 园林工程的施工类型，一般来说园林工程施工类型包括两类：一是基础性工程施工；二是建设施工主体。

基础性工程包括：①土方工程施工：在园林工程建设中，土方工程首当其冲。开池筑山、平整场地、挖沟埋管、开槽铺路、安装园林设施、构件、修建园林建设等均需动用土方。②钢筋混凝土工程施工：随着现代技术、先进材料在园林工程建设中的广泛运用，钢筋混凝土工程已成为与园林工程建设密切相关的工程之一，有预应力钢筋混凝土工程和普通钢筋混凝土工程施工两种。它们在所选用方法、设备、操作技术要求等方面各不相同。③装配式结构安装工程施工：在园林工程建设过程中，许多园林建筑、构件和设施在小品的景观建设中，出现了更多的装配式结构安装工程。④给、排水工程及防水工程施工。⑤园林供电工程施工：主要包括了电的来源的选择、设计与安装，照明用电的布置与安装，以及供电系统的安全技术措施的制定和落实等工作。⑥园林装饰工程施工：包括抹灰工程施工、门窗工程施工、玻璃工程施工、吊顶工程施工、隔断工程施工、面板工程施工、花饰工程施工等。

建设施工主体包括：①假山与置石工程施工：假山工程施工包括假山工程目的与意境的表现手法的确定，假山材料的选择与采运，假山工程的布置方案的确定，假山结构的设计与落实，假山与周围园林山水的自然结合等内容。置石工程施工则包括置石目的与意境，表现手法的确定，置石材料的选用与采运，置石方式的确定，置石周围景、色、字、画的搭配等内容。②水体与水景工程：其施工内容包括水系规划，小型水闸设计与建设，主要水景工程的建设。③园路与广场工程施工。④栽植与种植工程施工：绿化工程是园林工程建设的主要组成部分，按照园林工程建设施工程序，先理山水，改造地形，辟筑道路，铺装场地，营造建筑，构筑工程设施，而后实施绿化。

2）承包商及其分类。园林工程项目承包商是指与业主签订合约，以一定的金额或其他条件为其执行某些工作的厂商。按其承包性质可分为：①园林工程总承包企业。承包内容包括工程勘察设计、工程施工管理、材料设备采购、工程技术开发运用及工程建设咨询等。②园林工程承包企业。仅就园林工程施工和施工管理进行承包。③园林工程项目分项分包企业。该类也可称之为专项园林工程分包企业，他们只对一定限额以下小型园林工程实施承包与施工管理。

3）园林工程的企业资质。企业资质就是企业在从事某种行业经营中，应具有的资格以及与此资格相适应的质量等级标准，是园林工程承包者必须具备的基本条件。按照国家规定将园林工程建设施工企业划分为三个资质等级，即国家一级、二级、三级园林资质；同时各省市也有相应三级资质；园林企业的资质的取得是根据园林企业现有人员素质、技术及管理水平、工程设备情况、资金及效益情况、承包经营能力和建设业绩等进行划分的。

10.2.4　园林工程施工管理的作用

施工管理：是指施工管理人员在施工现场具体解决施工组织设计和现场关系的一种管理，组织设计中的结果要依靠施工人员在现场监督、测量、编写施工日志，上报施工进度、质量，处理现场问题。

（1）保证项目按计划顺利完成。

（2）保证园林设计意图实现。

（3）降低施工成本。

（4）及时发现问题，解决问题。

（5）协调好各部门、各施工环境的关系，保证施工顺利进行。

（6）保证施工安全。

（7）保证工程按质按量完成。

10.2.5　园林工程建设程序

园林工程建设程序归纳起来一般包括计划、设计、施工和验收四个阶段：

（1）计划。计划是对拟建项目进行调查、论证、决策，确定建设地点和规模，写出项目可行性报告，编制计划任务书，报主管局论证审核，送发改委或建委审批，经批准后才能纳入正式的年度建设计划。其内容主要包括：建设单位、建设性质、建设项目类别、建设单位负责人、建设地点、建设依据、建设规模、工程内容、建设期限、投资概算、效益评估、协作关系及环境保护等。

（2）设计。设计文件是组织工程建设的重要技术资料。园林建设项目一般采用二段设计：初步设计和施工图设计（施工图设计不得改变计划任务书及初步设计已确定的建设性质、建设规模和概算）。

（3）施工。施工单位做好施工图预算和施工组织设计编制工作，并严格按照施工图、工程合同及工程质量要求做好生产准备，组织施工，搞好施工现场管理，确保工程质量。

(4) 竣工验收。竣工后应尽快召集有关单位和质检部门，根据设计要求和施工技术验收规范进行竣工验收，同时办理竣工交工手续。

10.2.6　园林施工承包方式与类型

10.2.6.1　工程项目承包的基本概念

(1) 工程承包是指从事工程承包的企业（以下简称工程承包企业）受业主委托，按照合同约定对工程项目的勘察、设计、采购、施工、试运行（竣工验收）等实行全过程或若干阶段的承包。

(2) 工程承包企业按照合同约定对工程项目的质量、工期、造价等向业主负责。工程承包企业可依法将所承包工程中的部分工作发包给具有相应资质的分包企业；分包企业按照分包合同的约定对总承包企业负责。

(3) 工程承包的具体方式、工作内容和责任等，由业主与工程承包企业在合同中约定。

10.2.6.2　园林施工承包方式

一般有两种划分方式：第一是按承包范围（内容）划分；第二是按承包者所处地位划分。

(1) 按承包范围可划分为五种承包方式。

1) 建设全过程承包：采用这种承包方式，建设单位一般只要提出使用要求和竣工期限，承包单位即可对项目建议书、可行性研究、勘察设计、设备询价与选购、材料订货、工程施工、生产职工培训、直至竣工投产，实行全过程、全面的总承包，并负责对各项分包任务进行综合管理、协调和监督工作。它的优点是可以积累建设经验和充分利用已有的经验，节约投资，缩短建设周期并保证建设的质量，提高经济效益。

2) 阶段承包：阶段承包的内容是建设过程中某一阶段或某些阶段的工作。在施工阶段，还可依承包内容的不同，细分为三种方式：即包工包料、包工＋部分包料、包工不包料。

3) 专项承包：专项承包的内容是某个建设阶段中的某个专门项目，由于专业性较强，多由有关的专业承包单位承包，故称专业承包。

4) 建造—经营—转让（BOT）：是私营企业参与基础设施建设，向社会提供公共服务的一种方式。我国一般称其为“特许权”，是指政府部门就某个基础设施项目与私人企业（项目公司）签订特许权协议，授予签约方的私人企业来承担该基础设施项目的投资、融资、建设、经营与维护，在协议规定的特许期限内，这个私人企业向设施使用者收取适当的费用，由此来回收项目的投融资、建造、经营和维护成本并获取合理回报；政府部门则拥有对这一基础设施的监督权、调控权。特许期届满，签约方的私人企业将该基础设施无偿或有偿移交给政府部门。

BOT投资有如下优点：第一，可利用私人企业投资，减少政府公共借款和直接投资，缓解政府的财政负担。第二，避免或减少政府投资可能带来的各种风险，如利率和汇率风险、市场风险、技术风险等。第三，有利于提高项目的运作效益。因为一方面BOT项目一般都涉及到巨额资金的投入，以及项目周期长所带来的风险，由于有私营企业的参加，贷款机构对项目的要求就会比对政府更严格，另一方面私营企业为了减少风险，获得较多的收益，客观上促使其加强管理，控制造价，减低项目建设费用，缩短建造期。第四，可提前满足社会与公众需求。采取BOT投资方式，可在私营企业的积极参与下，使一些本来急需建设而政府目前又无力投资建设的基础设施项目，在政府有力量建设前，提前建成发挥作用，从而有利于全社会生产力的提高，并满足社会公众的需求。第五，可以给大型承包公司提供更多的发展机会，有利于刺激经济发展和就业率的提高。第六，BOT投资项目的运作可带来技术转让、培训本国人员、发展资本市场等相关利益。第七，BOT投资整个运作过程都与法律、法规相联系，因此，利用BOT投资不但有利于培养各专业人才，也有助于促进东道国法律制度的健全与完善。

5) BOO（建设→拥有→运营）：承包商根据政府赋予的特许权，建设并经营某项产业项目，但是并不将此项基础产业项目移交给公共部门。

BOO模式的优势在于：政府部门既节省了大量财力、物力和人力，又可在瞬息万变的信息技术发展中始终处于领先地位，而企业也可以从项目承建和维护中得到相应的回报。

（2）按承包者所处地位可划分成五种承包方式。

1）总承包：一个建设项目建设全过程或其中某个阶段（例如施工阶段）的全部工作，由一个承包单位负责组织实施。

2）分承包：分承包简称分包，是相对总承包而言的，即承包者不与建设单位发生直接关系，而是从总承包单位分包某一分项工程或某种专业工程，在现场上由总包统筹安排其活动，并对总包负责。

3）独立承包：独立承包是指承包单位依靠自身的力量完成承包，而不实行分包的承包方式。

4）联合承包：联合承包是相对于独立承包而言的承包方式，即由两个以上承包单位组成联合体承包一项工程任务，由参加联合的各单位推定代表统一与建设单位签订合同，共同对建设单位负责，并协调它们之间的关系。

5）直接承包：直接承包就是在同一工程项目上，不同的承包单位分别与建设单位签订承包合同，各自直接对建设单位负责。

10.3　园林工程施工组织与设计

通常园林施工项目包括施工准备、施工规划、项目施工、项目验收、绿化养护和竣工验收几个阶段。园林施工项目的管理主体是承包单位（园林施工企业），并为实现其经营目标而进行工作。它既可以是园林建设项目的施工、单项工程或单位工程的施工，也可以是部分工程或分项工程的施工。其工作内容包括：施工项目的准备、规划、实施和管理。

10.3.1　施工前准备工作

（1）熟悉设计图纸和掌握工地现状。

1）熟悉设计图纸。在合同签订后，应熟悉设计的指导思想、设计意图、图纸和质量的要求，并由设计人员向施工人员进行设计交底，以便掌握其设计意图，并到现场进行确认考察，为编制施工组织设计提供各项依据。

2）现场实地勘察。施工人员了解设计意图及组织有关人员到现场勘查，一般包括：现场周围环境、施工条件、电源、水源、土源、道路交通、堆料场地、生活设施的位置，以及市政、电讯应配合的部门和定点放线的依据。同时根据设计图纸进行现场进行勘察核对，并依此编制出施工组织设计，包括施工进度、施工部署、施工质量计划等。对于由于设计人员的疏忽导致的设计图纸与现状的误差，及时提出并尽快与甲方取得沟通，需要变更的也要尽快以书面形式向甲方和监理送达变更报告。

（2）做好工程事务工作。

1）编制施工预算。施工预算可以分为施工图预算和施工预算两部分。第一，施工图预算是技术准备工作的主要组成部分之一，这是按照施工图确定的工程量、施工组织设计所拟定的施工方法、建筑工程预算定额及其取费标准，由施工单位编制的确定园林工程造价的经济文件，它是施工企业签订工程承包合同、工程结算、建设银行拨付工程价款、进行成本核算、加强经营管理等方面工作的重要依据。第二，施工预算则是根据施工图预算、施工图纸、施工组织设计或施工方案、施工定额等文件进行编制的，它直接受施工图预算的控制。它是施工企业内部控制各项成本支出、考核用工、“两算”对比、签发施工任务单、限额领料、基层进行经济核算的依据。

2）落实工程承包合同。合同包括建设单位和施工单位签订的工程承包合同；与分包单位签订的总分包合同；物资供应合同，构件半成品加工订货合同等。在施工前必须做好分包工作和签订分包合同。由于施工单位本身的力量所限，有些专业工程的施工、安装和运输等均需要向外单位委托。根据工程量、完成日期，工程质量和工程造价等内容，与其他单位签订分包合同、保证按时实施。同时还要对材料的加工和订货，建筑材料、构件和园林植物材料等需要外购的材料与加工部门、生产单位联系，签订供货合同，搞好秩序，做好材料的及时供应。

3）编制施工计划。编制施工计划是“指按活动的顺序以及各项工程活动之间的相互关系、持续的时间和过程进行合理的计划”。并按完成各个分项、分部工程所需的时间及整个项目施工的全部时间编制出总的进度表。编制施工进度的依据是施工合同约定的竣工日期，且竣工日期是发包人的要求，是不能随意改变的，发包人和承包人任何一方改变这个日期，都会引起索赔。为实现这个目标，项目管理者应做好两项基本工作，一是对进度控制目标进行分解，二是编制施工进度计划，三是严格实施施工进度计划，并制订出详细的施工规范，以确保工期与质量顺利完成。

4）制定施工规范。包括制定安全措施、施工技术操作规范、质量控制标准，以及园林植物栽植成活率指标等。并通过规范建设工程，减少因操作不规范导致的质量问题，降低生产成本。

（3）准备工作。

1）测量放线。测量放线是确定拟建工程平面位置的关键，施测中必须保证精度、杜绝错误。在测量放线前，应做好检验校正仪器、校核红线桩（规划部门给定的红线，在法律上起着控制建筑用地的作用）与水准点，制定测量放线方案（如平面控制、标高控制、沉降观测和竣工测量等）等工作。如发现红线桩和水准点有问题，应及时提请建设单位处理。建筑物应通过设计图中的平面控制轴线来确定其轮廓位置，测定后提交有关部门和建设单位验线，以保证定位的准确性。沿红线的建筑物，还要由规划部门验线，以防止建筑物压红线或超红线。

2）临时设施布置。现场所需临时设施，应报请规划、市政、交通、环保等有关部门审查批准。为了施工方便、行人的安全，应用围墙将施工用地围护起来。围护的形式和材料应符合市容管理的有关规定和要求，并在主要入口处设置标牌，标明工地名称、施工单位、工地负责人等。

所有宿舍、办公用房、仓库、作业棚等，均应按批准的图纸搭建，不得乱搭乱建，并尽可能利用永久性工程。

3）“三通一平”。在工程施工范围内，平整场地和接通施工用水、用电管线及铺设道路的工作，称为“三通一平”。这项工作，应根据施工组织设计中的“三通一平”规划来进行。做好施工场地的清理工作，确保进场后施工的顺利进行。

4）物资的准备。园林施工工程的物资准备包括：土建材料的准备、绿化材料的准备、构（配）件和制品加工的准备、园林施工机具的准备。

5）劳务调配。组织工程施工人员，包括管理人员、技术人员、技术工人和普通工人，确保工程顺利开展工作。为了保证工程的质量，使新建项目建成后能顺利投入生产、交付使用，在建设施工前就必须对配套的管理人员和技术人员进行岗前培训。

6）安全生产教育。为保证安全施工，在施工前还必须对职工进行安全生产教育。在施工现场成立相关的安全管理组织，设立安全生产专职管理人员，制定安全管理计划，以便有效地实施安全管理。教育职工在施工中应严格按照各工种的操作规范进行施工，杜绝劳动伤害，创造井然有序的施工环境。

10.3.2 园林工程施工组织设计

10.3.2.1 园林工程施工组织设计的概念

（1）施工组织设计的概念。园林工程施工组织设计是以园林工程为对象编写的用来指导工程施工的技术性文件。

其核心内容是如何科学合理地安排好劳动力、材料、设备、资金和施工方法这五个主要的施工因素。根据园林工程的特点和要求，以先进的、科学的施工方法与组织手段将人力和物力、时间和空间、技术与经济、计划和组织等诸多因素合理优化配置，从而保证施工任务质量和要求按时完成。

（2）施工组织设计的作用。根据园林工程的特点和要求，以先进的、科学的施工方法与组织手段使人力和物力、时间和空间、技术和经济、计划和组织等诸多因素合理优化配置，组织现场施工的基本文件和法定性文件对指导现场施工、确保施工进度和工程质量、降低成本等都具有重要意义。

（3）施工组织设计的四部分内容：第一，依据施工条件，拟定合理施工方案，确定施工顺序、施工方法、劳动组织及技术措施等；第二，按施工进度搞好材料、机具、劳动力等资源配置；第三，根据实际情况布置临时设施、材料堆置及进场实施；第四，通过组织设计协调好各方面的关系，统筹安排各个施工环节，做好必要的准备和及时采取相应的措施确保工程顺利进行。

10.3.2.2 园林工程施工组织设计的原则

(1) 遵守国家有关基本建设的各项方针政策，严格执行建设程序和施工程序。

(2) 符合园林工程特点，体现园林综合艺术的原则。

(3) 采用先进的施工技术，合理选择施工方案的原则。

(4) 周密而合理的施工计划、加强成本核算，做到均衡施工的原则。

(5) 确保施工质量和施工安全，重视园林工程收尾工作的原则。

10.3.2.3 园林工程施工组织设计的编制程序

(1) 园林工程施工组织设计编制的依据。①园林建设项目基础文件；②工程建设政策、法规和规范资料；③建设地区原始调查资料；④类似施工项目经验资料。

(2) 园林工程施工组织设计的编制程序。①熟悉园林施工工程图，领会设计意图，收集有关资料，认真分析，研究施工中的问题；②将园林工程合理分项并计算各自工程量，确定工期；③确定施工方案，施工方法，进行技术经济比较，选择最佳方案；④编制施工进度计划（横道图或网络图）；⑤编制施工必需的设备、材料、构件及劳动力计划；⑥布置临时施工、生活设施，做好“三通一平”工作；⑦编制施工准备工作计划；⑧绘出施工平面布置图；⑨计算技术经济指标，确定劳动定额；⑩拟定技术安全措施；⑪成文报审。

10.3.2.4 园林工程施工组织设计的内容

园林施工工程不是单纯的栽植工程，而是一项与土木、建筑等其他行业协同工作的综合性工程，因而精心做好施工组织设计是施工准备的核心。

施工组织设计是以施工项目为对象进行编制、用以指导其施工全过程各项施工活动的技术、经济、组织、协调和控制的综合性文件。按照施工项目规模的不同，分为施工组织总设计、单项（位）工程施工组织设计和分项工程的施工组织设计。

(1) 指导思想设计。叙述工程设计的要求和特点，使其成为施工组织设计的指导思想，贯穿于全部施工组织设计中。

(2) 施工方案设计。明确施工流程、施工进度、施工方法、劳动组织及必要的技术措施；

1) 施工流程。建议按如下工序安排：验收场地→场地清理→定点放线→挖种植坑（整地）→种植（种植前先验苗）→场地清理→养护（明确）→补植→移交。

注意不要忽略“场地验收”。

2) 施工措施。应根据具体苗木及具体立地条件确定。建议列表显示，至少应包含如下内容：挖种植坑（人工/机械）；种植（人工/机械）；基肥（种类/比例/数量）；围堰尺寸；设立支撑；定干高度；风障；越冬保护；除杂草（人工/药物）等。

3) 施工进度计划。施工进度计划应按施工方案中的施工流程及合同约定的工期安排，可列表完成。建议较大的工程可将种植施工细分为：落叶乔灌木种植、常绿乔灌木种植、花卉草坪种植、不宜在种植施工期间完成的植物的种植等几个部分。注意不要忽略“不宜在种植施工期间完成的植物的种植”。由于每项植物适宜的种植时间各不相同，有的植物在合同规定的种植施工工期内不适宜种植。如果未在施工进度计划中单列出该不宜种植植物的计划种植施工时间范围，会给施工单位留下违约隐患。注意在养护期中明确冬季暂停养护的起、止时间。苗木进场计划（时间表），按合同中的苗木表编制。注意不能忽略预期需补植苗木的进场时间，补植苗林可标注大致月份。此举可避免建设单位过分频繁地要求换苗。机械使用计划，应明确运输机械、园林机械的种类、数量及在现场使用的具体时间。注意不要忽略养护施工期间使用的剪草机械、喷药机械等园林机械。

(3) 资源配置设计。按施工进度搞好材料、机械、工具及劳动等资源配置。

(4) 平面布置设计。布置临时设施、材料堆置及进场实施方案和路线等。

(5) 文明施工措施。一般包括以下内容：①施工场地的保洁措施；②冬季防火措施；③成品保护措施。

(6) 综合协调和应急预案设计。统筹安排好各个施工环节的连接，做好应对突发事件的准备。

10.4 园林施工质量、成本与进度管理

质量、成本、进度管理是施工管理中的三大重要管理任务，它一方面关系到园林施工产品的质量，同时还关系到企业经营的经济效益，而且直接影响到园林企业的信誉。因此在管理中必须加以重视。

10.4.1 施工质量管理

施工准备阶段的质量控制是从园林建设工程施工准备阶段就开始的，而且贯穿于整个施工过程。因此在园林施工管理中必须结合专业技术、经营管理和数理统计知识，实行全程、全面质量控制，才能确保园林工程的质量。

10.4.1.1 基本概念和特点

(1) 质量管理。是指既定质量方针、目标和职责，并在质量体系中通过诸如质量策划、质量控制、质量保证和质量改进使其实施全部管理职能的所有活动。

施工项目质量管理的首要任务是确定质量方针、目标和职责，核心是建立有效的质量体系，通过质量策划、质量控制、质量保证和质量改进确保质量方针、目标的实施和实现。

(2) 全面质量管理（TQC)。是指企业或组织的最高管理质量方针的指引下，实行全面、全过程和全员参与的质量管理。以全员参与为基础，实行全方位质量管理、全过程的质量管理过程。目的在于通过让顾客满意和本组织所有成员及社会效益达到长期成功的管理途径。TQC的主要特点是以顾客满意为宗旨；领导参与质量方针和目标的制定；提倡预防为主、科学管理、用数据说话等。

(3) 质量控制。是指为达到质量要求所采取的作业技术和活动。园林建设产品质量有产生、形成和实现的过程，在此过程中为使产品具有适用性，需要进行一系列的作业技术和活动，必须使这些作业技术和活动在受控制的状态下进行，才能生产出满足规定质量要求的产品。质量控制要贯穿项目施工的全过程，包括施工准备阶段、施工阶段、交工验收阶段和保修阶段。

(4) 园林施工质量管理特点。

1) 范围广，涵盖专业多。主要内容包括施工测量、地形整理、排水系统、给水系统、电气照明系统、小品工程（假山等)、建筑工程（如古典建筑)、装饰工程、绿化及养护工程等。涵盖专业包括建筑、市政道路、装饰、电气、钢结构、绿化等。

2) 工程量少，施工工艺复杂。与大型建筑工程不同，综合性园林工程为了给人营造一种“视觉新颖”、“内涵丰富”、“小中见大”的感觉，设计中经常采用“复杂多变”的手法，各分部、分项工程量较小，同时，由于出现国外设计公司新的设计理念，形成了现代综合性园林，形成了中西园林的大融合，给施工带来了一定的难度，造成施工成本上升。

3) 工期紧，各工种交叉施工频繁。通常综合性园林工程由于社会影响力较大，领导及市民的期望值较高，预定工期大多不足；比正常工期减少较多，这就迫使施工单位调整组织设计，增加赶工措施，组织多工种交叉施工。

4) 变更量大，造价及施工成本控制难度大。造成变更量大的原因主要有：第一，设计同现场脱节，设计图纸同现场不符，在方案阶段，设计单位仅凭委托单位提供的现状图及规划图闭门设计，不来到现场进行勘察测量复核，对现场地下状况不了解。第二，为了赶工期，在施工方案及材料上变更较多。

5) 资料复杂琐碎，结算难度大。由于上述原因，造成施工过程资料特别是签证、变更资料复杂，工程量及造价变动大，中间计量及竣工结算难度较大。

6) 资金投入量大，运转困难。因变更较多，根据审计原则，变更单价或总价待审计部门和建设单位确认后才能按合同付款比例进行支付，而审计建设部门常常要等到工程竣工后半年到一年才能确认，这就增加了施工单位工程资金运转的困难，从而影响了工程进度和质量。

10.4.1.2 质量管理的原则

对园林工程施工项目而言，质量控制就是为了确保、规范合同所规定的质量标准，所采取的一系列检测、监控的措施、手段和方法。在进行施工项目质量控制过程中，应遵循以下原则：

（1）坚持“质量第一、用户至上”。园林建筑产品作为一种特殊的商品，使用年限较长，是“百年大计”，直接关系到人民生命财产的安全。所以，工程项目在施工中应自始至终地把“质量第一、用户至上”作为质量控制的基本原则。

（2）以人为核心。人是质量的创造者，质量控制必须“以人为本”，把人作为控制的动力，调动人的积极性、创造性，增强人的责任感，树立“质量第一”的观念，提高人的素质，避免人的失误，以人的工作质量保证工序质量、工程质量。

（3）以预防为主。“以预防为主”，就是要从对质量做事后检查把关，转向对工程质量的检查、对工序质量的检查、对中间产品质量的检查，是确保施工项目的有效措施。

（4）坚持质量标准，严格检查，一切用数据说话。质量标准是评价产品质量的尺度，数据是质量控制的基础和依据。产品质量是否符合质量标准，必须通过严格检查，用数据说话。

（5）贯彻科学、公正、守法的职业规范。各级质量管理人员，在处理质量问题的过程中，应尊重客观事实，尊重科学，正直、公正，不持偏见；遵纪、守法，杜绝不正之风；既要坚持原则，严格要求，秉公办事，又要谦虚谨慎，实事求是，以理服人，热情帮助。

10.4.1.3　施工项目质量控制

（1）施工项目质量控制的依据。

1）技术标准。技术标准包括工程设计图纸及说明书；《建筑安装工程施工及验收规范》；《建筑安装工程质量检验评定统一标准》；《建筑工程质量评定标准》；本地区及企业自身的技术标准和规程；施工合同中规定采用的有关技术标准。

2）管理标准。管理标准通常是由国家技术监督局批准发布，如GB/T 19002—ISO 9002质量体系（生产和安装的质量体系保证模式）、《质量—术语》GB/T 6583—1992（代替GB/T 6583.1986）等；其中GB/T 19002—ISO 9002阐述了从采购开始直至产品交付的生产过程的质量体系要求，强调预防为主，要求把对生产过程的控制和对产品质量的最终检验相结合。

在园林施工中除了严格按照国家标准进行施工组织与管理外，同时园林企业还有结合园林主管部门有关质量工作的规定和本企业的质量管理制度及有关质量工作的规定；项目经理部与企业签订的合同及企业与业主签订的合同等进行施工组织与管理，避免盲目施工给工程带来的质量问题而影响整个企业的信誉。

（2）工程项目质量控制目标分解。工程项目质量控制是指致力于满足工程项目质量要求，也就是为了保证工程项目质量，满足工程合同、规范标准所采取的一系列措施、方法和手段。项目质量控制目标包括以下三方面：

1）工作质量控制目标。工作质量是指参与项目建设全过程的人员，为保证项目建设质量所表现的工作水平和完善程度。该项质量控制目标可分解为：管理工作质量、政治工作质量、技术工作质量和后勤工作质量等四项。

2）工序质量控制目标。工程项目建设全过程是通过一道道工序来完成的，每道工序的质量，必须具有满足下道工序相应要求的质量标准，工序质量必然决定产品质量。工程质量控制目标可分解为：人员、材料、机械、施工方法和施工环境等五项。

3）产品质量控制目标。工程产品质量是指工程项目满足相关标准规定或合同约定的要求，包括在使用功能、安全及其耐久性能、环境保护等方面所有明显和隐含的能力的特性总和。工程产品质量控制目标可分解为：适用性、安全性、耐久性、可靠性、经济性和与环境协调性等六项。

（3）工程项目质量控制原理，PDCA循环方法。PDCA循环包括：策划（Plan）、实施（Do）、检查（Check）、处置（Act）。整个循环可划分为四个阶段八个步骤。

1）第一阶段是策划阶段（即P阶段）。制定质量方针、管理目标、活动计划和项目质量管理的具体措施，具体工作步骤可分为四步。①分析现状，找出存在的质量问题；②分析产生质量问题的原因和影响因素；③找出影响质量的主要原因或影响因素；④制定改进质量的技术组织措施，提出执行措施的计划，并预计其效果。（5W1H）

2）第二阶段是实施阶段（即D阶段）。实施措施和计划，按照第一阶段制订的措施和计划，组织各方面的力量分头去认真贯彻执行。

3）第三阶段是检查阶段（即C阶段）。将实施效果与预期目标对比，检查执行的情况，看是否达到了预期效果，并提出那些作对了？哪些还没达到要求？哪些有效果？哪些还没有效果？再进一步找出问题。

4）第四阶段是处置阶段（即A阶段）。①总结经验、纳入标准；②把遗留问题，转入到下一轮PDCA循环解决，为下一期计划提供数据资料和依据。

（4）工程项目质量控制方法。对项目施工准备质量、施工过程质量和竣工验收质量进行全过程、全面控制。

1）决策阶段的质量管理。此阶段质量管理的主要内容是在广泛搜集资料、调查研究的基础上研究、分析、比较，决定项目的可行性和最佳方案。

2）施工前的质量管理。施工前的质量管理主要包括：①对施工队伍的资质进行重新的审查，包括各个分包商的资质的审查，如果发现施工单位与投标时的情况不符，必须采取有效措施予以纠正；②对所有的合同和技术文件、报告进行详细的审阅。如图纸是否完备，有无错漏空缺，各个设计文件之间有无矛盾之处，技术标准是否齐全等。应该重点审查的技术文件除合同以外，主要包括：有关单位的技术资质证明文件；开工报告，并经现场核实；施工方案、施工组织设计和技术措施；有关材料、半成品的质量检验报告；反映工序质量的统计资料；设计变更、图纸修改和技术核定书；有关质量问题的处理报告；有关应用新工艺、新材料、新技术、新结构的技术鉴定书；审核有关工序交接检查，分项、分部工程质量检查报告；审核并签署现场有关技术签证、文件等；③配备检测实验手段、设备和仪器，审查合同中关于检验的方法、标准、次数和取样的规定；④审阅进度计划和施工方案；⑤对施工中将要采取的新技术、新材料、新工艺进行审核，核查鉴定书和实验报告；⑥对材料和工程设备的采购进行检查，检查采购是否符合规定的要求；⑦协助完善质量保证体系；⑧对工地各方面负责人和主要的施工机械进行进一步的审核；⑨做好设计技术交底，明确工程各个部分的质量要求；⑩准备好简历、质量管理表格；⑪准备好担保和保险工作；⑫签发动员预付款支付证书；⑬全面检查开工条件。

3）施工过程中的质量管理。施工过程中的管理主要有几个方面的内容：①施工工艺、工序的质量控制；即对施工质量有重大影响的工序、操作人员、材料、环境条件等因素进行分析和验证，并进行必要的控制，做好验证记录。②人员素质的控制；因为园林工程是由园林企业职工实施的，他们的思想政治素质、责任感、事业心、质量观、业务能力、技术水平等均直接影响工程的质量。项目管理者要定期对职工进行规程规范、工序工艺、标准、计量、检验等基础知识的培训并开展质量意识和质量管理教育，提高全体成员的管理水平、技术水平和操作者的操作水平，防止违纪、违章及错误行为产生，从而避免因人为的失误造成质量问题；③材料质量的控制。园林工程施工过程中，土建部分要投入一定的原材料、产品、半成品、构配件和机械设备；绿化部分投入大量的土方、苗木、支架等工程材料。

施工过程中的施工工艺和施工方法是构成工程质量的基础，投放材料的质量、各种管线、铺装材料、亮化设施、控制设备等不符合要求，工程质量也就不可能符合工程质量的标准和要求。因此，严格控制投入材料的质量是确保工程质量的前提。投入材料的订货、采购、检查、验收、取样、试验均应进行全面的控制，从组织货源到使用认证，要做到层层把关，对施工过程中所采用的施工方案要进行充分论证，做到施工方法先进，技术合理，安全文明。

4）成品保护。即合理安排施工顺序，避免破坏已有产品；采用适当的保护措施；加强成品保护的检查工作。

5）工程完成后的质量管理。按合同的要求进行竣工检验，检查未完成的工作和缺陷，及时解决质量问题。制作竣工图和竣工资料。维修期内负责相应的维修责任。

10.4.1.4 施工质量问题及质量事故处理

（1）质量问题的处理。

1）处理程序：①调查取证，写出质量调查报告；②向建设（监理）单位提交调查报告；③建设（监理）单位的工程师组织有关单位进行原因分析，在原因分析的基础上确定质量问题处理方案；④进行质量问题处理；⑤检查、鉴定、验收，写出质量问题处理报告。

2）质量问题的处理方案：①补修处理；当工程的某些部分的质量未达到规定的规范、标准或设计要求，存在一定的缺陷，但经过补修后还可以达到要求的标准，又不影响使用功能或外观要求的，可以做出进行补修的处理决定；②加固处理；对于某些质量问题，在不影响使用功能或外观的前提下，以设计验算可采用一定的加固补强措施进行加固处理；③返工处理；当某些质量未达到规定标准或要求，对结构的使用和安全有重大影响，而又无法通过补修或加固等方法给予纠正时，可以做出返工处理的决定；④限制使用；当工程质量缺陷按补修方式处理无法保证达到规定的使用要求和安全，而又无法返工处理的情况下，不得已时可以做出结构卸荷、减荷及限制使用的决定；⑤不做处理。对于某些情况质量缺陷虽不符合规定的要求或标准，但其情况不严重，经过分析、论证和慎重考虑后，可以做出不做处理的决定；不做处理的情况有三种情况：其一是不影响结构安全和使用要求；其二是经过后续工序可以弥补的不严重的质量缺陷；其三是经复核验算，仍能满足设计要求的质量缺陷。

（2）质量事故的处理。

1）质量事故的处理依据。①质量事故的实际情况资料；②具有法律效力的，得到有关当事各方认可的工程承包合同、设计委托合同、材料或设备购销合同、分包合同以及监理委托合同文件；③有关的技术文件、档案；第四，相关的建设法规、报告。

2）质量事故的处理程序。①事故发生后，应立即停止进行质量缺陷部位和与其关联部位及下道工序的施工，施工单位应采取必要的措施防止事故扩大并保护好现场；同时，事故发生单位迅速按类别和等级向相应的主管部门上报，并于 24 小时内写出书面报告；②各级主管部门按照事故处理权限组成调查组，开展事故调查工作，并写出事故调查报告；③建设（监理）单位根据调查组提出的技术处理意见，组织有关单位进行研究，并责成相关单位完成技术处理方案；④施工单位根据鉴定的技术处理方案，编制详细的施工方案设计，并报建设（监理）单位审批；⑤施工单位根据审批的施工方案组织技术处理；⑥施工单位完工后进行自检并将自检结果报建设（监理）单位，组织有关各方进行检查验收，必要时应进行处理结果鉴定。

10.4.2　施工项目成本控制

施工项目成本是项目经理部在承建并完成施工项目的过程中所发生的全部成本费用的总和，施工项目成本控制是项目经理部在项目施工的全过程中，为控制人工、机械、材料消费和费用支出，降低工程成本，达到预期的项目成本目标所进行的成本预算、计划、实施、检查、核算、分析、考评等一系列活动。

10.4.2.1　成本控制的原则

（1）全面控制的原则。①建立全员参加的资、权、利相结合的项目成本控制资任体系；②项目经理、各部门、施工队、班组人员都负有成本控制的责任，在一定的范围内享有成本控制的权利，在成本控制方面的业绩与工资奖金挂钩，从而形成一个有效的成本控制网络；③成本控制要贯穿施工工程的每一个阶段，每一项经济业务都要纳入成本控制的轨道。

（2）动态控制的原则。①在施工开始之前进行成本预测，确定目标成本，编制成本计划，制订或修订各种消费定额和费用开支标准；②施工阶段制定执行成本计划，落实降低成本措施，实行成本目标管理；③建立灵敏的成本信息反馈系统，使有关人员能及时获得信息，纠正不利成本偏差；④制止不合理开支；⑤竣工阶段，要进行整个项目的成本核算、分析和考评。

（3）开源节流的原则。①成本控制应坚持增收与节约相结合的原则；②作为合同签约依据，编制工程预算时，应“以支定收”，而在保证预算收入的施工过程中，则要“以收定支”，控制资源消耗和费用开支；③核算成本费用是否符合预算收入，收支是否合理；④经常进行成本核算，并进行实际成本与预算收入的对比分析；⑤抓住时机，力争甲方或前期工程的合理赔偿；⑥严格财务制度，对各项成本费用的支出进行限制和监督；⑦提高施工项目的科学管理水平、优化施工方案，提高生产效率，节约人、财、物的消耗。

10.4.2.2　成本控制的方法

（1）通过内部招投标模式，在保证质量前提下降低成本。园林绿化企业将施工工程项目在公司内部采用招投标模式选定中标施工队（组）。

（2）对在施工工程项目中占较大比重的开支实施重点监控。

(3) 以施工图预算控制成本支出。在施工项目的成本控制中，按施工图预算实行“以收定支”，或者叫“量入为出”是最有效的方法之一。具体做法如下：

1) 人工费的控制。人工成本是企业劳动工资管理的一项重要指标，是降低劳动消耗，追求投入产出之比，更好地处理好国家、企业和个人三者利益关系的重要课题。企业人工成本是指企业在生产经营和提供劳务活动中所发生的各项直接和间接人工费用的总和。人工费在目前园林施工企业费用支出中占的比例相对较大，因此人工费控制是成本控制的重要组成，常用的人工费控制方法有：①正确制定和执行编制定员，减少人员浪费；②减员增效，做到劳动力要素与生产要素的最佳结合；③科学定员定额，优化劳动组织，提高劳动生产率；④提高劳动者素质，发挥人才效益；⑤采用分项承包、岗位浮动工资、岗位绩效工资、岗位薪点工资，降低单位产品工时消耗等。

2) 材料费的控制。绿化材料价格随行就市，实行信息价的控制。在材料采购上要货比三家，选择质量优、价格合理、运输方便的苗木。

3) 施工机械使用费的控制。由于园林建设项目施工的特殊性，实际的机械利用率往往不可能达到预算定额的水平，因此施工图预算的机械使用费也往往小于实际发生的机械使用费，形成机械使用费超支。由于上述原因，有些施工项目在取得甲方的谅解后，于工程合同中明确规定一定数量的机械费补贴，或按实际发生的台班数请甲方签证认可，在决算时一并计算，从而控制机械费的超支。

(4) 加强质量管理，控制质量成本。一是降低停工、返工损失，将其控制在成本预算的1%以内。二是减少质量过剩支出。施工人员要严格掌握定额标准，力求在保证质量的前提下，使人工和材料消耗不超过定额水平。三是健全材料验收制度，控制劣质材料额外支出。材料员在对现场材料进行验收时发现有病虫害或规格不符合要求时，可拒收、退货，并向供应单位索赔。

(5) 坚持现场标准化，堵塞浪费漏洞。根据现场及工程特点，合理安排施工现场，加强现场安全生产管理，节约人力物力。

(6) 通过考核，赏罚分明，促使成本降低。通过成本考核，做到有奖、有罚，调动企业的每一位职工在各自的施工岗位上努力完成目标成本的积极性，为降低施工项目成本和增加企业的积累做出自己的贡献。

10.4.3　施工项目的进度控制

园林施工项目进度控制是指施工项目经理部根据合同规定的工期要求编制施工进度计划，并以此作为进度控制的目标，对施工的全过程进行经常检查、对照、分析，及时发现施工中的偏差，采取有效措施，调整进度计划，排除干扰，保证工期目标实现的全部活动。

10.4.3.1　影响施工项目进度计划的因素

(1) 相关单位因素影响。项目经理部的外层关系单位很多，它们对项目施工活动的密切配合与支持，是保证项目施工按期顺利进行的必要条件。但是若其中任何一个单位，在某一个环节上发生失误或配合不够，都可能影响施工进度。

(2) 项目经理内部影响。项目经理部的活动对于施工进度起着决定性的作用。它的工作失误，如施工组织不合理，人员、机械设备调配不当，质量不合格引起返工，与外层相关单位关系协调不善等都会影响施工进度。因而提高项目经理部的管理水平、技术水平，提高施工作业层的素质是非常重要的。

(3) 不可预见因素影响。任何工程的施工都可能因自然灾害等原因影响工期，如园林施工中出现的持续恶劣的天气，严重的自然灾害，施工现场挖掘到文物，或施工现场的水文地质状况比设计及合同文件中所预计的要复杂得多，所有这些都可能造成临时停工，影响工期。

10.4.3.2　施工项目进度控制的措施

(1) 组织措施。主要是指建立进度实施和控制的组织系统及建立进度控制目标体系。如召开协调会议、落实各层次进度控制的人员、具体任务和工作职责；按施工项目的组成、进展阶段、合作分工等，将总进度计划分解，以制定切实可行的进度目标。

(2) 合同措施。应保持总进度控制目标与合同总工期相一致，分包合同的工期与总包合同的工期相一致和协调。

（3）技术措施。主要是加快施工进度的技术方法，以保证在进度调整后仍能如期完工。

（4）经济措施。是指实现进度计划的资金保证。

（5）信息管理措施。是指对施工实施过程进行检测、分析、反馈和建立相应的信息流动程序以及信息管理工作制度，以连续地对全过程实行动态控制。

10.5　园林工程施工安全控制与管理

园林施工项目安全控制是在项目施工的全过程中，运用科学的管理理论和方法，通过法规、技术和组织手段，进行的规范劳动者行为，控制劳动对象、劳动手段和施工环境条件，消除或减少不安全因素，使人、物、环境构成的施工生产体系达到最佳安全状态，实现项目的安全目标。最终达到在施工中避免安全事故发生，杜绝劳动伤害的目的。

10.5.1　安全生产控制的原则

（1）管生产必须管安全的原则。

（2）安全第一的原则。

（3）预防为主的原则。

（4）动态控制的原则。

（5）全面控制的原则。

（6）现场安全为重点的原则。

10.5.2　安全管理的主要内容

（1）建立生产安全责任制：明确各部门职能责任。（施工生产、技术、材料供应、机械动力、财务、教育、卫生、安全等。）

（2）制定安全措施计划，贯彻安全技术管理。

（3）坚持安全教育和安全技术培训。思想、知识、技能、事故、法制、特殊工种教育。

（4）组织安全检查。定期、专业性、经常性；思想、制度、机械设备、安全设施、教育培训、操作行为、劳保用品。

（5）加强施工现场安全管理。

（6）及时处理安全事故。

10.5.3　安全事故处理

（1）事故分类。根据国务院《生产安全事故报告和调查处理条例》第三条规定。

1）特别重大事故，是指造成 30 人以上死亡，或者 100 人以上重伤（包括急性工业中毒，下同），或者 1 亿元以上直接经济损失的事故。

2）重大事故，是指造成 10 人以上 30 人以下死亡，或者 50 人以上 100 人以下重伤，或者 5000 万元以上 1 亿元以下直接经济损失的事故。

3）较大事故，是指造成 3 人以上 10 人以下死亡，或者 10 人以上 50 人以下重伤，或者 1000 万元以上 5000 万元以下直接经济损失的事故。

4）一般事故，是指造成 3 人以下死亡，或者 10 人以下重伤，或者 1000 万元以下直接经济损失的事故。

（2）事故报告。事故发生后，事故现场有关人员应当立即向本单位负责人报告；单位负责人接到报告后，应当于 1 小时内向事故发生地县级以上人民政府安全生产监督管理部门和负有安全生产监督管理职责的有关部门报告。情况紧急时，事故现场有关人员可以直接向事故发生地县级以上人民政府安全生产监督管理部门和负有安全生产监督管理职责的有关部门报告。安全生产监督管理部门和负有安全生产监督管理职责的有关部门逐级上报事故情况，每级上报的时间不得超过 2 小时。

特别重大事故和重大事故，应该逐级上报至国务院安全生产监督管理部门和负有安全生产监督管理职责的有关部门；较大事故逐级上报至省、自治区、直辖市人民政府安全生产监督管理部门和负有安全生产监督管理职责的有关部门；一般事故上报至市级人民政府安全生产监督管理部门和负有安全生产监督管理职责的有关部门。

逐级报告制度，安全生产监督管理部门和负有安全生产监督管理职责的有关部门依照规定上报事故情况，应当同时报告本级人民政府。国务院安全生产监督管理部门和负有安全生产监督管理职责的有关部门以及省级人民政府接到发生特别重大事故、重大事故的报告后，应当立即报告国务院。必要时，安全生产监督管理部门和负有安全生产监督管理职责的有关部门可以越级上报事故情况。

(3) 事故处理程序。园林施工场所，发生伤亡事故后，负伤人员或最先发现事故的人应立即报告项目领导。项目安技人员根据事故的严重程度及现场情况立即逐级上报上级主管部门，并及时填写伤亡事故表上报企业。企业发生重伤和重大伤亡事故，必须立即将事故概况（含伤亡人数，发生事故时间、地点、原因等），用最快的办法分别报告企业主管部门、行业安全管理部门和当地劳动部门公安部门、检察院及工会。发生重大伤亡事故，各有关部门接到报告后应立即转告各自的上级管理部门。其处理程序如下：①迅速抢救伤员，保护好事故现场；②组织调查组；③现场勘察：笔录、拍照和现场绘图；④分析事故原因、确定事故性质：责任事故、非责任事故和破坏性事故；⑤完成事故调查报告：经过、原因、责任分析和处理意见及教训、损失，改进意见和建议；⑥事故的审理和结案：伤亡事故在 90 天内结案、特殊情况不得超过 180 天。

10.5.4 安全管理制度

(1) 安全教育制度。

(2) 安全生产责任制。

(3) 安全技术措施计划。

(4) 安全检查制度。

(5) 伤亡事故处理。

(6) 安全原始记录制度。

(7) 工程保险等。

10.6 园林工程施工现场管理

园林施工工程现场管理是根据施工现场布置图，对施工现场水平工作面的全面控制活动。其任务是充分发挥施工场地工作面特性，合理组织、调节劳动资源，按进度计划有序地进行施工。现场管理是施工管理的重要组成部分，也是整个施工管理工作的基础。因此，施工现场管理水平的高低，直接影响园林工程的质量和企业的经济效益。如果现场管理不当，将直接影响企业经营和效益，导致消耗高浪费大、劳动生产率低，生产力得不到较大增长，经济效益不高，工程质量不好，严重制约了企业的发展。园林施工工程现场管理主要内容如下。

10.6.1 施工现场平面图的管理

(1) 认真贯彻落实现场平面布置图的设计要素，不得随意更改。

(2) 在实际中发现有不符合现场的情况，提出修改意见，但均以不影响施工进度、施工质量为原则。

(3) 平面图管理的实质是水平工作面的合理组织。

(4) 材料堆放、运输应有一定限制，避免施工区混乱，形成文明、安全的施工环境。

(5) 平面图管理要注意灵活性、机动性。

(6) 必须重视生产安全。

10.6.2 施工过程中的检查工作

(1) 材料检查。材料、设备种类、数量、合格证书、质量检验证书、出厂日期、有效使用期限，做好进出库记录和检查记录。

(2) 中间作业检查。

(3) 施工作业阶段检查。检查准备；检查施工技术方法、工艺流程；检查和评价方法；补救措施和记录。

(4) 隐蔽工程验收。检查准备；检查和评价方法；补救措施和记录。

10.6.3　施工调度

施工调度是为了保证工作面上的资源合理优化，有效地使用机械，合理组织劳动力的一种管理手段。通过施工调度达到平均合理，保证重点，兼顾全局的基本要求。施工调度工作的要点有以下几个方面：

(1) 施工调度着重于劳动力及机械设备的调配，应对劳动力技术水平、操作能力及机械性能效率等有准确把握。

(2) 施工调度时要确保关键工序的施工，不得抽调关键线路的施工劳动力。

(3) 施工调度要密切配合时间进度，结合具体的施工条件，因地制宜，做到时间空间的优化组合。

10.7　园林工程竣工验收与养护期管理

10.7.1　竣工验收依据与标准

当园林建设工程按设计要求完成施工并可供开放使用时，承接施工单位就要向建设单位办理移交手续；这种接交工作就称为项目的竣工验收。因此竣工验收既是对项目进行接交的必须手续，又是通过竣工验收对建设项目的成果的工程质量（包含设计与施工质量）、经济效益（含工期与投资数额等）等进行全面考核和评估。

竣工验收一般是在整个建设项目全部完成后，一次集中验收，也可以分期分批组织验收，凡是一个完整的园林建设项目，或是一个单位工程建成后达到正常使用条件的就应及时地组织竣工验收。

(1) 竣工验收的依据。①上级主管部门审批的计划任务书、设计纲要、设计文件等；②招投标文件和工程合同；③国家或行业颁布的现行施工技术验收规范及工程质量检验评定标准；④有关施工记录及工程所用的材料、构件、设备质量合格文件及检验报告单；⑤承接施工单位提供的有关质量保证等文件；⑥国家颁发的有关竣工验收的文件；⑦引进技术或进口成套设备的项目还应按照签订的合同和国外提供的设计文件等资料进行验收。

(2) 竣工验收的标准。①土建工程的验收标准是：凡园林工程、游憩、服务设施及娱乐设施应按照设计图纸、技术说明书、验收规范及建筑工程质量检验评定标准验收，并应符合合同所规定的工程内容及合格的工程质量标准；②安装工程的验收标准是：按照设计要求的施工项目内容、技术质量要求及验收规范和质量验评标准的规定，完成规定的各道工序，且质量符合合格要求；③绿化工程的验收标准是：施工项目内容、技术质量要求及验收规范和质量应达到设计要求、验评标准的规定及各工序质量的合格要求，如树木的成活率、草坪铺设的质量、花坛的品种、纹样等。

10.7.2　竣工验收的准备工作

竣工验收前的准备工作，是竣工验收工作顺利进行的基础，承接施工单位、建设单位、设计单位和监理工程师均应尽早做好准备工作，其中以承接施工单位和监理工程师的准备工作尤为重要。

10.7.2.1　承接施工单位的准备工作

工程档案资料的汇总整理，工程档案是园林建设工程的永久性技术资料，是园林施工项目进行竣工验收的主要依据。因此，档案资料的准备必须符合有关规定及规范的要求，必须做到准确、齐全，能够满足园林建设工程进行维修、改造和扩建的需要。一般包括以下内容：①上级主管部门对该工程的有关技术决定文件；②竣工工程项目一览表，包括竣工工程的名称、位置、面积、特点等；③地质勘察资料；④工程竣工图，工程设计变更记录，施工变更洽商记录，设计图纸会审记录等；⑤永久性水准点位置坐标记录，建筑物、构筑物沉降观测记录；⑥新工艺、新材料、新技术、新设备的试验、验收和鉴定记录；⑦工程质量事故发生情况和处理记录；⑧建筑物、构筑物、设备使用注意事项文件；⑨竣工验收申请报告、工程竣工验收报告、工程竣工验收证明书、工程养护与保修证书等。

10.7.2.2　竣工自验

在项目经理的组织领导下，由生产、技术、质量、预算、合同和有关的工长或施工员组成预验小组。施工单位在自验的基础上，对已查出的问题全部修补处理完毕后，项目经理应报请上级再进行复检，为正式验收做好充分准备。

园林建设工程中的竣工检查主要有以下方面的内容：

(1) 对园林建设用地内进行全面检查。有无剩余的建筑材料；有无残留渣土；有无尚未竣工的工程等。

(2) 对场区内外邻接道路进行全面检查。道路有无损伤或被污染；道路上有无剩余的建筑材料或渣土等。

(3) 临时设施工程。与设计图纸对照，确认现场已无残存物件；与设计图纸对照，确认有无残留草皮、树根。向电力局、电话局、给排水公司等有关单位，提交解除合同的申请。

(4) 整地工程。挖方、填方及残土处理作业项目，对照设计图纸和工程照片等，检查地面是否达到设计要求；检查残土处理量有无异常，残土堆放地点是否按照规定进行了整地作业等。种植地基土作业；对照设计图纸、工期照片、施工说明书，检查有无异常。

(5) 管理设施工程。

1) 雨水检查井、雨水进水口、污水检查井等设施：对照设计图纸有无异常；金属构件施工有无异常；管口施工有无异常；进水门底部施工有无异常及进水口是否有垃圾积存。

2) 电器设备：对照设计图纸有无异常；线路供电电压是否符合当地供电标准，通电后运行设备是否正常；灯柱、电杆安装是否符合规程，有关部门认证的金属构件有无异常；各用电开关应能正常工作。

3) 供水设备：对照设计图纸有无异常；通水试验有无异常；供水设备应正常工作。

4) 挡土墙作业：对照设计图纸有无异常；试验材料有无损伤；砌法有无异常；接缝应符合规定，纵横接缝的外观质量有无异常。

(6) 服务设施工程。包括：①饮水作业；②服务性建筑。

(7) 园路铺装。①水磨石混凝土铺装。应按设计图纸及规范施工；水磨石骨料有无剥离；接缝及边角有无损伤；伸缩缝及铺装表面有无裂缝等异常。②块料铺装。应按施工设计图纸施工；接缝及边角有无损伤；块料与基础有无剥离；伸缩缝有无异常现象；与其他构筑物的接合部位有无异常。

(8) 运动设施工程、休息设施工程（棚架，长凳等）、娱乐设施。

(9) 绿化工程（主要检查高、中树栽植作业、灌木栽植、移植工程、地被植物栽植等）。

对照设计图纸，是否按设计要求施工。检查植株数有无出入；支柱是否牢靠，外观是否美观；有无枯死的植株；栽植地周围的整地状况是否良好；草坪的栽植是否符合规定；草和其他植物或设施的接合是否美观。

10.7.2.3　编制竣工图

竣工图是如实反映施工后园林建设工程情况的图纸。它是工程竣工验收的主要文件，园林施工项目在竣工前，应及时组织有关人员进行测定和绘制，以保证工程档案的完备和满足维修、管理养护、改造或扩建的需要。所以，竣工图必须做到准确、完整，并符合长期归档保存要求。

(1) 竣工图编制的依据。施工中未变更的原施工图，设计变更通知书，工程联系单，施工变更洽商记录，施工放样资料，隐蔽工程记录和工程质量检查记录等原始资料。

(2) 竣工图编制的内容要求。第一，施工过程中未发生设计变更，按图施工的施工项目，应由施工单位负责在原施工图纸上加盖“竣工图”标志，可作为竣工图使用。第二，施工过程有一般性的设计变更，但没有较大结构性的或重要管线等方面的设计变更，而且可以在原施工图上进行修改和补充时，可不再绘制新图纸，由施工单位在原施工图纸上注明修改和补充后的实际情况，并附以设计变更通知书、设计变更记录和施工说明。然后加盖“竣工图”标志，亦可作为竣工图使用。第三，施工过程中凡有重大变更或全部修改的，如结构形式改变、标高改变、平面布置改变等，不宜在原施工图上修改或补充时，应重新绘制实测改变后的竣工图，施工单件负责在新图上加盖“竣工图”标志，并附上记录和说明作为竣工图。

竣工图必须做到与竣工的工程实际情况完全吻合，不论是原施工图还是新绘制的竣工图，都必须是新图纸，必须保证绘制质量，完全符合技术档案的要求，坚持竣工图的核校、审制度，重新绘制的竣工图，一定要经过施工单位主要技术负责人的审核签字。

(3) 进行工程设施与设备的试运转和试验的准备工作。如喷泉工程试水等。

10.7.3　竣工验收的程序

10.7.3.1　竣工项目的预验收

(1) 竣工验收资料的审查。

1) 技术资料主要审查的内容包括：工程项目的开工报告、工程项目的竣工报告、图纸会审及设计交底记录、设计变更通知单、技术变更核定单、工程质量事故调查和处理资料、水准点位置、定位测量记录、材料、设备、构件的质量合格证书、试验、检验报告、隐蔽工程记录、施工日志、竣工图、质量检验评定资料、工程竣工验收等有关资料。

2) 技术资料审查方法：包括审阅、校对、验证。

(2) 工程竣工的预验收。园林建设工程的竣工预验收，在某种意义上说，它比正式验收更为重要。预验收主要进行以下几方面工作：①组织与准备；②组织预验收。

园林建设工程的预验收，要全面检查各分项工程。检查方法有：直观检查、实测质量检查、点数和操纵动作检查四种。

上述检查之后，各专业组长应向总监理工程师报告检查验收结果。如果检查出的问题较多较大，则应指令承接施工单位限期整改并再次进行复验，如果存在的问题仅属一般性的，除通知承接施工单位抓紧修整外，总监理工程师即应编写预验收报告一式三份，一份给承接施工单位供整改用；一份给项目建设以备正式验收时转交给验收委员会；一份由监理单位自存。这份报告除文字论述外，还应附上全部预验收检查的数据。与此同时，总监理工程师应填写竣工验收申请报告报送项目建设单位。

10.7.3.2　正式竣工验收

大中型园林建设项目的正式竣工验收，一般由竣工验收委员会（或验收小组）的主任（组长）主持，具体的事务性工作可由总监理工程师来组织实施。

(1) 准备工作。向各验收委员会委员单位发出请柬，并书面通知设计、施工及质量监督等有关单位；拟定竣工验收的工作议程，报验收委员会主任审定；选定会议地点；准备好一套完整的竣工和验收的报告及有关技术资料。

(2) 正式竣工验收程序。验收委员会主任主持验收委员会会议。会议首先宣布验收委员名单，介绍验收工作议程及时间安排，简要介绍工程概况，说明此次竣工验收工作的目的、要求及做法。由设计单位汇报设计实施情况及对设计的自检情况。由承接施工单位汇报施工情况以及自检自验的结果情况。由监理工程师汇报工程监理的工作情况和预验收结果。在实施验收中，验收人员先后对竣工验收技术资料及工程实物进行验收检查；也可分成两组，分别对竣工验收的技术资料及工程实物进行验收检查。在广泛听取意见、认真讨论的基础上，统一提出竣工验收的结论意见，如无异议意见，则予以办理竣工验收证书和工程验收鉴定书。验收委员会主任或副主任宣布验收委员会的验收意见，举行竣工验收证书和鉴定书的签字仪式。建设单位代表发言。验收委员会会议结束。

10.7.3.3　工程质量验收方法

园林建设工程质量的验收是按工程合同规定的质量等级，遵循现行的质量评定标准，采用相应的手段对工程分阶段进行质量认可与评定。

(1) 隐蔽工程验收。隐蔽工程是指那些在施工过程中上一道工序的工作结束，被下一工序所掩盖，而无法进复查的部位。

(2) 分项工程验收。

(3) 分部工程验收。

（4）单位工程竣工验收。

10.7.4 工程项目的交接

竣工验收及质量评定工作结束后，标志着园林建设工程项目的投资建设业已完成，并将投入使用。

（1）工程移交。一个园林建设工程项目虽然通过了竣工验收，并且有的工程还获得验收委员会的高度评价，但实际中往往或多或少地存在一些漏项以及工程质量方面的问题。当移交清点工作结束之后，监理工程师签发工程竣工移交接证书。签发的工程交接书一式三份，建设单位、承接施工单位、监理单位各一份。工程交接结束后，承接施工单位即应按照合同规定的时间内抓紧对临建设施的拆除和施工人员及机械的撤离工作，做到工完场地清。

（2）技术资料的移交。园林建设工程的主要技术资料是工程档案的重要部分。在整理工程技术档案时，通常是建设单位与监理工程师将保存的资料交给承接施工单位，最后交给监理工程师校对审阅，确认符合要求后，再由承接施工单位档案部门按要求装订成册，统一验收保存。此外，在整理档案时一定要注意份数备足。

（3）其他移交工作。为确保工程在生产或使用中保持正常的运行，实行监理的园林建设工程的监理工程师还应督促做好以下各项的移交工作。①使用保养提示书；②各类使用说明书；③交接附属工具零配件及备用材料；④厂商及总、分包承接施工单位明细表；⑤抄表。

10.7.5 工程的回访、养护及保修

回访、养护及保修，体现了承包者对工程项目负责的态度和优质服务的作风。

（1）回访的组织与安排。①季节性回访；②技术性回访；③保修期满前的回访；④绿化工程的日常管理养护。

（2）保修的范围和时间。①保修范围。一般来讲，凡是园林施工单位的责任或者由于施工质量不良而造成的问题，都应该实行保修；②养护、保修时间。自竣工验收完毕次日算起，绿化工程一般为一年，由于竣工当时不一定能看出栽植的植物材料的成活，需要经过一个完整的生长期的考验，因而一年是最短的期限。土建工程和水、电、卫生和通风等工程，一般保修期为一年，采暖工程为一个采暖期。保修期长短也可依据承包合同为准。

（3）经济责任。经济责任必须根据修理项目的性质、内容和修理原因诸因素，由建设单位、施工单位和监理工程师共同协商处理。一般分为以下几种：

1）养护、修理项目确实由于施工单位施工责任或施工质量不良遗留的隐患，应由施工单位承担全部检修费用。

2）养护、修理项目是由建设单位和施工单位双方的责任造成的，双方应实事求是地共同商定各自承担的修理费用。

3）养护、修理项目是由于建设单位的设备、材料、成品、半成品等的不良等原因造成的，应由建设单位承担全部修理费用。

4）养护、修理项目是由于用户管理使用不当，造成建筑物、构筑物等功能不良或苗木损伤死亡时，应由建设单位承担全部修理费用。

【案例 1】

某单位承接一个公路绿化工程，欲编写施工组织总设计。工程概况为：XXXX 公路绿化工程项目，施工路段全长 5km，绿化带宽为两侧各 5m，地形平坦，土质良好。施工内容为乔木种植（常绿胸径 10cm，1000 株；落叶胸径 10cm，1000 株；常绿胸径 5cm，0.5 万株；落叶胸径 5cm，1 万株）；灌木栽植（H60cm，3 万株）；草坪栽植 2 万 m^2，该单位共有劳动力 20 人，管理及技术人员 5 人。根据题目所提供的资料，结合课程教学，编写该工程施工组织总设计。

（1）计算工期，合理安排进度计划。

（2）预算施工总价格。

(3) 编写施工组织总设计。

【案例 2】

围护结构工程质量问题给后续工序带来隐患，造成城市轨道交通建设典型的基坑坍塌事故、透水事故等。

事故发生原因分析。

(1) 城市轨道交通建设工程项目快速上马，项目规划不够科学；可行性研究不够详细，给工程设计和施工带来了很大的困难。"三边"（边规划、边设计、边施工）工程的出现能够准确的反映这一特点。

(2) 不合理的招投标机制和低价中标引发的恶性竞争，使设计、施工、监理、勘察、第三方监测等参建单位在施工过程中大力减低成本，有的单位甚至在打安全措施费的注意。

(3) 监管人员和项目管理人员对法律法规的要求不够了解，对规范掌握不透彻，不能融会贯通，运用自如。

(4) 勘察、设计、施工等参建单位对地下情况掌握不够详尽，盲目施工。

(5) 大量的农民工进场参与建设，地铁建设是百年大计的工程，有一定的操作技术水平要求，农民工没有接受过专业的培训和训练，致使施工质量有所下滑，此外农民工的安全意识不够，也是事故多发的一个主要原因。

(6) 地铁建设周边环境复杂。地铁建设均处在大中城市中心繁华闹市区，周边建筑物繁多，结构复杂，施工场地狭窄等，施工环境不佳。

(7) 施工过程中大量使用特种设备，再加上对租赁或者外协队伍的设备管理不够严格，容易引发特种设备事故。

(8) 工期紧，任务重，凡是建筑工地都在抢工，从规划开始就在抢工。

(9) 事故出现前，对事故的征兆认识不够充分，处理不当。

【防范事故采取的对策】

(1) 注重工程质量，尤其是围护结构的质量。围护结构的实体质量和止水效果关系到基坑开挖的结构安全。高质量的围护结构和可靠的支撑可以起到预防坍塌事故的效果。

(2) 严格执行国家法律、法规和强制性标准。

(3) 严格落实各项管理制度和安全生产责任制。

(4) 加强安全教育力度，严格培训考核合格后才可以上岗。

(5) 加强现场的监督检查，对危险性较大工程应该派专人进行现场监督。

(6) 进行充分的危险源辨识，并对辨识的危险源进行评价，针对重大危险源编制应急救援预案，并进行充分的演练。

(7) 免费定期为劳动者发放劳动保护用品，并监督其正确使用。

(8) 对机械设备定期进行检查维修保养，防止设备带病作业。

(9) 做好施工现场的安全防护设施的检查维修保养和监督管理。

(10) 盾构施工或者矿山隧道施工过程中，密切关注隧道上方的建、构筑物，施工前，对其进行详细的检查和鉴定。

(11) 发现事故征兆，必须立即采取措施进行处理。

本　章　小　结

本章我们讲授了园林工程施工管理开始，讲授了园林工程的特点，以及园林工程施工管理的基本内容、任务与作用、园林工程的承包方式与类型以及施工管理的意义，重点讲授了园林工程的施工组织与设计、质量成本控制、安全控制以及施工现场管理与竣工验收等内容，通过学习要求同学们熟悉园林工程管理的全过程，掌握园林工程施工管理技术，为全面进行园林工程管理奠定基础。

思考练习题

1. 园林工程施工的准备工作有哪些？
2. 园林工程施工组织设计的主要内容是什么？
3. 简述园林工程竣工验收的作用。
4. 园林工程竣工验收的依据主要有哪些？
5. 简述园林工程的工程资料验收内容。
6. 简述园林工程验收的条件。
7. 简述园林工程竣工验收的主要检查内容。
8. 怎样理解园林工程的施工自验？
9. 简述编制园林工程竣工图的依据。
10. 简述园林工程竣工图编制的内容要求。
11. 园林工程监理竣工验收的工作计划分为哪几个阶段？
12. 简述园林工程竣工项目的预验收。
13. 怎样理解园林工程正式竣工验收？
14. 简述养护阶段监理工程师的主要工作。
15. 简述园林工程保修、保活期内的监理方法。
16. 园林工程回访的方式有哪几种？
17. 怎样理解园林工程技术资料的移交？

第11章 景区经营管理

本章学习要点

• 了解景区的概念以及我国景区的类型及特点，掌握景区的管理特点、要求和内容。理解景区在国民经济建设中的作用与地位，熟悉景区的经营管理内容与特点以及景区资源的开发利用原则，为科学地进行景区管理奠定基础。

11.1 景区管理寓言故事

11.1.1 平价酒水的故事

众所周知菜品与酒水是酒店经营的主要利润，利润率通常要达到40%左右，因此酒店为了控制酒水利润通常在酒店内挂上一块“谢绝自带酒水”的标示牌，而在市场竞争白炽化的今天，敢为天下先的总不乏其人，在酒店内设个平价小型酒水超市，面向在店内点餐吃饭的顾客服务。与其让顾客从店外带酒水进来，还不如自己方便顾客，这一举措不仅改变了顾客对酒店“谢绝自带酒水”的尴尬局面，也是酒店在竞争激烈的餐饮市场采取的折中手段。再怎么说，这平价里也是还有一定利润的，酒店还不是想通过平价酒水超市带来一些人气，迎合部分顾客的消费需求，增加翻台率，薄利也能有钱赚。

【管理启示】

从平价酒水超市的设立中看我们的旅游景区的营销管理，应该可以窥测出很多商机。特别是面对旅游市场日趋缩水的今天，很多景区、旅行社在“五一”期间纷纷创新产品，通过细分市场、提高服务档次拉动人们的出游热情。但是目前许多景区的软件建设过于看重形式，如礼仪小姐在门口披着绶带夹道欢迎游客入园，但同时售票窗口前在排着长队，这样礼仪小姐的夹道欢迎就显得过于奢侈，这样的景区服务还是缺乏人文关怀。还不如增设临时售票点、外借停车场、物品寄存、提供热开水等硬件管理，提高景区的市场竞争力和景区的知名度。

11.1.2 信心创造奇迹

在宋代，有一段时期战争频频，国患不断，一位大将军叫李卫，带领人马杀赴疆场，不料自己的军队势单力薄，寡不敌众，被困在小山顶上，注定被敌军吞没。就在士气大减，甚至有要缴枪投降的可能之际，将军李卫站在大家的面前说：士兵们，看样子我们的实力是不如人家了，可我却一直都相信天意，老天让我们赢，我们就一定能赢，所以我这里有9枚铜钱，向苍天企求保佑我们冲出重围，我把这9枚铜钱撒在地上，如果都是正面，一定是老天保佑我们，如果不全是正面的话，那肯定是老天告诉我们不会冲出去的，我们就投降。

此时，各个士兵闭上了眼睛，跪在地上，烧香拜天企求苍天保佑，这时李卫摇晃着铜钱，一把撒向空中，落在了地上，开始士兵们不敢看，谁会相信9枚铜钱都是正面呢！可突然一声尖叫“快看，都是正面!”大家都睁开了眼睛往地上一看，果真都是正面。士兵们跳了起来，把李卫高高举起喊到：我们一定会赢，老天保佑我们了！

李卫拾起铜钱说：那好，既然有苍天的保佑，我们还等什么，我们一定会冲出去的，各位，鼓起勇气，我们冲啊！

就这样，一小撮人竟然奇迹般战胜强大的敌人，突出重围，保住了军队。事后将士们谈起了铜钱的事情在说："如果那天没有上天保佑我们，我们就没有办法出来了！"

这时候李卫从口袋了掏出了那 9 枚铜钱，大家竟惊奇地发现这铜钱的两面都是正面！

【管理启示】

信心能创造奇迹！景区经营也是如此，只有全体员工树立起"我们一定行"的信心，才有可能走向成功；相反如果你总认为这样不行，那样也不行，那么你永远也不行。

11.1.3 当老虎来临时

两个人在森林里，遇到了一只大老虎。A 就赶紧从背后取下一双更轻便的运动鞋换上。B 急死了，骂道："你干吗呢，再换鞋也跑不过老虎啊！"

A 说："我只要跑得比你快就好了。"

【管理启示】

21 世纪，没有危机感是最大的危机。特别是入世之后，电信，银行，保险，甚至是公务员这些我们以为非常稳定和有保障的企业，也会面临许多的变数。当更多的老虎来临时，我们有没有准备好自己的跑鞋呢？

11.1.4 《水桶的故事》——景区的协调发展和有效管理

水桶效应：一只木桶要想盛满水，必须每块木板都一样平齐且无破损，如果这只桶的木板中有一块不齐或者某块木板下面有破洞，这只桶就无法盛满水。是说一只水桶能盛多少水，并不取决于最长的那块木板，而是取决于最短的那块木板。也可称为短板效应。

【管理启示】

引申到景区管理中来，从价值链的角度来看，短板就是制约旅游企业发展的，而且往往是价值链中最为薄弱的一个环节，"短板"的表现主要是景区、旅游区的某一方面的职能不健全或弱化，难以和其他的职能协调统一地发展，使整体运作能力降低，盈利能力降低。另外从景区发展的角度，制约企业发展的往往是少数的一、两个方面重要的、关键的问题，如管理能力、资金、技术、人才问题等。

11.2 景区的管理特点和要求

景区是一个国家和地区人文资源、自然景观的精华，是展示民族历史和民族文化的重要窗口。从旅游行业的角度来看，景区是旅游活动的核心和空间载体，是旅游产品的主体成分，是旅游产业链中的中心环节，是旅游消费面的吸引中心，是旅游产业面的辐射中心，当前观赏景区仍是人们旅行的主要动机。在一定意义上甚至可以说，整个旅游业都是依附于景区而存在的。

11.2.1 景区的定义

目前，在学术界和旅游业界对"景区"尚无严格定义，广义的景区是指具有吸引国内外游客前往游览的明确的区域场所，能够满足游客游览观光，消遣娱乐，康体健身，求知等旅游需求，应具备相应的旅游服务设施并提供相应旅游服务的独立管理区。

我国的景区，按其风景的观赏、文化、科学价值和环境质量、规模大小、游览条件等，划分为三级，即市（县）级（具有一定观赏、文化或科学价值，环境优美，规模较小、设施简单，以接待本地区游人为主，由市、县人民政府审定公布）、省级景区（具有较重要观赏、文化或科学价值，景观具有地方代表性，有一定规模和设施条件，在省内外有影响的，由省、自治区、直辖市人民政府审定公布）、国家重点景区（具有重要的观赏、文化或科学价值，景观独特，国内外著名，规模较大的，由国务院审定公布）。

11.2.2 景区的含义

（1）以富有美感的自然风景作基础的地域。从传统审美视角看，自然风景美包括自然风景的宏观形象美、色彩美、线条美、动态美、静态美、视觉美、听觉美、嗅觉美等，颇具丰富的自然美学价值。

(2) 自然景观多具有典型性和代表性的地域。景区颇具科学价值。

(3) 历史悠久文化丰厚的地域。一般都有上百成千年的历史，无不留下与自然风景融为一体的人文景观，颇具历史文化价值。

(4) 生态环境优良的地域。景区自然氛围较浓。

(5) 一种特殊用地。景区是从人类作为谋取物质生产或生活资料的土地中分离出来，成为专门满足人们精神文化需要的场所。

(6) 具有多种功能的地域。在景区可开展游览、审美、科研、科普、文学创作、度假、锻炼，以及爱国主义教育活动。

11.2.3　景区的种类

中国的景区系统大致可分为以下八大类型。

(1) 山岳风景区。如安徽的黄山、山东的泰山、陕西的华山、四川的峨眉山、江西的庐山、山西的五台山、湖南的衡山、台湾的阿里山、云南的玉龙山、浙江的雁荡山、辽宁的千山、河南的衡山、湖北的武当山。

(2) 湖泊风景区。如江苏的太湖、杭州的西湖、昆明的滇池、云南大理的洱海、新疆天山的天池、新疆博乐的赛里木湖、青海的青海湖、台湾的日月湖、吉林白头山的天池、黑龙江的镜泊湖、武汉的东湖、广西七星岩的星湖。

(3) 河川风景区。如广西桂林的漓江、长江的三峡、福建武夷山的九曲溪。

(4) 海滨风景区。如山东的青岛、河北的北戴河、辽宁的大连、浙江的普陀、福建的厦门、广东的汕头、海南三亚的天涯海角。

(5) 森林风景区。如四川的卧龙、湖北的神农架、吉林的长白山、福建的武夷山、云南的西双版纳、广西的花坪、广东的鼎湖山、浙江的天日山、陕西的秦岭。

(6) 石林瀑布风景区。如云南的石林、贵州的黄果树瀑布。

(7) 历史古迹名胜区。如北京古都、西安古都、北京长城、甘肃敦煌莫高窟、甘肃麦积山、河南洛阳龙门、山西云冈石窟、新疆丝绸之路、新疆吐鲁番盆地及山东曲阜、西藏拉萨、河北承德避暑山庄、江苏苏州园林、江苏扬州园林。

(8) 革命纪念地。如陕西延安、江西井冈山、贵州遵义、福建古田、湖南韶山，以及嘉兴南湖、南京中山陵。

11.2.4　景区的意义

中国共产党第十二次全国代表大会并于《全面开创社会主义现代化建设的新局面》的报告指出：“我们在建设高度物质文明的同时，一定要努力建设高度的社会主义精神文明，这是建设社会主义的一个战略问题。社会主义的历史经验和我国当前的现实情况都告诉我们，是否坚持这样的方针，将关系到社会主义的兴衰和成败。”社会主义的文化建设同样包括景区保护、建设和管理，因此旅游景区建设与管理具有以下重要的意义。

(1) 我国的风景名胜资源不仅是中华民族的宝贵财富，也是人类文明的重要组成部分，是世界人民的共同财富。

(2) 景区的保护、建设和管理，既是物质文明建设的内容，又是社会主义精神文明建设的内容，它是社会主义现代化建设所不可缺少的组成部分。

(3) 保护景区主要是保护人类赖以生存和享用的自然环境。现代生产力的提高形成了人们对自然改造的强大能力，创造出巨大的物质财富，但也破坏了生态平衡和许多自然美学；为人类获取了许多福利，也遭受了许多损失。到现在人们才意识到保护人类生存的自然环境的重要性，所以保护景区，从保护自然生态环境的意义上说也是社会主义物质文明建设所必须的。

(4) 景区雄伟、优美的景观作为观察一个国家国土风貌的重要窗口，可以在很大程度上反映出一个民族、一个国家经济文化发展的水平，成为探测一个地区兴旺发达、文明进步程度的尺度。

(5) 景区是供人们游览、休息，进行各种有益于身心健康的活动场所。安静优美的自然环境、清新的空气、灿烂的阳光能使人精神愉快，解除工作的疲劳，增进健康，这种休息活动是现代人们生活所必不可少的组成部分，也是一个发达、有效率、进步的社会所必须具备的条件。

(6) 景区壮丽的山河和灿烂的历史文化遗产，是文学艺术创作的重要源泉，自古以来，不知孕育出多少文学艺术家，产生了多少不朽之作。今天更是丰富人民文化生活，增长知识，提高文化素养和审美鉴赏力，陶冶高尚道德、理想、情操的课堂。

(7) 景区丰富的地质地貌，繁多的动植物物种，变幻莫测的气象、水文等，可以给人们以科学的启迪，不仅是专家、学者探索不尽的宝藏，而且是进行科普教育的生动教材，是提高我们民族科学文化的一个阵地。

(8) 景区对外开放旅游，可以介绍我国的自然和文化风貌，增进各国人民的相互了解和友谊，还可以给国家增加资金的积累。

(9) 景区可以说是一个进行爱国主义教育的大课堂，祖先的业绩、历史文化、文学艺术创作、风俗民情等都是维系民族团结，凝聚民族自豪感，激励人们奋发图强，进行创造性劳动，缔造不朽功勋的生动教材。多少海外赤子、台湾同胞，之所以一往情深思念祖国。其原因也是感情深处往往离不开祖国山河及风景名胜。

总之，风景名胜在我国社会主义建设中具有重要的地位和作用，建设与保护名胜资源的意义非常重大。

11.2.5　景区管理的现状

中国共产党第十二次全国代表大会以来，党中央曾经多次指出："我们在建设好社会主义高度物质文明的同时，还要努力建设高度的社会主义精神文明，这是建设社会主义的一个战略问题。社会主义的历史经验和我国当前的现实情况都告诉我们，是否坚持这样的方针，将关系到社会主义的兴衰和成败。""而文化建设自然也包括健康、愉快、生动、活泼、丰富多彩的群众性娱乐活动，使人民在紧张劳动后的休息中，得到高尚趣味及精神上的享受。"我国的风景名胜资源不仅是中华民族的宝贵财富，也是人类文明的重要组成部分，同时也是全世界人民的共同财富；景区的保护、建设和管理，既是物质文明建设的内容，又是社会主义精神文明建设的内容，更是社会主义现代化建设所不可缺少的组成部分；保护景区，不仅是保护人类赖以生存和享用的自然环境，也是社会主义物质文明建设所必须的；总之，风景名胜在我国社会主义建设中具有重要的地位和作用，保护、管理好风景名胜资源的意义非常重大。

自1982年至今，国务院先后审定公布了六批国家级景区。目前，全国国家级景区有187处，省级景区698处，景区总面积约占国土面积的1.89%，基本形成了国家级、省级景区的管理体系。在国家级景区中，泰山、黄山、武陵源、九寨沟等21处景区被联合国教科文组织列为世界自然遗产或世界自然与文化双遗产，成为举世瞩目的人类共同遗产。

景区集中了大量珍贵的自然文化遗产。景区的体系建立之后，在保护生物的多样性、维持地域的生态平衡等方面发挥了重要的作用。各地采取措施，封闭景区内开山采石场，清理墓葬，拆除违章建筑，退田还湖，退耕还林，抢救和恢复了一批濒于毁灭、湮没的名胜古迹，保护了一大批珍贵的风景名胜资源，为中国乃至全人类保存了具有典型代表性的自然本底和文化遗产。我国的景区已经成为生态文明建设的重要载体。

但是由于在管理上忽视游客体验与缺乏可持续发展观念，结果导致忽视游客体验，旅游产品就没有市场，缺乏可持续发展观念，导致旅游开发有今天没明天。旅游的自然保护区，有44%存在垃圾公害，12%出现水污染，11%有噪音污染，3%有空气污染。因此自1980年以来，全国旅游主题公园有近80%已倒闭，其中的代表是位于江苏吴江市，亚洲投资最大（10多亿元）的科幻公园福禄贝尔乐园于1998年1月宣布破产清资，投资上亿元的海南省通什市的海南中华民族文化村开业不到8个月就倒闭。武陵源为了保住"世界自然遗产"这一金牌，不得不拆除违规建筑，耗资3.45亿元，相当于1990年到2001年底所有门票收入的总和。因此如何加强景区的管理已经成为整个产业的瓶颈问题。

11.2.6　景区的经营与管理特点

景区经营与管理不同于其他行业的经营与管理工作，它有其所特有的规律，因此在景区管理中必须首先研究其经营特点，然后根据其经营特点，按照其特有的客观规律进行管理，才能把景区管理好。但是由于不同的景区其自然景观和人文景观的差异，再加上地区差异、活动差异，以及服务对象和服务设施的差异，其固有的规律和特点也有差异。

（1）旅游景区经营特点。

1）季节性对景区经营的影响。不同的景区由于其经营内容不同，呈现出一定的季节性规律，而这个规律反过来又直接影响景区的经营活动。

2）地域性对景区经营的影响。一般而言，随着距离的增加，出行人数会呈现下降趋势，即在一定距离范围内，越靠近中心，游客前往景区游览的可能性就越大，并以景区为中心向外围辐射；离中心越远，对游客的吸引力就越弱。导致这种结果的原因主要有两方面：一是游客不了解；二是旅游成本增加。

3）景区经营的周期性。一般来讲任何产品都要经过：初创-发展-成熟-衰退的生命周期过程，景区也不例外。因此景区在产品的经营上，重点不在于大规模的推陈出新，而在于用不同形式的副产品丰富主要的主体，而这些副产品的生命力比起主产品短的多。

（2）旅游景区管理特点。

1）旅游景区具有较高的美学、科学技术、艺术、历史价值；有能供人们进行科学研究、科学普及、参观、娱乐、旅游的自然景观和人文景观相结合的特殊区域。所以在经营管理中，要根据这一特性，对那些具有极高的美学、科学价值的天然风景和自然资源，以及具有极高的艺术、科学技术和历史的文物古迹不能向对矿藏和荒地一样去“开发”、“改造”和“建设”，对自然资源要按大自然原有的面貌保护下来；对历史人文资源，要按历史原状保护下来；对野外娱乐资源，如沙滩、急流、雪山，不得破坏自然面貌，也不得侵占移作他用，要提供野外娱乐场所。

2）景区既不是城市建设，也不是村镇建设。它与城市的园林绿化是两个不同的体系，在管理上涉及文化、文物、林业、旅游、城乡环保等部门，但原则上是以园林部门为主。

3）景区包括的内容十分丰富，可谓天工、人巧交互增辉。也就是说是自然风景加上人工的创造，包括石、山、水、泉、花、草、树木和亭台、楼阁、道路、桥梁、坛庙、寺观等所组成的综合体。

4）景区的直接效益表现在为游客提供良好服务的社会效益上。从景区服务工作中可以体现党和政府对人民生活的关怀，从自然、人文景观中可以体现祖国山河的壮丽和文化的丰富，从而反映社会主义制度的优越性。

5）景区同公园一样，每天接待成千上万的游客，他们因来源、年龄、文化、职业和爱好的不同，带着不同的目的走进景区，他们对景区有着各种不同的要求，这就要求景区管理工作者，要懂得各类游客所好，使其各得其所，这样才能提高服务质量，使游客来得满意，走得愉快。

6）景区依靠美好的景观和环境吸引旅游者，如果滥伐林木、乱炸山石、乱建房屋、乱排污水、乱倒垃圾，风景遭破坏，环境被恶化，即使是天下最好的景区，也会因此而衰败，导致臭名远扬，失去游览价值。所以建设和管理景区首先要重视环境效益，有环境效益，才能有社会效益，才能转化为经济效益。

11.3　景区管理的主要内容

景区大多数是一种不可再生的资源性产品，当开发建设完成之后，要延长旅游景区的生命周期，重要的是不断更新旅游产品，丰富文化内涵，提高管理水平，提升服务质量。我国的旅游景区开发时间早，发展速度快，规模大、数量多、底蕴深、类型全，名列全球之冠。旅游景区管理体制多元、方法简单，管理水平与质量落后于世界旅游经济发达国家。

11.3.1　景区管理内容

11.3.1.1　景区管理

旅游资源是景区用来吸引旅游者最重要的因素，是确保景区开发成功的客体基础。在景区的经营管理过程中，首先要充分认识旅游资源管理的重要性，并对你所在的景区的旅游资源的类型、功能做出客观的评估，为景区的市场定位、开发规模、产品组织等经营决策提供依据。

风景旅游资源按本体属性可分为自然旅游资源和人文旅游资源。自然旅游资源指的是存在于景区自然环境中能够吸引人们前往旅游的天然景观。

依据构成资源的环境要素不同可分为四个亚类，分别为：地表类、水体类、生物类、气候天象类。人文旅游资源指的是景区内吸引人们旅游的人为物质财富与精神财富的总和。

景区人文旅游资源主要包括以下五个亚类：历史类，包括古人类遗址、古建筑、古园林、古陵墓、石窟岩画等；民俗民情类，包括民族建筑、民族服饰、民族歌舞、民族节庆、民族风俗等；宗教类，包括宗教建筑、宗教活动；休憩服务类，含现代园林、休疗养设施、名菜名食、特殊医疗等；文化娱乐类，包括文化设施、娱乐设施。

旅游资源是景区的核心因素，是景区重要的景观构成体，旅游资源无论其类型结构、组合特点等静态特征，还是时空演变的动态变化，对整个景区的开发定位皆有十分重要的意义和影响。然而，在片面追求经济利益的短期开发行为冲击下，相当一部分景区误入"开发—破坏—再开发—再破坏"的恶性循环中，结果不仅导致旅游资源面临丧失殆尽的危机，甚至严重威胁到景区的生存。而导致景区旅游资源破坏的原因主要有自然损毁与人为破坏两种。因此，在旅游资源开发过程中为了达到开发与保护的平衡，就要尽量缓减、减少自然力与人为因素对旅游资源的破坏。常用的措施有以下两点：

（1）自然损毁的缓减。自然力作为客观存在的作用力，它对旅游资源的破坏作用在很大程度上是不可避免的，但可以通过相应的技术措施加以减缓。如水土流失、风化、侵蚀、病虫鸟害等自然损毁，可以通过营造防护林、物理固化、加强病虫害防治、设隔离网防鸟等技术措施加以控制。

（2）人为破坏的杜绝。旅游资源的人为破坏是多方面的、大量的，但却不是不可避免的。主要表现为人为有意识的破坏如滥伐、偷猎、盗掘、倾污、挖刻；人为无意识破坏如工程建设的破坏，乱建、开山等破坏；再加上景区规划不当造成的破坏和超负荷运作等加速了资源的破坏。因此在杜绝人为破坏时，在经营管理中要采取法律法规宣传，并设立专门开发与保护机构，应用行政措施进行保护，采取综合环境措施防治环境污染，采取教育加强人们对景区旅游资源的保护意识，减少人为破坏。

11.3.1.2 旅游产品设计与管理

旅游产品是指利用旅游资源加工的、提供给旅游者消费的物质和精神享受的总和，是旅游业营销活动的主体。从旅游者的消费活动来看，旅游者在旅游活动中不仅付出了一定数量的货币，还要付出一定时间和精力，在整个旅游消费过程中他要获得的基本效用主要是一种精神上的满足。行、住、食、游、购、娱等中的物质条件是促成旅游产品达到这一效应的必不可少的基本保证，即旅游产品的组成包括了旅游者从开始旅行到结束的全部内容。

旅游产品可划分成核心产品、基础产品和形式产品三部分。基础产品是经开发自然旅游资源和人文旅游资源而设计的景点、旅游线路产品，是景区的中心吸引物，是景区实施经营战略及经营目标的主体。区内交通、住宿、餐饮、娱乐、购物等行业是保证线路和景点产品经过旅游者消费使之获得愉快经历的物质保证手段。

可以说在景区的产品设计中，景点建设和路线设计是整个景区旅游产品设计的中心。围绕这一中心，景区产品的整体形象则通过服务、价格、品牌、质量、促销、特色、通达性、保证、安全、方便度、距离等外在形式呈现于旅游消费者，旅游者通过判别比较这些形式产品质量优劣，并结合自己的实际条件最终做出消费与否的选择。

旅游产品需要一定的市场，而该市场由三部分要素构成：有某种需要的人；购买欲望；购买能力。此三要素是相互制约、缺一不可的统一整体，其中任一要素发生变化都可导致整个市场出现较大的差异性变化。因此在旅游产品设计时充分考虑旅游市场的基本要素，并根据需要进行设计，做到适度超前就可以，否则可能导致旅游产品设计失误，造成巨大的经济损失。

11.3.1.3 景区营销管理

景区所面对的游客，是对景区旅游产品具有购买欲望、拥有购买能力和余暇时间的人群。它们对景区一定数量与质量的旅游产品的需要，称为景区旅游需求。景区旅游市场，既指现实的游客市场，也包括潜在的游客市场。游客市场是人群购买欲望和购买能力与余暇时间的综合体现。当一个国家或地区人口众多、旅游欲望与支付能力都很强，便是一个潜力较大的游客市场，反之亦反。

有了市场就需要有产品，景区作为旅游产品就需要进行市场营销，而市场营销战略又直接体现景区的总体经营战略。营销决策是景区决策的主要内容，市场营销工作的好坏，实际上决定着整个景区总体经济效益的高低，直接关系到景区开发建设与经营目标的最终实现与否。因此在旅游产品销售中不要误认为景区的市场营销只不过是“待客上门”，售票售货等销售活动。其实销售仅是市场营销活动的一部分，并且往往不是最重要的一部分。做好识别消费者需要，发展适销对路产品、搞好定价和分销、实行有效促销，是比销售更加重要的市场营销活动。

因此在景区营销管理与经营过程中，要充分进行市场调查研究，并通过调查对旅游产品进行预测；然后确定和实施营销战略；最后运用营销组合策略包括产品策略、价格策略、分销策略、促销策略（广告宣传、人员推销、销售促进等），还有营销手段的运用，如权力和公共关系的运用等；实现市场营销的组织、执行和控制。

景区传统的市场营销目标，是满足游客需求。而大市场营销目标是：满足游客需求，通过宣传、诱导影响游客的消费，争取开发新的游客市场。除传统意义的营销人员外，上至景区的高级管理人员，下至一般工作人员，都应成为事实上的营销人员。市场营销工作必须得到全社会各方面的支持才能搞好。

景区在做好人员推销、广告和宣传的基础上，还要进行以增进旅游者购买和交易效益的促销活动，诸如陈列、展览会、展示会等不规则的、非周期性的销售活动。一般采用赠送纪念品、价格优惠（如重游者半价）、赠券、服务促销、奖励刺激；团队折扣、中介提成、联营促销、宣传会议、订货会；对于直接销售者给予特别推销金、奖励和业务提成。

旅游产品的销售不同一般意义上的产品销售，它有一定的限制；而自然资源和生态环境是景区赖以生存与发展的基础条件，景区可持续发展的前提是区内各种旅游资源必须保持生态环境平稳，容量之内有较充分的选择和机动余地，以及地理环境质量的有效保持和稳步改善。自然资源和生态环境系统一旦遭到破坏，是对景区旅游经济系统的直接破坏，它必将破坏景区发展的连续性和持续性，自然资源和生态环境的严重破坏将使旅游景区面临灭顶之灾。因此在旅游产品营销中必须充分认识这一点，不可为了片面追求经济利益进行过度开发利用。

11.3.1.4　景区质量管理

旅游产品质量是指旅游产品过程和服务满足规定或潜在要求的特征和特性的总和。景区旅游产品质量一般由三个部分组成质量共同决定：第一是旅游基础产品质量，如旅游交通、旅游饭店、旅游景点或线路、旅游餐饮、旅游购物和旅游娱乐等质量；第二是旅游产品组合质量，如线路设计、日程安排等是否合理；第三是从业人员工作质量。旅游产品质量，是关系景区生存和发展的一个战略性问题。为了满足游客需求，适应市场竞争的需要，景区必须及时掌握旅游产品质量及质量管理活动中存在的问题，对其产生原因提出改进措施加以解决，从而提高竞争能力，使景区在竞争中立于不败之地。因此在景区旅游产品质量管理中必须实施全面质量管理，并通过加强质量教育、实施标准化作业，认真贯彻执行“质量第一”的方针；充分调动景区内各行业和全体从业人员关心产品质量的积极性；切实有效地运用现代科学和管理技术做好设计、开发、销售和服务工作，加强预防性和预见性，控制影响旅游产品质量的各种因素，实现最终的质量管理目标，尽量提供旅游者满意的旅游产品。并同时加强质量信息反馈与控制，努力提高服务质量。

11.3.1.5　景区人力资源管理与开发

（1）景区人力资源特点。景区服务较之其他旅游企业具有项目多、岗位繁杂的特点。各岗位之间在对知识、技术及其他因素的水平要求上差异很大。因此，景区人力资源具有需求量大、层次丰富、技术能力、知识要求差异大、对人力资源素质要求高等特点。

（2）景区人力资源管理的作用。做好人力资源管理工作，对旅游景区的发展有重要作用，可以使景区规范、健康、可持续发展，为整个旅游行业的发展提供强劲动力。具体管理包括以下几个方面。

1）帮助景区决策层提纲挈领。人是景区发展最为重要的、活的、第一资源，只有管理好了“人”这一资源，决策层才算抓住了管理的要义、纲领。景区的其他各项工作都能够因为人力资源管理工作的科学开展而迈上新的台阶，决策层才不会因为人力资源的困境而在产品开发、包装策划、营销推广等问题上捉襟见肘。

2）帮助人力资源管理部门正本清源。人力资源管理工作的大部分具体执行工作都要依靠人力资源部门来完成，这是人力资源部门的本职工作。景区人力资源部门通过对自身职责的正确行使，变被动为主动，通过制定科学、合理、有效的人力资源管理政策、制度，为景区决策提供有效信息。

3）帮助一般管理者开发团队。景区中的其他管理者也要承担一部分人力资源管理工作，任何管理者都不可能是一个“万能使者”，更多的应该是扮演一个“指挥、激励、协调”属下工作的角色。他不仅需要有效地完成业务工作，更需要了解下属特点，培训下属，开发员工潜能，建立良好的团队关系，以避免人心涣散、工作懈怠的局面，使全体员工步调一致，围绕景区目标共同工作。

4）帮助普通员工规划职业生涯。景区员工都想掌握自己的命运，但自己适合做什么、景区的目标和价值观念是什么、岗位职责是什么、自己如何有效地融入景区中、结合景区目标如何开发自己的潜能、发挥自己的能力、如何设计自己的职业人生等，都是每个员工十分关心，而又深感困惑的问题，有效的人力资源管理会为每位员工提供切实的帮助。

(3）景区人力资源现状。不少景区在硬件的开发上往往不惜血本，投入重金，但在软件开发，特别是人力资源的开发上却显得保守。视人为“成本”的观念还有一定的市场，通过人力资源的开发所获得的收益具有一定的无形性，也在无形当中影响了管理者对人力资源开发本身的价值判断。因此，花费在储备培养高素质专业人才、对员工进行系统性培训、提高员工福利待遇等方面的资金常常让位于其他投资活动。景区管理者“有钱就有人”的思维方式制约了景区自身从业队伍的建设和提高，必然影响景区的可持续发展。

(4）景区人力资源管理的原则。由于旅游景区自身的特点，使得旅游景区与其他组织的人力资源管理工作相比，既有共性，也有自己的个性，概括起来，在旅游景区人力资源管理工作中，主要应遵循以下原则。

1）系统优化原则。指景区人力资源系统经过组织、协调、运行、控制，使其整体动能获得最优绩效。所有的人力资源管理工作都应该经过周密的成本收益分析。实现这一原则必须建立在景区组织结构设计合理的基础上，然后对各个职能部门配备数量、质量合适的工作人员，通过健全的组织管理制度和运行规范，保证各项工作有序开展，同时加强部门与部门、层级与层级之间的信息交流与反馈，促进各类资源在景区内的共享，最大限度减少景区由于人为原因造成的内耗，以使人尽其才、才尽其用。

2）激励强化原则。员工在被激励的情况下，能够产生比平时大得多的工作热情，提高工作的完成质量，增强对组织的认同感和归属感，因此可采用包括物质动力，如物质的奖罚；或者精神动力，如成就感与挫折感、危机意识等方式来激发景区员工的潜能。同时管理人员要轻许诺、重承诺，以维护员工对组织的信任。

3）竞争合作原则。景区在选择录用员工时，应该根据景区需要，择优录用，充分体现竞争的公平性，在日常工作中，由于景区经营本身不断需要新的创意和更完善的工作，也要采取一定的管理方式，调动员工的竞争意识，使组织有生机和活力。但竞争是良性的，在竞争中双方或多方都应受益。同时，竞争中有合作，由于人力资源个体差异化，景区员工在知识、能力、气质、性格、爱好、年龄等方面存在差异，应扬长避短，各尽所长，互补增值。

4）弹性冗余原则。大部分旅游景区的客源都存在淡季和旺季之分，很多时候，淡季与旺季的游客量相差悬殊。旅游旺季，景区需要大量的服务人员，而到了淡季，就会出现人员的闲置。因此，不少景区对一线员工都采用灵活的用工方式。这种做法在为景区节省成本的同时，也带来了一些问题，使得一些景区没有较为固定的员工队伍，内部难以培养优秀的管理人才，同时也导致招聘和培训费用增加，以及旅游旺季的服务人员素质良莠不齐，影响旅游者对景区的评价等等。长期下来，这种无形成本可能比节约的有形成本还要大。因此，景区要减少短期行为，根据实际情况，将灵活用工控制在一定范围内，建立一支有弹性、留有余地的员工队伍。与此同时，加强景区产品的开发和有效的市场宣传与推广，增加旅游淡季的客源，尽量使“淡季不淡”，以消化景区富余人员。

(5）景区设施管理。景区之所以能在住、食、行、娱、购、游诸方面为旅游者提供综合服务，成为人们旅游观光度假的处所，其重要原则之一就是它采用了直接应用于现代生活之中，以提高现代人生活质量的科技成果——现代生活设施和设备。所以旅游设施管理是景区经营管理的重要要素之一。

景区设施管理通常包括：①基础设施管理、交通道路等；②给排水与排污管理；③电力通信；④绿化设施；⑤建筑设施；⑥旅游接待管理，住宿、商业服务；⑥娱乐、游憩设施等。具体管理可从以下几个方面入手。

1）景区设施管理。首先要建立日常维护管理工作机制，发现设施损坏或被盗的，要及时维修和恢复，消除隐患，保持景区配套公共设施有效、安全，避免因维护管理缺失而造成负面影响。其次，采取多种措施，加强景区公共设施的长效管理。一是制定并落实维护管理人员的值班巡查制度及责任，强化巡查管理。二是不断改进和加强防范措施，采取人防与技防相结合，注重技防手段在公共设施中的运用。要结合公共设施的分布现状和价值大小情况，因地制宜加强技术防范管理。加强监控、报警等技防手段，防止设施设备被盗或毁坏；对箱式变压器门挂锁和配电箱门挂锁、灯杆检查口盖、地下电缆井等容易被小偷下手的，可以采取定制专用锁或用专用材料加固，以防止被盗和损坏。三是加强景区治安管理工作。加强治安管理人员的管理、教育，增强治安管理人员的责任心，实行 24 小时巡逻值班制，加强治安管理部门与物业管理部门的信息沟通，互通情况，及时掌握动态信息情况，一旦发现景区公共设施毁坏、被盗等情况的，要及时通报、及时做好维护、维修管理。

2）加强景区基础设施建设的管理工作。更新观念，以改革的思想解决公共设施建设中出现的问题。要做到转变观念必须树立超前意识、依法实施规划意识、景区文明卫生意识、保护环境意识和可持续发展意识等，切实组织好建设各项公共设施，并提高其配套水平和质量。一是今后在景区基础设施建设中，对方案设计选择的时候就要考虑今后维护管理和使用的方便有效，树立设计面向管理的理念，整体考虑。对公共设施在材质的选择上，尽可能选择些不易被盗和不易损的材质。在施工安装方式上要采用专业安装工具进行暗装，确保做到牢固可靠，对一些基础设施建设设计安装上要考虑方便实用，而且便于维护管理。二是今后在景区基础建设工程中，不管是否作为业主，都应该要求或建议安排景区维护管理部门的人员参与工程施工监督管理，这样有利于今后在维护管理工作中掌握该工程相关的公共设施设置分布及安装等情况，也有利于对相关公共设施工程质量的监督。

3）加强景区内部各部门之间的有效沟通与协调配合工作。俗话说：没有沟通，就没有管理，没有沟通，管理只是一种设想和缺乏活力的机械行为。因此建立健全部门之间相互沟通、互相配合的管理机制，加强施工管理部门和施工单位的管理和施工工程责任制度的落实。

4）加强公共设施维护人员队伍建设。培养一支素质良好、且有专业维修技术和热爱本职工作的维护管理队伍，提高维修队伍的整体素质，除加强注重维护人员队伍思想教育，强化职业道德建设，还要加强岗位业务技能和安全知识的培训，同时，关心他们的生活如工资待遇、特种工种保险、住房待遇等，并建立健全有触动性的管理体制机制来调动员工的积极性，使维护技术人员队伍整体素质全面提高，确保公园景区公共设施维护与管理不断有所创新。

5）景区设施管理中除了以上措施以外还应该增加警示提醒标志标牌，加强对游客的宣传教育，提高人们的爱护公共设施的意识。以减少景区设施的损坏。

(6) 景区安全管理。景区要加强治安保卫工作，与公安部门密切配合，打击在公共场合进行违法犯罪活动的坏人坏事，取缔伤风败俗的行为，保持景区的社会秩序和良好风气。景区的安全管理主要包括以下几个方面。

1）社会治安强化。社会治安综合治理，坚持“严打、严治、严管”方针，依法狠狠打击严重刑事犯罪分子和扰乱景区秩序的不法分子，坚决扫除社会丑恶现象。加强对外来人口管理，逐步实现外来人口集中管理，做好盲流人员遣送工作。加强公安队伍建设，健全完善巡警制度 110 报警服务，逐步建立景区控制网络，增强对景区的动态管理能力，开展创建“平安景区”活动，巩固和完善社会治安防范体系。

2）交通安全。加强交通安全宣传教育，重点对景区内群众、中小学生、驾驶员等进行安全教育；组织开展道路交通秩序、非机动车辆、无证小船载客等专项整治；配备和完善交通安全设施，积极发挥专职交通管理员的作用，形成齐抓共管的交通管理网络，对一些事故多发区实施特许通行证管理。

3）防火安全。景区防火严格按照消防安全法进行，并定期进行消防检查、重点专项治理、深入广泛的宣传，使整个景区消防硬件设施得到较大改善，全民消防意识得到较大提高，各种火险隐患得到及时消除。

4）游览安全。注重景区游览安全管理，设立安全警示，建立安全组织，落实安全救护制度，增加安全防备设施，加强救护人员培训，实行救护人员上岗制，确保游客的旅游安全。

5）生产安全。加强企业经营户、安全管理人员、特种作业人员和企业职工的安全意识，消防、劳动、城监等职能部门分别开展外来务工人员、矿业从业人员、船员、驾驶员的安全教育，坚持对从事爆破作业、电工作业、车船驾驶、司炉工、压力容器操作、电工作业、金属焊接等特种作业人员进行培训和定期复训。组织开展汽柴油、液化石油气储存、经营和运输整治，打击无证销售、违规储存行为。加强对工程项目安全管理，严格执行持证上岗制度。

(7) 旅游景区容量管理。从理论上讲，旅游景区承受的旅游流量或活动量达到其极限容量，称之为旅游饱和。而一旦超出极限容量值，即是旅游超载。在日常旅游管理工作中，有时视旅游景区接待的旅游流量达到其最佳容量为饱和，越过最佳容量值为超载。旅游超载必然导致旅游污染或拥挤。对环境和设施造成负面影响，如践踏与磨损；水体、水质污染；噪声；对设施的影响；以及其他影响。此时可以进行价格调节；营销控制；教育和讲解；实行容量弹性化；增加实际旅游容量；采取定点保护措施；实施定量管理技术。

11.3.2 景区的管理体制与模式

由于我国的景区管理体制复杂、政出多门，再加上专业管理人才严重缺乏、资金投入不足、基础设施薄弱等问题，使得许多景区运营水平低，市场适应能力弱，可持续发展后劲缺乏，极大地束缚了我国旅游景区的发展。所以，建立一套既有利于资源保护，又有利于景区管理的管理体制，同时采用适应景区发展需要的经营机制，具有很强的现实意义。

11.3.2.1 我国旅游景区的体制和管理现状

目前在我国景区的管理体制中，公有制占80%以上，并且大量存在一区多功能的现象，如自然保护、文物保护、科学研究、考察接待等，经营功能仅是多种功能中的一种形式，但与实际功能形成鲜明对比的是景区的收入绝大部分来源于经营收入（门票），特别是自然类和人文类的旅游景区，受限于多种因素，景区的多种特色经营活动一直开展不顺利，无法形成产业链，同时由于经营功能的增加，使景区经营管理成本过高、负担过重，从而导致大多数景区经营效益不理想，难以实现价值的最大化，在一定程度造成了资源的限制与浪费。

(1) 政出多门，条块分割管理。目前我国的旅游景区分别隶属于12个不同的政府部门，建设、林业、环保、文化、文物、宗教、海洋、地质、旅游等部门都在行使管理权。在同一景区内也有多个部门参与管理，建设、文物、旅游等部门都在行使管理权。多个部门插手管理，再加上景区所在地政府的属地管理，导致景区的发展无所适从、左右为难，影响了旅游景区的健康发展。

(2) 旅游景区政企不分。在许多自然景区以及文物景区中，由于条块分割，政府机关的衙门作风和旧国企的各种弊端兼而有之。导致经营方面主动性差、市场意识淡薄，在人力资源方面，机构臃肿、专业人才缺乏，在分配制度方面，死工资、平均工资盛行。这种管理体制一方面导致景区资源的闲置浪费，另一方面导致风景旅游开发和经营中的无序、低效率以至破坏，严重困扰我国景区的正常发展。

(3) 资源破坏，环境恶化。一方面是人为的建设性破坏，例如不遗余力地开山建索道、修公路，在核心景区内建宾馆饭店等；另一方面是由于旅游容量超载，导致资源严重退化。

(4) 可持续发展的后劲不足。目前我国景区多数保留着事业单位体制，景区干部和职工极易安于现状、不求上进，从而导致景区旅游服务质量低下，缺乏市场竞争力，导致丰富的旅游资源不能有效地转化为产品优势和市场优势。

(5) 门票经济现象突出。公共资源类的旅游景区存在一定的垄断性经营，景区产品价格只升不降。加上我国的旅游景区主要依靠门票和厕所票收入；所以作为旅游景区产品价格的主要表现形式，景区门票一直虚高不下。与欧洲景区门票免费或低收费相比，旅游景区产品的消费对于中外游客来说都算是奢侈品，景区资源的文化内涵挖掘不够，特色性不强，景区商品千篇一律，再加上多数景区门票的收入统一上交财政，景区没有权利进行产品开发和市场营销，导致旅游景区的衍生产品一直得不到有效开发，直接影响到景区的经济效益。

(6) 发展理念的品牌化。所谓景区发展的品牌化是指旅游景区通过个性差异树立独特的识别信息系统，并将该信息通过各种载体传达到目标受众，以达到旅游者有效识别景区产品的目的。

(7) 运营模式的集团化。从旅游景区集团化的对象来看，主要可以分为横向联合和纵向联合两类。所谓横向联合是指旅游景区与其他旅游景区或非旅游企业在组织或资本上进行重组；纵向联合是指旅游景区与其他旅游相关企业如旅游饭店、旅游交通等进行联合重组，构建大旅游集团的形式。

11.3.2.2　景区经营管理模式及利弊

(1) 政府专营模式。这种模式是由政府成立的管理机构对景区进行经营管理，实行财政统收统支。这种模式虽然有利于政府全面协调各职能部门、整合社会资源，可以使景区快速发展。但有时政府也可能将景区作为摇钱树，根本不可能有余钱用于对景区的保护和开发。再加上经营管理上所有者缺位，没有人对景区的经营效益负责，导致人浮于事，效益低下；或者成为接待景区。

政府专营模式通常的表现形式有县（市）政府直管、管理局管理、乡镇管理和“分而治之”管理四种情况。

1) 县（市）政府直管。是指政府直接管理旅游风景区，最大的好处在于能全面负责整个风景区的规划、开发和管理，它是一级地方人民政府，拥有规划、投资开发、管理、保护、地方立法等权限，其各职能部门可以成为行政执法主体，可以避免出现“分而治之”模式下各行其是、各自考虑局部利益、重复建设的弊端。但存在的问题是，许多旅游景区范围大，超越了县、市管辖的范围，反而会出现分而治之，争夺旅游资源和客源的现象。

2) 管理局管理。指的是一个旅游区由上级政府设立的风景区管理局进行统一管理。按有关法律或文件规定，管理局下面设立一系列职能管理机构。上级政府设立风景区管理局的目的，是有专门的组织机构对风景区进行规划、开发、管理，但事实上由于管理局不是一级地方人民政府，只是一个行政管理机构，管理局设置的这些职能管理机构都没有行政执法权，所实施的管理可以说是合理不合法，加上与所在政府及各方面的利益矛盾，造成了管理局责、权、利难于全面落实，无法对整个风景区全范围实施有效管理和开发。

3) 乡镇管理。是指一个旅游景区由一个乡镇政府直接进行管理。采用这种管理模式的旅游景区一般都是新开发的，或景区范围分别由几个行政区管辖、主要景点以外的景区由所在乡镇政府进行开发管理，这种管理模式的优劣与县市管理模式相类似，但它在开发投资、配套服务、管理力度上又比不上市、县政府直接管理的景区。

4)“分而治之”管理。是指一个旅游区分别由两家以上行政单位进行管理，如国土部门管理景区内的土地及地质景观、文保部门管理景区内的文物、旅游部门管理景区的接待和服务设施等，这种管理模式很容易造成各个部门因为部门利益，而不顾整个景区的发展。

(2) 经营权转让模式。这种模式主要是景区开发或经营者采用租赁、承包或买断方式取得一定时期内的景区开发或经营权，该模式的特点是：通过租赁或承包方式，政府可能不需要通过太多努力和投资就可以获得比自己经营还要多的收入，通过买断方式则可以一次性获得数量可观的资金，用以解决政府的财政困难。

这种模式的优点是景区的经营权和所有权分离，有利于开发商或经营者的自主经营，最大限度使景区资源市场化，同时也可为景区提供市场增量。但是，景区的价值是通过经营者的努力来实现的，经营好了可以价值无限，经营不善可能贬值甚至导致经营者亏损。因此，在租赁或买断时，以什么标准作价是一件非常困难的事，很容易采用暗箱操作导致国有资源价格低估和国有资产流失。

另外，景区的经营管理及开发具有很强的专业性和管理的继承性。若承包经营者或者买断者不懂景区经营管理规律，缺少经营管理人才，缺少对景区历史的了解和对发展的前瞻性，对景区进行掠夺性的经营开发和经营效益上的短期行为，很可能导致对景区的严重破坏。

(3) 现代企业管理模式。这种模式通常有以下两种方式。

1) 委托管理。就是景区所有者将景区委托给一家专业的景区管理公司负责经营管理，委托方负责景区的规划、投资建设、资源保护和关系协调等，并根据其管理内容、经营情况等综合因素支付其给管理方适当的管理费用。

2）合作经营。景区所有者以景区内的经营性资产评估作价，吸收其他专业景区管理机构及其他经济成分组成经济成分多元化的股份公司，用现代企业制度对景区进行经营和开发。

景区采用现代企业管理模式的最大特点是：将景区的职能管理部门与经营者分开，避免了景区职能管理部门既当裁判又当教练，同时还是运动员的局面。作为政府派出部门的景区管理委员会或管理局等职能管理部门只负责景区的发展规划、建设方案审批和资源保护监管。景区经营者（组建的适合现代企业制度管理的股份公司）则主要以效益最大化为目的开展景区经营活动，包括游客服务、景点维护和市场营销等。管理者职责清楚，执行有效，经营者以市场为导，效益为先，为景区的开发和景区保护提供了一个切实有效的制度保证，同时也能有效地避免国有资源的流失。但是，采用现代企业管理经营景区的模式也要注意各方利益分配和权利的均衡，要有一致的目标，而且要经常修订目标。因此双方在合作前需要很好的沟通，避免事后发生矛盾，导致合作的失败。

11.4 景区资源开发利用

11.4.1 景区资源概述

11.4.1.1 景区资源的概念

景区资源指具有观赏、文化或科学价值的山河、湖海、地貌、森林、动植物、化石、特殊地质、天文气象等自然景物和文物古迹、革命纪念地、历史遗址、园林、建筑、工程设施等人文景物和它们所处环境以及风土人情等。具有以下两层意思：一是风景资源为自然界和人类社会中客观存在的一种物质；二是风景资源是人对自然界或人类社会认识的产物，或者是自然界和人类社会共同创造的产物。景区资源具有以下内涵：具有吸引功能和三大价值；包括未开发和已开发的内容；必须包括物质的、有形的内容以及形态的、行为的内容；必须包括原生的内容和人造的内容，以及风景资源的范畴在不断扩大。

11.4.1.2 风景资源的类型与现状

风景资源可分为人文风景资源和自然风景资源两大类。人文风景资源指的是在人类社会历史发展进程中由人类的社会行为促使形成的痕迹或实物，是具有人类社会文化属性的有旅游价值的物质和精神财富。自然风景资源指的是大自然赋予地理区域能使人产生美感的自然环境和景象的地域组合。自然风景资源一般分为四种类型。

(1) 地质地貌风景资源。主要是在自然环境的影响下，地球内力作用和外力作用共同作用形成的。地质景观是由内力作用（地壳运动、岩浆活动和变质作用）形成的，具体有向斜、背斜，地垒、地堑，还有断层、褶皱等。地貌景观是由外力作用（地球表面的风、流水、冰川、生物等对地球表面形态的作用）形成的，具体有沙丘（风力侵蚀）、块状山（风力侵蚀）、三角洲和冲积扇（流水堆积），以及河流的U型谷（流水切割），冰川地貌如冰蚀湖和冰渍湖都是冰川侵蚀和堆积作用。一般可以分成五个小类。

1）山岳名胜：主要指风景名山、历史文化名山和冰雪山峰。

2）喀斯特地貌景观：我国喀斯特地貌分布广泛，喀斯特地貌为我国的旅游业带来无限生机，并且我国喀斯特地貌类型性多样，是进行科学研究的宝贵财富。

3）风沙地貌景观：包括风蚀地貌和风沙地貌。前者包括风蚀柱、风蚀蘑菇、风蚀垄槽、风蚀城堡等，如新疆乌尔禾风蚀“魔鬼城”，罗布泊“雅丹”地貌；后者指风沙堆积作用形成的沙丘和戈壁。

4）海岸地貌景观：包括海蚀地貌、海积地貌、岩石海岸、沙质海岸、红树林海岸、珊瑚礁海岸等多种形态。蓝天碧水、金沙细浪、日出夕照还有一些海上蜃景相映成趣。中国的海岸旅游资源丰富。

5）特异地貌景观：世界上较为罕见的地貌景观，如澳大利亚艾尔斯巨石、美国科罗拉多大峡谷及中国贵州以地缝、天坑、峰林三绝著称的马岭河地缝裂谷景观、黑龙江以石龙石海和火山口为特色的五大连池火山岩熔景观、福建鸳鸯溪白水洋水下石板广场、云南元谋土林等。

(2) 水体风景资源。水体景观是大自然风景的重要组成部分，是“灵气”之所在。江河、湖海、飞瀑流泉、冰山雪峰不仅独自成景，更能点缀周围景观，使得山依水而活，天得水而秀。水体景观是动中有静、静中有动。它有下列几类。

1）江河溪涧：包括大江大河及其冲积而成的著名峡谷，河川清流，如广西的漓江风光、美丽的富春江、新安江等。

2）湖泊水库：湖泊是自然形成，水库是在自然河流或湖泊基础上人工修成的。

3）飞瀑流泉：从陡坎和悬崖倾泻下来的水流称为瀑布。地下水露出地表的天然露头称为泉。

4）冰川景观：主要是高山和高纬地区的具有特殊形态特征和地貌景观特征的水域风光资源。

5）风景海域：主要是与海岸和海岛和为一体的复合景观。包括海潮、海啸、海风、海市蜃景等。

(3) 气象气候风景资源。主要指千变万化的气象景观、天气现象以及不同地区的气候资源与岩石圈、水圈、生物圈旅游资源景观相结合，再加上人文景观旅游资源的点缀，就构成了丰富多彩的气候天象旅游资源。有长时间保持的大气物理状况，如宜人的气候资源，还有美丽的高山冰雪景观，短时间的气象景观一般分为经常发生的雨景、云雾景、冰雪景、明月、日出、云霞和偶然发生的佛光、海市蜃楼、雾凇、雨凇等。

1）宜人气候：人们可以用来避暑或者避寒，并能够满足身心需要，使心情愉悦、体魄健康的气候资源。避暑气候分为高原山地型、海滨型、高纬度型三种类型。避寒气候：冬季，人们多去热带和亚热带的海洋地区避寒，很多热带、亚热带沿海城市成为著名的避寒胜地。阳光资源：如地中海沿岸国家充分利用阳光和海水，建设海滨浴场，最著名的是西班牙濒临地中海沿岸，晴天多、阳光和煦、沙滩柔软，海水蔚蓝，适于开发海水浴和日光浴。此外，还有四季如春的迷人气候，如中国云南的昆明堪称“春城”。

2）大气降水景观：主要由于大气降水形成的雨景、雾景、冰雪等。

3）天象奇观：一般具有偶然的、神秘的、独特的特征，如极光、佛光、海市蜃楼、奇特日月景观等。

(4) 生物风景资源。按其性质可分为动物、植物和微生物三大类。在漫长的生物进化过程中，地球表面的生物衍生出了极其丰富的类群和形态，使得自然界呈现出多姿多彩生机勃勃的生物景象。各种动植物让人赏心悦目，同时也为我们提供了宝贵的科学研究价值、美化和环境净化作用。作为旅游资源的生物景观，主要是指由动、植物及其相关生存环境所构成的各种过程与现象，一般分为以下五类。

1）森林景观：指具有独特的美学价值和功能的野生、原生以及人工森林。在地球的陆地生态系统中，森林总面积占陆地面积的32.6%。在过去、现在和将来，森林都将是陆地上最大、最复杂的生态系统。同时森林具有净化空气、涵养水源、保持水土、调节气候等多种功能，是保护环境、维护陆地生态平衡的关键因素。森林景观以其复杂的生态系统、丰富多样的生物资源、千姿百态的自然景观和浩大繁茂、神秘幽深的特点，吸引着人们进行科学考察、探险揭秘、医疗健身、森林旅游和生态旅游等多种活动。

2）草原景观：主要指大面积的草原和牧场形成的植被景观。辽阔的草原既是优良的牧场，也是理想的旅游场地。人们在草原上可以骑马、骑骆驼、乘勒勒车，在观赏草原风光的同时，还可在牧民家中做客，体验少数民族的生活，享受独特的草原风情。

3）古树名木：主要是指单体存在的古老名贵的树木。中国名木主要有：世界植物活化石，水杉、银杏、鹅掌楸、珙桐等；黄山迎客松（黄山四绝之首）；陕西黄帝陵的“轩辕柏”，已经5000年的历史，堪称“世界柏树之父”；山东孔庙2000多岁的“孔子桧”；泰山“五大夫松”等等。

4）奇花异草：珍稀花卉和草类。古人给名花奇草起了许多优雅的名字：“岁寒三友”松、竹、梅，“四君子”梅、兰、竹、菊，“花草四雅”兰、菊、水仙、菖蒲，“园中三杰”玫瑰、蔷薇和月季，“花中四友”山茶花、梅花、水仙、迎春花；中国十大名花：“花王”牡丹，“花相”芍药，“花后”月季，空谷佳人“兰花”，“花中君子”荷花，“花中隐士”菊花，“空中高士”梅花，“花中仙女”海棠花，“花中妃子”山茶花，“凌波仙子”水仙花。

5）珍禽异兽及栖息地。现存数量较少或者濒于灭绝的珍贵稀有动物和保护珍稀动物栖息地的自然保护区。栖息地可为动物提供生存所需要的生态条件，如食物、水、温度、保护场地等。由于动物种类多样，数量众多，分布广泛，因此，动物栖息地是一个涵盖很广的概念。从旅游资源的角度来看，根据主要观赏物种的类型差异，可分为以下类型：鸟类栖息地、珍稀哺乳动物栖息地、珍稀鱼类栖息地、其他动物栖息地等类型。

此外，风景类资源还包括人文风景资源。人文旅游资源，是人类社会经济活动、文化成就、艺术结晶和科技创造所留下的具有风景价值的痕迹或实物。其构成要素主要有建筑体、寺观、古城、雕塑、绘画、文艺、民俗、歌舞、节庆、消遣娱乐、体育等，它们原来创建的目的，可能并不是为了旅游，如寺庙是以宗教目的为主，园林建筑是以皇亲国戚或达官贵人的私家享受为主等。随着时间的演变，或成为历史陈迹，或构成乡土风光等。

11.4.2 景区资源开发

(1) 景区资源开发的概念。景区资源开发是一种综合性开发，是经济技术行为。它要运用一定的技术手段，充分发挥人的创造性和智力资源，将存在于开发区的各种现实和潜在的旅游资源先后有序、科学合理地组合利用和有效保护，使其能被持久永续地利用，实现经济效益、社会效益和生态效益的协调发展。

(2) 旅游资源开发的意义。一方面通过开发新的旅游产品或提高已成熟景点的综合接待能力，可缓解由于旅游者数量不断增多而产生的旅游接待地超负荷的矛盾。另一方面对景区旅游资源进行纵向开发，挖掘老景点的文化内涵，创建具有新型吸引因素的新景点，可满足现代旅游者的新需求。同时旅游资源的合理开发对历史文物保护和生态环境的改善具有重要意义，达到促进旅游业和经济健康发展的目的。

(3) 旅游资源开发的原则。景区开发的原则可细分为以下六个方面。

1) 保护性原则。即在制定旅游开发规则时，把资源保护作为重要的内容。在旅游资源开发过程中，一旦出现资源和环境受到破坏的情况，及时调整和修改开发计划。全民绿化，普及园林开发。

2) 特色性原则。特色性原则主要从三个方面考虑即原始性、民族性和创意性。

3) 产品形象原则。树立旅游产品形象观念，要做到：①要以市场为导向，根据客源市场的需求特点及变化，进行旅游产品的设计；②要以旅游资源为基础，把旅游产品的各个要素有机结合起来，进行旅游产品的设计和开发，特别是要注意在旅游产品设计中注入文化因素，增强旅游产品的吸引力；③要树立旅游产品的形象，充分考虑旅游产品的品位、质量及规模，突出旅游产品的特色，努力开发具有影响力的拳头产品和名牌产品；④要随时跟踪分析和预测旅游产品的市场生命周期，根据不同时期旅游市场的变化和旅游需求，及时开发和设计适销对路的旅游新产品，不断改造和完善旅游老产品，从而保持旅游业的持续发展。

4) 市场导向原则。旅游产品开发必须从资源导向转换到市场导向，牢固树立市场观念，以旅游市场需求作为旅游产品开发的出发点。树立市场观念，要求做到：①要根据社会经济发展及对外开放的实际状况，进行旅游市场定位，确定客源市场的主体和重点，明确旅游产品开发的针对性，提高旅游经济效益；②要根据市场定位，调查和分析市场需求和供给，把握目标市场的需求特点、规模、档次、水平及变化规律和趋势，从而形成适销对路的旅游产品；③针对市场需求，对各类旅游产品进行筛选，进行加工或再创造，然后设计、开发和组合成具有竞争力的旅游产品，并推向市场。

5) 经济性原则。旅游业作为一项产业，必须讲求经济效益、社会效益和环境效益，即要谋求综合效益的提高。树立效益观念原则，要做到：①要讲求经济效益，无论是旅游地的开发，还是某条旅游路线的组合，或是某个旅游项目的投入，都必须先进行项目可行性研究，认真进行投资效益分析，不断提高旅游目的地和旅游路线投资开发的经济效益；②要讲求社会效益，在旅游地开发规划和旅游路线产品设计中，要考虑当地社会经济发展水平，要考虑政治、文化及地方习惯，要考虑人民群众的心理承受能力，形成健康文明的旅游活动，并促进地方精神文明的发展；③要讲求生态环境效益，按照旅游产品开发的规律和自然环境的可承载力，以开发促进环境保护，以环境保护提高开发的综合效益，从而形成保护—开发—保护的良性循环，创造出和谐的生存环境。

6) 综合开发的原则。将景观作为系统来思考和管理，实现整体最优化的利用。

(4) 旅游资源开发的理念与策略。旅游资源开发与其他类型的产品开发有许多共同之处，就是要以现有资源为基础，以市场为导向，考虑产品的供需关系，分析产品开发的投入与产出比等。但不同类型的产品开发又有其各自的特点，具体开发时要突出五个方面的特色。即地域性、多样性、综合性、可持续性、文化性。

旅游资源开发是在旅游经济发展战略指导下，根据旅游市场需求和旅游产品特点，对区域内旅游资源进行开发，建造旅游吸引物，建设旅游基础设施，完善旅游服务，落实区域旅游发展战略的具体技术措施等。

旅游资源开发主要有以下几种形式：①以自然景观为主的开发；②以人文景观为主的开发；③在原有资源和基础上的创新开发；④非商品性旅游资源开发；⑤利用现代科学技术成果进行旅游开发。

旅游资源开发策略主要有以下几种。

1）资源保护型开发策略。对于罕见或出色的自然景观或人文景观，要求完整地、绝对地进行保护或维护性开发。

2）资源修饰型开发策略。允许通过人工手段，适当加以修饰和点缀，使风景更加突出，起到“画龙点睛”的作用。

3）资源强化型开发策略。在旅游资源的基础上，采取人工强化手段，烘托优化原有景观景物，以创造一个新的风景环境与景观空间。

4）资源再造型开发策略。不以自然或人文旅游资源为基础，仅是利用其环境条件或设施条件人工再创造景点，另塑景观形象。如在非资源点上兴建民俗文化村、微缩景区公园等。

（5）景区开发的过程。旅游景区开发与经营管理，一般需要经历三个阶段：

1）粗放开发阶段。改革开放以后，大批海外游客来华旅游，使国内旅游市场逐步兴起。很多旅游景点游客密度增长过快，景点人满为患，引起了国内外游客的强烈不满，严重影响了我国的旅游形象。在此背景下，旅游景区突破了重保护轻开发的传统观念，进入了开发阶段，主要表现为对自然景观、人文历史景观和人造景观的粗放式开发。

在景区粗放开发阶段，旅游景区缺乏科学、规范的旅游开发规划，缺乏长远的系统的考虑，对旅游资源深层次研究、评价和开发不够，很多旅游资源的开发利用还仅仅停留在象形阶段。

2）规划开发阶段。在这一阶段，旅游景区开发规划的制定和实施，避免了景区的无序发展。旅游景区的开发规划已作为一种宏观管理手段在有效运作。景区在开发、规划和经营管理的过程中引入了可持续发展的理念，不仅仅只注重经济目标的实现，而是把景区的经济、社会文化和自然生态三者效益的最优化放到了主要位置，尽量减少和避免对生态、社会环境的负面影响。对风景旅游区的形象建设和市场营销、对外宣传已成为旅游景区经营管理的一个重要领域。

3）创新开发阶段。在这一阶段，旅游者逐渐成熟，人们对旅游的选择已不再满足于自然和人文旅游观光产品，旅游活动形式向多元化、特色化和参与化逐步演变，旅游开发从早期的依靠“二老”（老天爷、老祖宗），发展到开发各种富有创意和活动内容新奇的旅游产品。景区的创新开发主要表现在两个方面：第一，景区类型创新。随着现代旅游活动向多样性和参与性方向发展，旅游活动从传统的观光旅游扩大到休闲旅游、工业旅游、科技旅游、教育旅游、体育旅游等。为迎合旅游市场的需求，景区的类型也不断创新，如乡村旅游区、农业观光区、工业游览区、节事活动游览区、中心游憩区等。第二，景区产品创新。景区创新产品主要包括以下五个方面：满足游客健康需求的健康旅游产品，包括体育旅游，如滑雪旅游；满足游客发展需要的业务旅游产品，如修学旅游、工业旅游、农业旅游、学艺旅游、科学旅游、考察旅游等；满足游客享受需要的旅游产品，如美食旅游，豪华游艇旅游等；刺激旅游产品，如探险旅游、海底旅游、沙漠旅游等；体现游客环保意识的替代性旅游，包括生态旅游、自然旅游、社区旅游等。

11.4.3　旅游产品开发

旅游产品从某种意义上讲可以理解为是旅游景区借助一定的资源、设施而向旅游者提供的有形产品和无形产品的总和，是一种单项旅游产品。但如果从广义上讲则是多种单项旅游产品的组合，通常包括旅游资源（Attraction），交通运输设施和服务（Access），住宿、餐饮、娱乐、零售等旅游生活设施（Amenities）和相应服务辅助设施（AncillaryService）。与此相对立的旅游产品分类也可以分为“景观、设施、服务（广义的旅游产品）”和“景观（狭义的旅游产品）”。因此，在开发管理上，景观开发属于旅游资源开发，而旅游设施和服务则属于产品开发。

11.4.3.1　旅游设施开发

旅游设施是直接或间接向旅游者提供服务所凭借的物质条件。旅游设施的规模与质量直接关系到旅游服务的经济效益。因此，进一步完善旅游设施产品开发，规范道路、景区等设施的标识系统和景区解说系统，增强旅游公共服务能力，提高旅游公共服务水平具有重要的意义。旅游设施通常包括旅游接待设施和旅游基础设施。旅游接待设施，旅游经营者用来直接服务于旅游者的凭借物。主要包括住宿、餐饮、交通、游览设施；旅游基础设施，旅游目的地城镇建设的公共设施。如道路，水电热，邮电，卫生，安全，绿化。

（1）开发原则。旅游服务设施是景区的有机组成部分，具体分为旅行、游览、饮食、购物、娱乐、保健和其他七类，由于游览设施是直接为游客服务的，因此游览设施配置的适当与否直接关系到游客的旅游体验的好坏。因此，旅游服务设施配置应该遵循以下原则：

1）旅游服务设施应根据景区的特征、功能、规模及游客结构来确定。此外，还应该考虑用地与环境等因素。

2）旅游服务设施应与需求相对应。既要满足游客多层次的需求，还要适应景区设施管理的要求。此外，还要考虑必要的弹性和利用系数，合理地配备相应类型、级别规模的游览服务设施。

3）旅游服务设施布局应采取相对集中与适当分散相结合的原则，以方便游客，充分发挥设施效益，也便于经营和管理。

（2）旅游设施开发内容。旅游设施开发的内容与旅游产品的类型直接相关，其中度假休闲和商务旅游型表现为产品消费时间长，消费水平较高，重复消费几率大。因此开发内容也相对要求较高，规模大、消费高、要求严。而休闲观光度假型旅游，则相对要求服务设施比较简单。因此在旅游设施开发时要根据旅游产品类型准确定位、灵活掌握。但设施开发一般要包括以下内容。

1）游客服务中心。在旅游景区内设立游客服务中心，向游客提供景区宣传资料、相关书籍、光碟、明信片；互联网的网上服务加以深化，网络形象作为旅游形象的一部分得到重点发展。

2）餐饮、商务酒店设施配套开发。为满足都市休闲与旅游商务、餐饮服务需求，可集中开发商务、餐饮服务区。其中餐饮设施主要开发风情小街、休闲养生、茶艺酒吧等地段，统一提供优质清洁、无污染的餐饮服务。除此之外，与各景区环境结合适当开发农家乐、茶室等零星服务点。

3）购物设施开发。旅游购物不仅是增加旅游收入的一个主要途径，还可以增加景区的旅游吸引力。在各个出入口地段设置购物设施，包括固定店铺、小型购物摊点、流动摊点，以满足游客的购物需求，并且可与餐饮设施有机结合。

4）休闲娱乐设施开发。以都市休闲为主的旅游产品，在满足休闲观光需要的同时还可以配套开发一些娱乐设施。包括露天剧场、跑马场、CS拓展训练基地等。

5）景点旅游服务设施开发。包括电话亭、小卖店、厕所、垃圾箱、指示牌、投诉中心等，这些设施一方面提供识别、依靠、洁净等物质功能，另一方面具有点缀、烘托、活跃环境气氛的功能。在开发时要力求人工中见自然，与周围环境协调一致，给游客以舒适感。具体措施有：在人流集中处设置垃圾箱。

6）安全救护设施配备。为保护游客的安全，在区内应该设立一定的安全救护设施，包括急救站、卫生所、治安办公室等。

11.4.3.2 旅游服务开发

旅游服务是指旅游业服务人员通过各种设施、设备、方法、手段、途径和“热情好客”的种种表现形式，在为旅客提供能够满足其生理和心理的物质和精神需要的过程中，创造一种和谐的气氛，产生一种心理效应，从而触动旅客情感，唤起旅客心理上的共鸣，使旅客在接受服务的过程中产生惬意、幸福之感，进而乐于交流，乐于消费的一种活动。旅游服务是旅游产品的核心。包括导游服务、酒店服务、交通服务和商品服务。

（1）导游服务。旅行社或旅游接待单位为旅游者提供帮助旅客进一步了解旅游产品的内容与文化的专项服务。

（2）酒店服务。酒店向旅游者提供的住宿、饮食、通信、贸易、洽谈等综合性服务。

（3）交通服务。旅游者对旅游资源评价的高低，很大程度上与交通有关。

（4）商品服务。旅游者购买商品时，旅游从业人员提供的信息咨询、包装、委托代办等服务。

旅游服务不过内容怎样变化，服务质量的高低，总的来说，取决于服务的观念、态度、技巧和服务的价格。质价相符，旅游者满意。质低价高，不满意。

11.4.3.3　旅游购物开发

旅游购物是旅游者在异地购买并在旅途中使用、消费或携回使用、送礼、收藏的物品，对旅游者具有实用性、纪念性、礼品性、收藏性。旅游购物按其性质可分为实用品，工艺品，艺术品三大类。

(1) 旅游购物品种的类型。

1) 景区文化型。如风光画册、光盘、文化衫、遮阳帽、纪念手帕等。

2) 土特产品型。如燕山板栗、宁夏枸杞、吐鲁番葡萄等，还有如山野菜，地软等一些土特产品。

3) 农副产品加工型。比如猕猴桃汁、桑葚汁等。

4) 民俗手工艺型。如民间雕塑、剪纸、刺绣、补花、草编、泥人泥塑等。

5) 工业生产型。如旅游礼品酒，便于携带的旅游购物品种，生产具有地方特色的服装以及工艺品厂生产的工艺纪念品。通过工业化生产，使旅游购物形成规模。

6) 引进型。如宝石制品、艺术品等，在旅游地进一步加工制作，从而丰富了当地的旅游购物品种市场。

(2) 旅游购物品种开发范围。

旅游购物品种开发范围很广，包括了食品、手工艺品、纪念品、饰品、艺术品等许多方面，且用材广泛，包括各种土特产品，或者树根、泥土、木头、金属、玻璃以及动物皮毛等，开发出的旅游购物品种也因此而种类繁多。比如各种地方特色的食品、饮料、名茶、刺绣、根雕、泥塑、玻璃工艺品、金属工艺品、奇石、宝石、海洋类工艺品等。

(3) 旅游购物开发中存在的问题。

1) 旅游购物品种的生产尚处于初级阶段，生产能力有限，许多优势产品的长处没有充分发挥出来，绝大多数购物品种还没有形成有竞争力的旅游购物品种生产基地。

2) 一些具有地方特色的旅游购物品种也因为品种单一，包装简陋，创意平凡，品位不高或者携带不宜等原因，限制了它们在市场上的占有率。

3) 旅游购物品种销售市场缺乏统一的协调管理，在经营规模，商业网点布局等方面没有形成有效的机制。

4) 旅游购物品种的加工出口能力低下，创汇额不高。

5) 缺乏大型、高档的旅游购物中心，更无有效的旅游购物品种批发系统。

(4) 旅游购物品种开发的对策。

1) 突出地方特色，并以地方特色为基调，形成产品系列。比如宁夏的旅游购物品种开发就首先做到了这一点，具体体现在宁夏旅游购物品种的“五宝”，即黄宝——甘草，蓝宝——贺兰石，白宝——滩羊皮，红宝——枸杞，黑宝——发菜，这些产品经加工形成土特产品或手工艺品并组合起来形成产品系列，具有浓郁的地方特色，成为宁夏旅游购物对外宣传的典范，并且有利于树立自己的旅游形象，让人们更多地了解宁夏和宁夏文化。

2) 系列化、标准化、规范化理念开发，包装传统的旅游购物品种。传统的许多旅游购物品种因为生产相对分散，且自成风格，缺乏一定的标准和规范，而且没有形成产品系列，整体性差。因此，在未来的旅游购物品种生产中，系列化、标准化、规范化是适应市场需求的一种趋势，也是一种必要。

3) 以智能化、折叠化、微型化的理念开发、设计、开拓新、奇、特的旅游购物品种。旅游购物品种大多是在旅游目的地被出售的，游客购买这些商品时，有一个选择标准，那就是既有纪念意义，又便于携带，既新颖别致又具有地方特色。因此，智能化、折叠化、微型化生产成为一种趋势，使得生产出的旅游购物品种便于携带，方便游客。

4) 拓宽旅游购物传统概念。突破传统旅游购物概念的局限，凡是旅游者能够购买，携带或帮助其直接寄送、邮递、托运的一切商品，都能作为旅游购物品种来开发、生产，拓展旅游购物品种的开发范围。

5) 导入全新的旅游购物品种生产经营理念。要发扬精工细作的生产方法，遵循人无我有，人有我特，人特我优的原则，突出中国优秀传统文化，并体现出地方特色和旅游目的地形象。

【案例 1】　旅游风景区故事营销策划

一个成功的故事案例。

在一家宝马汽车的销售现场，销售人员面带微笑，向客户进行推广："先生，来，请进入我们的驾驶室，亲身感受一下驾驶的快感吧。来，坐好。你想象一下，仲夏傍晚，你开着这辆车，驰骋在海滨大道上，无尽的美景扑向你的眼帘，微咸的海风吹拂着你的头发，车里都是你所喜欢的皮革的味道，同时伴随着优美的音乐，我们车里还有车载冰箱，里面装满了美食美酒。你身边就坐着你最爱的家人、朋友，他们和你一起共享着生命中最美好的时光。这辆车就像你家的老狗一样，它将会陪着你，度过无数的晨昏，见证你生命中每一个重要的时刻。如果我是你，我将会尽快邀请这样一位朋友进入到我的生命旅程中。而且现在正是 9 月的秋天，天高气爽，何不趁现就把这款爱车开回家呢？"

【案例 2】

奢侈品的销售的关键在于客户的购买热情是否足够被调动。很多时候，我们会发现：对于奢侈品品牌的潜在客户来讲，他可能回家思考了半个月，最后还是买了这款车。可是为什么不是此时、此刻立即购买呢？其中有一个很大的潜在心理因素：客户的愉悦感没有被调动起来。客户不觉得有什么理由要他马上就拥有这辆车。

让我们再来回顾一下当时讲故事销售的销售人员的功力：

讲故事销售的过程中，销售人员通过语言向客户勾勒了一副活色生香的生活场景。在头脑想象的"情境"中：客户"看"得到无尽的美景、"闻"得到微咸的海风、皮革味；"听"得到悦耳的音乐；"尝"得到美食美酒，而且和家人朋友欢聚的幸福"感"就回荡在心间。五种感官因素都被加入了销售人员的推广中。它们综合向客户提供了一种难以言喻的心理体验："愉悦感"。正是这种臆想中的愉悦感捕捉了客户的心。而客户的心则是通往客户的钱袋最快的途径。

尤其是销售人员的最后一句"现在正是 9 月的秋天"更是为客户立即下订单提供了充分的依据。所以，当理性分析、逻辑判断等该完成的工作都完成了，客户的购买热情可能已经推到了 99 度，如何来提升这最重要、最关键的 1 度？我们需要与客户感性的层面打交道。销售过程中，客户感性的参与更多，购买的可能性更高。

作为感性销售的工具，讲故事就是销售的临门一脚。它通过销售人员的角色魅力，在交易过程中增加了买卖双方的乐趣，让客户的情绪体验不止成为一句空话，有效地促成了购买的发生。同时，更为下一步的客户升级埋下了伏笔。

旅游产品同样是奢侈品的销售，如何搞好促销是每一个景区工作的重要部分。

本 章 小 结

本章通过对景区经营管理的学习，重点介绍了景区的概念以及我国景区的类型及特点；分析了景区的管理特点、要求和内容。讲授了景区在国民经济建设中的作用与地位，重点突出了景区的经营管理内容与特点以及景区资源的开发和利用原则，为本专业同学从事景区的科学管理奠定基础。

思 考 练 习 题

1. 什么是旅游产品？旅游产品构成要素是什么？
2. 旅游产品与一般实物产品有何异同？
3. 什么是观光旅游产品？它的开发应注意哪些方面？
4. 如何理解生态旅游产品？
5. 试述旅游形象设计的方法。
6. 旅游市场营销的方法有哪些？
7. 如何理解旅游资源开发这一概念？
8. 旅游资源开发应遵循哪些原则？
9. 旅游资源开发可按照哪几种分类方法，使用哪几种开发模式？
10. 旅游资源开发规划应该包括哪些内容？

第12章　花木经营管理

本章学习要点

• 掌握管理花木经营的概念与特点，明确花木的产业结构与经营方式，掌熟悉花木的生产技术管理的特点、任务以及生产目标与计划的制订方法。

• 了解花木产品的营销渠道及花木生产管理的内容与方法，掌握花木商品花木产品销售方式与策略，增强对花木经营管理的认识和理解。

12.1　花木经营管理寓言故事

12.1.1　野生黄刺玫的悔恨

山坡上生长着一株野生黄刺玫，生气勃勃，英姿焕发，柔嫩的枝条软软地垂下，镶着翠绿的叶儿，缀着粉红的花儿，宛如一个个美丽的花环。

采茶姑娘笑盈盈地飘过来，摘一朵刺玫花插在乌黑的头发里，茶山上顿时增添了一缕淡淡的清香。

放牛的孩子爬在花丛边，眼睛滴溜溜地盯着采花的蝴蝶，画一样的生活平添了一层神秘的色彩。

野生黄刺玫蹙眉摇头："唉，可惜我生在这偏僻的山沟里，只能博得这些土头土脑的村姑牧童一笑。如果我长在城市里，摆在高楼的阳台上，那该有多妙？说不定，连芍药、牡丹也要羞得脸红呢!"

一个偶然的机会，野生黄刺玫的美梦成真，被移进花盆带进了喧闹的城市，和牡丹、芍药并排摆在高楼的阳台上。野生黄刺玫高兴得简直快要晕眩了："啊，我终于也成为有身份的花了。"

但是，野生黄刺玫没有得意几天，打击便接踵而来：城里的阳光一点儿也不像山里的阳光那样柔和可亲，火辣辣的，恨不得把它的叶儿烤焦；水泥阳台也远远不及山坡上的土壤湿润，简直就像个大火炉，差点儿没把它焖烂蒸熟；它的根被紧紧地束缚在一起，未曾伸展，就碰到了盆壁；它那繁茂的枝叶总是没有足够的水喝，慢慢地，枝儿垂下了脑袋，叶儿丢了精神，花儿也失去了笑容。主人的脸色越来越难看。一天，他把已杜萎的野生黄刺玫连根拔起，从高高的楼上扔了出去。

【管理启示】

每一种花木对生长环境都有其特殊的要求，花木经营管理中只有充分了解了各种花木的生态习性，才能使花木生长得更加郁郁葱葱。特别是盆栽花木养护中，没有长不好的花木，只有不懂花木的匠人。

12.1.2　骄傲的花朵

在一片茂密的树林里，有一棵美丽的苹果树。树上长着千姿百态的树枝、美丽的粉红色苹果花和酸甜可口的大苹果，还有碧绿的苹果树叶。大家因为喜欢欣赏苹果花的美丽，喜欢拿着掉下来的苹果树树枝玩打仗的游戏，喜欢吃美味可口的苹果，还喜欢捡树下的苹果树叶，把落叶折成小纸船玩，所以经常来到苹果树下玩耍。

有一天，花朵想，我是苹果树家族中最美丽的成员了，谁也比不上我！于是，便骄傲地对苹果说："哎呀，你真丑，只穿一件红里透绿的短裙子，还有一些斑点呢。大家到我们这里来玩，全因为我这朵美丽的苹果花！你呢，一定无人理睬!"苹果听了花朵的话，觉得花朵太骄傲了，就耐心地对花朵说："花姐姐，我虽然长得不怎么好看，但是我能给人们带来香甜和营养。我被人和动物吃下后，吐出来的种子就被埋藏在土里，又可以生根发芽，长成新的一棵苹果树，开出像你这样美丽的苹果花。其实，是我体内的种子最美丽。”“哼，你这是为自己的丑陋做辩护吧。”花朵傲慢地对苹果说，“你就以为你自己最漂亮啦，其实那么丑!”说完，生气地扭过头去不理苹果了。

花朵找到树叶说：“你瞧你多丑呀，一件碧绿的大衣颜色多么单调呀，真丑。你瞧我多么漂亮!”树叶苦笑着说：“花妹妹，你也是经我衬托着才有那么美丽的。夏日，我可以为人们遮阳。秋天，我落到地面，可以腐烂了变成肥料和养料，让树根吸收，这样就让树长得更好一些。”“别说啦，你真丑!”花朵娇滴滴地对树叶说。她背过脸去，不理睬树叶了。“树枝呀，你太丑了吧，灰褐灰褐的，丑得真难看！树干啊，你浑身那么脏，真难看。树根呀树根，你满身裹着泥土，简直是天下最丑的东西了。”花朵非常骄傲地说。树枝、树干和树根知道花朵在讥笑自己，都很生气，就停止给花朵输送水分和养分了。结果花朵因为得不到水分和养分，慢慢地凋谢了。花朵长叹一口气。

【管理启示】

一个人如果得到了同伴的帮助，日子才能过得好些！一个经营得再好的园林花木企业，充其量最多也不过是一个花朵，它永远不可能成为一棵大树，也不能支持一个产业，只有许多园林花木企业团结起来，才有可能将花木产业做大做好。我们不应该讥笑我们的同伴做得不好。

12.1.3 蔷薇与鸡冠花

蔷薇与鸡冠花生长在一起。有一天，鸡冠花对蔷薇说：“你是世上最美丽的花朵，神和人们都十分喜爱你，我真羡慕你有漂亮的颜色和芬芳的香味。”蔷薇回答说：“鸡冠花啊，我仅昙花一现，即使人们不去摘，也会凋零，你却是永久开着花，青春常在。”

【管理启示】

人各有所长，也各有所短，不必羡慕别人有你所没有的东西，你也有别人所没有的东西。花木企业经营也一样，不一定要做所有的品种，只要将一个或几个品种做好，而且要做出特色，就可取得较大的经济效益。

12.1.4 洗具一杯

“哦，福建泰宁这家公司又来订单了。”张依文端坐在电脑桌前，轻轻点击自己开设的花卉苗木网站。他熟练地敲打着电脑键盘，回复了一封电子邮件，5万块钱的罗汉松销售就这样轻松完成了。

【管理启示】

网络销售是一种崭新的销售模式，它具有成本低，市场范围大，不受场地限制等优点，因此每一个花木经营企业都要开通网络业务，这样可以更快地使企业成长起来。

12.2 花木经营管理

中国被称为世界“园林之母”，拥有丰富的园林植物资源，在园林植物的种与品种拥有量上堪称世界之最，为花木产业的发展奠定了基础。据统计目前我国花木栽培面积占世界总面积的三分之一以上。截至2011年底，全国有花木市场3178个，花木企业66487家，其中大中型企业12641家，花农165万户，从业人员467万人左右。全国重点花木产区已经基本形成，品种结构进一步优化。区域化产业逐步形成了以云南、四川、江苏、浙江、海南为重点的南方热带、亚热带花木产区；以广东、福建为重点的南方热带观叶植物产区；以浙江、四川、河南、河北为重点的观赏苗木产区；以北京、山东、河北为主的北方花卉产区；以辽宁为中心的东北花卉产区，同时区域化发展向全国各地辐射，为我国园林化进程奠定了坚实的基础。

12.2.1 花木经营的概念与特点

12.2.1.1 花木经营的概念

花木即“花卉苗木”的简称，从狭义上讲是指以花朵或花序供观赏的乔木和灌木，包括藤本植物，又称观花树木或花树。但在实践中，对于从事园林绿化工程或苗木花卉行业者而言，此概念的外延已经非常大，可被理解为覆盖园林行业的基本工程苗木植物，它明显地区别于花卉。

因此花木的经营管理也有别于花卉的经营管理，是以经济学理论为基础，针对园林花木产业的特点，最有效地组织人力、物力、财力等各种生产要素，通过计划、组织、协调，最终获得比较显著综合效益的经济活动全过程。花木经济管理的研究内容也比花卉广泛，它包含了花卉与苗木两个方面的内容，同时涉及园林花木的生产技术、劳动、物资、设备、销售和财务等方面的管理。但由于我国的园林花木产业起步相对较晚，近年来又处于迅速发展阶段，因此园林花木经营管理研究相对置后，缺乏系统和科学的总结提高，生产上大部分是依靠传统经营管理经验进行管理，这与我国高速发展园林花木产业极不相称，同时也给园林花木产业的健康发展带来了一定的制约。

12.2.1.2　花木生产的特点

中国植物种类位居世界第三，仅种子植物就超过了 25000 种。其中乔灌木种类约 8000 多种，在世界树种总数中所占比例极大（约 50%以上），许多著名的园林植物都是以我国为分布中心，因此我国是世界公认的“花卉王国”、“世界园林之母”，甚至有如果“没有中国的植物便不能成为花园”的说法。在众多的园林植物中目前普遍应用于园林栽培的花木种类有近 5000 种。但是在众多的花木种类中，因其原产地环境的差异，导致了植物本身对生态环境适应性也相差甚远，因此园林花木栽培中除了需要有与大田作物对光、温、水、肥、气等相同的管理外，还有其自身的生产经营特点，主要表现为以下几个方面。

（1）花木生产专业性与技术性。园林花木的种类繁多，不同的种类所要求的栽培管理技术也各异，再加上花木产品是鲜活器官，外形、色泽等易变。因此要加强采收、分级、包装、贮运、销售等采后各个环节的工作，并发展其相应配套的技术与设备。生产管理也要分门别类有针对性地进行管理。

（2）花木生产地区性。花木种类繁多，不同种类园林花木对生产地区有明显的选择性。园林花木既有草本，又有木本，木本中又有灌木、乔木、藤本之分；既有热带和亚热带类型，也有温带和寒带类型。种类、品种丰富多彩，生态要求和栽培技术特点各不相同，在生产中就需要因地制宜，根据生态条件、栽培技术及社会经济等条件来选择适宜发展的园林花木品种，并确立适宜的栽培规模进行产业化开发。

（3）花木生长周期性。花木种类繁多，生长周期长短不一，一些园林花木，如观赏乔木、盆景等生长周期较长。而另一些园林花木，如盆栽草花、切花等生长周期相对较短，甚至一年可多季生产。因此在经营管理上要依据市场需求、生产水平及生产能力有计划地进行轮作、换茬、间作和套作，合理安排茬口和产品上市目标，只有这样花木生产才能满足和稳定市场需要，实现周年供应的栽培目标，才能最大限度地提高花木生产的经济效益。

（4）花木生产集约性。花木产业是一个劳动密集型产业，园林花木生产单位面积的投入产出大多高于大田作物。因此需要投入的人力、物力、财力也较大，并且由于其技术性强，对劳动力的素质要求高，生产与管理需要具有专门的技术熟练的工人或技术人员。同时，园林花木的栽培方式多样，有促成栽培、抑制栽培、保护地栽培、露地栽培等，集约化水平高。

（5）花木生产受国民经济发展的总体水平制约。花木产品消费在某种程度上也可以认为是奢侈品消费，只有当经济发展到一定水平以后才能得到快速发展，因此花木生产经营必须根据国民经济的总体发展水平进行科学规划。

12.2.2　花木经营策略

经营策略是指花卉生产企业在经营方针的指导下，为实现企业的经营目标而采取的各种对策，如市场营销策略、产品开发策略等。常用的花木经营战略主要有以下几种。

（1）科技领先战略。发展园林花木产业，科技是关键。在花木企业经营管理中采取措施积极引进先进技术与新品种，积极开展学术研究与学术交流，加快科技创新和科技成果转化，引进和应用新技术新成果，提高产品的科技含量，并利用科技打造花木产品名牌，促进传统苗木生产向集约型、科技型现代生产转变，最终实现花木产业的健康发展。

（2）拓展花卉苗木营销渠道，盘活花卉苗木营销市场。花木消费与经济发达程度有直接关系，也受消费习惯的影响。因此在花木生产中，要更新观念、提高认识，加强宣传，引导消费。在具体管理中首先是进一步加强对现有花卉苗木市场的建设与管理。其次要进一步培育发展花卉苗木经纪人和专业经济组织。发展更大规模、更大领域、更大层次的花卉苗木经纪队伍和专业经纪组织，为他们参与市场、推销花卉苗木提供条件，充分调动和发挥他们的积极性。第三要发挥以园林绿化建设工程为纽带的作用，互相促进创特色。

（3）优化品种结构、培植特色优质花木产品。随着城市绿化生态功能和景观效果要求的提高，绿化市场越来越要求树种品种的多样化。在这样的市场需求刺激下，通过野生植物资源开发和新品种引进，进一步调整、优化产业结构，提高产品质量和档次，从而实现占领市场扩大销售的目的。

（4）整合资源、扶持龙头企业。目前园林花木产业多数为中小企业，他们资源、资金、技术均有限，规模小，品种、规格、质量不一，很难占领较大的市场，因此要根据地理位置、气候条件、资金、技术及资源条件，通过农民技术合作社、公司加农户等措施整合资源优势，使生产经营的项目充分发挥出自身的优势，在扬长避短中获得较好的效益。

总之园林花木经营策略是指在市场经济条件下，为实现园林苗木生产目标与任务而采取的一种行动方案。因此在选择和制定策略时一定要针对市场变化和竞争对手情况，有针对性选择一种或几种方案，并在实施中及时调整或变动经营策略，实现以最快的速度扩大占领市场，为企业争取更大的经济效益。

12.2.3 市场调查

（1）市场调查概念与意义。市场调查即运用科学的方法和手段、系统地、有目的地收集、分析和研究有关市场在花木的产、供、销方面的数据和资料，并依据其如实反映的市场信息，提出结论和建议，作为花木生产、营销决策的依据。

（2）市场调查的内容。市场调查主要包括以下几个方面的内容。

1）市场环境调查。主要是企业对其所能辐射的范围内的市场环境，如经济、政治、文化等方面进行调查。

2）市场储量与需求调查。主要是对目标市场某类花木的贮量的最大和最小需求量作系统的调查，其中包括现有或潜在需求量，为下一步制定战略决策奠定基础。

3）消费群体和消费行为调查。主要包括对不同产品消费群体和消费水平，以及不同地区的消费习惯进行调查。

4）花木产品规格质量调查。主要调查消费者对花木产品的规格和质量，以及功能等方面的评价反应。

5）价格调查。主要包括消费者对传统花卉品种价格和新品种的价格如何定位进行调查。

6）竞争对手的调查。主要包括调查竞争对手的数量、分布及其基本情况，竞争对手的竞争能力，竞争对手的花木种类、价格等。

7）科技发展的调查。主要包括园林花木生产技术、生产手段、生产工艺等方面的调查，调查的目的是为了摸清科学发展的状况，为下一步制定生产奠定基础。

除上述调查内容外，还有市场占有率、销售渠道、方式调查、销售推广调查等。

12.3 花木的生产管理

园林花木生产管理和生产作业是两种不同的活动。管理是对生产作业、时间安排和资源配置的指挥协调过程。而生产作业则是对计划发展的执行过程。随着园林花木产业化经营的不断深入，产销规模的逐年扩大和从业人员的不断增加，生产管理者需要关心和需要管理的内容也越来越多。因此企业没有恰当的生产管理方法，生产经营将很难以达到预期的目标。花木生产管理一般包括：生产目标与计划、生产区的区划与布局、生产管理记录等几个方面。

12.3.1 生产目标与计划

制定花木生产计划的任务就是充分利用花木生产企业的生产能力和资源，保证各类花木在适宜的环境条件下正常生长发育，保质、保量、按时提供园林花木产品，满足市场需求，实现花木的周年供应，按期限完成订货合同，尽可能地提高生产企业的经济效益。

12.3.1.1 生产目标管理

园林花木的生产目标可以从多方面来进行选择和确定。它可以是某个时期园林花木生产经营中的一个利润值，也可能是单位面积的产值；可以是一个预先确定的较低水平的产品损耗，也可能是一定的产品质量指标或经营规模的扩大或产品表中引进新品种的比例和数量等。因此在制定目标时，必须尽量做到指标数量化。例如当以某一类园林花木的产品质量作为生产目标时，管理者须首先知道本企业原有产品的质量情况及在市场中的地位。并依据这一指标，将质量管理指标细划，只有这样才能保证目标的顺利实现。

12.3.1.2 生产计划

生产计划是指企业管理者为了实现某一生产目标，对生产的三要素“材料、人员、设备”的确切准备、分配及使用的计划。制订生产计划通常要经过以下几个步骤。

(1) 计划起草前。计划起草前首先要仔细研究目标，并进行必要的市场调查，收集有关生产目标的相关信息，其中包括品种资源、设备、技术要点、肥药价格等有关资料，并在此基础上制订出详细的生产计划，包括时间的选定和进度的安排。

园林花木生产计划的时间管理不同于工业项目，由于园林花木每一项生产都有非常严格的时间限定，因此合理的时间安排是生产计划的核心，这就要求每一个管理人员必须具有较为丰富的生产管理经验，只有这样才能制订出一项可行的时间标准，安排好涉及一系列技术规范与要求生产程序，克服可能存在的干扰因素，保证计划的顺利执行。

(2) 生产区的规划。苗圃和栽培生产区，要有系统的规划，并难过规划实现充分合理地利用土地，节约能源，减少生产阻碍，使路、渠、生产、贮藏、包装等区域科学合理，以便搬、运、装卸等生产管理顺利进行。

(3) 生产管理记录。生产管理记录有助于分析、总结经验与教训，避免犯同样的错误。因此在制订生产计划时，要同时设计出生产记录表，确定记录内容；生产记录一般包括生产过程与环境记录、产品生长情况记录和产出投入比等记录。

1) 生产过程与环境记录。该项记录应该包括生产过程的各项操作和操作时的环境情况，主要包括栽植、移栽、摘心、修剪、化学调控、收获，肥料、农药、灌溉、中耕以及生长调节剂使用日期与效果以及每项操作的劳动资料与用工情况等。每项操作完毕，应有项目管理人员负责记录，同时注明变更的工序和末被列入计划的操作内容。环境记录包括生产区内的温度、光照、湿度、风雨，土壤基质、病虫害发生和各种可观察记录的等。生产过程记录分为露地和促成栽培的温、光等因素的影响记录，有利于分析环境调控的效果和设备的质量，为下一年制订栽培计划和分析成本提供依据。

2) 产品记录。产品记录贯串于整个园林花木生长期，生长管理者至少应每周进行一次园林花木生长发育情况记录，直到产品收获为止。产品记录同样是成本计算的依据；通过产品记录比较成本的升降及原因，并通过生长过程记录与产品对比，掌握次品产生的原因，找到出现问题的时间与根源，为问题的解决提供依据。

3) 产出与投入比记录。简称产投比记录，它与生产记录一样应全程跟踪进行。通过产投比分析，既可发现并纠正栽培失误，也可严格实施经营的程序。产投记录通常包括投入和产出两大部分。投入又分可变投入和固定投入，可变投入指生产过程中发生的投入，因植物种类不同而各异。固定投入指设备折旧费、利率、维修费、税费和保险费等，在国际上称为“DIRTI”。除以上可变与固定投入外，园林花木生产还存在管理的工资、会计、律师服务、学术活动费，以及与经营活动有关的设备、娱乐、办公费用，社会性捐助款等固定投入，燃料、电力和较低水平管理的半固定投入。它们的投入量一般随产品量的增加而增加，但却又不和具体产品直接相关，也必须记录在册，以便日后产出比等指标的计算。园林花木的收入部分比较简单，只需要根据园林花木类型和种类分门别类地记载，有时为了管理和销售的方便，还要将销售日期、销售方式和销售对象及产品等级作详细记录，这样更有利于生长目标的确定。

12.3.2 技术管理

技术通常指的是根据生产实践经验和自然科学原理总结发展起来的各种工艺操作方法与技能。现代企业技术管理就是依据科学技术工作规律，对企业的科学研究和全部技术活动进行的计划、协调、控制和激励等方面的管理工作。包括技术开发、产品开发、技术改造、技术合作以及技术转让等，进行计划、组织、指挥、协调和控制等一系列管理活动的总称。技术管理的目的，是按照科学技术工作的规律性，建立科学的工作程序，有计划地、合理地利用企业技术力量和资源，把最新的科技成果尽快地转化为现实的生产力，从而推动企业技术进步和经济效益的实现。

园林花木生产的技术管理是对园林花木生产的各项技术活动和技术工作的各种要素进行科学管理的统称。加强生产技术管理，有利于建立良好的生产秩序，提高生产水平，提高产量和质量，节约消耗，提高劳动生产效益等。目前随着科学技术的不断发展，劳动分工越来越细，生产效果的好坏经常取决于技术管理工作的科学组织和管理，因而技术管理也就显得尤为重要。花木技术管理工作包括：技术人才、技术装备、技术信息、技术文件、技术资料、技术档案、技术标准规程、技术责任制等技术管理的基础工作。但值得注意的是技术管理指的是对技术工作的管理，而不是技术本身。

12.3.2.1 技术管理的特点

(1) 多样性。园林花木种类繁多，不同的花木有其不同的生产技术要求，因此花木技术管理业务涉及内容和范围广，涉及部门多。如花木的繁殖、生长、开花、贮藏、销售以及花木的应用与养护管理等。形成了形式多样的业务管理，因此每一项管理必须有与其配套的技术管理，以适应不同的花木生产的需要。

(2) 综合性。园林花木的生产经营，涉及众多学科领域，如土壤、肥料、植物、生态、生理、气象、植保、育种、设施及规划设计、园林艺术等。因此需要掌握许多单项技术，还需根据实际需要进行集成组合，其技术管理工作具有综合性的特点。

(3) 季节性。园林花木的繁殖、栽培、养护、销售等均有较强的季节性，季节不同采用的技术措施也不相同，同时还受自然因素和环境条件等多方面的制约。因此技术管理工作必须做到适时适地才能收到良好的效果。

(4) 阶段性与连续性。园林花木在品种选择、育苗种植、栽培养护、采收储运、包装上市等阶段，每一个阶段都具有各自的质量标准和技术要求。而在整个生长过程中各阶段所采用的技术措施不能截然分开，每个阶段之间又密切相关，甚至上一个阶段的技术措施直接影响下一阶段的生长，而下一阶段的生长又是上一阶段技术的延续。因此，既要抓好各阶段技术管理的重点工作，又要注意各阶段之间技术管理的衔接。

12.3.2.2 花木技术管理的任务

技术管理的任务主要是推动科学技术进步，不断提高企业的劳动生产力和经济效益。

(1) 正确贯彻执行国家的技术政策。技术政策是国家根据现代园林花木生产的发展和客观需要，根据科学技术原理制定的，是指导企业各种技术工作的方针政策。企业许多技术问题和经济问题的解决都离不开国家的有关技术政策。我国现代企业的技术政策很多，主要包括产品质量标准、工艺规程、技术操作规程、检验制度等，其中产品的质量标准是最重要的。

(2) 建立良好的生产技术秩序，保证企业生产的顺利进行。良好的生产技术秩序，是保证园林花木生产顺利进行的必要前提。企业要通过技术管理，使各种机械设备和生产工具经常保持良好的技术状况，为生产提供先进合理的工艺规程，并要严格执行生产技术责任制和质量检验制度，及时解决生产中的技术问题，从而确保企业的生产顺利进行。

(3) 提高企业的技术水平。现代企业要通过各种方式和手段，提高工人和技术人员的技术素质，对生产设备、工艺流程、操作方法等不断进行挖潜、革新和改造，推广行之有效的生产技术经验；努力学习和采用新工艺、新技术，充分发挥技术人员和技术工人的作用，全面提高所有生产人员的科学文化水平和技术水平，以加速企业的现代化进程。

(4) 保证安全生产。操作工人和机器设备的安全是现代企业生产顺利进行的基本保证，也是社会主义制度的一个基本要求。如果企业不能确保生产的安全，工人的人身安全和健康就不能得到保证，国家的财产就会遭受损失，企业的生产经营活动也会受到极大影响，所以说，安全就是效益。企业生产的安全应靠企业上下各方面的共同努力，从技术上采取有力措施，制定和贯彻安全技术操作规程，从而保证生产安全。

(5) 广泛开展科研活动，努力开发新产品。在市场经济中，现代园林花木企业必须及时生产出符合社会需求的花木产品，才能取得相应的经济效益。这就要求企业必须发动广大技术人员和技术工人，广泛开展科学研究活动，努力钻研技术，积极开发新产品，不断满足需求，开拓新市场。

12.3.2.3　技术管理的内容

技术是企业保持生命力的源泉，企业之间的较量在很大程度上就是技术先进性、适应性的比拼，在许多时候掌握技术比对手快一点，好一点，多一点都会成为企业生命力强弱的关键所在；技术是企业核心竞争力的重要组成部分，在技术上的任何一次致命的改革都会带来企业竞争格局的变化，最终成为企业竞争成败的决定因素。

(1) 建立健全技术管理体系。管理体系的建立目的在于加强技术管理，提高技术管理水平，充分发挥科学技术优势。大型花木生产企业（公司）可设以总工程师为首的三级技术管理体系，即公司设总工程师和技术部（处），技术部（处）设主任工程师和技术科，技术科内设设备类技术人员。小型花木企业可不设专门机构，但要设专人负责企业内部的技术管理工作。

(2) 建立健全技术管理制度。

1) 技术责任制。为充分发挥各级技术人员的积极性和创造性，应赋予他们一定职权和责任，以便更好地完成各自分管范围内的技术任务。一般分为技术领导责任制、技术管理机构责任制、技术管理人员责任制和技术员技术责任制。

技术领导的主要职责是：执行国家技术政策、技术标准和技术管理制度；组织制定保证生产质量、安全的技术措施，领导组织技术革新和科研工作；组织和领导技术培训等工作；领导组织编制技术措施计划等。

技术管理机构的主要职责是：做好经常性的技术业务工作，检查技术人员贯彻技术政策、技术标准、规程的情况；管理科研计划及科研工作；管理技术资料，收集整理技术信息等。

技术人员的主要职责是：按技术要求完成下达的各项生产任务，负责生产过程中的技术工作，按技术标准规程组织生产，具体处理生产技术中出现的问题，积累生产实际中原始的技术资料等。

2) 制订技术规范和技术规程。技术规范和规程是进行技术管理、安全管理和质量管理的依据和基础。其中技术规范是对生产质量、规格及检验方法做出的技术规定，是人们从事生产活动的统一技术准则；技术规程则是为了贯彻技术规范对生产过程、操作方法以及工具设备的使用、维修、技术安全等方面所作的技术规定。技术规范是技术要求，技术规程是要达到的手段。技术规范可分为国家标准、部门标准及企业标准，而技术规程是在保证达到国家技术标准的前提下，可以由各地区、部门企业根据自身的实际情况和具体条件，自行制定和执行。制订技术规范和技术规程应做好以下三个方面：①要以国家的技术政策、技术标准为依据，因地制宜，密切结合地方特点和地区操作方法、操作习惯来制定；②必须实事求是。既要充分考虑国内外科学技术的成就和先进经验，又要在合理利用现有条件的基础上，制订符合本地区、本单位要求的技术规范和规程，防止盲目拔高；③技术规范、规程既要严格，又要具可操作性，防止提出脱离实际的标准和条件。在提出初步的规范、规程后，可广泛征求多方面意见，修改后在生产实践中试行，再总结修改，经批准后正式执行。在执行过程中也不能一成不变，应随着技术经济的发展及时进行修订，使之不断完善。

(3) 技术管理工作内容。

1) 技术引进的概念。技术引进是指为发展自己的科学技术和经济，通过各种途径，从国内外引进本企业没有或尚未完全掌握的先进技术。它是企业促进经济和技术发展的主要战略和措施，也是技术管理的重要内容之一。

技术引进的方式主要有贸易形式和非贸易形式。贸易形式即有偿的技术转移方式，包括许可证贸易、咨询服务、合作生产、补偿贸易、合资经营等。非贸易形式通常是无偿的技术转移，包括科学技术的交流、聘请外国专家、参加国际学术会议、技术座谈、交流技术资料与情报、举办国际展览等。

在技术引进时要注意以下几个方面。①技术的先进性。即所引进的技术必须是比国内已经掌握的技术更加先进的，而且自己研究开发确有较大的困难，但又急需的，或由自己研究费用过大或时间过长等。②技术的生命力。任何技术都要经过萌芽探索、完善提高、成熟应用、没落淘汰四阶段。新技术的平均寿命只有5年左右，有的经过改进，可能延长生命力。应根据经济效益标准来衡量不同阶段上的技术。③技术的适用性。是指企业为了达到一定的目的而采用的最符合本企业的实际情况，经济效益和社会效益最好的一种技术。④技术的配套条件。任何一项先进技术都不可能脱离周围的配套条件，引进的成套项目一般还要配上大量的国内设备和土建工程，才能形成新的生产能力。⑤技术引进的经济合理性。即指选用的技术必须具有良好的经济效益。就是要求在一定条件下，引进技术投入产出比较大的新技术。如采用优良品种，一般来说就是一种经济有效的技术措施，它可能投资较少而会带来较高效益。⑥后果无定性。先进技术引进时要全盘考虑，既是考查其有益的一面，也要考查其有害的一面。如引进新品种时，即要考虑其经济价值，也要考虑其对现有环境的破坏作用，防止外来入侵物种对本土环境的破坏。同时在防病虫害时，既要杀灭病害，又要保护人畜和生态环境的平衡。

2）技术改造。技术改造主要是指在坚持科学技术进步的前提下，把科学技术成果应用于企业生产的各个环节，用先进的技术改造落后的技术，用先进的工艺和装备代替落后的工艺和装备，实现扩大再生产，达到增加品种，提高质量，节约能源，降低原材料消耗，提高劳动生产率，提高经济效益的目的。技术改造通常包括：产品改造、生产设备与生产工具的更新改造、生产工艺和操作方法的改造、劳动条件和生产环境的改造以及节约和综合利用原材料、能源，采用新型材料和代用品五个方面。

通过技术改造，促进产品更新换代，以适应市场的需要，节约能源和原材料消耗、降低生产成本，改善劳动条件，减轻劳动强度，搞好安全生产。

3）技术创新。技术创新包括新产品、新过程、新系统和新装备等形式在内的技术，通过商业化实现的首次转化。技术创新可分为产品创新、设备与工具的创新、生产工艺和操作技术的创新、能源和原材料创新、改善生产环境及劳动保护工作创新五种。①产品创新。是指技术上有变化的产品的商业化。按照技术变化量的大小，可分为：第一，重大（全新）的产品创新，是指产品用途以及应用原理有重大变化的创新，往往与技术上的重大突破相联系。第二，渐进（改进）的产品创新，是指在技术原理没有重大变化的情况下，基于市场需要对现有产品所作的功能上的扩展和技术上的改进。对于园林花木来讲，产品创新某种程度上主要是指新品种的引进与培育和通过某种栽培技术、材料的应用而形成的新产品。②设备与工具的创新。对现有设备和工具进行开发，主要包括：改造原有的设备，开发简易设备，革新生产工具，将手工操作改为机械化、自动化，开发先进的工艺装备等。③生产工艺和操作技术的创新。如改革旧的工艺和缩短加工过程，用先进的加工方法代替旧的加工方法，创造新的加工方法和操作方法等。④能源和原材料创新。提高能源利用率，对原材料开展综合利用，发展新型材料等。⑤改善生产环境及劳动保护工作。解决环境污染，避免职业病以及消除公害等问题。即不断研究变害为利，治理环境污染，改善劳动条件，保证安全生产等。

4）产品开发。是指产品在原理、用途、性能、结构和材质等方面或某一方面同已有产品相比具有显著改进、提高或独创的，具有先进性和实用性，能提高经济效益，有推广价值，并在一定的地域范围内第一次试制成功的产品。

5）实施质量管理。园林花木业的质量管理，是其技术管理中极为重要的一部分。在我国，这方面的工作尚处于摸索发展阶段，还很不完善。目前，生产实践中园林花木业的质量管理主要有以下几个方面的内容。①积极贯彻国家和有关政府部门质量工作的方针政策以及各项技术标准、技术规程。②认真执行保证质量的各项管理制度。每个园林花木生产单位、企业，都应明确各部门对质量所担负的责任，并以数理统计为基本手段，去分析和改进设计、生产、流通、销售服务等一系列环节的工作质量，形成一个完整而有效的质量管理体系。③制订保证质量的技术措施。充分发挥专业技术和管理技术的作用，为提高产品质量提供总体的、综合全面的管理服务。④进行质量检查，组织质量的检验评定。⑤做好对质量信息的反馈工作。产品上市进入流通领域后，应进行回访，了解情况，听取消费者意见，反馈市场信息，帮助自己改进质量管理措施。

6）做好科技情报和技术档案工作。科技情报工作的内容主要包括资料的收集、整理、检索、报导、交流、编写文摘、简介、翻译科技文献等。做好科技情报工作，可以使广大园林花木生产经营者了解掌握国内外本行业的发展趋势以及技术、管理水平，以开阔眼界，确定本单位的发展方向及奋斗目标，同时还可借鉴前人的成果，少走弯路，节约人力、物力、财力。

技术档案是企业在生产、建设和科学研究活动中所形成的具有保存价值的并保存起来以备查考的图纸

(产品图纸、工艺图纸、基建图纸)、各类说明书、实验记录和专题、研究论文、有关的照片、影片录像、录音带等技术文件材料。技术档案管理指对技术档案的收集、整理、分类、保管、鉴定、统计和服务等一系列活动的管理过程。

12.3.3　花木经营成本管理

产品成本是衡量生产经营好坏的一个综合性指标。实行成本核算，也是生产管理的重要组成部分，成本控制对于确定产品价格和考核自己的经营水平具有重要意义。

(1) 成本核算的作用。

1) 企业通过生产成本的核算明确各成本项目，以便对生产进行有效管理。

2) 通过生产成本核算，可以了解各成本项目的开支是否合理，便于成本控制。

3) 合理分摊成本。

4) 可以使制定的当年度或次年度的生产计划更趋合理。

园林花木生产成本核算是一个较为复杂的过程。与工业产品成本管理有着显著的差异，因为在花木生产过程中有许多成本是随着环境的变化而改变的，还有一部分成本是难以计算的，因此成本控制需要经过多年经验的积累，才能得到有效控制。例如病虫害防治时的农药费用，不确定因素就非常多，使得费用管理更加复杂。当然随着科学技术的发展，现代企业因为其生产资料如种子、介质、水、电、肥料等，都是现代化采购，加之专业化生产，使得各成本项目都比较明确，才能使核算方便、可行。

(2) 成本项目。生产型企业的成本费用项目主要有：生产成本、销售费用与管理费用。生产成本是直接用于生产产品的料、工、费的总和。包括直接指导生产的生产部费用，销售费用指生产部门以外的管理人员在工作管理过程中所发生的费用；管理费用指生产部门和销售部门以外的管理人员在工作管理过程中所发生的费用集合，包括设施设备、土地租金等期间费用，所以花木生产的成本项目就是料、工、费中各具体项目，有以下几个方面。

1) 用工费。即生产和管理人员的工资及附加费用。

2) 原材料费用。即购买种子种苗、农药、肥料、基质以及其他生产资料的费用。

3) 燃料水电费用。即耗用的固体、液体燃料费和水电费用。

4) 废品损失费用。指未达到指标要求的部分产品损失而分摊发生的费用。

5) 设备折旧费。即各种设施、设备、机械等按一定使用年限折旧而提取的费用。

6) 其他费用。如土地开发费、试验费、保险费、贷款利息支出以及运输、办公、差旅、等项目所发生的费用。

以上六项费用概括分为两类，第一类是人工费用，第二类是物质资料费用。有关具体各成本费用项目的确切内含和核算要求，在《农业企业会计制度》中均作了具体规定。

(3) 成本控制。园林花木生产成本控制主要从以下几个方面进行。

1) 材料费用的日常控制。实行技术责任制，技术人员要亲临生产线指导技术工作，并按技术规程规定的要求监督设备维修和使用情况。供应部门材料员要按规定的品种、规格、材质实行限额发料，监督领料、补料、退料等制度的执行。生产调度人员要控制生产批量，合理下料，合理投料，监督剂量标准的执行。

2) 工资费用的日常控制。实行定额管理，是对生产现场的工时定额、出勤率、工时利用率、劳动组织的调整、奖金、津贴等的监督和控制。此外，生产管理人员要有计划地合理安排生产，控制窝工、停工、加班、加点等的发生。

上述各生产费用的日常控制，不仅要有专人负责和监督，而且要使费用发生的执行者实行自我控制。还应当在责任制中加以规定。这样才能调动全体职工的积极性，使成本的日常控制有群众基础。

12.4　花木产品销售管理

产品销售是指园林花木生产者和经营者，通过商品交换形式，使产品经过流通领域，进入消费领域的一切经济活动。产品销售是联系园林花木生产和社会消费的纽带、是园林花木生产经营的重要环节。

12.4.1 花木产品销售方式

花木产品的销售方式是由围绕着商品物流的组织和个人形成的。销售的起点是生产者，终点是消费者，中间有批发商、代理商、储运机构和零售商等，即中间商。因此，销售方式按商品销售中经过的中间环节的多少，可分为长渠道销售和短渠道销售；按商品销售中使用同种类型中间商的多少，可分为宽渠道销售和窄渠道销售；按承担销售的实体任务的多少，分为主渠道销售与支（次）渠道销售；按商品是否经过中间商，也可分为直接销售和间接销售。

（1）直接销售。是指商品从生产领域转移到消费领域时，不经过任何中间商转手的销售方式。直接销售一般要求企业采用产销一体化的经营方式，由企业将自己生产的商品直接出售给消费者和用户，只转移一次商品所有权，其间不经过任何中间商。其优点是生产者与消费者直接见面，企业生产的商品能更好地满足消费的要求，实现生产与消费的结合；企业实行产销一体的经营方式，能更及时了解市场行情，并根据反馈的信息，改进产品质量与服务，提高市场竞争能力；同时产销一体的直接销售方式还可以节约流通费用。其缺点是企业要承担繁重的销售任务，要投入较大的人、物和财力，如经营不善，会造成产销之间失衡。

（2）中间商销售。中间商是指参与商品交易业务，处于生产者与消费者之间的中介环节，具有法人资格的经济组织或个人。中间商有广义和狭义之分，狭义的中间商，是指从事商品经销的批发商、零售商和代理商等经销商；广义的中间商包括经销商、经纪人、仓储、运输、银行和保险等机构。

1）批发商。批发商是指从生产者处（或其他批发商品企业）购进商品，继而以较大批量转卖给零售商（或其他批发商），以及为生产者提供生产资料的商业企业。批发商在商品流转过程中，一般不直接服务于最终消费者，只实现商品在空间、时间上的转移，起着商品再销售的作用。批发商是连接生产企业与零售企业的桥梁，具有购买、销售、分配、储存、运输、融资、服务和指导消费等功能。批发商按业务所在地分类，可分为产地批发商、销地批发商、中转批发商和进口商品接收地批发商等。

2）代理商。代理商是指不具有商品所有权，接受生产者委托，从事商品交易业务的中间商。代理商的主要特点是不拥有产品所有权，但一般有店、铺、仓库、货场等设施，从事商品代购、代销、代储、代运等贸易业务，按成交量的大小收取一定比例的佣金作为报酬。代理商具有沟通供需双方信息、达成交易的功能。代理商擅长于市场调研，熟悉市场行情，能为代理企业提供信息，促进交易。

（3）经纪人。经纪人（又称经纪商）是为买卖双方洽谈购销业务起媒介作用的中间商。经纪人特点：无商品所有权，不经手现货，为买卖双方提供信息，起中介作用。经纪人有一般经纪人和交易所经纪人，后者为同行业会员组织，由同行业会员出资经营，参加交易者仅限于会员，目前在我国园林花木销售中还没有普遍采用；国内的园林花木经纪人多数为一般经纪人。

一般经纪人俗称“掮客”，他们了解市场行情，掌握市场价格，熟悉购销业务，并与一些生产者和消费者有一定的联系，在买卖双方之间穿针引线，介绍交易，在商品成交后，获取一定佣金。一般经纪人对买卖双方都不承担义务，均无固定的联系，但在买卖双方交易过程中，只要受托，既可代表买方，又可代表卖方，以促进成交而收取佣金为目的。

（4）零售商。零售商是将商品直接供应给最终消费者的中间商。零售商处于商品流转的终点，具有采购、销售、服务、储存等功能，使商品的价值得以最终实现，使再生产过程得以重新开始。常见的零售商有以下几种。

1）花木市场。是目前我国花木产品销售的主要场地，它是花木产品的集散地，承担着花木产品批发、零售、租摆、园林工程等多功能的服务业务。

2）集贸市场。是由农民和小商小贩出售园林花木产品的场所，其特点是买卖双方自由协商价格，讨价还价，进行自由交易。

3）网络销售。网络销售实际上是一种中间经纪人销售的模式，这是目前园林花木销售的主要场所，销售量占总量的50%左右。主要网络有全球花木网、中国花木营销网、中国花木市场网以及各省市运营的花木网。同时还存在一大批公司和私人建立的网上销售业务。

4）网上花店。是通过邮局或物流办理订货、送货业务的零售商店。其特点是顾客在网上根据网店提供的园林花木商品目录，利用网络选货购货。通过支付宝或网银等支付方式付款，通过物流或邮局完成购货过程。这种经营模式不受时间、空间的限制，顾客能在足不出户的情况下，从外地直接购买到自己喜欢的花木产品。

5）花店。是设在都市中的一种小型花木零售商店。他们经营商品种类、类型多，既可经营盆花，又可经营切花、盆景、观叶植物等，还可经营种子、种苗、花肥、花药、盆钵等，琳琅满目，可供顾客任意挑选，也可以代客送花和进行花木租摆业务。

6）专业商店。是专门从事园林花木经营某一类商品或以某一种商品的零售商。如专门经营花木盆景的商店、专门经营兰花的商店、专门经营水培植物的商店等。

12.4.2 花木产品销售策略

销售策略是指在市场经济条件下，实现销售目标与任务而采取的一种销售行动方案。销售策略要针对市场变化和竞争对手，调整或变动销售方案的具体内容，以最少的销售费用，扩大占领市场，取得较好的经济效益。

销售策略主要包括：市场细分策略、市场占有策略、市场竞争策略、产品定价策略、进入市场策略及促销策略等。

（1）市场细分策略。所谓市场细分，是指根据消费者的需要，购买动机和习惯爱好，把整个市场划分成若干个“子市场”（又称细分市场），然后选择某一个“子市场”作为自己的目标市场。例如对于一个生产商品盆景的企业，国内外所有的盆景消费者是一个大市场。如果根据不同地区对盆景消费的要求来进行市场细分，则可以分成欧洲市场、东南亚市场、美洲市场和国内市场等。这个企业可选择其中一个作为目标市场，该目标市场也就是被选定作为销售活动目标的“子市场”。如该企业选定的是欧洲市场，那么它所提供的产品必须是能最大程度满足欧洲消费者需要的产品。

选定目标市场应具备三个条件：一是拥有相当程度的购买力和足够的销售量；二是有较理想的尚未满足的消费需求和潜在购买力；三是竞争对手尚未控制整个市场。根据这些要求，在市场细分的基础上，进行市场定位，然后尽一切办法占领所定位的目标市场。

（2）市场占有策略。指企业和农户占有目标市场的途径、方式、方法和措施等一系列工作的总称。具体可考虑三种市场占有策略：一是市场渗透策略，即原有产品在市场上尽可能保持原用户和消费者，并通过提高产品质量，探索新的销售方式，加强售后服务等来争取新的消费者的策略。二是市场开拓策略，这是以原产品或改进了的产品来开拓新的市场，争取新的消费者的策略。此时需要通过对园林花木新的科技成果的运用，适时适地开发新的品种，从产品品种的多样化、高品质等方面求得改进。三是经营多元化策略，即在尽力维持原有产品的同时，努力开发其他项目，实行多项目综合发展和多个目标市场相结合的策略，以占领和开拓更多的新市场。

（3）市场竞争策略。指企业和农户在市场竞争中，如何筹划战胜竞争对手的策略。主要有以下内容：

1）靠创新取胜。例如向市场投放新的产品、用新的销售方式、新的包装给消费者以新的感觉。

2）靠优质取胜。新的产品形象、新的销售方式等都必须以优质为前提。产品与服务的质量好坏同竞争能力密切相关。参与市场竞争，必须在优质上下功夫。

3）靠快速取胜。指根据市场需求的变化，快速地接受新知识、新观念，并快速开发出新产品，抓住时机，以最短的渠道进入市场。

4）靠价格取胜。消费者和用户都希望以较低的价格买到称心如意的产品。因此园林花木企业和农户应尽可能降低产品的成本和销售费用，使产品价格具有竞争优势。

5）靠优势取胜。每个园林花木企业和农户都有自己的优势，生产经营者要充分发挥自身的优势，扬长避短，获得较好的效益。

（4）产品定价策略。价格是市场营销组合的一个重要组成部分。任何一个企业单位，要在激烈的竞争中取得成功，必须采用合适的定价方法，求得在市场营销中的主动地位。定价策略作为一种市场营销的战略性措施，国内外有许多成功企业的经验可供借鉴，如心理定价策略、地区定位策略、折扣与折让策略、新产品定价策略和产品组合定价策略等。在组织市场营销活动中，应以价格理论为指导，根据变化着的价格影响因素，灵活运用价格策略，合理制定产品价格，以取得较大的经济利益。

(5) 进入市场策略。主要是研究商品进入市场的时间。不少园林花木在市场上销售都会有淡季和旺季之分，因此正确地选择进入市场的时间，是一项不可忽视的策略。例如，鲜切花的上市时间放在元旦、春节等重大节日，就会畅销价扬。

(6) 促销策略。促销是指通过各种手段和方法让消费者了解自己的产品，以促进其购买消费。促销策略按内容分，有人员推销策略、广告策略、包装策略和商标策略等。

【案例】 找准市场空白点，花卉经营有商机

从小就对花花草草感兴趣的小刚在高考时选择了一个令同学们吃惊的学校及专业——某农业学校园林专业。当时外语、计算机、外贸等专业是众多学子趋之若鹜的专业，没有人对农业园林感兴趣，甚至认为学这个专业是没有前途的。但小刚却不这样看，他认为行行出状元，专业间没有绝对的冷热之分，现在的冷门专业也许过一段时间就会成为热门。再者自己对园林技术十分感兴趣，从事自己感兴趣的职业他自信可以做出成绩。

他以优秀的成绩从农业学校毕业后被分配到某企业绿化队工作。该企业是一个万人大企业，企业内的绿化工作十分重，小刚每天都忙碌地工作着，在实践中不断丰富提高着自己的知识水平。理论与实践的有机结合使得他对园林一行如痴如醉。工作之余他在家种了些花，精心地培育使得他的花比别人所种植的都要好。一次偶然的机会，一个朋友对他的花大加赞赏并建议他拿到市场上去卖。小刚听后挑选了十几盆，没想到刚上市场便被一购而空，很多没有买到的顾客抱怨他为什么不多带几盆出来。小小的成功极大地激发了小刚的创业热情，他发现在这一行中蕴藏着巨大的商机。他开始经常把自己种植的花拿到市场上去出售，他发现，购买者越来越多，顾客的要求也越来越高，只凭自己家庭养植的这些花已经远远不能满足市场的需要，要想把这件事做成，这种小打小闹根本达不到目的。怎么办？小刚处在了人生的十字街头：一方是稳定的工作与收入，但很平庸；另一方是从事自己最感兴趣的事，但有风险，从此与稳定闲适无缘。经过一番深入地思考，想干一番事业的念头占了上风，他向单位递交了辞职申请。然后拿出自己的积蓄，又向朋友借了些钱，在郊区农村租了几亩地作为自己的花卉种植基地。从一开始，小刚就不满足于单纯地卖花，他想把花卉的产供销一条龙服务都带上，使之形成规模化、产业化、集约化。仅此一点，他就和那些贩卖花卉的个体户拉开了距离。

他把这几亩地划分成几个区域，一部分种植时令花卉，一部分对有问题的花卉进行调养（分高温、中温、低温三种），另一部分则作为仓库来使用。他招聘了十来名下岗职工，向他们传授了技术后，由他们负责在地里劳作。小刚身先士卒，泡在地里耕作。严寒和酷暑的折磨，丝毫不能动摇他的决心，有时一天做下来，累得人连腰都直不起来，汗水一滴滴地掉到地里。花卉又是特别娇贵的植物，水、光、肥、温等稍有疏忽就会妨碍其生长开花，为此小刚像对待初生的婴儿一样精心哺育着它们。功夫不负有心人，很快他的花卉就可以拿到市场上去卖了。小刚在市场上租了一个摊位，每天当一盆盆鲜艳的月季、玫瑰、仙客来、昔兰、金盏菊等摆到市场上后，总会吸引很多人的目光。当顾客们抱着花卉离去时，小刚望着客人们欢喜的表情，心头也充满了甜蜜。就这样他一边生产一边出售，根据顾客的反馈意见随时调整花卉的种植品种，迎合消费者的各种需要，他很快就收回了投资。

某天一位顾客在他的摊位前把花卉左看右看但什么也没买，最后对小刚说："老板，你这些花我都很喜欢，但是我不可能全部买走，我也不想只买一种而放弃其他，你能不能把花租给我呢？我把这种租一星期，那种租一个月，这样我的花费不多但时时有新花，你也可以使自己的花重复利用，对你我都有好处，你觉得怎么样？再者据我所知，很多酒店、公司也需要这种服务，你为什么不去开拓这种业务呢？这比你光卖更有前景呀！"一席话如醍醐灌顶，使小刚茅塞顿开，他的脑海中突然浮现出很多发展的蓝图。他愉快地接受了这位顾客的建议，把三盆花租给了他。然后紧接着就按照对方所说的思路开始了业务拓展。他印制了宣传单，为各种花卉拍了照片装订成册。他来到许多星级酒店、酒吧、咖啡屋、茶艺等营业场所进行推销，但真正愿意尝试者寥寥。见状小刚便提出愿意免费试摆一个月以观效果。某酒店首先同意了，试摆了几盆。在这一个月当中小刚又给他更换了两次，保证酒店内花卉常新，优雅的环境吸引了大量的回头客，酒店的入住率居高不下，尝到了甜头的酒店一下就与小刚签订了1年的合同。随即由于酒店间的口碑相传，小刚的租花业务蓬蓬勃勃开展起来。随着业务往来的增多，小刚的苗圃式经营方式越来越不适应业

务发展，于是他成立了一个花卉公司，他把公司定位于集绿色观叶植物及盆栽时令花卉的零售、批发、租赁，绿化种苗批发及绿化工程施工、养护服务、艺术插花制作等于一体的服务性股份公司。在具体服务项目上则有如下细则：

(1) 指定专人养护服务，对于服务量大者，提供全天候驻地服务。

(2) 养护内容从浇水、施肥、除菌到枝叶的擦洗、修剪、盆土的净化，盆器托盘的擦洗和养护现场的净化处理。

(3) 所提供花木，根据客户指定要求和植物生长状况定期调整（半月一小调，一月一大调），确保花木"绿、鲜、挺、壮"并在48小时内完成操作。

(4) 对于承租量较大的客户，公司为客户免费提供国庆，店庆所用胸花，100盆时令花卉及部分艺术插花。周到便利的服务措施很快就吸引了众多的客户。有五星级酒店要迎接一位外国元首，该国元首非常喜欢郁金香。该酒店负责人慕名找到了公司，提出了要租用郁金香的要求。不巧公司当时恰恰没有这种花，但为了让客户满意，小刚立即与广州花市联系，用飞机空运过来给客户送去。除去空运费用，小刚这笔生意基本没有赚头，但却令客户十分感动。他不惜空运也要让客户满意的举措顿时在业内树起了良好的口碑，为他赢得了更多的顾客。

就这样小刚从兴趣出发，投入较少的资金从事花卉产业，开拓租花等业务新路、取得了喜人的成功。小刚戏称自己从事的是"芳香的事业"。(本案例摘自《大众商务》，作者做了适当修改)

本章小结

本章通过寓言故事与经营案例，阐述了花木经营的概念与特点，以及花木的产业结构与经营方式，分析了花木的生产技术管理的特点、任务以及生产目标与计划的制订方法；探讨了花木产品的营销策略及花木生产管理的内容与方法，为园林专业同学从事花木经营管理奠定了理论基础。

思考练习题

1. 花木的产业结构包括哪几部分？花木经营的特点有哪些？
2. 花木产品的营销渠道有哪些？
3. 花木生产技术管理的内容有哪些？如何经营管理？
4. 成本核算对花木企业的发展有何作用？
5. 如何实现生产指标的有效控制？
6. 市场调查的概念与内容有哪些？
7. 生产指标管理的内容有哪些？
8. 成本核算的作用与内容有哪些？

第13章 园林经济信息管理

本章学习要点

• 熟悉园林经济信息概念及作用，了解园林经济信息的特性与内容，掌握园林经济信息的开发与信息管理系统，达到能够熟练地收集、整理、分析与应用园林经济信息，为提高园林企业经营的经济效益奠定基础。

13.1 经济信息管理故事

13.1.1 瞎子摸象

在很久很久以前的印度，有几个瞎子想知道大象长得什么样？于是就相约去摸象。摸到鼻子的说大象像一根管子，摸到耳朵的说像一把扇子，摸到牙的说像一根萝卜，摸到象身的说像一堵墙，摸到腿的说像一根柱子，摸到尾巴的说像一条绳子。象到底是什么样，明眼人自然很清楚，但是对于瞎子来说，却不容易明白。

【管理启示】

一说起企业信息化，人们最先想到的往往是电脑、上网、办公自动化、财会电算化等。现在关于企业信息化的说法很多，今天提倡企业上网，明天又要实现办公自动化，后天又是上 ERP、CRM，新的名词、新的概念层出不穷，别说是对信息化接触不多的传统企业界人士，就是业内人士也有点“乱花渐欲迷人眼”了。如果对信息化只是一知半解，从局部的观点看待问题，就容易犯一叶幛目而不见泰山的错误。认识不正确，不到位，很难相信信息化能搞好。

13.1.2 老鼠开会

一群老鼠召开了一个会议，商量怎么样对付那只可恶的猫，因为那只猫已经吃了它们好几只老鼠了。一只老鼠说：“给那只猫脖子上挂个铃铛吧，那样它一走路我们就可以听到声音提前做好逃跑的准备了。”众鼠均认为这是一个好主意。但是一个老鼠问：“谁去给猫脖子上挂那个铃铛呢?”众鼠哑然。

【管理启示】

在理论上，CIO 的地位十分奇特：他的身份应该是企业的管理者，但是因为推行信息化需要上至 CEO、下至各个员工的积极参与，是一个全员动员的工作，所以这个管理者也就没有相应的人马与之匹配，顶多只是配备相应的项目经理，这就造成了 CIO 的“有名无实、有将无兵”的状况，怎么样增加 CIO 的执行能力在理论上是一个盲点。但是理论上的盲点并不代表着现实之中就可以停滞不前，在现实中更需要探索。

信息化推行的过程需要各个参与人员的全力支持，有了大家的支持，信息化才有执行的力度。但是现实之中，由于推行信息化可能给大家心里带来的不稳定因素、影响原有的福利、削弱原有的职位权力、要求员工具有更高的素质等等的原因，CIO 遭遇着来自于各方的阻力。甚至在某些企业，CIO 本身就是可有可无的东西，有些企业有了这个职位却没有相应的经济奖惩权、行政处罚权、人事建议权等一系列制度的保障，这些都使 CIO 在推行企业信息化的过程中举步维艰。所以，在征得 CEO 支持之后，对企业中层的管理者进行良好的沟通，使他们明白推行信息化的好处，了解信息化对企业的重要性，使他们做好心理上接受信息化的准备；对普通的员工则应该以培训为主，着力将企业的员工队伍打造成为“追求卓越、不断进步”的员工队伍。

13.1.3　万老板的管理故事

万老板经过仔细考察，发现医药市场非常有潜力，于是在广州某人流密集区择一商铺，在万老板细心经营下，药店生意非常火爆，他于是准备多开几家药店。但有些事却让万老板发愁，药店药品繁多，要想知道每个药品有没有过期，哪种药品销售情况如何，哪种药品有没有损失，都非常困难。弄清楚这些事情对药店的经营发展非常重要，但面对密密麻麻的账本，把这么多的问题弄明白谈何容易。

市场竞争激烈，万老板也四处考察，发现几处开药店的良地，为了不错过商机，他还是急忙开张了。开张以后，万老板发现管理越来越力不从心，因此决定向人讨教管理秘方。万老板有一个朋友开了个药店，经过几年经营，现在已发展成医药连锁公司；万老板甚是羡慕，因此他专门找准时间登门向朋友请教。好友于是给万老板一建议，对药店进行信息化管理。

万老板记上心头，于是在朋友的推荐下，万友软件派出咨询顾问，充分了解万老板的情况，万友软件的咨询顾问给出解决方案，万老板看后惊叹，信息化管理如此了得。

包含进货管理、库存管理、销售管理、药品有效期管理、会员卡管理、历史数据查询、财务结算、GSP 质量管理等各方面情况，在电脑里面一目了然。有了这套系统后万老板可以快速找到需要采购的药品，分析药品销售情况和利率情况，并根据这些情况优化产品结构，实现良好的货架管理。以前要经常清算库存情况，现在只要在系统上一查便一目了然、而且同时了解该药品的最近三次的销售和采购情况，并且他们的有效期及连用药说明，都可以在系统上显示，由于系统管理，万老板可以监控营业员的销售工作情况，因此万老板也有更多时间去了解行业情况，挖掘市场机会，此时，万老板突然觉得管理变得轻松多了，而且也更加符合药店经营的政策法规。万老板对未来的发展充满了信心。

一年过后，再访万老板，他已经拥有七家药店了。

【管理启示】

园林企业发展迅速，来势凶猛，每个企业所占的市场份额越来越小，企业如何应用信息化管理软件提升管理水平，已经成为首要问题，万老板的做法值得一鉴。

13.2　园林经济信息的概念与特点

在人类漫长的社会发展历程中，永远存在三种不可缺少的要素，它是人类活动最基本的构成要素，那就是物质、能量和信息。这三种要素对人类社会都是不可缺少的，关于这种影响，科学家是这样表达的：缺少物质的世界是空虚的世界；缺少能量的世界是死寂的世界；缺少信息的世界是混乱的世界。但在人类社会发展的不同时期和不同阶段影响各不相同。在精神物质不太发达的时期，三种要素中的物质和能量相对占有较为重要的位置，但是在今天人类社会信息化高度发达的情况下，人类对信息的依赖程度越来越高，面对每时每刻不断产生和变换的海量信息，如何快速有效地识别、收集、加工、传递、储存，有效地利用其中的有用信息？这是每一个管理人员面临的首要问题。

13.2.1　园林信息的概念及其发展

信息可以说是当代社会使用最多、最广、最频繁的词汇之一，它不仅在人类社会生活的各个方面和各个领域被广泛使用，而且在自然界的生命现象与非生命现象研究中也被广泛采用。

信息，作为事物存在和运动状态、方式以及关于这些状态和方式的广义知识，在当代高度发展的信息技术支持下，通过一系列的流通、加工、存储和转换过程作用于用户时，就可以为人类创造出更多更好的物质财富和精神财富，成为人类社会重要的资源，即信息资源。

13.2.1.1　园林信息的概念

信息的概念是广泛的，从远古时代的“结绳记事”、“烽火驿站”等已经认识到信息的重要性，并开始用最原始的方法使用与传递信息。唐朝诗人王之涣的一首脍炙人口的诗句：“白日依山尽，黄河入海流。

欲穷千里目，更上一层楼。”不仅给我们传递了山河壮丽的信息，而且带来了登高望远的哲理。当今在人类社会生产高度文明的时代人们时时刻刻都要与信息打交道，而且对信息的依赖程度也越来越强。

哲学家们认为信息是物质的普遍属性。我国学者钟义信教授指出：信息是事物存在的方式或运动状态，以及这种存在方式或状态的直接或间接的表述。这就是说，信息是事物自身显示其存在方式和运动状态的属性，是客观存在的事物现象。同时信息又与认知主体有着密切的联系。它必须通过主体的主观认知才能被反映和揭示。这表明信息是一种比运动、时间、空间等概念更高级、更复杂的哲学范畴。

科学家们从各自的研究角度给信息以不同的解释。信息论创始人申农（C. E. Shannon）从通信工程的角度研究信息的传递与度量问题。通信系统中，信源（信息的发出方）可能会发出哪些消息，对信宿（信息的接受方）而言，是不确定的。申农认为信息是使信宿对信源发出何种消息的不确定性减少或消除的东西。这种东西的表现形式是多样的，如一段文字、一幅图像等信号消息。但这里的消息并不是信息，而是信息的载体，消息中所包含的内容才称为信息。也即，信息是指“有新内容、新知识的消息”，“是传递中的知识差”。控制论创始人维纳（N. Wiener）从人与外部环境交换信息的广义通信过程的角度出发，认为信息就是我们对外界进行调节，并使我们的调节为外界所了解时而与外界交换来的东西。维纳在《控制论》中指出：“信息就是信息，不是物质，也不是能量”。专门指出了信息是区别于物质与能量的第三类资源。

园林信息化是指培养、发展以计算机为主的智能化工具为代表的新型生产力，并使之造福于社会的历史过程。智能化工具又称信息化的生产工具。它一般必须具备信息获取、信息传递、信息处理、信息再生、信息利用的功能。与智能化工具相适应的生产力，称为信息化生产力。智能化生产工具与传统的生产力中的生产工具不一样的是，它不是一件孤立分散的东西，而是一个具有庞大规模的、自上而下的、有组织的信息网络体系。这种网络性生产工具将改变人们的生产方式、工作方式、学习方式、交往方式、生活方式、思维方式等，将使人类社会发生极其深刻的变化。

13.2.1.2 园林信息的发展

我国园林施工企业信息化建设，始于20世纪90年代，到目前已经有了20多年的发展历史。经过20多年的发展，目前大多数园林企业已经开始重视信息化建设了，并逐步建立了信息化组织，在硬件基础设施建设取得了较好的成绩，信息化投入也逐年加大。园林企业信息化取得了一定的成绩。但是与国外先进水平相比仍然存在总体建设应用水平不高，应用信息化管理取得的经济效益的比例较小等问题，一些园林企业没有从本质上认识到企业信息化是一项企业变革的系统工程，对企业信息化的重要性、严肃性认识不足，没有充足的思想准备，对企业长期形成的工作习惯、业务流程对信息化的影响认识不足，企业信息化建设缺乏针对性和实用性，实施程序不对、执行不力。一些企业简单模仿成功企业，贪大求全，以为软件功能越多，越代表系统水平。在信息化规划与实施方面存在较大问题。企业信息化建设缺乏整体规划和咨询，导致信息化建设没有方向，失败风险很大。这其中重要的制约因素是，由于我国园林企业正处在工业化进程中，尚未掌握完善的现代企业管理方法，信息化人才，尤其是既懂业务和管理，又懂信息技术的复合型人才非常缺乏，使得企业做好信息化建设总体规划难度很大。园林企业信息化投入偏少且投入结构失调。施工企业利润不高，信息化投入偏低，软硬投入结构失调。目前，企业大多“重硬件，轻软件”“重软件轻资源（企业数据库）”“重技术轻管理”倾向严重。园林企业信息化的外部环境亟待完善。园林施工行业缺乏统一的信息化技术标准，各企业重复标准的编制工作，造成行业的巨大浪费，最终还会成为企业间协同工作的巨大障碍。信息化建设服务规范缺失，各服务行为无标准、无监督，服务质量良莠不齐，信息系统工程完成后，也没有科学定量的评测标准，施工企业难以选择，无法评判。

13.2.1.3 园林信息的发展对策

(1) 提高认识、加强咨询。园林企业信息化首先要有驱动力，驱动力首先源于认识。企业法人、企业最高管理者的管理需求，发展企业的愿望和提高企业管理水平的紧迫感，是企业信息化最直接、最有效的驱动力。如果没有这个驱动力，企业信息化就难以见到成效！只有企业最高管理者把信息化上升到作为改造企业的发展战略，进而寻找有效的实施方法，企业信息化才有可能取得成功。

(2) 管理标准化是企业信息化的基础。企业管理信息化是园林企业管理的第三境界，第一境界是园林企业管理规范化，第二境界是园林企业管理标准化。

园林企业管理规范化、管理标准化是企业管理信息化的基础。企业管理信息化是不能随便超越管理规范化、管理标准化层次的。企业管理信息化必须一个流程一个流程地从基础性工作做起。不要追求信息技术水平的高低。企业管理信息系统是由信息技术和企业管理两部分组成。信息技术和管理是两个不同的东西，选择或建设企业管理信息系统时，首先不是系统的技术水平的高低，而是信息系统的管理模式、管理思想是否符合企业的实际。如果不符合企业管理模式的信息系统，再好的技术也没有用武之地。

也就是说，我们一定要明白，园林企业信息化是应用信息技术改造企业的过程，是企业深化改革，转变企业经营思想，重新设计企业运营模式，业务流程再造，优化企业组织，合理设置工作岗位，规范企业管理行为，严格企业规章制度的过程。这是企业信息化的重要组成部分和基础性的工作，是成功开发企业管理信息系统的必经之路，或先导性工作。简单地追求信息技术水平的高低，不是企业信息化的目的。

(3) 认清管理模式，坚定信息化战略。当今，企业管理有三种管理模式，即财务管控型、战略管控型和经营管控型。如果说有第四种管控模型的话，那就是财务管控型、战略管控型和经营管控型的混合模型。

财务管控型企业，其下属企业业务相关性很小，企业总部一般是投资决策中心，通过考核下属单位重要财务指标，来管理企业；战略管控型企业，其下属企业业务相关性高，企业总部通常是战略决策中心和投资决策中心，通过考核企业经营的重要举措（战略措施）以及重要的财务指标，来管理企业；经营管控型企业，其下属企业业务相关性很高，企业总部不仅是经营决策中心，还是生产指标控制中心，通过审核分析企业所有财务指标和经营表现，来管理企业。

因此，企业做信息化时，首先应认清、梳理、完善企业的管控模式，制定企业信息化战略，找准信息化的突破口，然后再实施。

(4) 信息化要“简化”。在当今快速发展的年代里，衡量企业信息化是否成功，最基本的标准是“灵活”，即你的应用系统能否根据业务的变化而快速变化。“灵活”需要几个环环相扣的条件：简化、标准化、模块化和集成化，其中，简化是根本，有了简化才谈得上标准化；有了标准化才可以做到模块化；有了模块化，才可以任意进行搭积木式的组合与集成。简化就是在一定范围内缩减处理对象，使之在一定时间内，足以满足一般需要的标准化形式。它是实施标准化的首要工作。很多用户以为软件功能越多，越代表水平高，这是误区！企业管理信息化应该是在达到目标的前提下，功能越少越好。

尤其是发展中的企业，其有一个很大的特点就是变化迅速，这是企业管理信息化需要面临的首要挑战。花费巨资建立的园林企业管理信息化系统，可能会随着企业各方面变化而失去作用。修修补补只能解决局部问题，重新建设，经济上又承受不起。因此，大多数施工企业信息化，第一要在满足要求的前提下简化功能；第二要梳理流程，但不要固化流程，要采用面向数据的开发技术开发信息系统。

(5) 企业信息化的基本策略。企业信息化的基本策略是：总体规划，分步实施，从上到下，由内及外，重点突破，整体推进。尤其是总体规划和从上到下，信息化总体规划应该是在企业发展战略的指导下制定出来的，企业信息化是为企业发展战略服务的；从上到下就是做信息化时，首先应满足企业高层领导的需要，只有满足企业高层领导需要的信息化，才能持续发展。

(6) 企业信息化的基本路线。企业信息化的基本路线是：分析企业管理现状，找准企业的管控模式与支撑体系，进行流程梳理和再造，确定流程的目的和目标以及各级组织的权限与责任，把握流程信息化的实质与技术现状，选择好企业管理与信息技术的结合点，简化并面向数据开发。

因此只要明确了企业要向哪个方向发展，企业应该达到哪些可以量化的管理目标时，就可以应用信息化提升企业管理了。

13.2.1.4　电子信息资源

电子信息资源是指以电子数据的形式将文字、图像、声音、动画等多种形式的信息存放在光磁等非印刷纸质的载体中，并通过网络通信、计算机或终端等方式再现出来的信息资源。

需要指出的是，电子信息资源并非包含所有“投放”在网上的信息，而只是指其中能满足人们信息需求的那部分信息。

(1) 电子信息资源的特点。电子信息资源具有数量巨大，增长速度迅速，内容丰富，形式多样，变化频繁，价值不一，结构复杂，分布广泛，传播方式的多样性与交互性等特点。

（2）电子信息资源的类型。电子信息资源主要包括：网上图书馆信息；电子出版物；数据库信息资源；网上参考工具信息资源；出版物目录；教育培训信息；网上动态信息。

13.2.2 信息化

信息化是指培养、发展以计算机为主的智能化工具为代表的新生产力，并使之造福于社会的历史过程。智能化工具又称信息化的生产工具。它一般必须具备信息获取、信息传递、信息处理、信息再生、信息利用的功能。与智能化工具相适应的生产力，称为信息化生产力。智能化生产工具与传统的生产力中的生产工具不一样的是，它不是一件孤立分散的东西，而是一个具有庞大规模的、自上而下的、有组织的信息网络体系。这种网络性生产工具将改变人们的生产方式、工作方式、学习方式、交往方式、生活方式、思维方式等，将使人类社会发生极其深刻的变化。

13.2.3 园林经济信息管理的概念与作用

信息化是推动园林企业实现管理现代化的重要手段，信息化建设已受到园林企业的广泛关注。园林企业信息化不仅关系到其自身的生存、发展和壮大，也影响着我国的现代化进程。从理论上讲，园林企业信息化策略与信息化环境的组合是园林企业信息化理论领域的重要组成部分，进行相关方面研究，可以在园林企业信息化理论方面实现对信息化内容的拓展和完善，开辟新的研究方法、研究领域；从实践上看，信息社会的到来给我国的园林企业带来了前所未有的挑战和发展机遇，这是一个有利的宏观现象，在这种宏观形势带动下，园林企业信息化成为了一种必然。然而，它给当前园林企业带来新的管理思想、模式、运营效率和竞争力的同时，如果对园林企业信息化把握不好，对园林企业的打击也是极具破坏性的。就目前现状而言，成功的不多，失败的却不少。另外，实施信息化的同时，园林企业也在面临着各种外部风险的考验。因此，研究关于园林企业管理信息化策略和信息化环境，将直接有助于降低园林企业实施信息化的风险，提高园林企业实施管理信息化的成功率。到现在为止，关于信息化环境和园林企业信息化策略的研究相对比较滞后，还没有上升到系统的、理论的高度。即使在西方发达的国家，关于这方面的研究也比较少。因此，无论是从理论方面、还是从实践的角度研究这一问题，对我国园林企业实施信息化都有着很重要的指导意义。

13.2.3.1 园林经济信息管理的概念

园林信息管理就是人类为了有效地开发和利用园林信息资源，以现代信息技术为手段，对园林信息资源进行计划、组织、领导和控制的社会活动。通俗地讲，就是指为园林企业的经营、战略、管理、生产等服务而进行的有关信息的收集、加工、处理、传递、储存、交换、检索、利用、反馈等活动的总称。

园林企业信息管理是企业管理者为了实现企业目标，对企业信息和企业信息活动进行管理的过程。它是企业以先进的信息技术为手段，对信息进行采集、整理、加工、传播、存储和利用的过程，对企业的信息活动过程进行战略规划，对信息活动中的要素进行计划、组织、领导、控制的决策过程，力求资源有效配置、共享管理、协调运行、以最少的耗费创造最大的效益。企业信息管理是信息管理的一种形式，把信息作为待开发的资源，把信息和信息的活动作为企业的财富和核心。

在园林企业信息管理中，信息和信息活动是企业信息管理的主要对象。企业所有活动的情况都要转变成信息，以“信息流”的形式在企业信息系统中运行，以便实现信息传播、存储、共享、创新和利用。此外，传统管理中企业的信息流、物质流、资金流、价值流等，也要转变成各种“信息流”并入信息管理中。企业信息管理的原则必须遵循信息活动的固有规律，并建立相应的管理方法和管理制度，只有这样，企业才能完成各项管理职能。

园林企业信息管理过程又是一个信息采集、整理、传播、存储、共享、创新和利用的过程。通过不断产生和挖掘管理信息或产品信息来反映企业活动的变化，信息活动的管理过程和管理意图力求创新，不断满足信息管理者依靠信息进行学习、创新和决策的迫切需要。

13.2.3.2 园林经济信息管理的任务与作用

随着信息技术的飞速发展，信息已成为全社会的重要资源，信息的占有量及信息处理手段的先进程度已成为衡量一个行业现代化程度的重要标志。与其他行业相比，园林行业的信息管理仍不同程度地保留着传统的管理模式，与当今的信息时代不相适应。园林信息工作面临着改革的挑战和全球信息化、全国信息化这个难得的机遇。

（1）园林企业信息管理的主要任务。园林企业信息管理的任务主要表现在以下几个方面。

1）园林信息资源建设的内容。园林信息资源建设是指文献资源建设和社会上各种有价值的信息资源的采集。园林信息资源极其丰富，分布广泛，其内容包括园林植物自然资源、城市绿化、园林科研生产、市场动态、植物保护、环境保护等信息资源。各种园林信息既各自独立，又相互联系，形成了园林信息流，推动着园林事业的向前发展。因此，在园林信息资源建设中，既要考虑系统内文献资源建设，又要考虑系统外相关行业的各种有价值的信息资源的充分利用。我们既要考虑信息的采集又要进行信息的开发，既要出资购买，又要充分利用各种无偿获得的渠道。

2）园林信息资源建设的措施。第一，园林信息资源的建设首先要有全国性的统筹安排，有分工、有合作，发挥各省市园林信息部门的自身优势，建立全国园林系统的信息资源保障体系。还要考虑到园林系统以外的各种信息，各类信息部门的信息资源共享，共建问题。第二，要统筹安排，抓好数据库建设，在现已建成的“全国园林科技文献数据库”的基础上，全面安排好各种类型的数据库建设，如园林植物资源、园林科技成果及推广应用、园林政策法规、国内外园林发展及市场动态分析、园林植物病虫害预测预报、检索查询等各类型的全文数据库、图形图像数据库以及多媒体数据库等。集中力量，分工协作地建设好一批全国性的大型数据库，同时还应发挥各省、市园林信息部门的特长，建设一批有特色、有实际意义的各种类型的专业数据库。第三，要抓好信息资源网络建设，信息资源建设和数据库建设离不开网络建设。没有网络环境，信息资源无法共享。目前园林系统的信息仍是封闭式的，完全不能适应当前和今后信息资源的建设，这也正是园林系统与其他行业在信息资源建设上的主要差距。当前我国经济信息化的步伐正在加快，我们必须抓住这一有利时机，把全国园林信息资源网络系统有计划、有步骤地建立起来。

3）园林信息资源的网络系统建设。网络系统建设是提高数据库资源共享和利用率的重要途径，也是现代化信息资源基础设施建设的发展方向。把数据库信息资源集中到一个中心，然后通过互联，实现在共同利益基础上的信息资源共享。网络建设必须坚持高起点、规范化，从一开始就严格执行统一标准。在设立数据库系统时，应采用可互联的接口技术和设备。

4）其他建设。在网络建设过程中还要注意有效地组织和使用 Internet 网上丰富的信息资源。Internet 的快速发展和各种互联网的开通无疑给园林信息事业的发展带来了新的机遇。在经费拮据的今天，我们可以挤出经费建立自动化系统，在互联网上享用别人的信息资源为用户服务。在网络环境下，实现信息科学管理、信息资源的合理布局，并提出查询检索、联合编目以及多媒体信息服务，实现园林信息工作的现代化。

（2）园林企业信息管理的作用。企业信息资源管理是企业整个管理工作的重要组成部分，也是实现园林企业信息化的关键，在全球经济信息化的今天，加强企业信息资源管理对企业发展具有非常重要的作用。主要表现在以下几个方面。

1）园林企业信息资源管理是增强园林企业竞争力的基础和手段。当今社会信息资源已成为企业的重要战略资源，它同物质、能源一起成为推动企业发展的三大支柱。加强企业信息资源的管理，使企业及时、准确地收集、掌握信息，开发、利用信息，为企业发展注入新鲜血液。一方面为企业作出迅速灵敏的决策提供了依据；另一方面使企业在激烈的市场竞争中找准自己的发展方向，抢先开拓市场、占有市场，及时有效地制定竞争措施，从而增强企业竞争力。

2）园林企业信息资源管理是提高园林企业经济效益的根本措施和保障。提高经济效益是企业生产经营的目的。企业之间除了生产资料、生产技术、产品价格的竞争外，更重要的是对信息的竞争。谁抢先占有信息，谁就能把握市场动向，优先占有市场，提高企业经济效益。因而，企业占有和利用信息的能力已成为衡量一个企业是否具有市场能力的关键指标。园林企业利用信息技术获取外部信息，如园林市场、园林产品销售渠道等方面的信息可以有效地降低企业的销售成本，提高经济效益；计算机辅助设计和制造技术可以使企业降低新产品的设计、生产成本和对现有产品进行修改或增加新性能的成本；库存管理信息化使企业减少了库存量，降低了管理成本；信息技术的应用尤其是迅速发展的电子商务大大降低了企业的交易成本等。如果信息不准、不灵、不全面而决策失误，造成的经济损失是特别严重的；反之，信息灵，决策准，就会给企业带来巨大的经济效益，甚至可以使本来要关停的企业复活，获得生存和发展。

3）提高园林企业的市场把握能力。在把握市场和消费者方面，由于信息技术的应用，特别是电子商务在企业经营管理中的广泛应用，缩短了企业与消费者的距离，企业与供应商及客户建立起高效、快速的联系，从而提高了企业把握市场和消费者的能力，使企业能迅速根据消费者的需求变化，有针对性地进行研究与开发活动，及时改变和调整经营战略，不断向市场提供质量更好、品种更多、更适合消费者需求的产品和服务。

4）加快园林产品和技术的创新。信息技术能极大提高园林企业获取新技术、新工艺、新产品和新思想的能力。同时，现代信息技术与制造的结合，形成辅助工艺编制、柔性制造系统、敏捷制造、计算机集成制造系统等，实现了企业开发、设计、制造、营销及管理的高度集成化，极大地增强了企业生产的柔性、敏捷性和适应性。

5）促进园林企业提高管理水平。企业信息化不只是计算机硬件本身，更为重要的是与管理的有机结合。即在信息化过程中引进的不仅是信息技术，而更多的是通过转变传统的管理观念，把先进的管理理念、管理制度和方法引入到管理流程中，进行管理创新。以此建立良好的管理规范和管理流程，构建扎实的企业管理基础，从而提高园林企业的整体管理水平。

6）提高园林企业决策的科学性、正确性。完备的信息是经营决策的基础。信息技术改变了园林企业获取信息、收集信息和传递信息的方式，使管理者对园林企业内部和外部信息的掌握更加完备、及时和准确。

7）提升园林企业人力资源素质。企业信息化，可以加速知识在企业中的传播，使企业领导至全体员工的知识水平、信息意识与信息利用能力提高，提升了企业人力资源的素质及企业文化的环境。

综上所述，信息是园林企业管理者可以加以利用的最重要的资源之一。有效地利用信息可改变企业的目标、经营、产品、服务或相关环境，从而提高企业的竞争力。企业在利用信息改变企业的生产、服务和内部运作方式的同时改变着企业本身，促使企业形成新模式。信息技术对现代企业管理产生了重要影响。信息技术与企业价值链、供应链管理的发展是一个互相推动的过程，信息技术对供应链管理的促进作用主要体现在 MRP、MRPII、ERP 三个软件包的应用。MRP 是物料需求计划，它是一种计算物料需求量和需求时间的系统，主要用于库存和订货管理。MRPII 是制造资源计划，支持企业内部的全面管理。随着企业与其外部环境越来越密切，产生了 ERP 软件（企业资源计划），ERP 强调把客户需求与企业内部的经营活动以及供应商的资源融合到一起。

企业管理者为了实现企业目标，把信息作为待开发的资源，把信息和信息活动作为企业的财富和核心，充分使用信息技术，对信息的采集、加工、传播、存储、创新、共享和利用进行有效的管理，对企业信息活动中的人、技术、设备进行有效的协调和运行，以谋求可能的企业最大效益。

13.3 园林经济信息的特性与内容

13.3.1 园林经济信息的特性

园林经济信息是一种资源，这种资源与其他有形的物质资源截然不同，它能够以多种方式应用于园林经济活动，并在经济活动中产生巨大的经济效果。因此它具有以下几个特征。

（1）时效性。信息资源是一种易损易碎的资源，如果我们不注意信息的时效性，信息就会破碎而失去作用。一条及时的信息可能价值连城，使濒临倒闭的企业扭亏为盈。一条过时的信息则可能分文不值，甚至使企业丧失难得的发展机遇，酿成灾难性的后果。居里夫人说："弱者坐待良机，强者制造机会。"企业必须正确把握属于自己的信息，分秒必争、创造条件，使信息转化为企业财富。信息具有时效性，并不意味着开发的信息越早投入利用就越好。早投入利用可能易于实现其使用价值，但若判断失误或条件不成熟，贸然使用信息也会产生预料之外的结果。信息的利用者要善于把握时机，正确使用才有效益。

（2）准确性。经济信息的准确性是经济信息的生命，它要求经济信息所提供的情况，从现象到问题和数字都做到切实可靠。系统、完整、可靠的经济信息，能够揭示社会需要的变化规律，可以预见市场商情的发展方向，反映人们的需求趋势，使经济活动能建立在有科学依据的基础上，尽量避免失误，提高经济效益。

（3）综合性。园林经济信息的来源十分广泛，而且数量繁多，内容丰富，同时它还联系着政治、人口、工资收入、就业情况、文化科学水平，以至人们的思想方法和国外影响等等，能够较好地反映国民经济的概貌。综合性的经济信息，就在于揭示影响经济活动的诸因素的辩证关系，从而减少工作中的片面性，为企业单位开拓生产视野，以利于提高经济效益。

（4）能动性。经济信息的能动性是指经济信息作为利用智力投资去创造经济效益，投资少，收益大。具体说来，我们可以根据经济信息反映的情况，一是能动地去指导和影响人们的消费心理、消费构成、消费方式和消费习惯等。二是指导和影响园林企业的生产经营活动，从而提高园林企业生产经济效益。

（5）稀缺性。在一定的技术和资源条件下，物质资源和能源资源是有限的，不能自由取用。而信息资源同样也具有稀缺性。其一是园林信息资源的开发需要相应的成本投入，信息的开发深度与开发成本成正比。任何园林企业要取得成功的发展，必须对自身所处的时间、空间、人力、物力、财力、产品开发等各种条件有足够的了解，并采取适当的策略组合才能实现。园林信息是园林企业管理的基础，而目前园林企业一方面起步比较晚，另一方面管理人员对信息开发重视不够，由此产生的园林信息稀缺成为管理失误的主要原因。其二是信息生产者与用户之间存在明显的信息不对称，信息生产者高估或低估用户的信息占有率，总是一厢情愿地开发生产信息，当一种信息（或产品）受到用户欢迎时，在急功近利的趋势下，类似的信息（或产品）就泛滥起来，于是符合用户多层次需要的实用信息就显得稀缺。当产品相对过剩时，信息的稀缺显得相当严重。其三是在既定的技术和资源条件下，任何信息资源都有一定的总使用价值，当它每次被投入到经济活动中时，信息使用者总可以得到总使用价值中的一部分，获取一定的效益。但随着被使用次数的增多，其总使用价值会逐步衰减，而衰减为零时，该信息资源就会被“磨损”掉。这同物质能源资源因资源总量随着利用次数增多而减少所表现出来的资源稀缺性在本质上有着相同之处。正是由于园林信息的稀缺性，园林企业对自己所处的外部环境、内部条件、产品开发生产、经营管理等方面缺乏广泛而深层次的了解，才使企业的经营生产和产品销售之间产生相对的障碍。

13.3.2　园林经济信息工作的内容

（1）信息源的开发与信息收集。信息源的开发与信息收集是信息工作的基础工作，由于信息源汇集着经济管理所需的各类信息，要收集这些信息几乎离不开信息源的开发。作为一项整体工作，“开发与收集”主要包括：经济信息源调查，经济信息交流的组织，经济信息的获取、选择、评价与汇集等。在现代信息工作中，包括经济信息在内的信息收集有着一定的目标、规范、途径与方法，掌握其中的规律是组织这一工作的基础。

（2）信息的处理与管理。园林经济信息管理是一项系统性很强的工作，主要包括对信息资料的整理、加工、排序、保存等系列工作。信息管理分为两个方面：一是管理存在于物质载体中的信息（报表、报告、文件和文献资料等）；二是口头和实物内含信息的管理。前者可采用经济文献管理的模式，后者则有一个将信息加以重新记录的过程。无论何种信息，管理中的前期处理工作都是不可少的。值得注意的是，信息管理工作涉及面极广，包括如分类、编制、整序等系列工作。

（3）信息的存储与检索。信息的存储是指将信息存入某种载体的过程。存储的目的是为了提供使用，因此在存储过程中必须按某种标准对信息进行整序，并提供查找这些信息的线索、途径和手段。信息存储按物质形式，可分为文献型、声像型、计算机存储型等，它们形成汇集信息的检索工具或系统；与存储相反，信息检索则是利用检索工具对系统查找信息的过程。信息的存储与检索工作，包括信息检索工具的编制、检索系统的开发以及各种检索业务的组织。

（4）管理信息研究。管理信息研究是指围绕管理、经营活动所进行的信息分析与研究工作，包括发展中的战略性决策信息研究、市场信息分析、产品用户调查、技术经济剖析等方面的业务活动。在现代企业经营中，管理信息研究是一项必不可少的工作，它贯穿于企业经营活动的各个基本环节。由于管理业务的区别，管理信息研究可分为一些不同的类型。对此，应从多方面进行规律探索，寻求相应的模式。

（5）信息服务工作。信息服务工作与以上四方面工作是不可分割的。按服务业务及内容，分为信息收集服务、检索服务、研究与开发服务、信息资料提供和咨询服务等。围绕某一管理业务的系统性服务又成为管理工作的信息保证。由于信息服务的对象是用户，它必须涉及用户研究和用户管理等方面的工作，同时，信息服务工作的开展还必须求助于管理科学和心理行为科学的理论。

13.4　园林管理信息的开发与管理信息系统

13.4.1　管理信息系统的概述

管理信息系统是以计算机和通信技术为代表的信息科学管理技术，MIS的开发是一个复杂的系统工程，它要受到多方面条件的制约。研究这些条件无疑将有助于MIS的开发，有利于对MIS开发中涉及的有关问题的理解。在MIS建设的长期实践中，已形成了多种系统开发的方式和方法。因此，为了保证系统开发工作的顺利进行，应该根据所开发系统的规模大小、技术的复杂程度、管理水平的高低、技术人员的情况、资金与时间要求等各个方面的不同要求采用不同的开发方式与方法。

(1) 管理信息系统的定义。管理信息系统（MIS）是一个以人为主导，利用计算机硬件、软件、网络通信设备以及其他办公设备，进行信息的收集、传输、加工、储存、更新和维护所使用的系统，它是以企业战略竞优、提高效益和效率为目的，支持企业的高层决策、中层控制、基层运作的集成化的人机系统。主要功能包括经营管理、资产管理、生产管理、行政管理和系统维护等。

管理信息系统（MIS）提供给管理者需要的信息来实现对组织机构的有效管理。管理信息系统涉及三大主要资源：人（people），科技（technology），和信息（information），管理信息系统不同于其他的用来分析组织机构业务活动的信息系统。

(2) 管理信息系统的内容。一个完整的MIS应包括：决策支持系统（DSS）、工业控制系统（CCS）、办公自动化系统（OA）以及数据库、模型库、方法库、知识库和与上级机关及外界交换信息的接口。其中，特别是办公自动化系统（OA）、与上级机关及外界交换信息等都离不开Intranet（企业内部网）的应用。可以这样说，现代企业MIS不能没有Intranet，但Intranet的建立又必须依赖于MIS的体系结构和软硬件环境。

传统的MIS系统的核心是CS（Client/Server——客户端/服务器）架构，而基于Internet的MIS系统的核心是BS（Browser/Server——浏览器/服务器）架构。BS架构比起CS架构有着很大的优越性，传统的MIS系统依赖于专门的操作环境，这意味着操作者的活动空间受到极大限制；而BS架构则不需要专门的操作环境，在任何地方，只要能上网，就能够操作MIS系统，这其中的优劣差别是不言而喻的。

(3) 管理信息系统的特性。完善的MIS具有以下四个标准：确定的信息需求、信息的可采集与可加工、可以通过程序为管理人员提供信息、可以对信息进行管理。具有统一规划的数据库是MIS成熟的重要标志，它象征着MIS是软件工程的产物。通过MIS实现信息增值，用数学模型统计分析数据，实现辅助决策。MIS是发展变化的，MIS有生命周期。

MIS的开发必须具有一定的科学管理工作基础。只有在合理的管理体制、完善的规章制度、稳定的生产秩序、科学的管理方法和准确的原始数据的基础上，才能进行MIS的开发。因此，为适应MIS的开发需求，企业管理必须逐步完善以下工作：管理工作的程序化，各部门都有相应的作业流程；管理业务的标准化，各部门都有相应的作业规范；报表文件的统一化，固定的内容、周期、格式；数据资料的完善化和代码化。

(4) 园林管理信息系统的开发原则。为了保证MIS的成功开发，在MIS开发中应遵循一定的原则。主要包括以下几个方面。

1) 完整性。MIS是由各子系统组成的整体，具有系统的整体性特征。手工方式下，由于处理手段的限制，信息处理采用各职能部门分别收集和保存信息、分散处理信息的形式。计算机化的MIS必须从系统总体出发，克服手工信息分散处理的弊病，各子系统的功能要尽可能规范，数据采集要统一，语言描述要一致，信息资源要共享。保证各子系统协调一致地工作，避免信息的大量重复（冗余），寻求系统的整体优化。

2）相关性。组成 MIS 的各子系统各有其独立功能，同时又相互联系，相互作用。通过信息流把它们的功能联系起来，某一子系统发生了变化，其他子系统也要相应的进行调整和改变，因此，在 MIS 开发中，不能不考虑系统的相关性，即不能不考虑其他子系统而孤立地设计某一子系统。

3）适应性。MIS 应对外界条件的变化有较强的适应能力。不能适应环境变化的系统是没有生命力的。由于 MIS 是一个很复杂的系统工程，故要求系统的结构具有较好的灵活性和可塑性。这样，当组织管理模式或计算机软硬件等发生变化时，系统才能够容易地实现修改、扩充等功能。

4）可靠性。只有可靠的系统才能得到用户的信任。因此在设计系统时，要保证系统软硬件设备的稳定性；要保证数据采集的质量；要有数据校验功能；要有一套系统的安全措施。只有这样，系统的可靠性才能得到充分保证。系统的可靠性是检验系统成败的主要指标之一。

5）经济性。经济性是衡量系统值不值得开发的重要依据。开发过程中，尽可能节省开支和缩短开发周期。新系统投入运行后，尽快回收投资，以提高系统的经济效益和社会效益。

(5）开发方式。MIS 的开发方式有自行开发、委托开发、联合开发、购买现成软件包进行二次开发几种形式。一般来说根据企业的技术力量、资源及外部环境而定。

(6）开发策略。

1）不可行的开发方法。组织结构法，机械的按照现有组织机构划分系统，不考虑 MIS 的开发原则。

数据库法，开发人员从数据库设计开始对现有系统进行开发。

想象系统法，开发人员基于对现有系统的想象进行开发。

2）可行的开发方法。自上而下，从企业管理的整体进行设计，逐渐从抽象到具体，从概要设计到详细设计，体现结构化的设计思想。自下而上设计系统的构件，采用搭积木的方式组成整个系统，缺点在于忽视系统部件的有机联系。

两者结合是实际开发过程中常用的方法。通过对系统进行分析得到系统的逻辑模型，进而从逻辑模型求得最优的物理模型。逻辑模型和物理模型的这种螺旋式循环优化的设计模式体现了自上而下、自下而上结合的设计思想。

13.4.2　园林信息管理对信息系统的要求

在现代大生产中，由于经济活动的规模日益扩大，社会分工进一步发展，生产经营管理活动中各方面的相互联系越来越复杂，加上社会生产的迅速发展，科学技术的日新月异以及经济体制改革的深入，使经济运动发生变化，这一切对经济管理提出了新任务和新内容，对信息处理的要求也越来越高。这种要求可以归纳为及时、准确、适用、完整和经济五个方面。

(1）及时。经济信息效用的时间性很强，所以及时是对信息处理第一位的要求。所谓及时，包括两层意思。一是信息的收集、记录要及时，尤其是对时过境迁，不能重现的数据要及时记录下来；二是信息的加工、检索、传递要快。如果不能及时地把经济活动、资金运动、计划执行的情况反映上来，就无法控制经济运作，无法对计划进行调整，这些信息的使用价值就会减少甚至丧失。

(2）准确。信息不仅要及时，而且要求能准确地反映实际情况，这是信息发挥效用的基础。所谓准确，首先是原始数据准确。第二是要进行正确的加工处理。对准确可靠的原始数据进行正确的加工，才能产生出准确的信息，为管理人员做出正确决策提供帮助。如果原始数据误差太大或缺乏代表性，就会出现“假数真算”、“假账真做”的现象；如果原始数据虽然准确，但是加工处理不当，得出了错误的信息，那就不能对经济管理起到指导作用，反而会贻误时机，甚至造成巨大损失。第三是传输要准确，排除传递中的干扰，保持信息的真实性。

(3）适用。信息要适用，这包括数量适当、格式易懂、针对性强、直接可用等方面的要求。经济管理中，尤其是上层的管理，要求的信息不在于多，贵在适用。相反如果信息太多，把暂时无关或不易理解的大量信息送给领导，反而增加了他们利用信息的难度。

各级管理部门和管理人员所要求的信息，在范围、内容、详细程度和使用频率等方面是各不相同的。例如，在企业管理中，长远规划是面向未来的，它需要外部的、综合性的、预测性的信息；而控制职能部门所需要的信息主要是系统内部的，是过去与现在的、较为详细具体的信息。信息管理人员在提供信息时应当根据这些特点加以区别。

(4) 完整。完整主要指的是要使各级管理人员得到与他的工作和决策有关的、全部的信息,以便他们进行全面的、综合的分析与权衡,做出科学的、正确的决策。所以,我们所说的完整性,也包含了信息的系统性和连续性。

决策是否正确与科学,与决策所用的信息质量的完整性成正比。信息的质量越高、越充分,决策的基础就越坚实。零星的、支离破碎的信息不能反映经济流动和经济现象的全貌和本质,在这种基础上做出的决策,就很难谈得上是科学的、正确的决策。

(5) 经济。信息的及时、准确、适用和完整,必须建立在经济的基础上,一切经济工作都要考虑经济效益,信息管理工作也不例外。信息在管理现代化中起重要的作用,但是,信息处理是一项繁琐、复杂、花费较大的工作。因此,信息处理工作必须从实际出发,必须对所采用的方法和技术手段进行技术上、经济上和运用上的可靠性分析,不能盲目地、全面开花地追求自动化,也不能不切实际地追求快、准、全,而要讲经济效益。

13.4.3 园林经济信息系统的开发

管理信息系统的开发工作过程是一项复杂的系统工程。首先需要信息技术(包括计算机硬件、软件、网络技术、数据库技术),它是管理信息系统的基础;其次,要进行系统规划、系统分析、系统设计、系统实施,在这过程中要确定开发方法;最后是系统运行与维护。

(1) 园林经济信息系统开发方法。完整实用的文档资料是成功 MIS 的标志。科学的开发过程从可行性研究开始,经过系统分析、系统设计、系统实施等主要阶段。每一个阶段都应有文档资料,并且在开发过程中不断完善和充实。目前使用的开发方法有以下两种:

1) 瀑布模型法(生命周期法)。结构分析、结构设计,结构程序设计(简称 SA—SD—SP 方法)用瀑布模型来模拟。各阶段的工作按照自上向下,从抽象到具体的顺序进行。瀑布模型意味着在生命周期各阶段间存在着严格的顺序且相互依存;瀑布模型是早期 MIS 设计的主要手段。

2) 快速原型法(面向对象法)。快速原型法也称为面向对象方法,是近年来针对(SA—SD—SP)的缺陷提出的设计新途径,是适应当前计算机技术的进步及对软件需求的极大增长而出现的。是一种快速、灵活、交互式的软件开发方法。其核心是用交互的、快速建立起来的原型取代了形式的、僵硬的(不易修改的)大块的规格说明,用户通过在计算机上实际运行和试用原型而向开发者提供真实的反馈意见。快速原型法的实现基础之一是可视化的第四代语言的出现。

两种方法的结合,使用面向对象方法开发 MIS 时,工作重点在生命周期中的分析阶段。分析阶段得到的各种对象模型也适用于设计阶段和实现阶段。实践证明两种方法的结合是一种切实可行的有效方法。

(2) 园林经济信息系统的开发方式。经济信息系统的开发方式主要有自行开发、委托开发、合作开发、利用软件包开发四种方式。这四种开发方式各有优点和不足,需要根据使用单位的技术力量、资金情况、外部环境等各种因素进行综合考虑和选择。不论哪一种开发方式都需要有使用单位的领导和业务人员参加,并在经济信息系统的整个开发过程中培养、锻炼、壮大使用单位的经济信息系统开发、设计人员和系统维护队伍。

1) 自行开发方式。由用户依靠自己的力量独立完成系统开发的各项任务;这种开发方式适合于有较强专业开发分析与设计队伍和程序设计人员、系统维护使用队伍的组织和单位,如大学、研究所、计算机公司、高科技公司等单位。

自行开发方式的优点是开发费用少,容易开发出适合本单位需要的系统,方便维护和扩展,有利于培养自己的系统开发人员。缺点是由于不是专业开发队伍,缺乏专业开发人员的经验和熟练水平,还容易受业务工作的限制,系统整体优化不够,开发水平较低。同时开发人员一般都是临时从所属各单位抽调出来进行经济信息系统的开发工作,他们都有自己的工作,精力有限,这样就会造成系统开发时间长,开发人员调动后,系统维护工作没有保障的情况。

2) 委托开发方式。由使用单位(甲方)委托有丰富开发经验的机构或专业开发人员(乙方),按照用户的需求承担系统开发的任务。这种开发方式适合于使用单位(甲方)没有经济信息系统的系统分析、系统设计及软化开发人员或开发队伍力量较弱、但资金较为充足的单位；一般开发一个小型经济信息系统需要几万元，开发一个大型经济信息系统则需要几十万、几百万甚至上千万元。甲乙双方应签订经济信息系统开发项目协议，明确新系统的目标与功能、开发时间及费用、系统标准与验收方式、人员培训等内容。

委托开发方式的优点是省时、省事，开发的系统技术水平较高。缺点是费用高、系统维护与扩展需要开发单位的长期支持，不利于本单位的人才培养。

3）合作开发方式。由使用单位（甲方）和有丰富开发经验的机构或专业开发人员（乙方），共同完成开发任务。双方共享开发成果，实际上是一种半委托性质的开发工作。合作开发方式适合于使用单位（甲方）有一定的经济信息系统分析、设计及软件开发人员，但开发队伍力量较弱，希望通过经济信息系统的建立，完善和提高自己的技术队伍，便于系统维护工作的开展。

合作开发力的优点是相对于委托开发方式比较节约资金，可以培养、增强使用单位的技术力量，便于系统维护工作，系统的技术水平较高。缺点是双方在合作中沟通易出现问题，因此，需要双方及时达成共识，进行协调和检查。

4）利用现成软件包的开发方式。目前，软件的开发正在向专业化方向发展。一批专门从事经济信息系统开发的公司已经开发出一批使用方便、功能强大的应用软件包。所谓应用软件包是预先编制好的、能完成一定功能的、供出售或出租的成套软件系统。它可以小到只有一项单一的功能，比如打印邮签，也可以是由 50 万行代码、400 多个模块组成的复杂地运行在主机上的大系统。为了避免重复劳动，提高系统开发的经济效益，可以利用现成的软件包开发经济信息系统，可购买现成的应用软件包或开发平台，如财务管理系统、小型企业经济信息系统等。该开发方式对于功能单一的小系统的开发颇为有效。但不太适用于规模较大、功能复杂、需求量的不确定性程度比较高的系统的开发。

利用现成的软件包开发的优点是能缩短开发时间，节省开发费用，技术水平比较高，系统可以得到较好的维护。缺点是功能比较简单，通用软件的专用性比较差，难以满足特殊要求，需要有一定的技术力量，根据使用者的要求做软件改善和编制，必要的对接软件等二次开发的工作。

本 章 小 结

园林经济信息管理是现代企业管理的先进管理手段，它也是直接关系到园林企业经营成败的关键性管理技术，因此所有园林企业在企业经营活动中必须要充分重视经济信息管理系统建设。只有这样园林企业才能在日益激烈的行业竞争中走上良性发展之路。

思 考 练 习 题

1. 经济信息的作用有哪些？
2. 经济信息一般可以分成几个类型？有哪些主要特征？
3. 经济信息有哪些特点？
4. 园林经济信息管理的作用有哪些？
5. 园林经济信息管理包括哪些内容？
6. 常用的园林经济信息开发方法有哪些？

参 考 文 献

[1] 杨保军．管理白金法则—透过寓言看管理．北京：清华大学出版社，2005.
[2] 陈春泉，夏由清．现代企业经营与管理．北京：科学出版社，2009.
[3] 李梅．园林经济管理．北京：中国建筑出版社，2007.
[4] 罗广元，陈春叶．园林企业经营管理，西安：西北农林科技大学出版社，2010.
[5] 徐正春．园林经济管理学．北京：中国农业出版社，2008.
[6] 朱明德．园林企业经营管理．重庆：重庆大学出版社，2006.
[7] 陈发棣，房伟民．城市园林绿化花木生产与管理．北京：中国林业出版社，2003.
[8] 鲁朝辉．园林企业管理．北京：中国农业出版社，2006.
[9] 滕佳东．经济信息管理与分析教程．北京：经济科学出版社，2001.
[10] 周学安．城市园林绿化经济管理．沈阳：辽宁大学出版社，1996.
[11] 张祥平．园林经济管理．北京：中国建筑工业出版，1998.
[12] 邱家武．经济信息管理概论，北京：经济科学出版社，2003.
[13] 黄凯．园林经济管理．北京：气象出版社，2005.